权威·前沿·原创

皮书系列为
“十二五”“十三五”国家重点图书出版规划项目

移动互联网蓝皮书
BLUE BOOK OF CHINA'S MOBILE INTERNET

中国移动互联网发展报告（2017）

ANNUAL REPORT ON CHINA'S MOBILE INTERNET DEVELOPMENT (2017)

主　编／余清楚
副主编／唐胜宏

社会科学文献出版社
SOCIAL SCIENCES ACADEMIC PRESS (CHINA)

图书在版编目(CIP)数据

中国移动互联网发展报告. 2017 / 余清楚主编. -- 北京：社会科学文献出版社，2017.6
（移动互联网蓝皮书）
ISBN 978 - 7 - 5201 - 0775 - 4

Ⅰ. ①中… Ⅱ. ①余… Ⅲ. ①移动网 - 研究报告 - 中国 - 2017 Ⅳ. ①TN929.5

中国版本图书馆 CIP 数据核字（2017）第 096459 号

移动互联网蓝皮书
中国移动互联网发展报告（2017）

主　　编 / 余清楚
副 主 编 / 唐胜宏

出 版 人 / 谢寿光
项目统筹 / 邓泳红　吴　敏
责任编辑 / 宋　静

出　　版 / 社会科学文献出版社 · 皮书出版分社（010）59367127
　　　　　地址：北京市北三环中路甲 29 号院华龙大厦　邮编：100029
　　　　　网址：www.ssap.com.cn
发　　行 / 市场营销中心（010）59367081　59367018
印　　装 / 北京季蜂印刷有限公司

规　　格 / 开 本：787mm × 1092mm　1/16
　　　　　印 张：28.75　字 数：437 千字
版　　次 / 2017 年 6 月第 1 版　2017 年 6 月第 1 次印刷
书　　号 / ISBN 978 - 7 - 5201 - 0775 - 4
定　　价 / 98.00 元

皮书序列号 / PSN B - 2012 - 282 - 1/1

本书如有印装质量问题，请与读者服务中心（010 - 59367028）联系

版权所有 翻印必究

移动互联网蓝皮书编委会

编委会主任　王一彪

编委会副主任　牛一兵　余清楚

主　　编　余清楚

副 主 编　唐胜宏

撰 稿 人　（以姓氏笔画为序）

于金波　王　威　王芳菲　王清霖　王献昌
王培志　卢永春　朵　灏　刘　扬　牟秀秀
孙　克　李晓波　李　彬　李　巍　齐思慧
朱　燕　毕海滨　张　凌　张　毅　张　睿
张春贵　张意轩　杨　云　余清楚　林雁飞
郑　宁　郑春晖　周　兰　周　平　周轩羽
单成彪　单学刚　侯长海　葛涵涛　高春梅
唐胜宏　唐晓丹　黄　河　曹　磊　曹　磊
彭　兰　鲁传颖　鲍忠铁　潘　峰　潘宇峰

编 辑 组　张春贵　刘　扬　高春梅　王培志　李黎丹

主要编撰者简介

余清楚 人民网总编辑、人民网研究院院长，人民日报社高级编辑。在人民日报社工作30余年，擅长写作人物通讯、评论、散文，发表新闻作品上百万字，对媒体融合、新媒体发展有深入研究，主持完成国家社科基金项目“社交网络信息扩散机理与舆论引导机制”、中央网信办重大课题“传统媒体和新媒体融合发展研究”等研究项目，主编《中国集报之家》，发表《时刻向中央看齐，做最好内容网站》、《敢问路在何方》、《为何转，怎样转》、《做最好的文化企业》、《坚持舆论引导，拒绝新闻诽谤》和《纸媒依旧有春天》等论文。

唐胜宏 人民网研究院副院长，主任编辑。参与完成多项国家社科基金项目。《融合元年——中国媒体融合发展年度报告（2014）》《融合坐标——中国媒体融合发展年度报告（2015）》执行主编之一。代表作有《网上舆论的形成与传播规律及对策》、《运用好、管理好新媒体的重要性和紧迫性》、《利用大数据技术创新社会治理》和《媒介进化：功能补救而非淘汰》等。

彭　兰 清华大学新闻与传播学院教授，新媒体研究中心主任，博士生导师，湖南师范大学潇湘学者讲座教授，北京网络媒体协会理事。研究方向为新媒体传播、媒介融合。著有《网络传播概论》和《网络传播学》等。

潘　峰 中国信息通信研究院（原工业和信息化部电信研究院）产业与规划研究所副总工程师。先后承担了“新一代宽带无线移动通信网”等多项国家科技重大专项课题的研究工作。

王献昌　吉林大学计算机学院教授，博士生导师，国家千人计划特聘专家，中国侨联特聘专家，成都凯斯人工智能研究院院长。在人工智能杂志和会议上发表论文30多篇，研究成果获国际人工智能优秀论文奖、军队科技进步奖、中国侨界创新人才贡献奖等奖项。

摘　要

《中国移动互联网发展报告（2017）》由人民网研究院组织相关专家、学者与研究人员撰写。本书全面梳理了2016年中国移动互联网的发展状况，总结了年度发展特点、亮点，也汇集了相关研究成果。

全书由总报告、综合篇、产业篇、市场篇、专题篇和附录六部分组成。总报告指出，2016年中国移动互联网发展进入平稳阶段，行业增速放缓，经济贡献率提升，新应用新业态创造新价值，行业深层调整回归理性，企业海外布局成效显现。中国移动互联网显示出向农村延伸，与实体经济深度融合，向平台化、生态化、智能化、国际化发展等趋势。

综合篇探讨了移动互联网治理的议题、内容、理念、方法，就提升中国在国际网络空间治理中的话语权提出建议；梳理了2016年我国在移动互联网治理方面制定的法规政策、移动舆论场传播和议题设置呈现出的新特点；分析了移动互联网为我国社会治理提供的新平台与新方式；展望了移动互联网时代各种对象间“连接”的扩展及其新意蕴——人与人的连接形式将变得更丰富，连接的力量可能转化为生产力，未来还可能出现“万物皆媒”景观。

产业篇探讨了中国移动互联网核心技术自主创新进展，分析了宽带无线移动通信发展、移动互联网产业助推中国经济转型升级、移动应用和移动智能终端等方面的发展状况和趋势。

市场篇介绍了2016年我国移动电子商务、移动出行、虚拟现实、移动金融、移动阅读、移动社交、视频直播、移动营销、移动学习等市场发展的状况。

专题篇关注中国媒体融合传播发展状况，分析了我国媒体移动对外传播

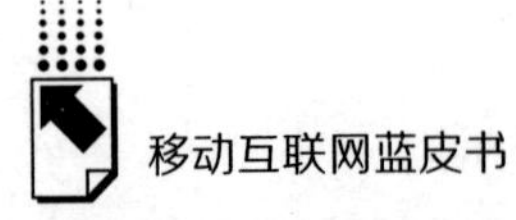

的现状与发展趋势，探讨了移动公共服务升级为智慧城市建设、区块链与价值互联网建设、移动网络空间安全防御能力、媒体开放平台以及人工智能在中国的发展与应用状况。

篇末附有 2016 年中国移动互联网大事记。

序

2016年对于中国互联网发展是具有里程碑意义的一年。习近平总书记主持召开网络安全和信息化工作座谈会并发表重要讲话，在第三届世界互联网大会开幕式上发表视频讲话。习近平总书记从全局高度提出网络强国战略思想，深入阐述中国互联网发展的历史使命、重大机遇、突破方向和方法路径。同时他强调，利用好、发展好、治理好互联网必须深化网络空间国际合作，携手构建网络空间命运共同体。

这一年，中国移动互联网步入平稳发展期。有学者用搜索指数的变化来分析，“移动互联网”一词的搜索量自2015年初达到顶峰后，逐渐呈现下降趋势。这是否意味着移动互联网发展红利期正在逝去？2016年，关于移动互联网未来的讨论也一直在持续。从来自业界的分析研究来看，移动互联网发展大潮并没有退去，相反如同空气和水一样，正在成为人们生活中习以为常、不可或缺的必需品，或者说是社会的重要基础设施。

本书汇集的大量事实与各种数据从多角度说明，我国移动互联网用户规模持续增长，基础设施建设、接入流量保持高速增长，移动互联网给相关领域带来的发展对我国GDP的贡献率进一步提升，有力地推动了互联网和实体经济的深度融合，尽显泛在、连接、智能、普惠等突出优势。人们更清晰地看到，移动互联网正日益成为创新发展的新领域、公共服务的新平台、信息分享的新渠道，也为我国推进核心技术自主创新、推动经济转型发展、提高依法治网水平、推进和创新社会治理、增强网络空间安全防御能力、提升网络空间国际话语权和规则制定权，提供着取之不尽的动力源泉。

立足现实发展状况，把握未来发展趋势，也是编撰本蓝皮书的一个重要目标。从2016年移动互联网发展看，有一些新的变化需要我们关注并重视：

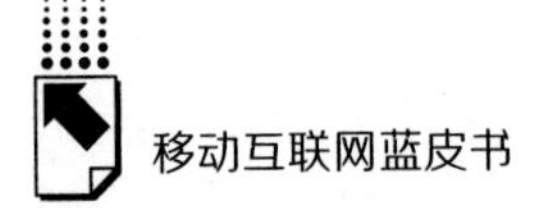

一是移动用户增长进入高位稳态区间。按照多个渠道公布的数据，从2016年10月开始我国移动互联网活跃终端量已突破10亿，进入相当高的量级。从世界范围看，智能移动终端用户总量、用户总时长均进入平缓增长区间，无论哪个行业，只要是借助移动互联网来到达和最终实现，靠产品、服务来吸引用户和用户时间的竞争将变得更加激烈。二是“移动互联网+”的产业链、服务链、价值链加速重组。如果说过去一段时间，单一产品、业态、模式的创新可以带来新机遇，对于传统产业的移动互联网改造升级可以产生新增长，那么今天的机会是否能成为机会，将更加有赖于新产业或传统产业，依据用户或者数据的逻辑，对产业链、服务链、价值链重新构建的速度与效率。三是移动互联网技术创新特别是人工智能的探索和运用前景不可限量。总体来看，互联网发展是技术驱动的，技术的发展也必将影响直至决定移动传播的业态和格局。当前各类新技术、新应用仍在快速发展，比较突出的是智能化技术也就是人工智能的运用。无论哪个领域，只要最终目的是触达用户并为用户所接受，人工智能都可能会有更大范围的应用，进而影响未来行业发展格局。

本书力求持续深入地对中国移动互联网发展进行观察与分析，使整套蓝皮书具有重要的参考价值、研究价值，堪称中国移动互联网发展的“智库”文丛。得益于各方专家的潜心研究和皮书编委会的不懈努力，近年来，本书在皮书评价中得分不断提升，受到各方人士积极肯定。作为编委会主任，我深感荣幸，愿意把这凝聚编撰者洞见与远见的蓝皮书推荐给大家，希望能为中国移动互联网健康有序发展多做一份贡献。

王一彪

人民日报社副总编辑

人民网股份有限公司董事长

2017年6月

目　录

Ⅰ　总报告

Ⅱ　综合篇

Ⅲ　产业篇

Ⅳ 市场篇

Ⅴ 专题篇

Ⅵ 附 录

皮书数据库阅读使用指南

总 报 告

General Report

B.1 步入平稳发展期的中国移动互联网

余清楚　唐胜宏　王培志*

摘　要： 2016年，中国移动互联网发展进入平稳阶段，行业增速放缓，经济贡献率提升，新应用新业态创造新价值；法制化规范化进程加快，行业深层调整回归理性；核心技术寻求自主创新，企业海外布局成效显现。但仍面临个人赋能激发活力的同时带来了管理问题等诸多挑战。中国移动互联网显示出向农村延伸，与实体经济深度融合，向平台化、生态化、智能化、国际化发展等趋势。

关键词： 移动互联网　平稳发展　经济贡献率

---

* 余清楚，人民网总编辑、人民网研究院院长，人民日报社高级编辑；唐胜宏，人民网研究院副院长，主任编辑；王培志，人民网研究院研究员。

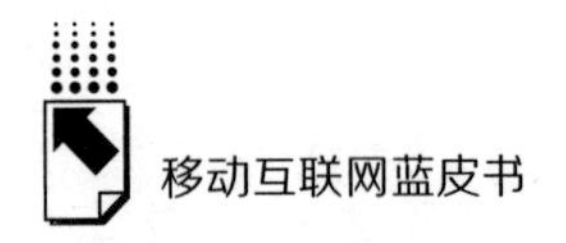

2016年，中国移动互联网用户继续增长，中国网民中大多数成为移动网民，人们使用的绝大多数是国产的移动智能终端，移动接入流量与2015年相比几乎翻了一番。移动互联网创新创业热潮未退，直播平台、网红经济、虚拟现实、共享单车、人工智能等潮起潮涌。与此同时，与传统行业的融合、法制化规范化建设、移动空间安全防御等受到前所未有的重视。移动互联网在成为创新发展新领域、公共服务新平台、信息分享新渠道过程中，日益趋向平稳发展。

一　2016年中国移动互联网发展基本状况

1. 移动互联网用户规模持续增长，在网民和移动电话用户中的渗透率稳步提升

我国移动互联网用户规模统计数据主要来自两个方面，一是中国互联网络信息中心（CNNIC）基于抽样调查定期发布的数据；二是工业和信息化部根据运营商的移动通信接入汇总统计的数据。2016年，这两个来源的数据均显示增长超过12%。根据中国互联网络信息中心的数据，截至2016年12月，中国手机网民规模达6.95亿人，较2015年底增加7550万人，增长率为12.2%，与2015年增长率（11%）基本持平；网民中使用手机上网人群占比由2015年的90.1%提升至95.1%。[①] 2012～2016年，我国手机网民占网民比例从74.5%提升至95.1%（见图1），手机网民快速与网民整体接近重合。

另据工业和信息化部（简称“工信部”）数据，截至2016年12月末，我国移动互联网用户总数已经达10.93亿[②]，同比增长13.4%，与2015年增长率（11.4%）基本持平，约占全球移动互联网用户总数的1/3。其中使用手机上网的用户数在11月就接近10.2亿户，在移动电话用户中的渗透率为77.1%（见图2）。[③] 此时，我国移动电话用户总数达13.2亿户，占全球

① 中国互联网络信息中心：《第39次中国互联网络发展状况统计报告》，2017年1月22日。

② 工业和信息化部：《2016年12月通信业主要指标完成情况（二）》，2017年1月22日。

③ 工业和信息化部：《2016年11月份通信业经济运行情况》，2016年12月19日。

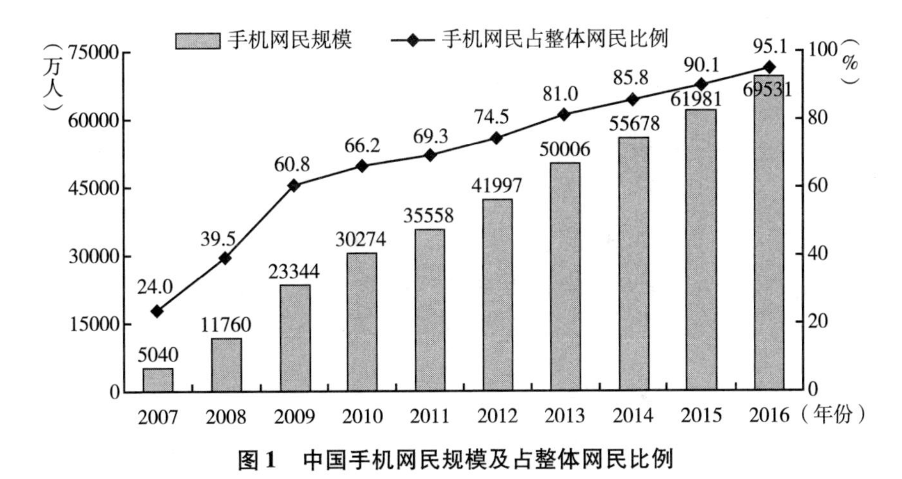

图1　中国手机网民规模及占整体网民比例

资料来源：CNNIC。

手机用户数量的1/3（全球手机用户达37.9亿人，相当于全球人口的51%①）。其中我国4G用户数2016年呈爆发式增长，全年新增3.4亿户，总数达到7.7亿户，在移动电话用户中的渗透率达到58.2%。②

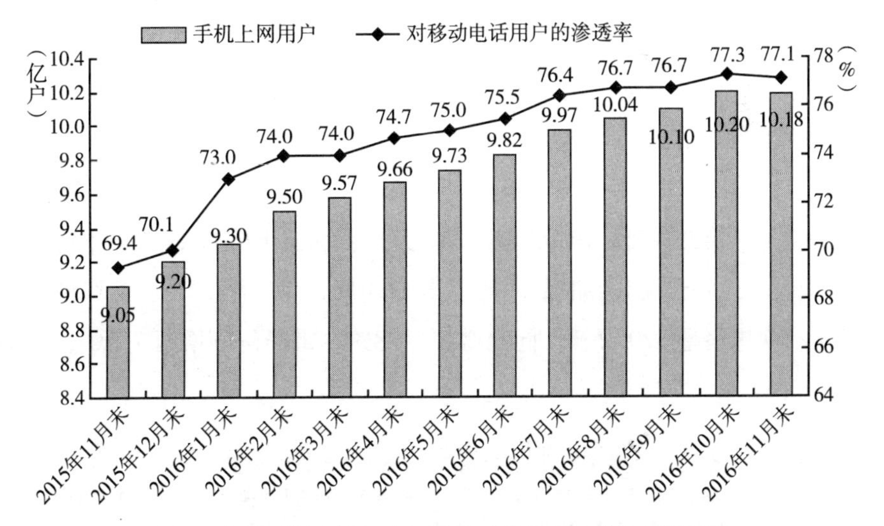

图2　中国手机上网用户规模及对移动电话用户的渗透率

资料来源：工业和信息化部。

---

① 《We Are Social：2016年全球互联网、社交媒体、移动设备普及情况报告》，2016年12月18日。

② 工业和信息化部：《2016年通信运营业统计公报》，2017年1月22日。

2. 移动互联网终端增速放缓，国产品牌市场份额提高

中国信息通信研究院统计数据显示，2016 年，国内手机市场出货量 5.6 亿部，同比增长 8%，较 2015 年（14.6%）增长趋势放缓。但相比全球低于个位数仅 0.23% 的增长率，我国手机市场仍是全球独秀。[①] 其中，国产品牌手机出货量 4.98 亿部，同比增长 16.1%，占出货量的 88.9%。[②] 研究机构 Counterpoint 发布的报告显示，2016 年全球销量前五的手机品牌中，中国品牌占到三席。在印度，中国手机厂商的市场份额已经超过 50%；在非洲已经超过 40%；在欧洲市场也超过了20%。[③] Counterpoint 数据显示，2016 年全球智能手机出货量接近 15 亿部，中国品牌出货总量为 4.65 亿部，环比增长 6%，接近全球出货量的 1/3，其中，华为、OPPO、vivo、金立 4 家品牌占领了中国品牌出货总量的77%。[④] TalkingData 移动数据研究中心数据显示，截至 2016 年 12 月，我国移动智能终端规模突破 13.7 亿台，但季度增速放缓。[⑤] 根据国家统计局的最新数据，2016 年我国大陆总人口为 13.83 亿人，意味着相当于人均拥有一台移动智能终端设备。

国际数据公司（IDC）发布的最新行业分析报告显示，2016 年第四季度，全球平板电脑销量同比下滑 20.1%，为连续第九个季度下滑，2016 年全年销量较前一年下滑 15.6% 至 1.784 亿台，但是中国品牌华为、联想实现逆势增长。第四季度，iPad 销量 1310 万台，同比下降近 19%，市场份额为 24.7%；三星平板电脑销量同比下滑 11.4%，为 800 万台，市场份额为 15.1%；联想销量 370 万部，同比增长 14.8%，市场份额增至 7.0%，居第

---

① 见本蓝皮书分报告《我国移动智能终端产业发展及未来趋势展望》。

② 中国信息通信研究院：《2016 年 12 月国内手机市场运行分析报告》，2017 年 1 月 11 日。

③ 《中国手机“包场”MWC2017 市场从狂热回归理性》，http：//tech. qq. com/a/20170228/009151. htm? pgv_ ref = aio2015&ptlang = 2052。

④ 《2016 年中国智能手机出货量达 4.65 亿部》，http：//money. 163. com/17/0205/12/CCGS5HJB002580S6. html#from = keyscan。

⑤ 《我国移动智能终端突破 13.7 亿台国产品牌崛起》，http：//www. ccidnet. com/2017/0217/10242635. shtml? mobile。

四位；华为出货量320万部，增长43.5%，份额增至6.0%，居第五位。[①]

全球笔记本电脑市场也处于下行通道，据TrendForce发布的报告，2016年上半年，国际笔记本电脑销量下降4%，跌至7418万台，联想占据了21.8%的市场份额。

2016年，以手表、手环为代表的可穿戴设备的全球销量不及预期，令人眼前一亮的可穿戴产品并不多。2016年全年中国可穿戴设备市场出货量为3876万台，同比增长57.1%，成为中国市场仅次于智能手机的第二大移动智能消费终端设备。同时作为全球最大的可穿戴设备市场，2016年中国市场出货量占全球总出货量的43.8%，是美国市场的1.6倍。[②]

3. 移动互联网基础设施建设稳步推进，接入流量保持高速增长

2016年，我国移动通信基础设施建设稳步增长。新增移动通信基站92.6万个，总数达559万个。其中4G基站新增86.1万个，总数达到263万个。2016年，中国铁塔公司进入全面运营的新阶段，截至2016年10月底，成立一年零十个月的铁塔公司累计承接塔类建设项目超116.5万个，共交付铁塔基站102.6万个，建设量超过过去30多年行业累计建设总量（140余万座）的70%。[③]

2016年10月，全球在移动端访问互联网的用户数量首次超过桌面端用户，占到全部用户数量的51.2%；12月，来自手机和平板的网络流量已经合计占到全部流量的55.21%。[④] 而2016年国内移动互联网流量增幅创新高，全年月户均移动互联网接入流量达到772M，同比增长98.3%，远超全球平均水平，其中，通过手机上网的流量达到84.2亿G，同比增长

---

① 《IDC报告显示去年平板电脑销量骤降》，http：//finance.ifeng.com/a/20170207/15180277_0.shtml。

② 《IDC：2017年中国可穿戴设备市场预测》，http：//mobile.163.com/16/1221/07/C8PU372M00118024.html。

③ 《中国铁塔的2016：撸起袖子加油干》，http：//www.c114.net/news/22/c18406.html。

④ 《一张流量图告诉你微软忽视手机是最错误的决策》，http：//www.cnbeta.com/articles/tech/584791.htm。

124.1%，在总流量中的比重达到90.0%。①

2012~2016年，我国月户均移动互联网接入流量从98.2M上升到772M（见图3），年均增长率从30%~40%，提升到90%，流量消费保持超高速增长。工信部公布的春节通信运行数据显示，2017年春节期间（1月27日至2月2日），移动互联网流量消费25901万G，是2016年同期的2倍。

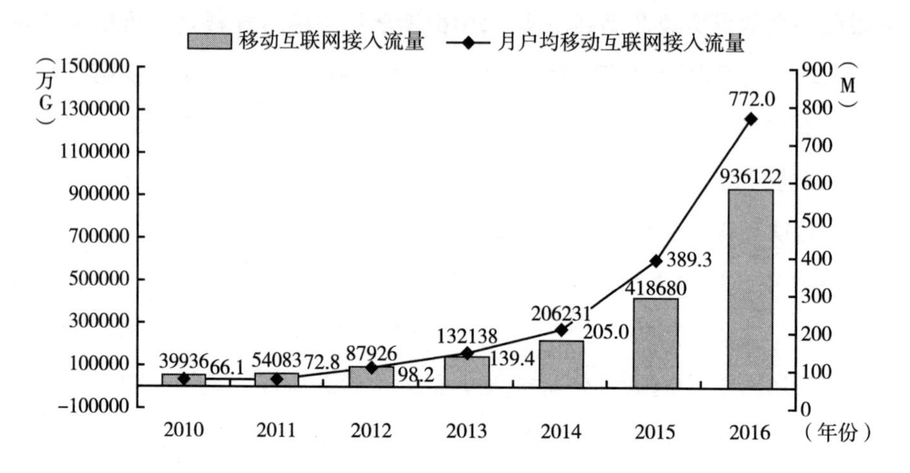

图3　中国移动互联网接入流量及月户均接入流量

资料来源：工业和信息化部。

4. 移动互联网应用向更宽领域和更深层次拓展

移动互联网作为基础设施在经济社会发展中的重要性日益增强，其应用创新推动传统产业转型发展，催生新型信息消费，变革社会管理方式，惠及社会经济民生。

推动产业转型发展方面，移动互联网使制造业向自动化、信息化、网络化、智能化方向加快发展，推进传统产业转型升级，促进实体经济发展，北京、上海、重庆、长沙等地多个移动互联网产业园区发展良好。2016年3月18日，全国首个移动互联网农技推广服务平台落户唐山。在广大农村地区，类似的农技推广平台、电子商务平台等纷纷建立。

① 工业和信息化部：《2016年通信运营业统计公报》，2017年1月22日。

信息消费方面，社交、娱乐、购物等应用需求发展平稳，金融、出行、旅游、教育、医疗等传统行业都借助移动互联网的平台优势进行商业模式的转型升级。截至2016年12月，我国手机网上支付用户规模增长迅速，达到4.69亿，年增长率为31.2%，网民手机网上支付的使用比例由57.7%提升至67.5%，[①] 22.3%的用户每天使用移动支付。手机网上外卖用户规模已达到1.94亿，使用比例由16.8%提升至27.9%。互联网医院作为移动医疗新模式，受到移动医疗企业的热捧，截至2016年11月，全国互联网医院数量已经扩充到36家，其中31家集中在2016年开业[②]，此外全国700家大中型医院加入支付宝“未来医院”计划，国内首个护士集团的医护到家APP创立，推出护士上门服务。视频直播、教育、运动健康、跨境电商类应用实现快速增长，用户需求的持续细分成为培育市场的重要推力。

社会管理与民生服务方面，艾利艾智库（IRI）、中国传媒大学互联网信息研究院发布《中央部委办局政务APP评估报告》显示，截至2016年第一季度，已有26个中央部委办局开通35个APP。70个大中城市中已有69个城市共推出316个政务APP。[③] 2016年2月26日，“国务院”APP正式上线；11月16日，公安部“儿童失踪信息紧急发布平台”二期正式上线，今日头条、支付宝、QQ、手机百度、百度地图等亿级用户量的APP接入了该平台。2017年2月，北京市公安局朝阳分局上线“朝阳群众”APP，可接受违法犯罪举报。截至2016年12月，经过新浪平台认证的政务微博达到164522个，较2015年底增长8.0%。各级政府部门逐步借助移动互联网优化公共服务、强化社会管理。

5. 移动互联网投融资规模下降，更偏重成熟项目

2016年，在经济步入新常态的大环境下，风投资本更趋向于选择那些在长期竞争中取胜的企业，更看重价值投资而不是短期利益。投中信息旗下

---

① 中国互联网络信息中心：《第39次中国互联网络发展状况统计报告》，2017年1月22日。

② 腾讯研究院、动脉网、蛋壳研究院：《2016中国互联网医院白皮书》，2016年11月14日。

③ 艾利艾智库（IRI）、中国传媒大学互联网信息研究院：《中央部委办局政务APP评估报告》，2016年4月。

金融数据产品 CVSource 统计显示，2016 年移动互联网行业 VC/PE 融资规模为 37.83 亿美元，同比下降 23%，融资案例数量 618 起，同比下降 22%。无论是融资案例数量还是融资规模相较于 2015 年都有所下降（见图 4）。[①] 从融资轮次来看，VC/PE 对于 B 轮以后的项目关注度进一步提升，更偏重成熟项目的投资，向资本市场证明自身商业模式的企业更受青睐。2016 年移动互联网行业 VC/PE 融资的 618 起案例中，A 轮融资 169 起，最高融资金额达到 3000 万美元，相比 2015 年 A 轮融资 439 起，最高融资金额 1 亿美元，融资数量下降 62%，最高融资金额下降 67%；B 轮融资 192 起，最高融资金额 6 亿美元，相比 2015 年 B 轮融资 131 起，最高融资金额 4545 万美元，数量和规模都呈现增长态势。

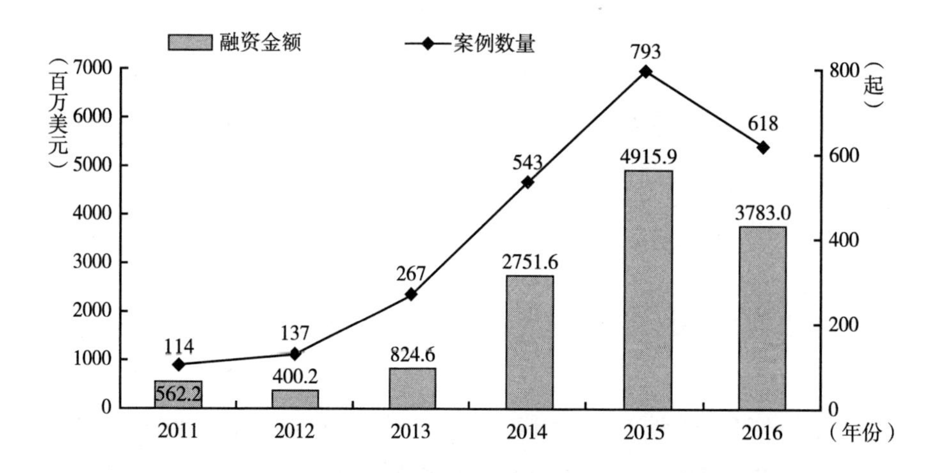

图 4　2011 ~ 2016 年中国移动互联网行业 VC/PE 融资情况

资料来源：CVSource。

并购方面，2016 年移动互联网并购市场宣布交易 108 起，环比下降 52%，披露交易规模约 24 亿美元，环比下降 49%。完成交易方面，2016 年中国移动互联网行业完成交易案例数量同样呈下降趋势，完成交易规模稳中有降（见图 5）。

① 投中统计：《2016 年移动互联网资本交易回落》，https：//www.chinaventure.com.cn/cmsmodel/report/detail/1238.shtml。

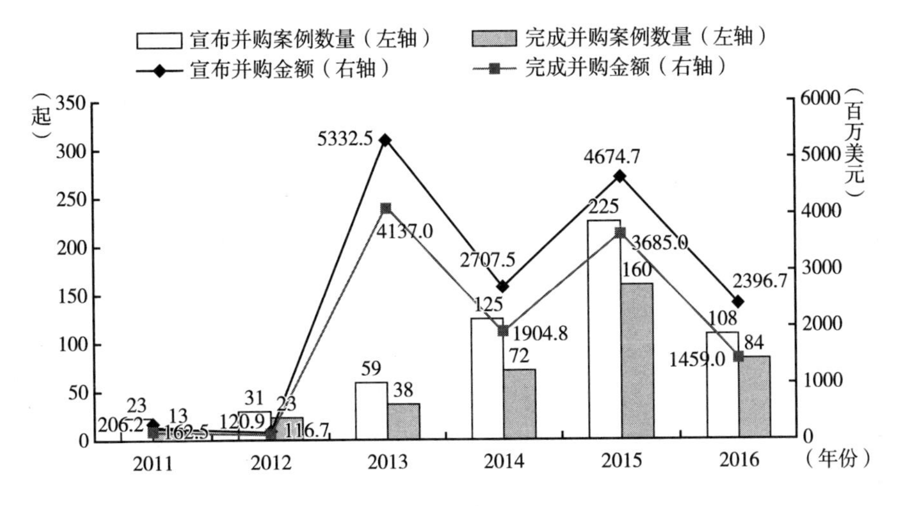

图5　2011～2016年中国移动互联网行业并购宣布及完成情况

资料来源：CVSource。

二　2016年中国移动互联网发展的主要特征

（一）产业发展进入平稳阶段，新应用新业态创造新价值

1. 产业发展平稳，行业增速放缓

一个产业的发展有其发展周期、发展规律，产业发展与产业结构调整、技术创新以及国家和地方经济发展关系密切。当前中国经济正面临深层结构调整，经济发展模式正在从投资驱动转变为创新驱动，中国移动互联网产业正转向依靠创新驱动来稳增长、调结构、防风险，促进实体经济的发展。

随着移动互联网用户规模的不断扩大，终端渗透率的不断提升，移动互联网的总体规模逐渐触及增长的天花板，中国移动互联网用户规模连续三年的增长率都在11%左右①，未来有进一步放缓的趋势，2014～2016年手机

① 根据CNNIC数据核算。

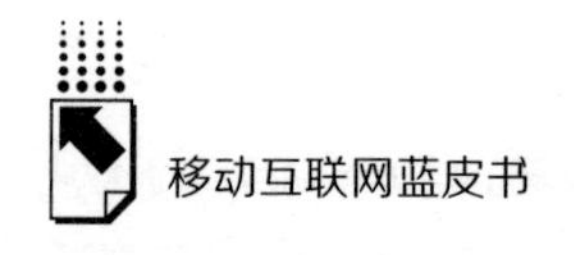

终端规模的增长率分别为 -21.9%、14.6%、8%,[①] 维持在较低的增长水平。2016 年中国移动互联网融资规模首次出现下降，早期投资热度降温，成熟阶段的企业受到资本市场青睐。

从具体行业发展来讲，社交、游戏、购物、视频等行业应用使用率及覆盖率较高，市场格局基本稳定。例如，根据 QuestMobile 的数据推算移动社交行业的用户规模已经接近 8 亿，几近饱和，腾讯、微博、陌陌等几大巨头筑起了坚实的壁垒[②]。TalkingData 报告指出，2016 年移动游戏活跃设备规模达到 11.3 亿，增速放缓至 2.1%，表明移动游戏用户存量已经趋于稳定。[③] 移动 O2O 除外卖业务外，其他业务正在经历调整，2016 年，58 到家宣布合并嘟嘟美甲，大众点评的到家服务也已下线，京东到家也削减了上门保洁等家政业务。受网约车政策影响，滴滴打车出行类应用覆盖率出现了负增长，随着监管不断加强、行业发展不断规范，直播行业也将经历一轮深层调整。一些细分类别应用的市场潜力虽仍在释放，但新应用进入门槛越来越高，很难再出现像直播、共享单车那样的发展机会。

2. 产业价值凸显，经济贡献率提升

我国互联网经济在 GDP 中的占比持续攀升，2014 年达到 7%，占比超过美国。[④] 2016 年，我国移动互联网信息服务市场总收入达到 13786 亿元，同比增长 12%，对 GDP 增长的贡献约为 1.52%，对 GDP 增长率的贡献约为 0.20%，带动就业岗位 306 万个。[⑤] 在激发信息经济活力、支持中小微互联网企业发展壮大、推进信息服务惠及全民、实施网络扶贫行动计划、繁荣发展网络文化等方面，移动互联网都发挥了重要作用。

---

① 根据中国信息通信研究院数据核算。

② 《移动社交用户争夺战接近尾声，变现能力成为竞争重点》，http://news.163.com/16/0726/16/BSTP2V2B00014SEH.html。

③ TalkingData：《2016 中国移动游戏行业报告》，http://youxi.youth.cn/yjxw/201703/t20170303_9213936.htm。

④ CNNIC：《互联网成为国家经济发展的重要驱动力》，http://world.huanqiu.com/hot/2015-10/7867269.html。

⑤ 详见本蓝皮书分报告《移动互联网产业助推中国经济转型升级》。

从结构上看，移动购物、移动游戏、移动广告成为移动网络经济贡献最大的三大细分行业。2016 年，中国移动购物市场规模为 3.3 万亿元，同比增长 57.9%，在整体网络购物交易规模中占比达到 68.2%，[①] 移动端已超过 PC 端成为网购市场更大的消费场景，“双 11”当天，阿里巴巴平台的交易额超过 1200 亿元，其中 82% 的交易额在手机端完成。2016 年中国移动游戏行业收入规模达到 661.7 亿元，[②] 精品化、规范化、正版化逐渐成为主流趋势。2016 年中国移动广告市场规模突破千亿元，达 1340.8 亿元，增速为 126.3%，再创新高。[③]

3. 新应用新业态创造新价值

2016 年，移动互联网产业蓬勃发展，新产品、新应用、新模式不断涌现，引领新型经济模式，催生信息消费新业态。

直播平台和网红的涌现带动了网红经济[④]蓬勃发展。网红、直播平台是网红经济中最为核心的要素。根据 ASO100 的统计，截至 2016 年 12 月 31 日，App Store 中国区在线直播类应用已经超过 500 款，腾讯系（腾讯直播、QQ 空间视频版、Bilibili、斗鱼、龙珠直播、TGA）、百度系（百秀直播、爱奇艺）、阿里系（淘宝直播、陌陌、优酷土豆、AcFun）、新浪（秒拍、一直播、MSeeTV）、网易（网易 Bobo、网易 CC）、合一、360、YY、小米等互联网企业全线入场，直播成为标配，竞争激烈。网络直播平台用户规模高达 3 亿，“网红”人数超过 100 万人，市场规模超过百亿元。[⑤] 2016 年，视频直播平台的融资案例引人注目，融资规模屡屡创出新高。云投汇数据显示，截至 2016 年 11 月 30 日，全国共有 31 家网络直播公司完成 36 起融资，涉

---

① 艾瑞咨询：《2017 年中国移动电商行业研究报告》。

② TalkingData：《2016 中国移动游戏行业报告》，http://youxi.youth.cn/yjxw/201703/t20170303_9213936.htm。

③ 艾媒咨询：《2016～2017 年中国移动广告行业研究报告》。

④ 所谓网红经济，是指依托互联网特别是移动互联网传播及社交平台推广，通过大量聚集社会关注度，形成庞大的粉丝和定向营销市场，并围绕网红 IP（Intellectual Property）衍生出各种消费市场，最终形成完整的网红产业链条的一种新经济模式。

⑤《移动直播元年：内容单一，80% 流量靠网红主播》，http://tech.caijing.com.cn/20170109/4221985.shtml。

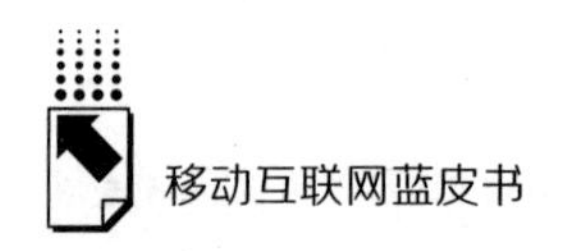

及总金额108.32亿元。从营收方面来看，9158、YY、陌陌三家年收入进入10亿元俱乐部，直播业务已经成为微博、陌陌等社交平台营收的重要拉动力。2016年三季度微博上视频日均播放量同比增长740%，直播开播场次比前一季度增长124%，而这两股力量是三季度微博总营收达11.8亿元的重要推动力。

网约车、共享单车、短租市场活跃带动分享经济发展。《关于促进移动互联网健康有序发展的意见》明确将分享经济新业态纳入政府重点培育和引导的方向。2016年我国分享经济市场交易额达到3.45万亿元，同比增长103%，预计未来几年我国分享经济仍将保持年均40%左右的高速增长。[①] 消费性服务领域的模式创新不断涌现，交通出行、房屋租赁、家政服务、办公、酒店、餐饮、旅游等领域，涌现出摩拜单车、小猪短租、爱大厨、纳什空间、途家等一批有影响力的本土企业。以网约车为例，2016年滴滴平台用户累计已达到4亿人，覆盖城市超过400座，每天直接为207.2万名司机提供人均超过160元的收入。2016年，共享单车ofo、摩拜单车分别达到100万辆、80万辆；市场整体用户数量已达到1886万；[②] 使用单车出行已经成为都市人群健康、低碳出行新方式。

移动应用平台深挖数据价值，推动大数据经济发展。一是类似360手机助手、应用宝、百度手机助手等移动应用商店利用大数据分析技术，根据用户属性和使用场景，为用户推荐最适合的应用。最新发布的360手机助手7.0版正式运用大数据实现了个性分发、人工智能分发。二是社交、地图、网约车、资讯APP等基于用户位置、浏览行为大数据分析，协助开发者完成产品评估、定向运营推广等商业决策。今日头条、滴滴、微信、支付宝等与社会生活息息相关、拥有亿级用户的超级平台应用，在岁末年初都发布了平台大数据报告，用户浏览新闻、打车、网络支付等行为习惯得以一窥全貌。这些企业平台的运营大数据，对于政府管理决策、引导投资和用户消费

---

① 国家信息中心分享经济研究中心、中国互联网协会分享经济工作委员会在京联合发布《中国分享经济发展报告2017》，http://www.cs.com.cn/ssgs/hyzx/201703/t20170302_5192682.html。

② 比达咨询：《2016中国共享单车市场研究报告》。

等都具有重要意义。移动互联网实现个性化精准服务的应用价值正在凸显，有利于推动产业升级，促进经济社会健康发展。

（二）法制化规范化进程加快，行业深层调整回归理性

1. 发展与管理并重，法制化规范化进程加快

移动互联网在经济社会发展中的作用受到高度重视，通过顶层设计、系统规划，移动互联网发展被纳入国家信息产业发展和网络强国的总体战略。2017 年 1 月 15 日，中共中央办公厅、国务院办公厅印发《关于促进移动互联网健康有序发展的意见》，首次系统阐释了当下我国移动互联网的发展形势、存在的短板，并针对发展提出总体要求；2016 年 11 月 7 日，十二届全国人大常委会第二十四次会议表决通过了《中华人民共和国网络安全法》，推动现有法律法规延伸适用于移动互联网管理，完善移动互联网管理多部门执法协调机制。移动互联网管理进一步法制化、规范化，行业发展更加健康有序。

国家在信用担保、融资上市、政府购买服务等方面为移动互联网创业者提供了大力支持，小微创业企业活力迸发。仅长沙高新区，移动互联网企业总数已突破 2000 家，每天都有三五家企业入驻，绝大部分为生活服务类企业。[①] 2016 年 11 月，教育部宣布，为打造“从 0 到 1”的大专院校创新创业生态系统，让大学教授走出校园，对社会产生实质贡献，将开放公立大学及私立大学教师投资技术衍生新创公司，股权比例不再受教师持股 10% 的限制。政策的变化或将带来新的活力。

面对移动互联网行业发展中的安全、版权、隐私、低俗等问题，2016 年监管层面屡次出击，相关政策法规不断出台。在移动金融行业，P2P、校园贷等业务得到有效规范整治。2016 年 4 月 14 日，中国人民银行与中宣部、中央文明办等 14 个部门联合发布了非银行支付机构风险专项整治工作实施方案。7 月 27 日，国务院办公厅又印发了《国家信息化发展战略纲

---

① 《长沙高新区移动互联网企业总数突破 2000 家》，http：//www. huaxia. com/ccxc/csxw/2016/03/4787502. html。

要》，提出引导、规范互联网金融发展，有效防范和化解金融风险。8 月 24 日，银监会、工业和信息化部、公安部、国家互联网信息办公室联合发布《网络借贷信息中介机构业务活动管理暂行办法》，明确了网贷监管体制、网贷业务规则，对网贷业务管理和风险控制提出具体要求。在视频直播行业，2016 年 4 月 13 日，北京互联网文化协会发起《北京网络直播行业自律公约》；9 月 9 日，国家新闻出版广电总局下发《关于加强网络视听节目直播服务管理有关问题的通知》；11 月 4 日，国家网信办发布了《互联网直播服务管理规定》，实行"主播实名制登记""黑名单制度"等强力措施，且明确提出了"双资质"的要求；12 月 12 日，文化部印发《网络表演经营活动管理办法》，对网络表演单位、表演者和表演内容进行了进一步的细致规定。此外，国家对移动信息服务方面加强了资质管理，完善了市场准入机制。各地相继出台了移动出行监管政策。打击电信网络诈骗力度空前加大。

2. 行业深层调整回归理性

2016 年，随着行业监管加强和行业内竞争加剧，移动金融、移动 O2O、移动出行、移动直播等行业都在经历深层次的调整，进行"供给侧改革"。移动 O2O 市场已经形成美团点评、口碑、百度和饿了么四大平台，过去以团购为主的服务模式退潮，逐渐演变为到店、到家、外卖三大板块。移动出行市场烧钱大战偃旗息鼓，各地也相继出台了较为严格的网约车监管政策，滴滴出行在数个城市的服务费用上涨，非本地户籍司机数量减少，每天打开滴滴出行的用户比例从 4.5% 下跌至 3.4%。[①] 移动直播市场已经过了资本疯狂涌入的阶段，经历了野蛮生长、大量死亡后回归理性，开始进入比拼内容质量、主播水准以及用户忠诚度的阶段，业内人士预计，2017 年 300 多家直播平台如无意外，将倒下 200 家以上。[②] 2017 年初，估值 5 亿元的直播平台——光圈直播轰然倒下，至少 8 家直播平台无法登录或宣布关闭，5 家已经下架或停止服务，十几家几乎没有活跃度，几十家已经转型为视频公司。

---

① 《滴滴的用户已经少了三成》，http：//www.traveldaily.cn/article/109789。

② 《2017 直播行业生死：300 多家企业可能死亡 200 以上》，http：//www.jiemian.com/article/1150117.html。

移动金融市场中的网贷平台进入整顿阶段，每个月停业的 P2P 平台都超过 30 家，随着 P2P 银行资金存管提速，业内预计 70% 的平台或面临倒闭。[①] 2016 年 4 月，教育部、银监会联合发声整治“校园贷”，不少校园贷平台纷纷酝酿转型，趣店、佰仟金融、我来贷、名校贷等校园贷平台均宣布暂停校园贷业务或转型，在政策的压力下寻找新的突破口。

除了以上以企业为主体的移动平台转型，一些以个体为主的创意创业平台被激发，也显露出了自身发展的规律。2016 年，越来越多的个人、机构进驻微信公众平台、今日头条头条号、腾讯企鹅媒体平台等分发平台，内容创业表现出一片繁荣，风光无限。但自媒体平台的现状与发展趋势仍是冰火两重天，在一些顶级自媒体年收入过千万元甚至数千万元的同时，超过六成自媒体人都未实现盈利，在盈利的自媒体人中也有七成月收入在 5000 元以下。[②] 当前，作为自媒体第一平台的微信公众号数量已突破 1500 万个，但真正通过运营掘到金的凤毛麟角，每 100 个公众号中，就有 9 个死掉，[③] 而且微信用户打开率平均数在持续下降，微信公众号平均新增关注人数也呈下降趋势，公众号涨粉越来越难。我国网红整体人数虽超百万人，但网红们的获利渠道仍然十分传统，主要是广告植入、卖会员、VIP 及粉丝打赏、微电商模式，像“2016 年第一网红”Papi 酱那样，凭借原创短视频内容融资 1200 万元的情况，实在是少之又少。戈壁投资合伙人徐晨就指出，即便在网络经济更为发达的美国，90% 的网红也都不赚钱。[④]

（三）核心技术寻求自主创新，企业海外布局成效显现

1. 积极参与国际规则和技术标准的制定

积极参与国际规则制定，提高我国国际话语权，是网络强国的必然要

① 《P2P 银行资金存管提速　70% 平台或面临倒闭》，http：//zqrb. ccstock. cn/html/2017 – 03/01/content_ 258091. htm。

② 自媒体价值排行及版权经济管理机构克劳锐：《2016 中国自媒体行业白皮书》。

③ 《为什么公众号会大面积死亡?》，http：//www. yixieshi. com/60658. html。

④ 《网红经济潜力几何：中国估值过亿美国九成网红不赚钱》，http：//www. ce. cn/cysc/tech/gd2012/201603/28/t20160328_ 9859574. shtml。

求。当前移动互联网全球合作、依法治理成为主流。在中国召开的世界互联网大会等国际性会议上，中国主张秉承相互尊重和相互信任的原则，通过积极有效的国际合作，共同构建和平、安全、开放、合作的网络空间，建立多边、民主、透明的国际互联网治理体系。

在相关技术标准制定方面，2016 年 6 月，我国自主创新的近场通信（NFC）非对称实体鉴别（NEAU－A）、NFC 对称实体鉴别（NEAU－S）两项近场通信安全技术正式成为 ISO/IEC 国际标准，在一定程度上改变了我国物联网领域核心技术受制于人的局面。11 月，在国际无线标准化机构第 87 次会议上，华为推荐的编码方案被国际移动通信标准化组织确定为 5G 技术的部分标准。

2. 核心技术自主创新突破，加快关键技术应用布局

《关于促进移动互联网健康有序发展的意见》指出，要加强移动芯片、移动操作系统、智能传感器等核心技术突破和成果转化，加紧人工智能、虚拟现实、增强现实、微机电系统、区块链等新兴移动互联网关键技术布局。

2016 年度国家科学技术奖励大会上，“第四代移动通信系统（TD－LTE）关键技术与应用”获得国家科技进步奖特等奖。截至 2016 年 11 月，TD－LTE 已在 46 个国家部署 85 张商用网络，真正实现了“以我为主”的 TDD 技术全球广泛应用。我国在北京怀柔建设了全球最大的 5G 试验外场，由 5G 推进组组织的 5G 技术研发试验第一阶段测试已圆满结束，充分验证了无线和网络关键技术支持 5G 场景需求的技术可行性，目前第二阶段试验已启动。

华为研发投入已经累计突破 2000 亿元，累计获得专利授权 36000 多件，自主研发的麒麟系列芯片在移动芯片市场上占据了一席之地。2016 年，华为海思推出麒麟 960，其 GPU 性能被认为与高通骁龙 821 相当，麒麟芯片也在这一年首次进入美国市场。大唐、展讯都已实现智能手机主芯片的规模出货，移动芯片国产化率已逼近 20%①。

---

① 中国信息通信研究院入网统计。

中兴通讯面向工业智能装备的电信级实时操作系统，凭借创新的技术与规模化的商用，获得分量最重的工业大奖，覆盖电子、机械、航空、航天、船舶、铁路、电力、汽车等重点工业领域。YunOS（阿里巴巴旗下智能操作系统）、TencentOS（腾讯官方适配的安卓手机系统）应用领域也在加速拓展当中，其中，YunOS 超过 Windows 系列占比达到 7.1%。

我国在麦克风、手机摄像和指纹识别三大领域初步形成规模竞争优势。歌尔声学以 MEMS（Micro-Electro-Mechanical System，微机电系统）麦克风为主打产品，进入苹果全球产业链，是全球第四大 MEMS 麦克风供应商。手机摄像方面，OPPO 在西班牙巴塞罗那举行的世界移动通信大会上推出其最为先进的拍照技术——全球首创的“5 倍无损变焦”技术，采用独特的潜望式设计，比目前任何支持两倍变焦的镜头都薄了至少 10%。指纹识别方面，汇顶公司已形成高中低市场全面覆盖的指纹与触控一体化、蓝宝石指纹识别、玻璃指纹识别和涂覆式（Coating）指纹识别等多款解决方案，获得三星、联发科、高通、东软、握奇、天喻等的支持，并已完成在银联、支付宝、微信等的认证工作。

3. 中国企业海外布局成效显现

2016 年，以互联网企业为主的创新主体依托技术及产品优势驱动市场，不断拓展海外渠道，推动我国移动互联网生态与海外市场深度融合，持续提升我国在全球的影响力。根据艾瑞研究院和白鲸研究院联合发布的报告，截至 2016 年 7 月，已有 6254 家中国互联网公司开发出针对海外市场的移动互联网应用产品。腾讯、阿里巴巴、今日头条等互联网平台纷纷通过投资收购借船出海，构建了基于移动互联的传播体系和传播平台。

在智能手机领域，中国手机厂商积极抢占东南亚、印度、非洲、俄罗斯和巴西等新兴市场。2016 年第四季度，印度智能手机市场的前五强中，中国品牌占据四席，中国品牌手机市场份额已经从 2015 年的 14% 提升至 46%，[①] 占据印度市场的半壁江山；在俄罗斯智能手机市场，华为、联想、

① 《中国智能手机海外市场告捷》，http://tech.china.com.cn/mobile/20170228/294527.shtml。

中兴位居第三、第四、第五位。来自全球五大市场研究公司之一的Gfk数据显示，华为目前在全球33个国家的市场份额超过15%，而在另外18个国家的市场份额超过20%。这50多个国家，近半数位于欧洲。

在移动应用领域，根据应用市场调查机构AppInsight的数据，以茄子快传、猎豹清理大师、雨燕桌面、UC浏览器等为代表的中国“出海”APP已涉及24个移动应用分类，并覆盖了除中国大陆地区以外全球近47%的安卓用户。[①] 根据猎豹移动2016年三季度财报，全球范围内安装猎豹移动产品的移动设备为34.64亿台，移动端的月活跃用户规模为6.12亿，其中80.3%来自以欧美为主的海外市场，海外收入占比为63.8%。

在海外并购方面，2016年6月，腾讯以86亿美元收购芬兰手游开发商Supercell 84.3%的股权，创全球游戏史上最大规模收购纪录。12月，腾讯全资收购了泰国最大的门户网站Sanook Online。2017年2月，今日头条全资收购美国移动短视频创作者社区Flipagram。

三　中国移动互联网发展面临的挑战与发展趋势

（一）中国移动互联网发展面临的挑战

1. 产业发展更要靠技术创新、应用创新带动

当前，中国移动互联网产业规模扩张增速减缓，细分行业发展趋于稳定，投融资力度减小。中国移动互联网产业发展需要技术创新、应用创新、政策激励等进一步来带动。

过去几年，中国移动互联网的高速发展得益于网民红利和市场初期的充分竞争，随着低壁垒和同质化挑战加剧，依靠“低价”“营销战”“规模化生产”“商业模式创新”等保持竞争优势已无可持续性，像共享单车这种依

① 《国产手机APP“抱团出海”开辟新兴市场“生态圈”》，http://www.taiwan.cn/xwzx/MediaNews/201605/t20160530_ 11469315.htm。

靠商业模式创新的应用，未来可能还有机会出现，但不太可能再有如此大规模的爆发。阿里巴巴董事局主席马云在第三届世界互联网大会说，“创新驱动”是21世纪的关键词，如果定义20世纪的经济发展是“标准化”和“规模化”，那么21世纪的重点就是“个性定制化”。未来只有坚持技术创新和应用创新，才能进一步推动移动互联网企业在国内市场站稳脚跟，走向世界。

2. 国际竞争力、话语权不足

（1）“走出去”的中国产品缺乏利润优势，国际竞争地位有待提升

当前中国移动互联网用户规模居全球首位，全球市值最高的互联网公司TOP 20中，就有7家是中国企业，在移动社交、移动支付、移动直播、移动工具等领域，中国已经走在了世界前列，成绩突出。但是我们也应该看到，中国企业“走出去”，缺少硬件、软件结合，产品应用还未能达到产业链的上层，未能抢占移动互联网行业利润的制高点。2016年四季度，苹果智能手机销量在全球所占份额约为18%，但是它所获得的利润却占了整个产业的92%。[①] 目前占据国内出海企业比例最大的仍是应用工具类公司，商业化程度还比较低，对于收获了数亿海外用户的猎豹、Camera360、茄子快传等公司来说，如何将用户变现才是最大的挑战。

（2）在国际标准制定、核心技术方面有待打破海外垄断

目前，中国国家标准对国际标准的贡献率仅为0.5%[②]。第三届世界互联网大会上，中国工程院院士、中国互联网协会理事长邬贺铨曾表示，国际上互联网的7000多项标准中，中国主导的只有2%。《关于加强国家网络安全标准化工作的若干意见》提出，要积极参与网络空间国际规则和国际标准规则制定，推动将自主制定的国家标准转化为国际标准。除了参与国际标准的制定，掌握各个环节的核心技术是提升国际话语权的必要条件。当前我国在移动芯片、操作系统、人工智能、VR、区块链及相关的物联网技术等

① 《苹果独占全球智能手机利润92%　三星只有9%》，http：//mobile. 163. com/17/0208/09/CCOAFSML00118023. html。

② 《经济观察：中国打响构建网络安全标准体系“发令枪”》，http：//china. chinadaily. com. cn/2016 - 08/24/content_ 26582119. htm。

方面创新能力不足，据中国信息通信研究院2017年1月发布的《2016年12月国内手机市场运行分析报告》，从操作系统看，2016年安卓系统的手机占我国手机出货量的81%。从芯片看，高通生产的芯片在我国手机芯片中占57.41%。[①] 此外，国内科研机构、产业链上下游企业及终端应用企业间的合作不足；在移动互联网核心技术的积累上，中国和美国、日本相比还差得很远，还有很长的一段赶超之路要走。

3. 移动互联网安全问题日益复杂

（1）用户画像更容易，网上隐私泄露的风险加大

大数据、云计算、人工智能不断发展，资讯、理财、社交、购物APP都在搜集用户数据，一些用户突破亿级的超级APP转向平台化运营。深挖用户数据，提供个性化的服务，数据运营进入红利期，同时也给用户的隐私保护带来极大挑战，尤其是社交服务类的平台应用，可以记录用户身份属性、地理位置、账号信息、消费水平、兴趣爱好等，而且随着跨平台授权的不断拓展，更多的用户用微博、微信平台的账户接入第三方服务平台，如此，用户在互联网上的用户画像就能被完全建构起来。但如果平台出现漏洞，个人身份信息被泄露，推销骚扰和诈骗担忧随之而来。

（2）移动互联网应用的滥用可能冲击正常的公共服务秩序

在移动医疗领域，一批以预约加号为核心业务的移动医疗企业发展起来，通过APP介入公立医院加号预约，催涨了“号贩子”和“网络医托”，扰乱了正常的医疗秩序。2016年5月3日，国家卫计委、公安部、国家工商总局等8部门联合下发《关于印发集中整治“号贩子”和“网络医托”专项行动方案的通知》，其中规定，严禁医务人员通过商业公司预约挂号加号谋取不正当利益的行为。

（3）移动网络诈骗比传统形式更复杂

根据中国银联发布的《2016移动支付安全调查报告》，约有25%的移

① 《2016年手机芯片top10：骁龙芯片地位不可撼动》，http：//www.elecfans.com/article/90//156/2017/0123478120.html。

动支付用户有过受骗经历。整个通信行业欺诈涉及金额约超过 80 亿元，并且每年以 20% 的增幅上升。而银行转账、扫码支付、钓鱼网站填写账号、安装木马软件等都有可能成为被不法分子利用的网络行为。此外，APP 改号软件、伪基站、手机号码未全部实名制等增加了打击违法犯罪的难度。

4. 市场集中和垄断问题日益突出

（1）涉及垄断和不正当竞争的纠纷和案件不断增多

手机厂商、软件商，往往凭借自身平台优势尽力阻断用户与第三方应用服务的接触机会，从而推广自有产品和应用。2016 年发生多起涉及垄断和不正当竞争的诉讼案件，如 2016 年 3 月，360 与小米互诉不正当竞争。4 月，人脉社交软件“脉脉”因非法抓取使用微博用户信息，被微博诉至法院。5 月，上海浦东新区法院就大众点评网诉百度不正当竞争案做出一审判决。8 月，北京知识产权法院就百度和搜狗手机浏览器劫持流量不正当竞争纠纷做出二审判决。11 月，凤凰新闻客户端就今日头条恶意劫持凤凰新闻客户端流量的部分行为提起诉讼。12 月，“安智市场”所属的北京力天无限网络技术有限公司，以不正当竞争为由将被告华为技术有限公司、华为终端有限公司诉至法院。2017 年 2 月，高德诉嘀嘀不正当竞争索赔 7500 万元，优信诉瓜子二手车不正当竞争。

（2）市场集中度提升，挤压了中小企业的生存空间

某些领域已经呈现一家独大、寡头垄断的态势。2016 年 8 月 1 日，滴滴宣布收购 UBER（中国），几乎让中国打车软件市场 90% 的份额集中到一个平台之下，质疑其垄断之声不断。一些互联网行业巨头凭借其资本优势，收购潜在竞争者，一部分可能有更好的发展，一部分则被调整并关停服务，创新力量被扼杀于摇篮之中，还有一些企业直接“复制”其他中小企业的产品和经营模式，抢夺其用户、流量，挤压中小企业生存空间，挫伤了行业创新积极性。

5. 个人赋能激发活力的同时带来管理问题

（1）个人法律意识、道德素养亟待提高

在网络信息传播过程中，一些个人为博眼球进行低俗炒作，甚至不惜弄

虚作假，涉黄涉暴涉诈骗等违背道德、违法违规行为频现。2016 年 11 月，一名网络直播平台主播在凉山做假慈善涨粉，造成恶劣的社会影响。一些个人违规发布内容，造谣传谣扰乱社会秩序，采用标题党、歪曲历史、夸大事实、断章取义、张冠李戴等方式制造轰动效果，吸引粉丝点击阅读。还有一些个人随意侵犯他人隐私，或盗用他人作品版权，不正当谋取私利。这些都迫切需要通过进一步加强法治和德治来进行规范。

（2）平台主体责任落实不到位

相比传统网络空间的开放性，移动互联网更具有私密性、封闭性，移动互联网治理更需要强调个体自律和平台主体责任。但目前很多平台的信息管理制度不完善，专业管理人员和监管措施不到位，对于平台上出现的低俗、虚假信息默许放任。有的平台无相关资质违规开展新闻信息服务，扰乱正常传播秩序。当前，平台的治理涉及海量的数据处理和实时的信息更新，需要强大的技术能力、人力资源和资金投入，现有的技术手段还无法完全解决新技术问题，如利用机器程序刷量造假等①，这些问题都增加了平台履行主体责任的复杂性。

（3）社会治理理念和方式需要转变

正如习近平总书记于 2016 年 10 月中共中央政治局第三十六次集体学习时所言，“随着互联网特别是移动互联网发展，社会治理模式正在从单向管理转向双向互动，从线下转向线上线下融合，从单纯的政府监管向更加注重社会协同治理转变”。移动互联网为社会治理注入了活力并提供了新平台与新方式，“两微一端”成为协同合作新平台，“圈子”文化促进了社会自治发展。这对政府治理理念和方式的转变提出了更高要求，一是要通过政务服务与移动平台融合，打通协同治理“最后一公里”；二是要在市场准入、监管机制、创新治理方面加强对共享经济等新业态的管理；三是要利用大数据、人工智能等技术手段进行开放、精准化的管理。

① 艾媒咨询发布的《2016 年中国微信公众号刷量行为分析报告》显示，中国微信公众号刷量市场规模在过去 3 年里，始终保持着高速增长态势，存在刷量等数据造假行为的微信公众大号中，平均真实数据为显示阅读数的 30.7%。

（二）中国移动互联网的发展趋势

1. 基础设施建设红利向农村快速释放、延伸

智能手机的高速普及、4G网络的快速铺开，让很多尚未触网的农村居民跳过PC阶段，直接成为移动互联网用户。随着国家扶贫攻坚战的全面展开，移动互联网在精准扶贫中将会起到至关重要的作用。《关于促进移动互联网健康有序发展的意见》指出，要加大对中西部地区和农村贫困地区移动互联网基础设施建设的投资力度。工信部发布的《信息通信行业发展规划（2016～2020年）》也提出，要在“十三五”期末，促进城市和农村地区无线宽带网络的协调发展，实现4G网络深度和广度覆盖。未来网络基础设施的全覆盖将为农村地区旅游、电商等方向的创业扶贫打下坚实基础。

“三农”创业浪潮方兴未艾，阿里巴巴、京东、苏宁等互联网企业都积极布局农村电商市场。随着地方政府加大扶持力度，更多的大学生会回乡创业，通过微信公众号、微店、直播等平台渠道，将特色农产品、休闲旅游、民俗工艺带出乡村，带向世界。

2. 创新移动“互联网+”，与实体经济深度融合发展

2017年政府工作报告指出，实体经济从来都是经济发展的根基，要以创新引领实体经济转型升级。当前中国经济发展“脱实就虚”问题引发广泛讨论，有人质疑金融、电子商务对实体经济造成了巨大冲击，但是造成这种结果的原因是实体经济的增长结构出现问题，而不是互联网发展模式带来的问题。移动互联网将借助与实体经济深度融合的优势，通过线上线下相结合开展服务模式创新，不断开发面向实体经济的新应用新服务，为实体经济打通脉络。

从移动互联网与实体经济三大产业融合趋势来看，移动互联网与第三产业融合发展会实现较大的跨越发展，移动电子商务、网约车虽然冲击了一些传统的产业，但是对整个产业的结构调整、创造利润、吸纳就业具有非常重要的作用；与第二产业的融合进一步推进，主要是在生产环节，推动智能制造、智慧制造发展，提高生产效率；与第一产业的融合蓄势待发，主要在流

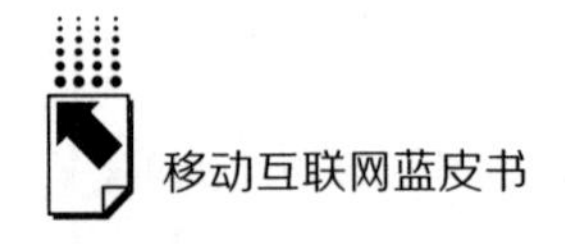

通环节，通过配套金融、物流产业链，创新发展绿色农业、生态旅游、特色文化等产业。

3. 构建大平台生态圈，向海外市场延伸

打造超级平台吸引用户长期驻足，建立基于各个领域的生态圈将成为移动互联网应用今后一段时间发展的大趋势。微信、支付宝的生态圈覆盖了社交、金融、支付、电商、出行等各个场景服务，两者的竞争将是两大生态圈的竞争。新浪微博加入短视频、直播，今日头条扶持头条号、视频创作者，也与微信公众号展开了多维度的内容生态体系竞争。高德开放平台已服务超过 30 万移动应用，包括新浪微博、神州租车等 3 万多家国内知名互联网厂商采用高德地图开放平台的服务来支持其互联网位置业务。百度推出涵盖交警、交通、城市规划部门、广播电台、消防、公安等多个合作方的“城市伙伴计划”，打造数据和城市服务生态。

在国家政策鼓励下，中国企业将更积极地向海外拓展，将技术能力、服务能力与海外本土化需求相结合，创造更大价值。出海的产品已经不再是“山寨”国外的产品和模式，而是把中国成功的、新兴产品的模式，通过本土化改造复制到海外，解决用户的痛点，这些产品在获取海外规模用户后，进一步开启了产品与商业创新，流量变现将会加快。中国移动互联网正在摆脱 PC 互联网时代“亦步亦趋”的跟随模式，并向海外市场输出产品、服务与资本。

4. 带动智慧产业发展，促进基本公共服务均等化

《关于促进移动互联网健康有序发展的意见》提出，要重点推动基于移动互联网的交通、旅游、教育、医疗、就业、社保、养老、公安、司法等便民服务，依托移动互联网广泛覆盖和精准定位等优势加快向街道、社区、农村等延伸，促进基本公共服务均等化。

当前，由于各地经济发展水平不同，社会资源配置不均衡，优势资源过度集中在东部发达省份和一线城市，不发达地区的人们没有充分享受到互联网发展红利，数字鸿沟依然存在。而移动互联网在民生领域的普及和应用，把“人与公共服务”通过数字化的方式全面连接起来，通过政务微博、政务微信、政务 APP 等载体形式，到达公共服务的“最后一公里”，有利于大幅提升社会整体服务效率和水平。移动医疗、在线教育、打车软件、智慧停车等线上线下结合的服务模式将实现各项资源优化配置和最大化利用。

5. 安全问题日益受到重视

2016 年 11 月 7 日《中华人民共和国网络安全法》出台，随着该法的贯彻落实，我国移动网络空间的安全防御能力建设将得到全面加强。根据 2016 年 6 月 28 日国家互联网信息办公室出台的《移动互联网应用程序信息服务规定》，2016 年 12 月 24 日工业和信息化部出台的《移动智能终端应用软件预置和分发管理暂行规定》等，围绕移动应用安全的行业监管也将更为严格细致。落实移动互联网相关企业的信息管理、应用管理主体责任将成为趋势。2017 年 2 月 4 日，国家网信办还就《网络产品和服务安全审查办法》征求意见，提出要对产品及关键部件研发、交付、技术支持过程中的风险进行安全审查，更预示着对技术进行安全审查将成为趋势。随着中国政府强调网络主权与网络空间安全战略的主张进一步受到国际社会认同，中国在全球网络治理中可能发挥更大的作用。

参考文献

万飞、晏梦灵、任菲：《中国移动互联网行业的技术效率、技术进步与生产率增长》，《经济与管理研究》2015 年第 11 期。

张丰祥：《移动互联网信息安全发展与公共经济研究与发展》，《现代国企研究》2016 年第 14 期。

杨吉：《网红经济：移动互联网时代的红利市场》，《传媒评论》2016 年第 6 期。

李文艳：《产业互联网背景下移动互联网趋势研究》，《中国新通信》2016 年第 18 期。

综 合 篇

Overall Reports

B.2
移动互联网时代“连接”的扩展及其蕴意

彭 兰*

摘 要： 移动互联网时代带来了各种对象间的新连接。人与机器的连接界面正在升级，算法在推动内容与人连接的精确化与个性化的同时，也会带来信息茧房等问题，而人与人的连接形式也在变得更丰富，连接之后的力量将可能转化为生产力。人与物的连接对媒体尤为重要，可以提升人的可量化度，也可以创新媒体生产机制，未来还可能会出现万物皆媒的景观。VR/AR 带来了人与环境的新连接模式，也带来了人与新闻现场环境的连接。

* 彭兰，清华大学新闻与传播学院教授、博士生导师，新媒体研究中心主任，湖南师范大学潇湘学者讲座教授。

关键词： 移动互联网 连接 物联网 算法 VR/AR

互联网的本质是各种对象间的关系与连接。

移动互联网时代不断带来新的关系与新的连接模式，而其根本，是要解决人、物、环境这三个变量的关系以及与之适配的内容和服务，内容与服务之间也会产生更深层的互动关系，如图1所示。

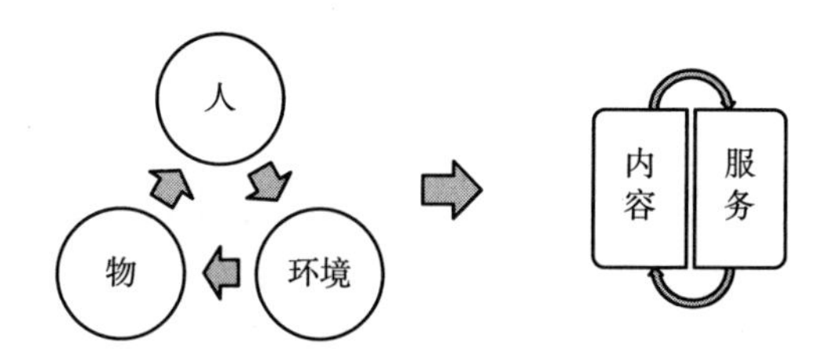

图1 移动互联网中的基本关系

互联网中的连接也在渐进地升级，如图2所示。目前的互联网主要是以人为核心来进行连接的，它已逐渐完成了人与机器（前Web时代）、人与内容（Web1.0）、人与人（Web2.0）、人与服务（Web2.0）的连接，移动互联网时代这些连接本身也在升级。

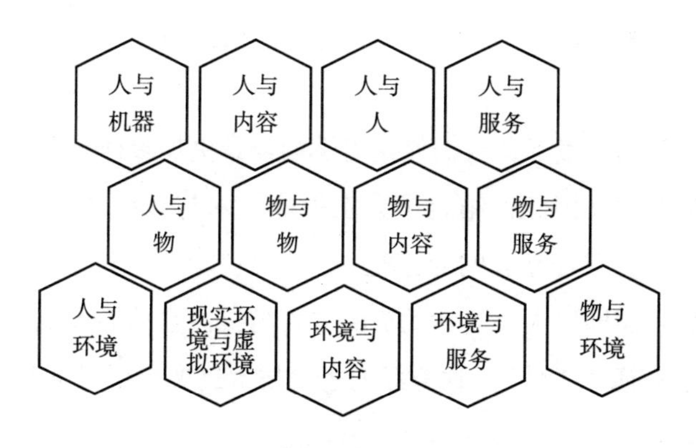

图2 互联网连接的渐进层次

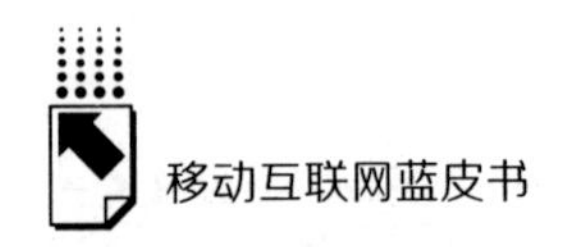

由于物联网等技术的融入，未来移动互联网连接的升级将更多地以物为核心展开，人与物、物与物、物与内容、物与服务等更多关系维度将成为构建互联网服务的基础。再进一步，现实与虚拟两种环境、不同的虚拟环境之间的连接，也将是新的服务拓展维度。

一 以人为核心的连接的升级

移动互联网的发展，带来了与人相关的新连接，这些连接在给人带来更多便利和新体验的同时，也带来了一些新困扰。

（一）让人保持本性："人－机"连接升级的目标

人机交互，是信息社会和互联网的基础，在人工智能等技术的推动下，人机交互技术正在实现一个新的飞跃。

2016年对人工智能应用的普及具有特别的意义。Alphago战胜人类围棋世界冠军李世石，是人工智能发展史的一个里程碑。埃森哲的报告则预言，到2035年，人工智能会让12个发达国家经济增长率翻1倍。[①] 在中国，人工智能已成为BAT等互联网企业的战略重点之一。

尽管人们听到人工智能技术，首先想到的是机器对人的威胁，但从人工智能技术的本意来说，它更多的目标是扩张人的能力，这也包括人与机器的交互能力。

在移动互联网环境下，人们使用终端的场景更加多样化，轻松、便捷交互的需求更加突出，因此，结合了人工智能技术与人机交互技术的"自然用户界面"将成为移动互联网的标配。

自然用户界面即以人类自然的交流方式与机器互动的人机界面，这意味这些终端将越来越"人性"。这方面的主要技术进展包括以下几点。

---

① 《埃森哲最新报告：到2035年，AI会让12个发达国家经济增长率翻一倍》，http://it.sohu.com/20161001/n469488038.shtml。

1. 语音交互技术：从人机界面到互联网入口

语音交互即通过“说话”来与终端进行交互。目前，语音交互的基础——语音识别技术已经趋向成熟，语音识别率已经达到相当高的水准。2016 年的数据显示，微软语音识别、科大讯飞、苹果、谷歌、百度等语音技术的识别准确率都超过 90%，甚至在某些情况下比人的准确度还高。

苹果公司 2011 年 10 月发布的 iPhone 4S 手机中的 Siri 技术，推动了普通人对语音交互技术的认识与应用，今天越来越多的智能手机里都有类似的语音智能助理。

微软推出的 Cortana（小娜）是跨平台的语音助理，它既可以用于 PC 机，也可以用于手机，但它更重要的特点不在于语音交互，而是智能化的私人数字助理。它会持续学习用户的行为习惯和兴趣，根据人们在不同场景下的需求来进行信息服务。在 2014 年世界杯期间，它甚至提供了比赛结果的预测，其对淘汰赛的预测结果准确率是 100%。

语音交互不仅成为人机交互的新方式，也被业界一些人寄予了成为互联网入口的期待。不少互联网企业都开始了这方面产品的试水。

亚马逊在 2015 年推出了智能音箱 Echo，它可以与智能手机应用搭配使用，通过 Alexa 语音助理，用户说话就可以完成播放音乐、设置闹钟、叫车、订餐、购物等操作。根据亚马逊公布的 2016 年第四季度财报，搭载语音助手 Alexa 的 Echo 等设备成为假日季最热销的产品，销量同比翻了 9 倍。①

根据相关统计，在 Echo 和 Echo Dot（相较 Echo 功能更简单）刚刚发布时，将近 80% 的消费者都是男性。在 2015 年和 2016 年，购买 Echo 系列产品的女性消费者不断增长：截至 2016 年 12 月，Echo 的消费者中女性比例已经从最初的 23% 上升到 50%，呈现男女平分天下的局面。过去的两年间，超过 60% 的 Echo 消费者由 50 后、60 后和 70 后构成。其中，50 后和 60 后

① 《亚马逊 Echo 销量近千万，谷歌 Home 该如何打翻身仗?》，http：//mt. sohu. com/it/d20170208/125791604_ 610706. shtml。

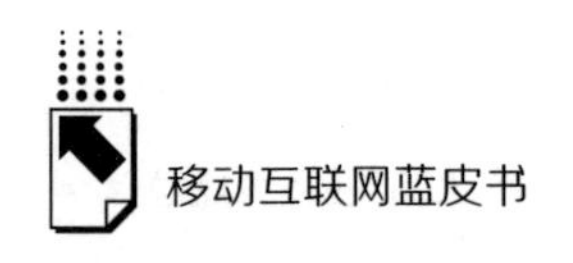

在绝大多数时段都稳居消费率第一的宝座。[①] 这些数据也许表明，对中老年用户来说，以语音交互为基础的互联网产品对他们是有吸引力的。

2016 年 4 月，Facebook 宣布推出聊天机器人 Messenger Platform，希望建立一个对话式的系统，实现订餐、下单、获取资讯等各种各样的服务。5 月，谷歌在它的 I/O 大会上发布了 Google Home 智能音箱，其使用场景和功能与亚马逊的 Echo 相似。

国内相关的技术也在不断发展，其中较为引人注目的是 2015 年 5 月科大讯飞联合京东发布的支持语音交互的智能云音箱——DingDong（叮咚），除了实现音箱本身的语音交互功能之外，它还可以实现对整个智能家居的智能语音控制。2016 年 11 月，叮咚音箱升级，接入了京东购物的功能，用户可以通过其查询订单状态、相关产品信息。根据用户在京东商城的订单记录、关注浏览、用户画像等大数据，叮咚可以为用户提供个性化智能推荐商品的服务。

从语音这一交互手段切入，围绕语音使用的场景来开发智能设备和相关软件，这是语音交互逐步升级为互联网入口的一种可能途径。除了智能家居外，汽车也应是语音交互的一个重要应用场景，汽车与语音交互的结合，也许会带来另一种移动互联网的入口。

2. 手势与体感交互技术："隔空操作"将盛行

通过手势或身体动作来与信息终端进行交互的技术也正在成熟。智能家居的一个发展趋势，也是手势或体感交互。

微软推出的搭载了 Kinect 技术的游戏机 X－BOX 是目前"体感"技术的代表，玩家不需手执遥控器或手柄，只要做出各种动作，就可以与游戏机进行互动。类似技术的应用前景，也远超出游戏领域。例如，当医生在做手术时，利用 Kinect 或类似设备，医生可以无接触地控制手术影像的播放，避免了用手直接操作带来的细菌污染。在人眼无法看到东西的暗处，Kinect 能通过红外摄像头"看到"事物，并对人发出相应提示，对于盲人来说，

① 《Amazon Echo 消费报告出炉：男女通吃　老少咸宜》，http：//www. le365. cc/101249. html。

类似 Kinect 这样的设备也有可能成为他们的“眼睛”。

而在虚拟现实的应用中，体感交互也会是一种主要的人机界面。

尽管体感交互技术及应用水平还有待提升，但是，它实现的“隔空操作”效果，为未来的人与机器的关系带来了新的可能，它也将会成为一种主流的人机界面。

3. 面部识别技术：“刷脸”成为趋势

随着计算机图像识别技术的成熟，面部识别技术也在逐步进入实际应用层面，未来大量的移动互联网应用，或许将是基于“刷脸”技术的应用。

2015 年 3 月，阿里巴巴发布了支付宝的人脸识别技术“SmiletoPay”。这也代表了刷脸应用的一个主要方向，即通过人脸识别来提高服务的便捷性与安全性。

2015 年 6 月，腾讯优图开放平台正式对外发布，优图团队的人脸检测等核心技术开始对外逐步开放，并且完全免费。优图已有的应用方向包括互联网金融、空间相册、失踪儿童找回、智能家居监控和安防管理等。

2017 年 1 月，在江苏卫视的《最强大脑》节目中，在人脸图像识别的对抗中，承载了“百度大脑”技术的机器人小度击败了以记忆著称的最强大脑选手王峰。

尽管看上去很美好，但是，刷脸技术也面临着很大的挑战。例如，数字化的“易容术”，会成为“刷脸”的安全性的一个障碍。

4. 眼控技术：释放想象空间

未来，甚至眼球的运动或者说视线也可以成为人机交互的一种方式，也就是说，通过眼睛活动就可以控制电脑或其他终端。2012 年初，专门从事眼动仪[①]研发的瑞典 Tobbi 公司宣布将为 Windows 8 发布眼控“Gaze”凝视界面，即允许用户通过眼控技术来控制电脑操作，并称通过眼睛来控制屏幕

---

① 眼动仪是认知科学、心理学和医学研究中的一项主要设备，它是通过观察人的眼球的活动来对人的心理、认知状况等进行分析。近年来，眼动仪也越来越多地被引入新闻传播领域，成为传播效果研究的一种手段。

和鼠标控制一样精确，但是要比鼠标更加直观、自然、快速。[①] 尽管正常人对这样一种交互手段的需求如何还需要进一步观察，但对一些残疾人来说，这无疑是一个革命性的进步。

苹果公司曾申请过与眼动应用相关的专利，称通过“该技术可以根据用户视线延迟显示屏操作的执行，还可以改变用户界面，生成并执行相关信息。例如，当用户输入文本时如果出现拼写错误，且眼睛正在注视错词，系统将自动修正；如果设备发现用户的视线没有注视错词，系统将延迟修正”。[②]

LG 和三星也曾推出过具有眼动追踪技术的手机。如三星 Galaxy SIII 就可以通过检测用户的眼睛状态来控制锁屏的时间，同时眼球还可以用来控制页面的上下滚动。

除了作为人机交互的方式外，眼动跟踪也可以用于用户需求判断与反馈。江苏卫视曾在《一票难求》节目中引入眼动仪，用于判断嘉宾和观众对某一电影海报的关注点。可以预想，在未来的互动式广告或其他资讯的推送中，可以根据用户的视线规律，来设置交互手段或信息跟进策略。

以上这些新的人机交互技术，不仅更便捷地实现了人与机器的连接，更力求在延伸人的能力的同时使人保持自然天性。当然，它们也可能给人带来新的问题与困扰。

（二）精准化、个性化与信息茧房：“人 - 内容”连接的升级及可能的陷阱

以往媒体内容到达用户的途径相对单一，简单的“大众化”的推送，成为人与内容连接的主要方式。

但进入网络时代特别是移动互联网时代后，海量信息与人之间的匹配问

---

① 《CES2012：Windows 8 将迎来眼控“Gaze”界面》，http：//tech. ifeng. com/digi/special/ces2012/content - 3/detail_ 2012_ 01/10/11856938_ 0. shtml。

② 《作为未来 VR 与移动设备交互新手段，“眼动追踪”怎样用上 MEMS?》，http：//www. leiphone. com/news/201606/fzDCVloNp8Y5woZM. html。

题，成为一个挑战，也成为新应用开发的契机。

各种社会化媒体平台的出现，为新媒体时代人与内容的连接提供了一种新的模式。人的关系网作为内容的过滤机制，为个体的信息筛选提供了一个低成本却同时有效的方式。

今天，数据与算法，也成为提高人与内容连接性与匹配度的新手段，并且扮演的角色越来越重要。

1. 数据与算法为内容的精准生产与传播提供依据

近年在美国新媒体领域脱颖而出的 BuzzFeed，是用算法决定内容生产与传播的典范。它有自己的核心技术，有超过 100 人的专业数据分析团队。BuzzFeed 每天更新约 400 条信息，数据分析团队负责利用数据分析工具对发布出去的信息进行追踪，根据信息传播的效果和表现，为编辑、运营团队提供修正建议，并通过反复追踪测试和大数据分析，锁定最受欢迎的内容类型。[①]

这样的思路也开始进入传统媒体。例如，《华盛顿邮报》数据分析部将网站上所有的实时流量数据、从何渠道导流而来、受众最关注的内容等都在大屏上实时更新，编辑根据数据反馈实时调整文字标题，并进行小范围测试，观察哪一种标题的反馈更好，再进一步推广。[②]

这样的思路意味着，人与内容的匹配，不只是在传播环节完成的，而是在生产环节就已经被考虑。

2. 数据与算法为个体用户提供个性化的内容适配

今天人与内容的连接，越来越演变为一对一的连接，也就是个性化连接。

近几年移动端新闻分发平台的一个重要特点，是个性化信息推送客户端的流行。在中国新闻客户端市场格局中，我们可以清楚地看到这一点。

在猎豹发布的 2016 年年度 APP 排行中，在新闻资讯类客户端中，“今

---

① 张学玮：《新闻聚合网站 BuzzFeed 的成功带给我们哪些启示?》，http：//www. tmtpost. com/1005723. html。

② 朱玲：《数据驱动智媒时代媒体转型！厉害了！》，http：//mp. weixin. qq. com/s/tWhR4v7LHVb2qVwg4OSMHw。

日头条”排名第一，“天天快报”排名第三，“一点资讯”排名第四。[①]

在艾瑞统计的2016年12月移动APP 100强名单中，“今日头条”列第31位，在新闻资讯类排第2位；“天天快报”列第42位，在综合资讯类排第3位；“一点资讯”列第99位，在综合资讯类排第8位。[②]

在易观数据统计的2016年12月移动APP 100强名单中，“今日头条”列第22位，在综合资讯类排第2位；“天天快报”列第38位，在综合资讯类排第6位。[③]

以上这些数据未必都是精确的，但还是在一定程度上反映了个性化新闻客户端在中国新闻客户端市场中的整体影响力，这也反映了用户对个性化服务的认同程度。

“社交网络+个性化推送”的内容匹配模式也将成为趋势，其中最具代表性的是Facebook，这个本身已有社交网络作为信息过滤机制的平台，也在信息流的推送里加入了算法。在收集用户的各种动态的基础上，Facebook通过算法对这些动态进行数据分析，把每个用户可能关心的内容推送到他们的News Feed里。Facebook的算法甚至对传统媒体网站的流量具有极大的控制力。

而未来人与内容之间的连接，可能还会形成类似于智能信息管家这样的系统，微软的Cortana已经展示了一定的潜在可能性，尼葛洛庞帝在《数字化生存》一书中提到的“界面代理人”或许是这样一种智能系统的理想目标：“数字化的生活将改变新闻选择的经济模式，你不必再阅读别人心目中的新闻和别人认为值得占据版面的消息，你的兴趣将扮演更重要的角色。……未来的界面代理人可以阅读地球上每一种报纸、每一家通讯社的消息，掌握所有广播电视的内容，然后把资料组合成个人化的摘要。这种报纸每天只制作一个独一无二的版本。”[④] 尼葛洛庞帝把这样一种由界面代理人生成的个人

---

① 《2016中国app年度排行榜：十大行业、25个领域、Top500和2017趋势预测》，http://weibo.com/ttarticle/p/show? id=23094040626 69417094893#_0。

② 《12月App指数盘点》，http://www.iresearch.com.cn/data/266692.html。

③ 《移动应用数据排名》，http://qianfan.analysys.cn/view/rank/app.html。

④ 〔美〕尼古拉·尼葛洛庞帝：《数字化生存》，胡泳、范海燕译，海南出版社，1997，第181页。

化摘要称为“我的报纸”(The Daily Me)。

尽管用户对个性化信息服务的接受程度较高，但他们也有着种种担忧与质疑。在2016年10月腾讯企鹅智酷一项面向用户的调查中，认为个性推荐能完全满足获取资讯的用户占15.2%，另有70.3%的用户认为满足程度为一般。认为个性推荐的内容太少（32.6%）和认为它会让视野变狭窄的用户（32.3%）比例相当，而认为推荐内容不准（30.7%）和推荐内容低俗(29.4%）的比例也相当。①

可以看到，社会化媒体与算法这双重过滤机制的确给人们带来了更高效的传播，但它也带来了相应的问题。

其一是信息茧房现象，也就是人们局限于自己所感兴趣的内容中，作茧自缚，失去对环境的整体了解与把握。

其二是人群的分化带来信息与意见的“圈子化”，也就是人们因社交圈以及自身的立场态度的影响，总是固守在符合自己偏好的信息与意见的圈子，各种圈子之间相互隔绝甚至对立。“回音室效应”也因此加剧。

当然，这些问题并非新媒体时代独有，在传统媒体时代它们就已经表现出来，且“选择性接触”理论解释了这些现象。而值得我们警惕的是，看似具有海量信息的互联网以及看似更优化的信息传播模式，却并不必然能改善这些问题，甚至可能会加剧它们。

2016年美国大选之后，倚重算法的Buzzfeed News也推出了一个新功能，叫“泡泡之外”(Outside Your Bubble)，它会被放置在分享率高的文章页面底部，让读者能看到在自己的社交圈子以外别人对新闻的看法。这一做法，也是意在打破个性化推荐带来的封闭性。

媒体的重要功能之一是环境监测。因此内容与人的连接目标，并不只是给人们输送他们所感兴趣的内容，还在于帮助人们更好地完成对生存环境的认知。而媒体的另一项重要功能是社会整合，在某种意义上，传统的“大众传播”有助于创造跨越各种社会群体与阶层的人与人的大规模连接，在

---

① 本调查内容由企鹅智酷与笔者共同设计，调查由企鹅智酷在网上进行。

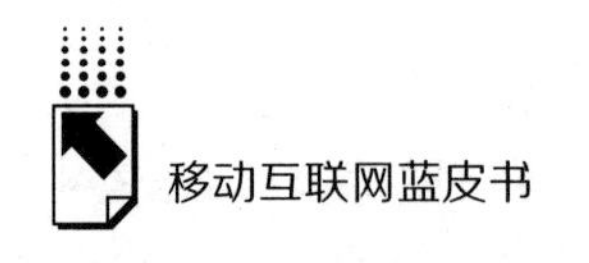

这方面，今天的新媒体却面临着更大的挑战。

新媒体技术不应只顺应人的本性，还需要帮助人克服自身的局限。新媒体在连接人与内容时，还应该借助内容更好地连接人与人，打破人们的自我封闭，虽然必定困难重重，但这应该是新媒体未来的追求。

（三）更丰富还是更狭隘："人－人"连接的扩展及其隐忧

人与人的连接，始终是互联网应用的核心，近年很多新应用也是在这个方向下产生的。

1. 人与人连接界面的升级

除了改进了人与机器连接的界面外，人工智能也将是增强人与人连接能力的一个手段。

在这方面，我们近期可以预期的是智能翻译技术的推进以及它给人与人的互动带来的影响。

2016 年 9 月，谷歌的 Google Neural Machine Translation（简称 GNMT）取得重大突破，它不再像以往翻译系统那样逐字翻译，而是从整体上分析句子。翻译准确程度大幅提升。

尽管目前的智能翻译还不能达到完全满意的效果，但是，谷歌等的技术思路已经让我们看到未来的前景。

智能翻译的应用领域绝不仅限于人与人的互动，但它的一个主要应用方向必然是人－人互动，使用不同语言的用户间的连接与交互将出现一种新的界面，这为打破人与人连接中的语言壁垒提供了可能。

2. 人与人连接形式的丰富

人与人的全方位连接已在各种 Web2.0 应用中得以实现，但人与人连接的手段仍在变化中，移动视频直播在某种意义上就是一种新的人与人连接方式。

目前的移动视频直播多数都属于社交性的直播。无论是网红直播还是草根直播，常常没有特别的事件或活动，就是在聊天或者对话，就像日常现实生活中的社交场合。对于直播者而言，这是他们的一种个人化表演，是体现他们个人价值与存在感的方式。

在博客、微博、微信等平台上，文字仍是赢得关注与影响力的主要手段，文字能力也就成为一种门槛，阻碍一些人的自我展示。但直播消除了这种障碍，给了某些群体在文字之外展示自我的机会，哪怕是用出位的方式。

而对观看者而言，与一个超出自己生活圈子的人，进行近距离的交流，可以让他们感觉自己进入他人的生活空间，并且感觉到他人的陪伴。人们也可以随时进出各种不同的直播间，在各种直播进程中跳转，就像感觉在不同的聚会上同时现身，与不同的人相遇、对话。

观看者也可以通过各种方式呈现自己的存在感。那些花重金给主播送出礼物的观看者，除了想用礼物来表达自己的喜爱，也许在一定程度上也是为了让主播和其他观看者注意到自己的存在。虽然是虚拟的方式，但是比起过去的电视来说，观看者昭示自己在场的可能性增加了。

移动视频直播通过在场感和陪伴感将人们连接在一起。在场与陪伴，也成为虚拟世界里一种重要的连接方式。未来，更逼真的在场感与陪伴感将通过 VR/AR 来实现。

3. “丰富的连接 =更好的社交”？

尽管新技术赋予了人与人更多的连接场景与形式，但这种连接未必一定会提高人们的社交质量。

由于连接对象的数量以及移动社交的场景等因素影响，移动互联网连接的互动常常是片面的，甚至很多时候是碎片的。这样的互动可能容易带来实时的报偿，但难以建立起持续的关系。

另外，当人们与远方的人连接起来时，他们与身边人的交流却变得日益稀少。美国心理学家雪莉·特克尔的分析，也许在一定程度上揭示了其中的缘由：“我们开始把其他人当实用性的客体而去接近，并且只愿意接近对方那些实用、舒适和有趣的部分。”[①] 在真实的环境中，人们与身边人的互动，是全方位的接触，例如，既要接受对方的关怀，还要忍受他们的唠叨或者其

---

① 〔美〕雪莉·特克尔：《群体性孤独》，周逵、刘菁荆译，浙江人民出版社，2014，第 165 ~ 166 页。

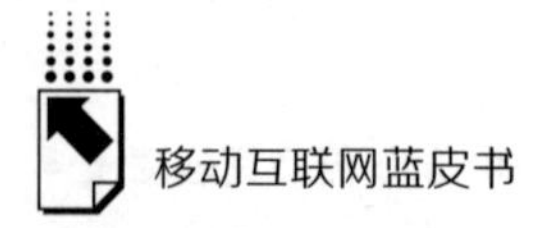

他毛病，付出的时间和其他交流成本通常要更高。但通过虚拟空间来和他人互动，则可以选择性地接受对方的有用、有趣之处，将其他自己不喜欢或不感兴趣的部分剥离出去。从社会资本获取角度看，这样的互动方式在短期可能有低投入、高回报的效果，但是，从长远来看，深入、稳定的关系仍然是难以建立的。

而人们的社会关系管理能力也是有限的。英国牛津大学的人类学家罗宾·邓巴（Robin Dunbar）在对灵长类动物的大脑容量与其群体规模的关系研究中推断，根据人类的大脑容量，人类社会群体的理想规模在150人左右。他进一步解释，这是分开之后再见面，一眼能认出来的人数。[①] 这个理论被称为邓巴数或“150定律”。但今天各种社交应用为多数人编织的社交网络，远远大于150人，这也就意味着，很多社交关系已经成为人们的负担。

移动互联网将给人们带来全方位的连接，但这种连接未必一定带来了更多的情感与社会支持。很多时候，过于丰富的连接反而会使人们的互动简单化、功利化，充分的连接也可能带来新的狭隘与孤独。

（四）生产力：“人－人”连接的价值转化方向

社区一直是互联网连接人的主要方式，但是，近年来，在业界，“社群”这个词的使用频率远远超出“社区”。尽管它们都对应着英文的“community”，但是，今天的研究者和从业者更偏好用社群这个概念，可能是为了强调两者“门槛”的不同。社区多数是松散的人群的集合，而社群则往往是紧密的人群的结合。

在今天一些倡导社群经济、社群电商的实践者看来，社群也把人与人连接的基础从社交关系的连接上升到基于价值观或志趣的连接，而这样的连接所追求的更重要的目标，是将社群转化为生产力，或实现人－服务的连接。

---

① 〔美〕尼古拉斯·克里斯塔斯基、〔美〕詹姆斯·富勒：《大连接：社会网络是如何形成的以及对人类现实行为的影响》，简学译，中国人民大学出版社，2013，第269页。

新媒体实践者吴晓波认为，在商业上，社群的意义有三条：其一，社群能够让消费者从“高速公路”上跑下来，形成真实的闭环互动关系，重新获取信息和利益分配的能力；其二，社群让互动和交易的成本大幅降低，从而令优质内容的溢价得以实现，而消费者的支付也得以下降；其三，社群能够内生出独特的共享内容，彻底改变内容者与消费者之间的单向关系，出现凯文·凯利所谓的“产销者”。①

事实上，在20多年前，美国哈佛商学院出版的关于网络经营的《网络利益》一书中，作者约翰·哈格尔三世和阿瑟·阿姆斯特朗就指出了内容、成员、社区与交易这几者之间的价值链关系，并把这称为虚拟社会中增加利润的动力原理。互联网社区，从诞生之初就孕育着这种可能，只是在很长一段时间内，网络社区的互动更多的是一种文化性行为，没有完全转化为经济能力，而在今天，网民的互动不再是一种自娱自乐的狂欢，也开始被作为一种新的生产要素来加以利用。

类似的，共享经济的思路，也是通过人－人连接获得来自用户的生产力，再将这种生产力转化为人－服务的连接。

无论社群经济、共享经济这样的概念是否经得起时间的考验，至少我们可以看到，互联网将人连接起来，不仅有助于拓展个人的社交圈，还有可能形成集群的生产能力。这也在一定程度上促使人－人连接向人－服务连接的转化。而其中的转化能力，更多地来自社群成员本身，而不是外部力量。

今天对社群经济、社群电商、共享经济的重视，更多地来自那些需要解决生存问题的“自媒体”。但这也未必不是专业媒体需要思考的问题。

二　以物为节点的连接的兴起

当物联网与移动互联网相融合时，物将成为网络中的基础性节点，未来更重要的连接，将产生于以物为节点的连接网络中，无疑，物联网技术这样

① 吴晓波：《我所理解的社群经济》，参见微信公众号“吴晓波频道”，2016年2月16日。

的新连接技术是关键。

物联网技术正处于大爆发前夕。据 IDC 预测，到 2020 年，物联网市场将达到 1.7 万亿美元。[①] 市场研究机构 Gartner 预计，到 2020 年，将有 250 亿个智能设备被接入网络。[②] 国内的几大互联网公司以及华为这样的企业，也在近几年加紧在物联网领域的布局，如表 1 所示。

表 1　国内几大公司的物联网布局

公司	时间	与物联网相关的行动
华　为	2015 年 5 月	发布“1 +2 +1 计划”(一个平台、两种接入、一个物联网操作系统)
腾　讯	2015 年 7 月	发布“QQ 物联计划”
百　度	2015 年 9 月	发布 BAIDU IoT 平台
阿里巴巴	2016 年 7 月	发布“阿里巴巴物联网平台”

物联网对未来人们生活的影响是深远的，而从移动互联网和媒体发展的角度看，它所带来的“人 - 物连接”的影响更为突出，这主要包括如下几方面。

（一）人 - 物连接：提升人的“可量化”度

人 - 物连接的一个重要影响，是使用于量化人的手段变得更丰富。与人相关的物体，映射着人的各种状态与行为，可穿戴设备正是最典型的这样的“物”。

人的可量化度的增强，也为未来的深度个性化服务提供了基础。

未来的定制化信息生产，将是针对个体及其关联场景的整体情况，进行个性化定制。而用可穿戴设备与传感器来了解用户的实时需求与场景，完成个性化数据采集与传导，是定制化生产的基础。例如，当我们参观一家博物

① 《IDC：2020 年物联网市场规模将达 1.7 万亿美元》，http：//finance. sina. com. cn/360desktop/world/20150602/204622329971. shtml。

② 《2020 年联网设备数量将达 250 亿部》，http：//www. cnii. com. cn/mobileinternet/2014 - 11/14/content_ 1477099. htm。

馆时，可穿戴设备（如智能眼镜）的传感器感知到我们关注某件展品，就可以从网络中搜集与此展品相关的信息，通过耳机或其他方式推送给我们。这是今天博物馆的导览服务无法相比的。

阿里研究院指出，物联网的本质是，根据算法驱动的机器智能，为每一个人主动、无感、精准地提供“所需即所得”的最优个性化服务。[①]

当然，当用户的“个性”可以通过可穿戴设备、传感器等方便地测量、传导时，个体的隐私暴露风险也必然加大。如何在两者间进行平衡，将成为未来新媒体应用伦理中的一个新问题。

（二）人－物连接：创新媒体生产机制

人与物的连接，在移动互联网时代将普遍存在，而从信息生产的角度看，人与物的连接，往往借助传感器。传感器可以大大增强媒体人的感知与预知能力。传感器与新闻的碰撞，或许会带来“传感器新闻”的兴起。

所谓传感器新闻是基于传感器进行信息采集、以数据处理技术为支撑的新的新闻生产模式。传感器新闻这个词听上去很神秘，但其实它早就进入我们的生活，我们每天接触的天气预报，就是气象卫星等传感器及遥感技术收集数据做出的报道。与气候、环境有关的报道，很多时候也依赖传感器提供的数据。而未来传感器的种类将会更多，应用领域将进一步丰富，传感器将成为连接器，把各种对象产生的数据输送给媒体，从而不断拓展新闻生产的思路与空间。

1. 传感器拓展感知能力，开辟信息采集新维度

不管一个人的能力有多强大，他都只能观察事物的某些截面，无论是时间上的，还是空间上的，并且他的观察主要是人体感官所能触及的领域。人眼可以看见雾霾，却无法看出雾霾中有害物质的具体成分。但传感器可以做

---

① 《阿里研究院：互联网 3.0，未来 15 年会发生的事情》，http://mt.sohu.com/20160308/n439745881.shtml。

到这一点。

传感器是“人的器官的延伸”，它们可以代替人的眼睛、耳朵等去探测和感知，而相比人的能力，传感器在感知的广度、深度、准确度等方面有着显著的优势。

2015 年 10 月央视推出的“数说命运共同体”专题中，5 位数据分析员用了 21 天时间分析从 GPS 系统（全球定位系统）获得的“全球 30 万艘大型货船轨迹”，分析比对的航运数据超过 120 亿行，从数据分析中他们发现，过去一年里途经“一带一路”沿线主要国家的海上货运量增加 14.6%，而同期全球航运总量只增加 3.8%。[①] 对于这个专题中核心数据的挖掘来说，GPS 系统至关重要，而 GPS 系统就是一种与地理位置相关的传感系统。近几年春节期间央视联合百度推出的“据说春运”，也是基于 GPS 等地理位置数据描绘出春运期间中国人口的大规模运动。

今天遍布大街小巷的监控摄像头，同样是一种传感器。它们持续、稳定地记录着某些区域的现场状况，一些新闻事件真相的最终查明，正是得益于这些监控录像。

无人机，也可以看作是会飞的传感器，今天它在一些重大新闻报道上的应用，已经展示了未来的可能。

未来还将出现更多的智能传感器，它们将广泛地存在于各种环境、各种物体以及人身上。它们从过去人力无法企及的层面，来获得数据，这些数据可以帮助媒体从新的维度来揭示与描绘新闻事实。

2. 传感器探测未来动向，提升人对未来的洞察力

过去媒体最缺乏的能力之一，是预知未来的能力。借助媒体人或专家的智慧来预测未来，总是有其局限性的，且预测失灵的情况非常普遍。对于自然界与社会的洞察，越来越多地需要靠数据说话，而这些数据，未来将大量地来自物联网。

正如天气预报一样，很多传感器的主要作用就是监测某些对象的变化过

① 引自中央电视台特别报道《数说命运共同体第 1 集：远方的包裹》，2015 年 10 月 3 日。

程与趋势，因此，以传感器数据为基础预测未来，将是必然的。这也会为管理者和媒体提供预知未来的重要依据。

3. 传感器作为信息源，提供即时信息的生产与发布

从2013年起，国家地震局的地震预报系统就通过手机、网站、微博和移动客户端等多种方式，向全社会自动实时发布地震速报信息。以此推断，当各类传感器遍布各个地区、各种领域时，类似的信息或新闻服务必将得到更广泛的应用。

在这样的情境下，一些媒体的中介性角色会被削弱，传感器及相关的计算机处理系统直接充当了信息源，并将相关信息推送到各类终端。

传感器采集的部分数据，也会成为机器化新闻写作的信息来源，因此，传感器的应用也可能推动某些领域机器自动写作的批量化。

（三）万物互联的未来：万物皆媒

在人－物互联、万物互联的前提下，媒体的生产机制、传播机制还将进一步发生深刻变化。

装有传感器的一切“物体”，都可能成为信息的生产者与传递者，有些可能成为信息的呈现终端，万物都有可能成为“媒体”。

而万物皆媒的时代，也是智能化媒体时代，这也意味着以下几方面的可能。

用户分析与匹配的场景化、智能化与精准化：智能化的媒体将更好地洞察每一个体用户在特定场景下的行为与需求，并智能推荐其所需要的信息与服务。

新闻生产的机器化、智能化：智能化机器与物体进入新闻信息的采集、分析、写作等环节，改变现有的生产模式。

新闻传播的泛在化、智能化与新闻体验的临场化：各种智能物体将成为新闻接收的终端从而为用户提供无所不在且适配用户需求的信息获取，而VR/AR等技术，将为人们塑造全新的新闻临场感。

互动反馈的传感化与智能化：用户在信息消费过程中的生理反应，将通过传感器直接呈现，用户反馈将进入生理层面。

三　基于环境的新连接及其可能

（一）VR/AR：人与环境的新关系模式

VR（虚拟现实技术）和 AR（增强现实技术）的技术思路与效果不同，但都是未来的技术方向。

近年来，大批国内外科技和媒体巨头都先后涉足这一领域。表 2 与表 3 列举了国外与国内一些巨头在这个领域的布局。

表 2　国外主要科技和媒体巨头在 VR/AR 领域的行动

公司	时间	与 VR/AR 相关的行动
谷歌	2012 年 4 月	推出 AR 眼镜 Google Glass
	2014 年 10 月	5.42 亿美元投资 AR 公司 Magic Leap
索尼	2014 年 3 月	发布 VR 设备 Project Morpheurs，后更名为 PlayStation VR
Facebook	2014 年 3 月	20 亿美元收购 VR 企业 Oculus
英特尔	2014 年 4 月	投资 VR 公司 World VIZ
三星	2014 年 9 月	与 Oculus 合作发布 VR 设备三星 Gear VR
苹果	2015 年 5 月	收购 AR 公司 Metaio
	2015 年 11 月	收购面部识别技术公司 Faceshift
	2016 年 1 月	收购 AR 公司 Flyby
微软	2015 年 1 月	发布 AR 设备 Hololense
迪士尼	2015 年 10 月	投资 VR 内容公司 Jaunt
Comcast 和时代华纳	2015 年 11 月	投资 VR 平台 NextVR

表 3　BAT 在 VR 领域的动作

公司	时间	与 VR/AR 相关的行动
百　度	2015 年 12 月	推出 VR 视频频道
	2016 年 7 月	上线 VR 浏览器
腾　讯	2015 年 12 月	公布 Tencent VR SDK 及开发者支持计划
阿里巴巴	2016 年 2 月	投资美国 AR 公司 Magic Leap
	2016 年 3 月	成立 VR 实验室，启动“Buy +”等计划

2016 年被业界称为 VR/AR 元年。VR/AR 技术也被高盛称为“下一代的计算平台”。高盛报告预言，在正常情况下，到 2025 年，VR/AR 技术将可能产生 800 亿美元盈收，在快速发展情况下，则可能产生 1820 亿美元的市场。①

VR/AR 带来了人与环境、虚拟环境与现实环境的新连接模式与新关系。

VR 给人们提供了在虚拟环境中获得真实体验的可能，而这些体验可以超越空间的限制，因此，在某种意义上，它给了人们一种脱离现实环境的新自由。

而 AR 则促进了现实环境与虚拟环境的连接，或者说线下与线上的结合。它可以丰富现实环境，或者提高人们对现实环境的感知能力。2016 年底、2017 年初流行的 AR 红包，让人们体验了将现实环境中的物体作为一种连接手段的新乐趣。

新媒体营造了全新的体验，有些体验甚至让人沉迷，但另外，它也使一些人远离现实。如何让人回归现实世界，将是新媒体未来发展的一个新目标，在一定意义上，AR 可以用附加的虚拟体验来促进人们对于现实环境的回归。

VR/AR 的未来发展也面临很多问题，最核心的主要包括以下几点。

VR/AR 设备的普及：价格适宜且有良好用户体验的 VR/AR 设备的普及还有待时日，目前很多声称的 VR 应用只能用 360 度照片方式呈现，效果打了折扣，这可能会在一定程度上影响用户的热情。

用户的生理限制：VR/AR 观看时产生的晕眩感，是目前用户体验中最大的问题，而未来技术在多大程度上能克服这一问题，决定了未来应用的深度。此外，VR/AR 观看不像手机使用那样可以一心多用，这种体验是排他的，用户的“生理带宽”有多少可以交给 VR/AR，也会影响 VR/AR 的应用前景。

---

① 《高盛 VR 与 AR 报告：下一个通用计算平台》，http：//tech. qq. com/a/20160201/049531. htm。

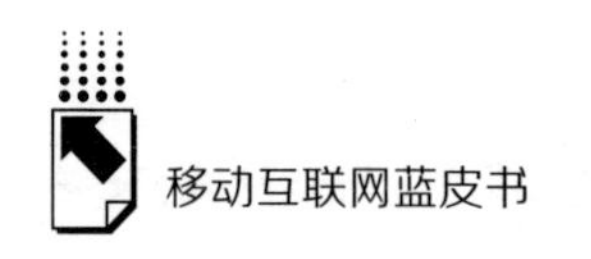

（二）VR/AR 新闻：人与新闻现场环境的连接

在新闻生产领域，VR/AR 也成为热门话题。目前主要的应用还在 VR 方面。

《纽约时报》在全球媒体中是 VR 新闻的最早探索者之一。它在 2015 年启动了 VR 内容制作项目，并推出了专门提供 VR 新闻的 NYT VR 客户端。很多中国媒体也在 VR 新闻方面开始试水。2016 年 6 月，《重庆晨报》上游新闻 APP 客户端，率先推出全国首个 VR 新闻频道。

VR 可以创造两种空间，一种是用数字化影像 360 度还原现实的空间，另一种是数字化技术模拟的三维环境。从新闻表现的角度来看，前者应是未来的主流。

与传统的电视新闻相比，VR 新闻不仅使人们可以进入新闻现场，人们还可以依据自己的主观视角，从现场发现更多的个人兴趣点，而较少地受到传统电视直播的摄像、导播视角的限制。他们对于现场的理解与认知，也是基于他们从现场观察中所获得的信息，即“你所见即是你所得”。受众与新闻现场的关系变得更直接，他们也拥有了更多的主动性。

《华尔街日报》的全球视觉负责人 Jessica Yu 表示，“显然，要想让虚拟现实成为主流的表达方式，我们仍需要克服许多障碍，但我认为这是未来讲故事的主要形式。我不想假装我知道这是新闻业的未来，但它提供了一个讲故事和展示信息的新维度，就好像当年视频新闻出现的时候人们应该也感到很兴奋”。①

尽管 VR/AR 新闻只是未来新闻表现手段之一，而不是全部，它也带来新闻真实性、新闻伦理等方面的新挑战，但是，就像影像手段的发展一样，在经历过各种试错之后，VR/AR 技术在新闻领域的应用将日益成熟。

移动互联网时代，技术在不断拓展连接的维度与广度，虽然我们对技术

---

① 《〈纽约时报〉、BBC、ABC，国外媒体如何用 VR 报道新闻?》，http：//www. v4. cc/News－2187461. html。

带来的新连接及其新可能充满期待，但另外，我们也需要思考：这些连接是不是人们必需的？更多的连接是对人的扩展，还是对人的异化？在技术呈现出无限可能时，我们更需要抑制自己在某些方面的冲动，以避免打开“潘多拉的盒子”。

参考文献

〔美〕尼古拉·尼葛洛庞帝：《数字化生存》，胡泳、范海燕译，海南出版社，1997。

〔美〕雪莉·特克尔：《群体性孤独》，周逵、刘菁荆译，浙江人民出版社，2014。

〔美〕尼古拉斯·克里斯塔斯基、〔美〕詹姆斯·富勒：《大连接：社会网络是如何形成的以及对人类现实行为的影响》，简学译，中国人民大学出版社，2013。

〔美〕凯斯·R. 桑斯坦：《信息乌托邦》，毕竞悦译，法律出版社，2008。

B.3
中国移动互联网发展政策和法规评析

郑 宁*

摘 要：网络安全和信息化共同推进是我国网络治理的基本思路。2016年，我国大力推进网络强国建设。网络安全立法取得重要进展，网络信息内容的监管不断加强，对特定领域的监管力度不断加大，“互联网+”政务不断深入发展。未来，移动互联网的立法还需要进一步提升合法性、民主性、科学性，改进监管程序和方式，加强各方共治，发挥司法和ADR机制在互联网治理中的作用。

关键词：移动互联网 政策法规 网络治理 网络安全

随着“互联网+”、分享经济等新经济形态的不断涌现，随着网络直播、物联网、人工智能（AI）、虚拟现实（VR）、增强现实技术（AR）等新技术、新应用的迅猛发展，随着网络强国战略、“互联网+”行动计划、大数据战略的深入实施，我国移动互联网发展的政策和法规也在与时俱进。在这一背景下，移动互联网的治理需要从以政府为中心的单一监管模式转变到社会多方共治模式，形成政府引领，企业、社会组织、技术社群、公民共同参与、相互协作，法律规范、行政监管、行业自律、技术保障、公

* 郑宁，中国传媒大学文法学部法律系副主任，副教授，硕士生导师，法学博士，主要研究方向为行政法学、传媒法、互联网法。

众监督、社会教育相结合的网络治理体系，平衡好网络环境下的国家安全、公共秩序等公共利益和企业、公民的合法权益（如通信自由、言论自由、商业秘密、名誉权、财产权、知识产权）之间的关系，实现网络治理的法治化。

一　大力推进网络强国建设

2016 年 4 月 19 日，习近平总书记在网络安全和信息化工作座谈会上强调，按照创新、协调、绿色、开放、共享的发展理念推动我国经济社会发展，是当前和今后一个时期我国发展的总要求和大趋势，我国网信事业发展要适应这个大趋势，在践行新发展理念上先行一步，推进网络强国建设，推动我国网信事业发展，让互联网更好地造福国家和人民。

2016 年 7 月，中共中央办公厅、国务院办公厅印发《国家信息化发展战略纲要》，该纲要是规范和指导未来 10 年国家信息化发展的纲领性文件，是信息化领域规划、政策制定的重要依据。战略纲要提出，国家信息化发展战略总目标是建设网络强国，分“三步走”：第一步，到 2020 年，核心关键技术部分领域达到国际先进水平，信息产业国际竞争力大幅提升，信息化成为驱动现代化建设的先导力量；第二步，到 2025 年，建成国际领先的移动通信网络，根本改变核心关键技术受制于人的局面，实现技术先进、产业发达、应用领先、网络安全坚不可摧的战略目标，涌现一批具有强大国际竞争力的大型跨国网信企业；第三步，到 21 世纪中叶，信息化全面支撑富强、民主、文明、和谐的社会主义现代化国家建设，网络强国地位日益巩固，在引领全球信息化发展方面有更大作为。

2016 年 10 月，习近平总书记在主持中共中央政治局第三十六次集体学习时进一步强调，加快推进网络信息技术自主创新，加快数字经济对经济发展的推动，加快提高网络管理水平，加快增强网络空间安全防御能力，加快用网络信息技术推进社会治理，加快提升我国对网络空间的国际话语权和规则制定权，朝着建设网络强国目标不懈努力。

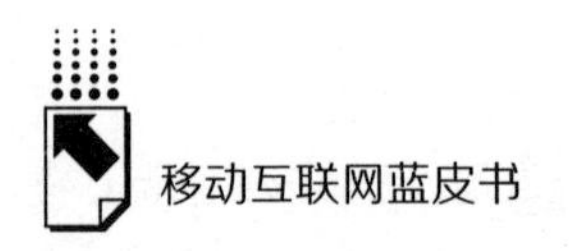

2016年12月，国务院印发《“十三五”国家信息化规划》，作为指导“十三五”期间各地区、各部门信息化工作的行动指南。规划提出了引领创新驱动、促进均衡协调、支撑绿色低碳、深化开放合作、推动共建共享、防范安全风险6个主攻方向；部署了构建现代信息技术和产业生态体系、建设泛在先进的信息基础设施体系、建立统一开放的大数据体系、构筑融合创新的信息经济体系、支持善治高效的国家治理体系构建、形成普惠便捷的信息惠民体系、打造网信军民深度融合发展体系、拓展网信企业全球化发展服务体系、完善网络空间治理体系、健全网络安全保障体系10方面任务。

在网络强国的建设过程中，移动互联网的发展越来越受到重视。2017年1月，中办、国办出台《关于促进移动互联网健康有序发展的意见》，提出移动互联网发展的指导思想是：坚持以人民为中心的发展思想，坚持鼓励支持和规范发展并行、政策引导和依法管理并举、经济效益和社会效益并重的原则。意见就推动移动互联网创新发展、强化移动互联网驱动引领作用、防范移动互联网安全风险、深化移动互联网国际交流合作、加强组织领导和工作保障等方面做了具体部署。意见要求：①进一步取消和下放相关行政审批事项，加快落实由先证后照改为先照后证，简化审批流程、提高审批效率；②建立知识产权风险管理体系，加强知识产权预警和跨境纠纷法律援助，加大对移动互联网技术、商业模式等创新成果的知识产权保护力度，研究完善法律法规，规范网络服务秩序，提高侵权代价和违法成本，有效威慑侵权行为；③完善移动互联网用户信息保护制度，严格规范收集使用个人信息行为，加大对利用“伪基站”、非法网站、恶意软件等侵害用户权益行为的打击力度，切实维护消费者权益和行业秩序；④打击网络违法犯罪，严厉查处造谣诽谤、电信网络诈骗、攻击窃密、盗版侵权、非法售卖个人信息等违法犯罪行为，全面清理赌博、传销、非法集资、淫秽色情、涉枪涉爆等违法违规信息；⑤强化法治保障，加快网络立法进程，完善依法监管措施，化解网络风险，推动现有法律法规延伸适用于移动互联网管理。

二　2016年我国移动互联网相关政策法规进展

（一）网络安全立法取得重大进展

2016 年 11 月通过的《网络安全法》规定了网络空间主权的原则，明确了网络安全监管部门职权及配合，明确了网络产品和服务提供者、网络运营者的安全义务，建立了关键信息基础设施安全保护制度，确立了关键信息基础设施重要数据跨境传输的规则，规定重大突发事件可采取“网络通信限制”的临时措施。在规定“网络实名制”的同时，完善了个人信息保护规则，增加了惩治网络诈骗等新型网络违法犯罪活动的规定，保障了用户的知情权、数据控制权和自我决定权。

2016 年 12 月发布的《国家网络空间安全战略》，系统论述了我国网络空间安全的机遇和挑战、目标、原则、战略任务，阐明了中国关于网络空间发展和安全的重大立场和主张，切实维护国家在网络空间的主权、安全、发展利益，提出我国网络空间安全战略的目标是：以总体国家安全观为指导，贯彻落实创新、协调、绿色、开放、共享的发展理念，增强风险意识和危机意识，统筹国内国际两个大局，统筹发展安全两件大事，积极防御、有效应对，推进网络空间和平、安全、开放、合作、有序，维护国家主权、安全、发展利益，实现建设网络强国的战略目标。我国国家网络空间安全战略遵循的四个原则：尊重维护网络空间主权、和平利用网络空间、依法治理网络空间、统筹网络安全和发展。

2017 年 2 月，国家网信办发布《网络产品与服务安全审查办法》（征求意见稿），要求关系国家安全和公共利益的信息系统使用的重要网络产品和服务，应当经过网络安全审查，国家互联网信息办公室会同有关部门成立网络安全审查委员会，负责审议网络安全审查的重要政策，统一组织网络安全审查工作，协调网络安全审查相关重要问题，重点审查网络产品和服务的安全性、可控性。

当然，在《网络安全法》的具体落实中，如何避免“重管理，轻保护；重实体，轻程序”的问题，[①] 如何做好网络安全与互联网企业发展、个人信息保护等方面的利益平衡，仍需要进一步探索。

（二）网络信息内容的监管不断加强

1. 加强对网络出版的管理

2016 年 3 月，国家新闻出版广电总局（以下简称“广电总局”）和工信部共同颁布实施的《网络出版服务管理规定》，旨在统一网上和网下的出版服务市场准入和管理标准，加快出版业和新媒体的融合发展。该规定界定了“网络出版物”的概念，调整了网络出版服务许可的准入条件；禁止外资参与网络出版。传统出版单位从事网络出版业务仅需较少条件；其他单位进入网络出版服务领域则需要更为严格的资质条件。此外，按照“谁登载、谁负责”及“网上、网下相一致”的原则，明确了网络出版服务单位的内容审核责任，加大了违法行为处罚力度。

2016 年 6 月，为规范“手游”，广电总局发布《关于移动游戏出版服务管理的通知》，明确移动游戏出版管理流程和一般网络游戏出版流程无异，均需先申报版号，然后才能上线收费运营。在国家简政放权政策背景下，该通知将移动网络游戏内容的初审时间、复审时间分别由 30 天、15 天压缩为 15 天、5 天。对于“申请出版不涉及政治、军事、民族、宗教等题材内容，且无故事情节或者情节简单的飞行类、棋牌类、解谜类、体育类、音乐舞蹈类等休闲益智国产移动游戏”的程序也进一步简化。

2. 加强对网络视听节目的管理

广电总局对网络剧的内容审查更加严格，线上线下标准渐趋统一。因涉及血腥暴力、色情粗俗、封建迷信等内容，《太子妃升职记》等多部热门网络剧在播出后被下架整改。2016 年 4 月，广电总局出台了《专网及定向传

---

① 丁道勤：《“上天入地”，还是“度权量利”——〈网络安全法〉（草案）述评》，《中国矿业大学学报》（社会科学版）2016 年第 5 期；张素伦：《网络安全法及其与相关立法的衔接——我国〈网络安全法（草案）〉介评》，《财经法学》2016 年第 3 期。

播视听节目服务管理规定》，取代2004年的《互联网等信息网络传播视听节日管理办法》。这是对此前监管政策的一次全面梳理、整合和升级，进一步加强了许可准入和内容管控，成为今后IPTV、OTT、专网手机电视行业发展的导向性文件。办法规定，主管部门按照业务类别、服务内容、传输网络、覆盖范围等分类向提供专网及定向传播视听节目服务的单位核发《信息网络传播视听节目许可证》（AVSP）。专网及定向传播服务分为内容牌照方、集成播控牌照方、基础网络运营方三类，且必须是国有独资或国有控股单位。对于民营的新媒体企业而言，只有通过与有牌照的传统媒体合作的方式，才能合法生存。

2016年11月，广电总局发布《关于加强微博、微信等网络社交平台传播视听节目管理的通知》，要求利用微博、微信等各类社交应用开展互联网视听服务的网络平台，应当取得《信息网络传播视听节目许可证》等法律法规规定的相关资质，利用微博、微信等各类网络社交平台传播的电影、电视剧应当具有《电影片公映许可证》或《电视剧发行许可证》；利用微博、微信等各类网络社交平台传播的视听节目内容应当符合互联网视听节目管理的相关规定，微博、微信等网络社交平台不得转发网民上传的自制时政类视听新闻节目。

3. 加强对互联网信息内容的管理

2016年2月，《互联网新闻信息服务管理规定》（修订征求意见稿）发布，将各类新媒体纳入管理范畴，新媒体发布时政类新闻也需要取得许可，并提高了申请互联网新闻信息服务许可的标准，强调总编辑负责和加强用户个人信息的保护。2016年7月，国家网信办发布《关于进一步加强管理制止虚假新闻的通知》，严禁盲目追求时效、未经核实将社交工具等网络平台上的内容直接作为新闻报道刊发。

2016年5月，全国扫黄打非办开展打击利用云盘传播淫秽色情信息专项整治行动，公布了一批典型案例，迅雷、新浪、百度等企业受到行政处罚，一些网盘被关闭整顿。对网络大V的整治力度也不断加大。6月，网信办开展跟帖评论专项整治，集中清理跟帖评论中违反“九不准”、触犯“七条底线”的违法违规有害信息，加大执法监管力度。12月，网信办开展了整治标题党专项行动，并出台了《互联网新闻信息标题规范管理规定（暂行）》，明确要求各网站把坚持正确舆论导向贯穿互联网新闻采集、撰写、编排、发布等各个环节。在报道各类新闻，尤其是设计重大时政新闻和重大突发事件等重要信息时，要通过标题内容传达正确的立场、观点、态度，确保导向正确，恪守新闻伦理，严谨恶意篡改标题炒作或蓄意制造舆论“热点”。

2016年7月，全国网信办主任座谈会召开。会议决定，2016年下半年将以“重基本规范、重基础管理，强化属地管理责任、强化网站主体责任”为抓手，全面加强网站基础建设和管理，不断提升网站管理的制度化、规范化水平，促进互联网健康持续发展。重基本规范，就是要制定行之有效的制度规范，确保有章可循、有据可依、有违必究。8月，国家网信办召开专题座谈会，就网站履行网上信息管理主体责任提出了八项要求。从事互联网新闻信息服务的网站要建立总编辑负责制，总编辑要对新闻信息内容的导向和创作、生产、传播活动负总责，完善总编辑及核心内容管理人员任职、管理、考核与退出机制；发布信息应当导向正确、事实准确、来源规范、合法合规；提升信息内容安全技术保障能力，建设新闻发稿审核系统，加强对网络直播、弹幕等新产品、新应用、新功能上线的安全评估。

4. 加强对未成年人的网络保护

为营造未成年人健康网络环境以及保护青少年网络权益，2017年1月，国务院法制办公室就《未成年人网络保护条例（送审稿）》公开征求意见，主要内容包括：①禁止未成年人在每日的0:00至8:00期间使用网络游戏服务，保障未成年人的健康权、休息权；②规定了网络欺凌的行政责任或刑事责任，有利于预防和减少日益突出的网络欺凌问题；③收集、使用未成年人信息应当在醒目位置标注警示标识，遵循知情－同意的原则，未成年人或其监护人要求网络信息服务提供者删除、屏蔽网络空间中与其有关的未成年人个人信息的，网络信息服务提供者应当采取必要措施予以删除、屏蔽；④对未成年人沉迷网络的预防和干预，直面网瘾这一突出社会问题，通过法律机制加以防范和解决；⑤全面规定各级国家机关、社会团体、行业组织和互联网企业、学校、监护人、监护人所在单位、居委会、村委会等各方主体在未成年人网络保护方面的责任，体现了各方共治的理念。

（三）加强对网络特定领域的监管

1. 加强对网络直播的监管

互联网直播发展迅猛，但部分直播平台传播色情、暴力、谣言、诈骗等信息，违规开展新闻信息直播，相关部门采取了一系列监管措施。2016 年 4 月，文化部查处斗鱼、熊猫 TV 等多家网络直播平台，网络直播平台共同发布《北京网络直播行业自律公约》，对主播提出实名认证要求，要求网络直播视频保存不低于 15 天，不满 18 岁不得担任主播。7 月，文化部发布《关于加强网络表演管理工作的通知》，督促网络表演经营单位和表演者落实责任，违法违规表演者将列入黑名单或警示名单。

2016 年 9 月，广电总局发布《关于加强网络视听节目直播服务管理有关问题的通知》，要求直播平台必须持有《信息网络传播视听节目许可证》，未取得许可证的机构和个人不能从事直播业务。

2016 年 11 月，国家网信办发布《互联网直播管理规定》，重申了对互联网直播新闻信息服务的资质监管，要求互联网直播服务提供者提供互联网新闻信息服务的，应当依法取得互联网新闻信息服务资质，并在许可范围内开展互联网新闻信息服务。开展互联网新闻信息服务的互联网直播发布者，应当依法取得互联网新闻信息服务资质并在许可范围内提供服务。此外，强化了直播平台的主体责任，要求其建立直播内容审核平台，对直播内容加注、播报平台标识信息，对评论、弹幕等互动环节加强实时管理，并具备“及时阻断”的直播技术能力。

2016 年 12 月，文化部发布《网络表演经营活动管理办法》，规定网络表演是指以现场进行的文艺表演活动等为主要内容，通过互联网、移动通讯网、移动互联网等信息网络，实时传播或者以音视频形式上载传播而形成的互联网文化产品，并把网络游戏直播纳入监管范围。经营者应取得《网络

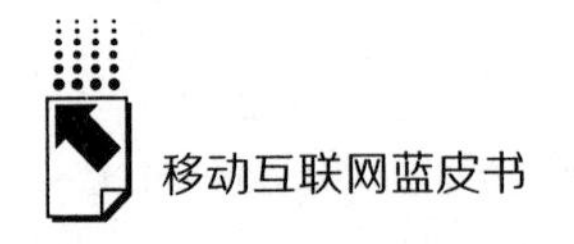

文化经营许可证》，健全审核制度，直播实时监管，录播先审后播。

2. 加强对互联网信息搜索及广告的监管

针对互联网广告违法率较高、隐蔽性较强的问题，相关部门展开了一系列监管。2016 年 5 月，“魏则西事件”引发了全社会关于百度搜索引擎竞价排名是否广告的大讨论，国家网信办等部门派调查组进驻百度，并开展网址导航网站专项治理。6 月，网信办发布《互联网信息搜索服务管理规定》，引入了“付费搜索信息服务”和“商业广告信息服务”两个概念，要求互联网信息搜索服务提供者醒目区分自然搜索结果与付费搜索信息。7 月，国家工商总局发布《互联网广告管理暂行办法》，明确“推销商品或服务的付费搜索广告”属于互联网广告，网络广告必须有“可识别性”，包括自然人在内的自媒体也视为广告发布者，在自己的微博、朋友圈里发布违法广告也将承担相应的法律责任，并对互联网广告联盟的三方责任做了规定。

3. 加强对网约车的监管

针对社会关切的网约车管理问题，2016 年 7 月，交通运输部公布了《网络预约出租汽车经营服务管理暂行办法》，并于 11 月 1 日起实施。暂行办法的主要内容包括：①明确将网约车车辆登记为预约出租客运，既体现出出租汽车的性质，又反映出新业态的特征；②规定网约车行驶里程达到 60 万公里时强制报废，行驶里程没有达到 60 万公里，但使用年限达到 8 年时退出网约车经营；③明确网约车平台公司与驾驶员应根据工作时长、服务频次等特点，与驾驶员签订多种形式的劳动合同或协议，明确双方的权利和义务；④对平台公司经营许可实行“两级工作、一级许可”；⑤从多方面加强网约车服务涉及的个人信息安全保护。此后，北京、上海、成都、广州、深圳等地纷纷出台网约车管理细则，其中北京和上海要求的准入门槛最高，要求从事网约车的主体必须为本地人和本地车。12 月，济南市市中区法院对“网约车第一案”做出一审判决，认定济南网约车司机陈超的行为构成非法从事出租车客运经营，但考虑网约车特殊背景，该行为社会危害性小，济南城市公共客运管理服务中心处罚幅度和数额畸重，存在明显不当，判决撤销做出的行政处罚决定书。各地对于网约车监管的不同规定，体现了各地政府对于分享经济背景下的网络新形态监管的理念和方式还存在不小的差异。

4. 加强对 APP 的监管

2016 年 8 月，国家网信办发布《移动互联网应用程序信息服务管理规定》，规定了移动互联网应用程序提供者应严格落实信息安全管理责任，实行实名制管理。对发布违法违规信息内容的，视情节采取警示、限制功能、暂停更新、关闭账号等处置措施，并对收集、使用用户个人信息的基本原则做了规定。2017 年 1 月，网信办启动互联网应用商店备案工作，旨在督促应用商店落实主体责任，加强 APP 上架审核，促进移动互联网健康有序发展，将突出“三个申请”：一是应用商店业务运营需申请备案；二是应用商店备案事项变更需申请变更备案；三是应用商店停止服务需申请注销备案。

（四）“互联网 + 政务”进一步深化

政府在“互联网 + ”政务领域不断推出新举措。继 2015 年国务院提出“互联网 + ”之后，2016 年 3 月的政府工作报告提出大力推行“互联网 + 政务服务”，实现部门间数据共享。9 月，国务院发布《关于加快推进“互联网 + 政务服务”工作的指导意见》，要求优化再造政务服务，融合升级政务服务平台渠道，夯实政务服务支撑基础。9 月，国务院发布《政务信息资源共享管理暂行办法》，确认以共享为原则，以不共享为例外。政务信息资源按共享类型分为无条件共享、有条件共享、不予共享三种类型。政务信息资源将通过全国共享平台体系来实现。2017 年 1 月，国务院办公厅印发《“互联网 + 政务服务”技术体系建设指南》，从业务支撑体系、基础平台体系、关键保障技术体系、评价考核体系四个方面明确了“互联网 + 政务服务”技术体系的具体要求。

政务公开、政务舆情回应是公众知情权和监督权的重要保障。2016 年 8 月，国务院办公厅发布《关于在政务公开工作中进一步做好政务舆情回应的通知》，明确政务舆情回应责任，需要重点回应的政务舆情的标准、提供政务舆情回应时效，涉及特别重大、重大突发事件，最迟应在 24 小时内举行新闻发布会，其他政务舆情应在 48 小时内予以回应，回应内容应实事求是、言之有据、有的放矢。相关部门负责人或新闻发言人应当出席新闻发布会或吹风会，对出门回应的政府工作人员，要给予一定的自主空间，宽容失误，并要求建立政务舆情回应激励约束机制。11 月，国务院办公厅印发《〈关于全面推进政务公开工作的意见〉实施细则》，要求进一步推进决策、执行、管理、服务、结果公开，加强政策解读、回应社会关切、公开平台建设等工作，持续推动简政放权、放管结合、优化服务改革。

三　我国移动互联网政策与法规展望与建议

我国移动互联网已经进入平台时代，平台具有连接一切的特点，逐渐成为互联网资源配置方式和主要商业模式，平台各方主体的权利、义务和责任成为互联网政策和法规的调整重点。相应地，我国政府对互联网的监管也从先发展再治理，转变为发展和治理同步的模式。笔者认为，我国应该从以下四方面来完善互联网政策与法规。

（一）完善互联网立法

尽管近年来我国互联网立法进程不断加快，但也存在一些问题。①立法位阶较低，以规章和规范性文件为主，在设定许可、处罚等方面都受到很大限制，而互联网新问题层出不穷，规章和规范性文件难以在不违反上位法的前提下设定行之有效的监管措施。②立法之间的协调性不够，由于职权存在交叉，不同部门制定的规章或规范性文件相互冲突和打架的局面时有发生。③立法的公众参与度不够，在听取和吸纳各方利益主体意见方面还不够充分，导致一些立法出台后执行效果不佳。④立法的科学性不足，一些影响重大的立法没有进行立法事前和事后评估，一些问题缺乏科学理性论证，比如，简政放权背景下的互联网监管理念和模式的更新，互联网平台责任的合理设定，大数据时代的数据开放和个人信息保护的关系等。

笔者认为，按照《国务院关于加强法治政府建设的意见》要求，互联网立法首先应当遵守法律优先和法律保留的原则，即不违反上位法的规定，不越权设定处罚、许可和强制。其次，应当加强立法的民主性和科学性，鼓励社会公众、利害关系人、专家、行业协会广泛参与立法的过程。同时建立行政立法评估制度，对立法和决策的合法性、合理性、有效性、规范性等方面进行定量和定性分析，及时修改或者废止那些违反上位法、不具有可操作性或者不合时宜的条款。

（二）完善互联网监管的程序和方式

程序正义是实现实体正义的前提和保障。我国的互联网监管领域存在重实体、轻程序的问题，互联网监管机关应当贯彻程序正当理念，一方面，在行政立法中充分保障公众的民主权、参与权、知情权、获得救济权；另一方面，则应当完善行政执法程序，建立执法全过程记录制度，完善行政执法公示和结果公开制度。

此外，网络监管以集中整治模式为主，常态化、日常化监管机制尚不健全。从国家网信办的监管实践来看，集中整治模式占了主导地位。这种集中整治往往是集中执法力量在一段时间内从重从快打击违法行为，体现了政府对某类违法行为严惩的决心，比较容易取得立竿见影的效果，但也容易出现选择性执法、滥用裁量权、执法成本过高等问题，弱化了法律权威，有损政府的信用，治标不治本。[①] 因此监管机关应当转变观念，以常态化监管为主，从依赖突击和集中整治的粗放型监管模式向依靠多方参与、建立长效机制和加强技术手段的监管模式转变。同时，科学划分监管机关的权限，合理配置执法力量，推进综合执法；严格遵守执法程序，完善监督制约机制，对监管机关为追求政绩搞集中整治执法而忽略日常执法的行为的渎职和行政不作为加大问责力度；建立健全科学的公务员考评机制，将公务员的提拔和奖惩与其日常执法绩效相结合。[②]

---

① 严春银：《运动式行政执法现象评析》，http：//fzb. nc. gov. cn/InfoDetails. aspx？InfoID = 89，南昌政府法治信息网，2017 年 2 月 13 日。

② 郑宁：《网络人权的理论和制度：国际经验及对我国的启示》，《人权》2016 年第 5 期。

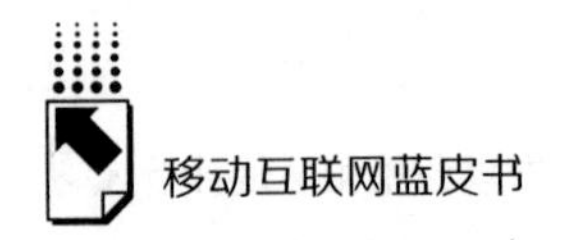

（三）加强互联网领域的各方共治

传统的互联网监管强调政府的控制和主导地位，监管工具主要是设定许可、限定禁止内容、设定互联网服务提供商的各种义务等，以干预行政为主。而互联网治理内涵更丰富。根据2005年联合国互联网工作小组（WGIG）的定义，互联网治理是指各国政府、私营部门和民间社会组织根据各自的作用制定和实施旨在规范互联网发展和使用的共同原则、准则、规则、决策程序和方案。[①] 因此治理更强调多主体的协调、合作、互动，综合运用政府监管、合作监管、自我监管等多种机制。互联网产业具有很强的技术性和创新性，新的问题层出不穷，在互联网监管机关人力和技术水平都有限的情况下，仅靠行政机关的刚性监管，往往成本很高，而且效果不佳。在我国政府大力推行简政放权的背景下，积极发挥政府、企业、行业协会、社会公众的共同作用，通过合作监管、自我监管等方式能够降低监管成本，提升监管效果。其中政府应当扮演的角色包括设定最低标准，召集多方协商机制，支持和鼓励各方主体参与协商，提升其参与协商的能力以及进行最终的监督。政府和企业应该共同制定标准，共同执行，同时发挥行业协会自律、公民投诉举报等机制作用，这样才符合多主体治理的要求。

互联网治理强调治理手段的刚柔相济，不仅包括行政处罚、行政许可、行政强制等硬法机制，也包括行政指导、行政资助、行政奖励、行政调解等软法和非强制性监管手段，通过利益诱导机制引导行政相对人纠正违法行为，鼓励他们积极创新和提升守法意识。这些柔性监管手段具有平等协商性和自由选择性，从挖掘和满足行政相对人的需求入手，符合民主行政、建设服务型政府的趋势，容易取得行政相对人的认同和配合。[②]

---

① 《信息社会突尼斯议程》，http：//www. un. org/chinese/events/wsis/agenda. htm，世界信息社会首脑会议网站，2017年2月13日。

② 郑宁：《网络人权的理论和制度：国际经验及对我国的启示》，《人权》2016年第5期。

（四）进一步发挥司法和ADR机制在互联网治理中的作用

随着司法改革的稳步推进和公民维权意识的增强，司法机关在保障网络合法权利、打击网络违法和犯罪行为、解决网络纠纷方面发挥的作用更加突出。各级法院审理的涉网络犯罪主要包括网上造谣，赌博，传播淫秽物品，利用网络泄露个人信息、非法买卖信息、生产销售伪基站，网络实施的诈骗、寻衅滋事等。民事案件主要包括网络侵犯知识产权案、网络侵犯人格权案、网络不正当竞争案、网络合同案等。然而，司法也存在取证难、审判周期长、判赔数额低等不足。从未来发展趋势来看，一方面，我国需要进一步发挥司法在互联网治理中的功能，出台更加明确完善的电子证据规则，统一裁判标准，提高损害赔偿数额，提高审判效率，加强司法公开；另一方面，需要发挥调解、仲裁、非诉讼纠纷解决机制（Alternative Dispute Resolution，ADR）在解决网络纠纷中灵活、便捷、高效、低成本的优势，为互联网治理提供有效保障。

参考文献

中国信息通信研究院互联网法律研究中心、腾讯研究院法律研究中心：《网络空间法治化的全球视野与中国实践》，法律出版社，2016。

中国互联网协会：《互联网法律》，电子工业出版社，2016。

北京互联网信息办公室：《国内外互联网立法研究》，中国社会科学出版社，2014。

《互联网＋法律实务的思考——北大法律信息网文粹（2015～2016）》，北京大学出版社，2016。

B.4

移动互联网治理挑战与话语权提升

鲁传颖*

摘　要：　移动互联网是网络空间的重要组成部分，随着网络空间治理的不断深化，对移动互联网治理的必要性进一步凸显。本文针对移动互联网治理，尝试从议题、内容、理念、方法等方面进行探讨，展现治理议题的内涵和逻辑，并就提升中国在国际网络空间治理中的话语权提出建议。

关键词：　移动互联网　国际治理　话语权

2016年，移动互联网继续在全球范围内保持快速发展，超越固定互联网成为最主要的互联网接入方式。移动终端功能不断提升，加深了用户对互联网的依赖，加速了信息社会对用户的生产、生活，以及思维方式的渗透。移动互联网让网络空间更加有包容性，让互联网的覆盖范围从城市的中心走向边远地区，成本降低，使用更加便捷，让原本被排除在网络之外的老人等弱势群体成为网络空间新成员。移动互联网的发展推动网络空间行为体的多元化，所带来的思维方式和行为模式越来越复杂，特别是在当前网络空间处于新旧秩序转变时期，这种多元化发展的趋势在造福人类的同时，也将原来桌面互联网时代的负面行为复制到移动互联网中，带来了更加复杂的数据跨境、跨境执法合作以及各种形式的网络犯罪、恐怖主义、非法宗教等治理问题。

---

* 鲁传颖，法学博士，上海国际问题研究院副研究员，主要从事网络安全与网络空间治理相关研究。

一 移动互联网治理与行为体责任

移动互联网治理与传统的网络空间治理有很大的共性，但又有其自身的特点。从共性上来说，传统网络空间治理和移动互联网治理都涉及其所依赖的信息基础设施、内容服务提供商（平台）和用户三个方面。从差异性上来说，相比较传统网络空间的开放性，移动互联网的生态系统相对封闭，移动互联网治理更强调平台治理和对移动终端设备上所产生和使用的个人信息的安全保护。目前，政府、社会和平台对移动互联网这项新的治理议题，并没有统一的认知。笔者认为，加强移动互联网治理，要厘清政府、平台和用户之间的关系，分析各自在治理中的作用。治理的规则需要在不同行为体之间的互动进程中产生。另外，移动互联网还涉及跨国界的治理。国际治理带来了新的治理议题，并且对各国政府在网络空间的角色和定位产生了一定的影响。

平台治理是移动互联网治理的核心，涉及操作系统和大型应用两个方面。操作系统主要是以安卓和苹果 iOS 系统为代表的手机操作系统及其应用市场的生态治理，大型应用则是类似脸谱和推特等平台型应用，它们开始在自己的应用中兼容和扩展其他应用程序，发挥着和操作系统相似的生态系统作用。[①] 作为生态的构建者，苹果和谷歌两大互联网公司提供了生态中的秩序。平台从某种程度上取代了政府的角色，充当公共秩序的建立者和维护者。但是与政府作为公共利益维护者的身份不同，企业还要将商业利益作为最基本的考虑，当商业利益与公共利益发生冲突时，无法确保平台会将公共利益放在第一位。政府是移动互联网治理的最终负责人，但平台的治理涉及海量的数据处理和实时的信息更新，需要巨大的技术能力、人力资源和资金投入，使政府缺乏直接管理平台的能力。平台承担了主要的具体治理事务。政府的职能通过立法、政策、标准进行间接的管理、监督和规范引导。用户是移动互联

① 官建文、唐胜宏：《正在形成的移动互联网生态系统》，载《中国移动互联网发展报告（2015）》，社会科学文献出版社，2015，第 21 ~ 22 页。

网的主体，虽然其数量众多、社会效应大，但是在治理中却处于弱势地位，只能依靠舆论等力量对平台进行监督，维护自身的正当利益。因此，移动互联网空间责任主要可以分为平台责任、政府责任和国际社会责任三部分。

（一）平台责任

国际移动互联网治理（mobile internet governance）与国际互联网治理（internet governance）之间存在本质性差异。由于移动互联网的应用、使用和访问无须直接经过传统的域名、IP 寻址和解析，所有的活动主要是在操作系统的内部进行运转，因此，它和国际互联网治理有重要区别。传统国际互联网治理主要是通过互联网域名与地址分配机构（ICANN）和互联网任务工程组（IETF）等互联网社群的一系列国际性非政府组织实施的，治理内容主要是围绕着 IP 地址分配、域名注册与管理和 DNS 解析展开，更加注重互联网关键资源的分配和协调。而移动互联网治理更主要是内容安全问题，以及其引发的有关伦理、法律和政策问题。比如由于平台与用户之间并非处于一个司法管辖区域内，特别是涉及跨国界的用户时，就会产生到底依据平台所在国的法律还是用户所在国法律的问题。从主体上看，平台的运营者提供着移动互联网生态的秩序。平台是一个封闭的生态，其自我治理的主要依据是内部的章程和办法，并参照国家的法律标准。但是由于移动互联网的发展速度远远快于法律、法规的制定程度，因此，平台很多情况下是在缺乏法律、法规作为指导的情况下的自我治理。这一方面给了平台非常大的自主权利；另一方面，当政府开始制定法律、法规时，平台因其已经在治理中发挥的重要作用，会拥有较大的话语权。

（二）政府责任

移动互联网的安全事关国家安全和用户个人信息安全，政府的地位和作用愈发不可或缺。各国政府从战略、政策、法规层面加强对移动互联网的治理。美国仅在 2016 年一年就出台了多部相关的法律，制定了多个标准体系，规范移动互联网领域的安全问题。中国作为移动互联网大国，也高度重视移动互联网的安全问题，通过治理进一步促进移动互联网健康有序发展。但我国政府在加强移动互联网治理时，面临着与大型互联网公司相比能力不对等、与发达国家相比实力不对称等问题。不仅如此，政府在治理时往往会面临大型平台的抵制和发达国家的指责，同时用户有时也会不理解。如近年来我国在颁布《反恐怖法》《银行业应用安全可控信息技术推进指南（2014～2015年度）》的进程中就曾遇到美国等国和一些大型互联网公司的反对。政府破题的关键是要从政策、法律和宣传等多个视角来加强自己博弈的能力，避免陷入舆论的漩涡当中。如法律、法规制定出台的前、中、后都要投入一定的精力与他国政府、行业进行沟通，并且加强舆论的宣传，增加制定过程的透明度。《网络安全法》制定和出台的过程相对之前颁布的一些法律法规，在政策和宣传的角度投入了更多的精力，与各方保持了密切的沟通，因此，虽然其内容更多、更复杂，但遇到的阻力则相对较小。

（三）国际社会责任

虽然平台在治理中扮演了重要的角色，但互联网的全球属性决定了各国政府无法仅仅通过自身的努力来应对移动互联网的安全挑战。国际社会需要提供相应的公共产品，包括基本的秩序、跨国的协调和国际性合作。近年来，国际社会虽然没有将移动互联网单独作为治理的主要议题，但是，主要的治理机制都涉及了移动互联网的相关内容，包括关键信息基础设施的安全、个人信息安全保护、文化多样性等内容。无论是在官方主导的联合国信息安全政府专家组机制，还是在非官方主导的“伦敦进程”等机制中[①]，移动互联网治理都是不可或缺的内容。由于国际社会网络空间治理进程还处于

① 伦敦进程（London Process）：2001年在伦敦举行了国际上第一次以网络安全和网络空间治理为主题的大规模会议。参会代表都承认开放和充满活力的互联网是经济增长和社会进步的巨大推动力，应有效应对网络安全和网络犯罪威胁，但在如何处理网络自由和政府管制之间的矛盾上，各国存在深层次的价值观和意识形态分歧。此次会议开启了讨论网络空间治理的伦敦进程，为随后在布达佩斯和首尔的会议设置了议题。具体情况可见黄志雄《2011年“伦敦进程”与网络安全国际立法的未来走向》，《法学评论》（双月刊）2013年第4期。

起步阶段，各方的立场和观念存在较大的差异，因此关于移动互联网治理的议题并未能取得足够的重视。随着移动互联网发展的加速和渗透度的增强，相关的治理将会成为重要的议题。

二　移动互联网全球治理理念探索

由于各国和各方在治理理念、治理平台和治理路径上的分歧，网络空间全球治理陷入了一定的困境。国际社会在开展移动互联网治理时应避免陷入同样的陷阱当中，特别是要避免陷入二元对立的矛盾当中。应当采取更加包容的姿态，综合考虑各方的关切，探索一种更加平衡、多元、包容的治理理念。充分考虑网络自由与国家安全、公共安全之间的平衡，平台企业发展与对个人信息安全的保护之间的协调，互联网的开放、自由、交互操作与当地的法律、政策之间的协调。这就要求采取一种更符合当前互联网发展的治理理念，站在构建网络空间新秩序的大背景上考虑移动互联网的治理。

（一）互联网发展的阶段与网络空间新秩序

互联网发展历经了技术、商业、政治和安全四个具有阶段性特征的不同时期。第一个阶段是技术的互联网，是互联网发展的早期阶段，包括各种技术标准的制定。第二个阶段是商业化的互联网，微软、甲骨文等互联网企业开始认识到互联网的商业价值和经济利益，互联网由此开始经历了一个大规模商业化时期。第三个阶段是政治化的互联网，以“谷歌退出中国”“阿拉伯之春”等事件为标志，对应着希拉里·克林顿担任美国国务卿的时期。希拉里的卸任和“棱镜门事件”的发酵则将互联网带入了第四个阶段——安全的互联网阶段。前两个阶段分别依靠技术和商业力量来提供基本的秩序，而到了政治的互联网阶段，网络空间的秩序仍由西方国家所主导，但“棱镜门事件”揭开了美国的虚伪面具，分化了西方国家统一的阵营，同时也打破了西方国家所构建的互联网秩序。第四个阶段是安全互联网阶段，且带来了一段时间网络空间的“失序”。当前是网络空间新旧两种秩序转换的时期，各方在秩序如何构建上存在不同的看法。[①]

（二）新旧两种秩序的转换

从威斯特伐利亚体系到雅尔塔体系，传统的国际安全秩序往往来源于大国协调。冷战之后的国际秩序来自霸权国提供的公共产品，即所谓“霸权稳定论”。从互联网发展的阶段来看，通过“大国协调”和“霸权稳定”来构建网络空间秩序已宣告失败，特别是在移动互联网时代，网络空间秩序更加多元，涉及的行为体更广泛，因此需要更加复杂的制度性安排，能够将多元的思想理念和利益包容到新的秩序之中。另外，在安全的互联网阶段，不断爆发的网络安全事件驱使网络空间进入以主权为基础的秩序构建阶段。当网络安全上升为国家安全，并成为社会安全、经济安全、政治安全的连接点时，原有的秩序不再适用，需要国家承担更多的责任。新旧秩序的转换对于两种秩序的提供者而言都是一个不断互动的过程，并不是要求互联网企业放弃自己的责任，而是要适应新的角色，即如何与政府进行互动。

（三）自由与平等、多方和多边、标准与包容之间的融合

中国国家主席习近平在第二届世界互联网大会上提出的构建人类“网络空间命运共同体”和推动互联网治理体系变革的“四项原则”和“五点主张”对此提供了解决方案。他提出网络空间发展的最终目标是每一个国家、每一个网民都能够受益于网络空间的发展。命运共同体建立在“四项原则”和“五点主张”基础之上，为构建网络空间新秩序提出了一种新的视角。2017 年 3 月，《网络空间国际合作战略》由外交部和国家网信办共同发布，将中国围绕网络空间治理与合作的主张进一步细化。互联网发展的四

---

① 鲁传颖：《网络空间治理与多利益攸关方理论》，时事出版社，2016，第 51 页。

个阶段的秩序并不是简单的相互取代，它是在融入了更多的因素之后所表现出的新特点，并且通常能够向下兼容。短暂“失序”之后，新的秩序一定会建立，并且会在调整的基础上吸纳之前的秩序。原有的秩序是建立在互联网自由、多利益相关方和标准化的互操作基础之上的，它为互联网的发展奠定了基础，同时也带来了安全、不平等、数字鸿沟等一系列的问题。在各种网络安全事件的推动下，平等参与、多边参与、包容思想成为网络空间发展新的需求。

三　移动互联网治理的国际议题

移动互联网治理围绕着平台而展开，有影响力、用户数量众多的平台都是面向全球提供服务的，并且集中在少数的发达国家。[①] 一方面，平台需要有统一的云计算中心，而数据的本地化和数据跨境流动问题带来了安全和司法管辖相关的数据主权问题；另一方面，当涉及网络犯罪、网络攻击和网络恐怖主义调查时，跨境的执法活动需要多个国家之间的合作，而由于社交媒体、网络媒体的重要性不断增强，不同的国家之间在信息自由流动和内容安全上存在不同的认知，如何进行合作也成为移动互联网国际治理的重要内容。

（一）数据跨境流动

移动互联网发展最大的威胁是安全的挑战，当现有的技术和政策无法应对安全挑战时，很多政府开始要求互联网企业对数据本地化存储，以此来规避数据流出国境之后的安全问题。但是这带来的问题是企业成本的增加，限制了数据的流动性的同时也降低了数据的价值。各国政府对此也是采取了不同的态度。欧盟出台的《通用数据保护条例》主要是从个人信息安全保护

---

① 魏亮、田慧荣：《移动互联网时代的信息安全问题与应对策略》，载《中国移动互联网发展报告（2015）》，社会科学文献出版社，2015，第77页。

出发，要求数据的接收国必须具备相应的数据保护能力才能够接受欧盟用户的数据。俄罗斯则对数据本地化有更加严格的要求，领英（LinkedIn）因为未在俄罗斯建设数据中心开展数据本地化存储而被政府依法关闭。其他如中国的《网络安全法》也规定对关键基础设施运营者在中国境内运营中收集和产生的个人信息和重要数据应当在境内存储。因业务需要确需向境外传输的，应当进行安全评估。不同的政策与各国所面临的安全形势息息相关，同时也给互联网企业的运营带来了不同程度的影响。

（二）跨境执法合作

移动互联网的快速发展给各种网络犯罪、网络空间恐怖主义和极端宗教传播带来了新的空间，各国的法律法规和国际规则滞后，进一步恶化了网络空间治理形势。犯罪分子、恐怖主义分子和极端宗教的传播者根据移动互联网的特点，不断采取更有针对性的方式和手段来从事非法活动，给网络空间的安全与和平带来了极大挑战。由“棱镜门”所折射出的大规模数据监听，以及政府发起的网络攻击等威胁的存在，增加了国家间不信任的程度，损害了各国政府之间在网络安全执法层面的合作基础，因而给各种形式的网络犯罪留下了空间。目前，国际社会也在通过各种形式，努力增加在治理方面的合作。全球层面，主要是由25个国家代表组成的“联合国信息安全政府专家组”在讨论负责任国家行为准则、国际法在网络空间中的适用性和建立信任措施等方面的内容；区域层面，欧盟出台的《布达佩斯网络犯罪公约》也试图在网络执法合作方面提供一种探索；双边层面的合作也越来越多，例如，中美已就打击网络商业窃密达成协议，并形成每年举办的网络执法合作部长级对话合作机制，每年举行两次机制性的对话。围绕着打击网络犯罪相关的有害信息共享、打击网络商业窃密、预防和打击网络犯罪以及打击网络恐怖主义等执法层面开展了富有成效的对话。这一网络执法合作机制，不仅稳定了中美网络关系，同时也压缩了网络犯罪分子的生存空间，维护了网络空间的和平、安定。随后双方也将这一合作机制推广到与其他国家的双边执法合作中，分别签署了中英、美韩网络

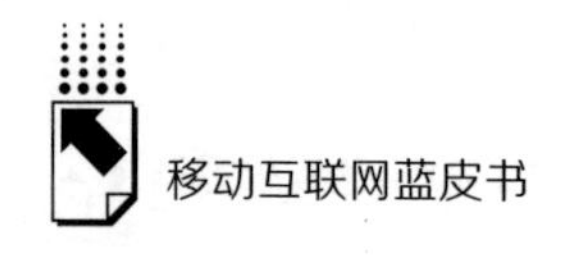

执法合作机制。

虽然国际社会在执法合作层面取得了一定进展，但总体而言，全球层面的合作还处于达成原则和共识的阶段，尚未形成有约束力的国际性条约，区域层面和双边层面的合作能够在一定程度上增强打击网络犯罪效果，但网络的跨国界限制了其发挥更大作用。

（三）内容安全审查

移动互联网中流动的数据背后是承载着各种意义的价值判断，治理的问题也表现在意识形态和伦理的冲突上。一直以来，美国和西方试图推行一种以自由为导向、去政府化的互联网治理方式。这种治理方式随着越来越多的非西方国家接入互联网，特别是随着移动互联网的发展，非西方国家的用户数量远远超出西方国家时，就开始引发冲突。多数政府普遍对互联网内容采取不同程度的管理或审查措施。例如，信仰伊斯兰教的国家普遍对不符合伊斯兰教教义的内容进行管理。这种线上的冲突往往还会引发现实社会的冲突，2012 年一部美国电影《穆斯林的无知》在社交网站上引起了巨大的争议，被认为是对穆斯林和伊斯兰教的侮辱。很多穆斯林向该社交网站提出抗议，要求网站删除这部带有侮辱和歧视穆斯林性质的影片。但社交网站以保护“言论自由”为名，拒绝将该影片从网站上删除。此后，很多穆斯林和同情穆斯林的黑客在网络上发起了一场针对美国金融企业和能源机构的大规模网络攻击。另外，传说美国驻利比亚大使馆要播放此片，在利比亚引发了一场大规模的骚乱，愤怒的人们冲入美国大使馆，导致驻利比亚大使在骚乱中被杀害。这就涉及自由与秩序的核心问题，网络自由并非绝对的自由，网络空间也不可能在无序中发展。不同的国家、民族、宗教背景对自由与秩序的认知程度存在差异，强行用一种价值观来统一网络空间只会引起更多的冲突。

此外，信息爆炸产生的“反理性、反传统、反道德、反主流”内容与主流道德观念之间的冲突。网络空间的虚拟性、匿名性和跨国性助长了很多极端的言论，这些言论的制造者以“网络自由”为名，拒不接受现实社会的法律、道德的约束。法律的缺失、执法的困难和跨国合作的难度使政府对于极端言论难以做到实时管理，很多内容管理的举措往往会引发争议，进一步助长了极端言论在网络空间中的流行。近年来不断涌现的网络恐怖主义、网络极端主义思潮就是借道“网络自由”，利用网络空间中存在的各种加密技术手段摆脱政府的监控，从而得以在网络空间中传播和动员。

四　在移动互联网国际治理中提升中国话语权

移动互联网国际治理已经成为网络空间治理的重要内容，国际社会需要有针对性地就相关的治理议题进行讨论，为移动互联网的全球发展提供保障。对中国来说，要想提升在移动互联网国际治理中的话语权，首先是建立起强大的产业、行业基础。近年来，我国在移动互联网领域国际化方面取得了长足的发展，这成为我国参与治理的底气和基础。特别是在当前网络空间新旧两种秩序转换、国际社会面临安全和秩序的需求日益增加的情况下，中国的参与尤为重要，需要与各国携手合作，共同为移动互联网的发展和治理提供公共产品。

国际话语权是建立在议程设置、规则制定权的基础之上的。国际话语权本质上是一种“软权力”，而非“硬权力”，倾向于通过包含有价值观和合法性的话语对听众产生入脑入心的深远影响。无论是约瑟夫·奈提出的软实力还是希拉里所说的“巧实力”，都主张通过提升美国的国际话语权，来维持甚至提高美国在全球事务中的主动权和影响力。

提升中国在移动互联网领域的话语权，应从内部战略调整做起，以更加积极主动的方式参与国际治理的进程。

（一）要从长期战略上做出调整

过去很长一段时间，我国都采取了“韬光养晦”的国际战略。这受制于我国当时的国力与国际地位，在国际事务上往往注意观察而较少表

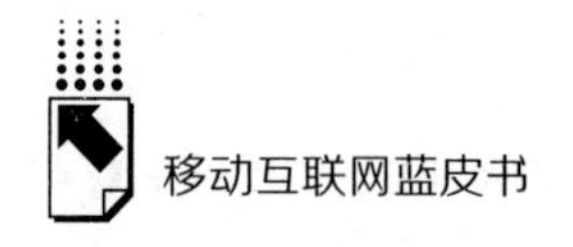

达。但随着国力和国际地位的提升，我国要抓住难能可贵的机遇，围绕网络空间治理等问题在各种国际论坛上主动提出中国主张，提升国际话语权。但要真正达到这一目标，我国还缺乏大量能够在国际互联网治理论坛中担任主要角色的专家学者和政府官员。目前国际互联网治理的话语权主要是在美国手上，主要体现在美国代表在各大治理机制和平台上的活跃程度和影响力。人才不足是提升在移动互联网治理领域话语权的短板，需要政府和学术界、产业界各方的共同努力，加快国际化人才培养速度，加大力度。

（二）要加强议程设置能力，对提升话语权形成有力支撑

近年来，我国围绕互联网发展问题举办国际会议，为中国声音的发出与传播营造了良机，但在重视对会议的硬件投入的同时，还应在议题和讨论形式设计上多下功夫，以实现预期结果。除了世界互联网大会之外，国内有关移动互联网治理的会议基本上还停留在国内会议的水平上，缺乏举办大型国际会议的能力和意愿。弥补主场外交的缺失，积极主办各种类型的国际互联网治理论坛是提升话语权的重要途径。

（三）要从更高的立意角度提出网络治理方案

与其说制定网络空间治理的“中国方案”，就不如换个角度说中国制定的网络空间治理“世界方案”，要多从对方的角度出发，多些国际关怀，特别要照顾发展中国家利益，让对方感觉到方案不仅是对中国好，也是为他们好，是要普惠全球，而非单纯出于一国利益动机，真正赢取对方尊重，才能让自己的观点更好地被人接受。

（四）要善于凝聚多方力量，形成广泛参与

互联网治理是多方和多边的共同参与，除了政府积极主导之外，民间和企业的参与是关键，要顺应形势，善用规则，多用国际社会通行的做法，鼓励国内企业、科研机构以及公众积极参与各类探讨国际网络空间治理的论坛

与会议，调动其参与热情，发挥其主观能动性，让多元主体从多角度发声，与政府一道形成提升网络空间国际话语权的合力。

参考文献

北约卓越网络合作防卫中心国际专家小组：《塔林网络战国际法手册》，2016。
方兴东、胡怀亮：《网络强国：中美网络空间大博弈》，电子工业出版社，2014。
段祥伟：《因特网治理的国际冲突与合作研究》，中国政法大学出版社，2015。

B.5
2016年中国移动舆论场研究报告

单学刚　朱 燕　卢永春*

摘　要：　2016年，中国移动舆论场依然是社会舆论生成、发酵的主要阵地，微博用户数持续"回暖"，微信进一步普及，舆情传播价值增强，新闻客户端百家争鸣，依托于客户端的自媒体号兴起，移动直播进入元年，舆情的"外围地带"引起关注。移动舆论场的传播和议题设置呈现出新的特点。依法管网治网、网上群众路线、政务舆情回应、正能量传播等成为年度移动舆论场管理的热词。

关键词：　移动舆论场　议程设置　网上群众路线　政务舆情回应

据中国互联网络信息中心（CNNIC）《第39次中国互联网络发展状况统计报告》数据[1]，截至2016年12月，中国网民数量达到7.31亿，上网普及率达到53.2%。其中，手机等移动端上网的网民突破6.95亿，继续保持第一大上网终端的地位。2016年，随着微博、微信、新闻客户端、移动直播等的快速发展，移动互联网在很多突发事件和公众议题的舆论生成演化中的作用日益凸显，移动舆论场加速成长，仍然是社会舆论发展的最重要平台。

---

* 单学刚，人民网舆情监测室常务副秘书长、《网络舆情》副总编辑；朱燕、卢永春，人民网舆情监测室主任舆情分析师。

① 《CNNIC发布第39次〈中国互联网络发展状况统计报告〉》，http：//www.cnnic.net.cn/gywm/xwzx/rdxw/20172017/201701/t20170122_66448.htm。

一　2016年移动舆论场总体特征

2016 年，中国的移动舆论场载体趋于多元，热点转换频繁，总体呈现出以下特征。

（一）移动舆论场传播载体的发展与演进

1. 微信趋向平台化发展，易形成舆论潜流

2016 年，微信作为移动舆论场信息交互的主要入口，其主体作用已经不容撼动。据 2016 年微信发布的第三季度财报，微信和 WeChat 合并月活跃账户已突破 8.46 亿，比上年同期增长 30%，继续保持国内最大的移动社交应用的地位，并在 2016 年表现出平台化趋势，接入各类生活服务。[①] 50% 的微信用户每天使用微信 90 分钟，典型用户每日发送信息 74 次，发送的朋友圈原创内容占 65%，每月发送红包 28 次，人均发送金额为 580 元。[②] 微信将人与社会、行业相连接，构建了平台化的商业形态和服务模式，从一个单纯的社交 APP，升级为移动互联网的入口平台，视频、网购、金融、移动政务、生活服务无所不包。

在人民网舆情监测室统计的 2016 年年度热点舆情事件 TOP20 中，微信传播量高于微博的有 13 件，占比达 65%。与微博、BBS 等公开的“广场式”舆论场不同，微信是以社交关系为核心的私密性平台，闭环交流机制使信息传递呈现隐性和半隐性的状态，用户对公共治理的“吐槽”更多地下沉到私密的“茶馆式”舆论场中，形成舆论的潜流，需要正视和直面。

2. 微博探索多元化布局，舆情发酵能力重现

2016 年，新浪微博在短视频、直播、网红经济等领域持续发力，2016

① 《新浪发布 2016 年第三季度财报》，http：//tech. sina. com. cn/i/2016 - 11 - 22/doc - ifxxwrwh 4878253. shtml。

② 《2016 微信数据报告：95 后最爱发朋友圈　老年人最爱用语音》，http：//news. xinhuanet. com/info/2016 - 12/30/c_ 135943398. htm。

年12月的月活跃用户数达3.13亿，90%为移动端用户，日均活跃用户数达1.39亿，同比增长都在三成以上。[①] 随着用户数量增多，微博在突发事件中的信息优势和舆情发酵能力重现：北京和颐酒店女子遇袭事件，相关微博阅读数近28亿人次；丽江女游客遭殴打被毁容事件，微博将丽江的旅游乱象问题推向高峰；“南方暴雨”期间，@央广军事、@军报记者及时发文澄清了“救灾战士只啃馒头”等质疑，积极引导涉军舆论……

同时，微博用户逐渐实现70后、80后向90后、00后的代际更迭，低龄用户增多，使时政类话题的关注度有所下降，泛娱乐化现象严重，娱乐事件常占据热点话题榜。在微博平台阅读量最高的垂直领域中，“明星”“时尚”“动漫”处于领先位置。“王宝强离婚”占据新浪微博热门话题近半个月，阅读量超过100亿人次，一度冲淡里约奥运会。随着个性化推荐类资讯应用崛起，内容资讯不再稀缺，微博舆论场可能再次面临高端用户流失和话语主导权逐渐被稀释的风险。

3. 移动客户端影响信息获取和传播格局

2016年，新闻资讯类客户端数量仍在增加，仅上半年用户规模达5.69亿[②]，近四成手机网民获取新闻资讯的首选渠道为新闻客户端。在各类新闻客户端中，“定制”服务趋于强化，传统由媒体精英过滤信息的传播方式被削弱，网民习惯主导互联网算法，大众文化成为互联网算法的核心。

主流媒体客户端利用信息生产优势，在整合报道中都使出了“洪荒之力”，仅奥运会期间，人民日报客户端开设奥运频道直播重要比赛，还富有创意地策划推出第一个新媒体“号外”，用纸版之“形”，容动态图片之“神”；新华社客户端推出24小时现场报道，《说唱奥运》《里约下午茶》等新媒体栏目超过15个。商业新闻客户端同样重视内容建设，为了弥补新闻采编权限方面的不足，纷纷开通自媒体平台，制定扶持计划，吸引优质内容

---

① 《微博发布2016年第四季度及全年财报》，http：//finance.sina.com.cn/stock/usstock/c/2017－02－23/doc－ifyavvsk2753481.shtml。

② 艾媒咨询：《2015～2016中国手机新闻客户端市场研究报告》，http：//www.iimedia.cn/40593.html。

生产者加入，用户原创内容（UGC，即 User Generated Content）生产形式逐渐普及，在 2016 年，“头条号”“企鹅号”“一点号”等自媒体平台已经初具规模。相对传统的专业机构信息生产，UGC 具有更多的主观性和不确定性，成为舆论产生和发酵的新动力，如网易号“知道”中一篇质疑陈光标的原创文章引发了舆论极大的关注和争议。

同时，部分客户端盲目追求高速度、快节奏的新闻，缺乏对推送信息的把关能力，标题党、刻意歪曲内容的新闻时有发生；另外“定制”的信息在内容上过于同质化，容易使用户陷入资讯单一化的境地。

4. 移动直播普及，技术变革对移动舆情影响显现

2016 年是“移动直播元年”。网络直播用户规模达到 3.25 亿，资本纷纷入场，两百余家直播平台密集出现。视频比文字、图片有着天然的传播优势，网络直播使新闻现场变得更加真切，增加了事件传播者的“在场”感，让事件的发展动态呈现得更加具象、立体、透明，改变了信息发布者与受众的群体行为模式。另外，移动直播通过与微博、微信、客户端的接入，产生了强分享属性和跨平台传播效果。

此外，VR、AR 技术也在移动传播中得到更为多元的应用。《人民日报》、新华社、中央电视台等央媒，新浪、网易、澎湃等新媒体平台都对“VR + 新闻”进行了初步尝试。目前，VR、AR 更多的是作为新闻报道中的一个技术环节，而不是信息平台，因此还未对热点话题的聚焦和传播产生明显影响。

5. 知识型社群进入舆论议题设置行列

2016 年，以知乎、果壳等为代表的知识型社群，在新的互动方式上有所探索，它们虽非传统意义上核心的舆论集散地，但在越来越多的热点事件中，这些游离在舆论主场的外围或边缘、与时政热点关联并不紧密的平台，依托专业定位以及对特定群体的影响力，正在以自己的方式设置公众议程，并在特定议题上（如知乎上最先出现的魏则西事件、雷洋事件等）分享话语权，影响移动舆论场的舆论走向。

知识型社群上的舆论有几个特点。一是该类社群中职业群体、专业知识群体较多，网民发声较为理性，思辨能力强。二是往往能将对单一“事件”

的讨论转为对更大范围“议题”的探讨，把讨论焦点引向更为广义的、基础的、持续的公共事件。三是参与者（提问者、回答者）均是普通网民，他们抛弃“宏大话语”的交流，更贴近网民真实感受，从而容易在更广泛的群体中产生共鸣。医生、律师等专业群体借助此类平台成为“知识型网红”，并在通过分答、知乎 live 等专区实现知识变现的同时，在舆论的发酵过程中，客观上起到了捍卫真相、传播科学的作用。

（二）移动舆论场传播的现象与问题

1. 年轻网民进入舆论主场

中国互联网络信息中心数据显示，我国网民仍以 10～39 岁群体为主，其中，20～29 岁网民达到 30% 左右，10～19 岁网民也超过两成。[①] 2016 年 1 月 20 日蔡英文当选台湾地区新一届领导人之后，有 2400 万注册用户的百度贴吧“李毅吧”发起“帝吧出征‘脸书’（Facebook）”行动，8 小时内刷出 40000 条评论，95 后年轻网民第一次登上网络舆论战的舞台。这一代网民在成长过程中目睹国力强盛，对于国家模式和发展道路认同度高，社交意愿强，维权意识足，乐于传播正能量，敢于公开表达爱国情感，并与观点不同者激烈争论。当然，年轻网民在表达热情的同时，也更易冲动和偏激，因此，需要不断提升自身的知识储备和性格修养，真正成为正义、理性、谦和的新一代网民。

2. 网民分层，热点转移，中产阶层发声日趋活跃

网民的社会阶层分野正逐步体现，各群体的朋友圈呈现出物理空间隔阂。相比几年前舆情热点多发生在县域和农村，2016 年舆情热点除少数聚焦农民工、留守儿童等弱势群体外，更多地关联到城市居民群体（包括新兴的中产阶层）的利益和安全感，如广州陈仲伟医生被杀案、北京雷洋案、西安大学生魏则西之死以及股市实施熔断机制等。

---

① 《CNNIC 发布第 39 次〈中国互联网络发展状况统计报告〉》，http：//www. cnnic. net. cn/gywm/xwzx/rdxw/20172017/201701/t20170122_ 66448. htm。

舆论压力群体的转移反映出的深层内涵有两个，一是风险社会伴随着网络社会来临，原本传统的弱势群体最易成为各类风险的承受者。随着社会、技术的变迁与发展，行业分工的日渐成熟，移动互联网增强了信息沟通的便利性、透明性、时效性，社会风险逐渐向中产阶层或者说中等收入群体扩展；二是由于类似“雷洋案”“和颐酒店女生遇袭”等事件的发生场景都与普通人的日常生活密切相关，人们突然感受到了情境的共鸣，极易加剧不安和恐惧情绪，加上较好的教育背景、较强的权利意识和对于网络的深度使用，原本在舆论场相对“温和”的中产阶层也开始活跃发声，表现出一定的焦虑和激愤。

3. 依法治国推动全民法治意识增强，政法领域关切上升

2016 年，中央政法委书记孟建柱在广州与新闻媒体座谈时提出，司法机关要与媒体形成良性互动的关系，共同建设法治社会的命运共同体。2016 年，在移动舆论场被网民关注多年的聂树斌案，由最高人民法院第二巡回法庭宣告撤销原审判决，改判聂树斌无罪。海南陈满案、福建许金龙案等也已经平反，这些都提升了网民对司法公平正义的信心。从 2016 年 7 月起，最高人民法院顺势而为，所有公开开庭的庭审活动原则上均通过互联网直播，凸显了社会监督的介入。

此外，2016 年的“快播涉黄”案中，北京海淀法院在网上进行了视频直播和微博直播，引发移动舆论场的见仁见智；在“徐玉玉”案中，“@公安部刑侦局”发布 A 级通缉令，全国公安系统大力配合、联动转载，六名嫌疑人快速落网，也赢得网民点赞。

二　舆情传播特征与议程设置变迁

（一）移动舆论场的舆情传播特征

1. 跨媒介融合传播与溢出效应

目前，多数热点事件的舆论生成已不再是单一的中心发散式传播或一般性的串联型传播，而是新媒体与传统媒体、新媒体与新媒体之间的交融互动，它们以最快速度实现最大范围的扩散，迅速酿成公共事件。雷洋事件、魏则西事件都由知乎发帖引爆；东北女孩怒斥北京广安门号贩子事件，则因短视频扩散迅速步入公众视野；苏鄂高考“减招”风波中，各种妈妈群、家长群、高考吧、微信亲友群高度活跃，成为线上沟通、发起动员、求民意支持的重要渠道。移动端舆情传播呈现出媒介交叉传播与整合互动的特点。微博充当了信息的二传手与舆论公共空间，微信朋友圈与微信群扮演了观点博弈与情绪趋同整合的角色，传统媒体则发挥了深度调查的优势，推动事件走向纵深。

同时，移动新媒体在舆论生成演化中的问题日益凸显，集中体现在虚假新闻数量居高不下。如 2016 年“上海姑娘逃离江西农村”事件，本是地方论坛的帖文，经@ 华西都市报、@ 东方今报、@ 重庆商报等诸多媒体微博转载后，迅速登上腾讯、凤凰等门户网站，“华丽”转身成“新闻”。此外，移动新媒体经常衍生出歪曲原意的二次传播，特别是偷梁换柱、移花接木式的标签化传播，隐蔽性、误导性很强。如魏则西事件中，《人民日报》刊文《魏则西留下的生命考题》，在传播过程中被个别账号篡改成《人民日报谈魏泽西事件：遇到绝症应坦然面对生死》，遂引发争议（见图 1）。

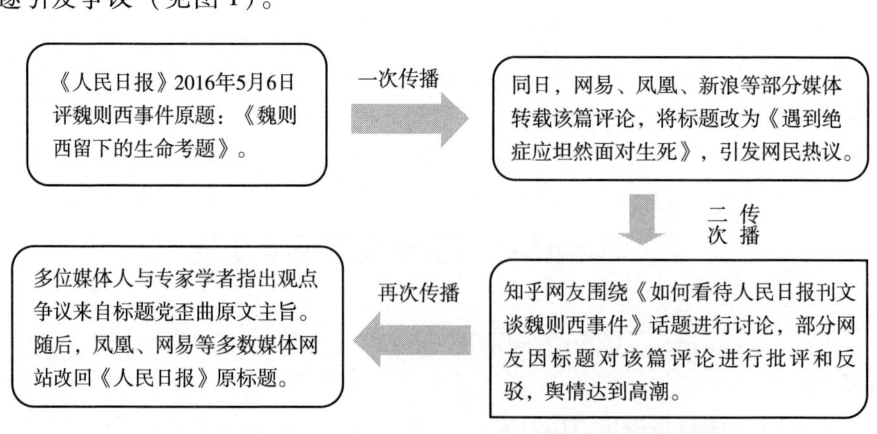

图 1 《魏则西留下的生命考题》一文传播过程

2. 移动舆情的群体标签化传播

在热点事件中，事件主角易被“标签化”，且常被扩大为某一特定群体。在移动舆论场，通过“贴标签”表达对社会事件及人物的认知和态度，已成为普遍的传播方式。由于网民对标签化群体往往具有刻板成见，标签化传播常常引发对这些群体的污名和争议。

从人民网舆情监测室抽样统计的2016年首发于移动新媒体的热点事件所涉及的职业群体来看，官员、教师、警察、医生、学生等成为2016年移动舆论场中的高频词（见图2）。以警察群体为例，自5月雷洋事件以来，警察执法类事件在短时间内集中爆发，在“公安执法规范化”这一大议题下，延伸出“居民身份证查验问题”“群众对警察执法的拍摄权”“警察枪支使用”等若干子议题。各项议题嵌套重叠，形成了错综复杂的涉警舆论生态。

图2　2016年移动舆情事件所涉及社会群体词云分析

资料来源：人民网舆情监测室。

3. 显性传播与隐匿圈层传播并存

微信舆论场生态复杂，显性舆论与隐性舆论并存。目前，微信公号的内容可以通过搜狗微信搜索进行查看；对文章的评论经审核后可见；公号文章的转发、点赞可以被外界监测，公号属于显性舆论。朋友圈发布的内容仅对特定群体可见，是“有限表达场域”，在一定程度上属于隐性舆论。另外，微信群更容易集纳弱关系群体，存在大量非好友，异质性更强，且容易被监看，可被视为显隐掺半的场域。微信舆论的复杂特征，为移动舆论场整体的舆情研判与把握增加了挑战。

（二）移动舆论场议程设置的嬗变

1. 移动网民的自组织演化模式——以“帝吧出征脸书”为例

新媒体时代的网络动员具有两方面特征：一是信息传播速度更快、社会参与度更广；二是在动员的机制上，很多活动不再依靠权威的官方组织，而是由职缘、趣缘、地缘等临时或志愿团体开展，虚拟的网络组织和意见领袖获取了更多的社会动员机会与社会资本。如 2016 年“帝吧出征脸书”事件，出征前，帝吧网民进行了周密的部署，组织起多个职能性的社交网络群组，各平台集聚的参与者被划分到不同的群组中，分别负责宣传召集、信息收集、表情包制作、资料翻译、监督与引导等工作，分工细致。不同于传统的网络动员，“帝吧出征脸书”没有等级分明的实体组织，带有强烈的自组织色彩（见图 3）。

通过新媒体进行的社会动员增加了官方进行社会管理的难度，同时，部分网民不顾法律和道德约束，进行负面的社会动员，误导普通民众，容易引发群体性事件。另外，新媒体社会动员缺乏制度保障，完全依靠成员自觉，存在难以为继的困境。

2. 移动舆情事件的交融传播分析——以“魏则西事件”为例

2016 年 4 月 12 日，魏则西罹患“滑膜肉瘤”晚期而离世，个人事件引发舆论高度关注，并演化为社会对医疗监管、网络治理等公共议题的讨论，与移动舆论场的交融传播有密切关系。

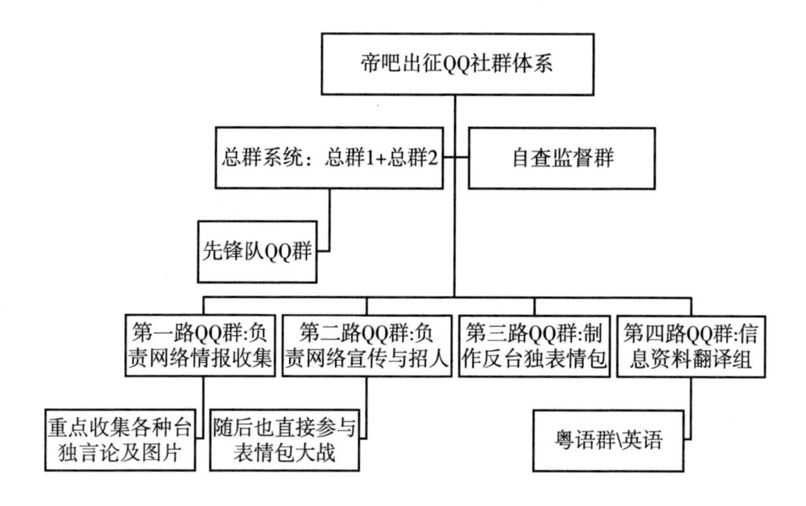

图3 “帝吧出征脸书”事件前期网络社群组织结构

资料来源：根据网络资料汇编而制。

事件的网络传播路径相对复杂。事件发生前，魏则西就因其不断直播抗病历程并显露出乐观精神在知乎社区拥有了2万多粉丝；4月12日，其父通过魏则西知乎账号发布魏则西去世的消息，频繁接触媒体，与百度公司的公关回应形成博弈；4月27日，知名记者@孔狐狸发布微博，将事件蔓延至微博；随后，@百度推广发布微博回应，引发更多质疑；五一期间，知乎帖文《青年魏则西之死》《魏则西怎么样了?》《你认为人性最大的恶是什么?》等在朋友圈跨平台疯转，将“百度搜索竞价推广”等问题摆到了公众眼前；随后@人民日报、@央视新闻等央媒的聚焦，将事件推向高点……前后有400多名意见领袖、300多家媒体微博介入（见图4）。

整体上看，事件基于魏则西父子的社会关系网络进行了初级传播，随后被媒体记者引入微博舆论场，百度“蹩脚”公关的回应使其继续发酵，社交媒体交融互通的传播则使其成为热点，最终在主流媒体的推动下成为全民话题（见图5）。

3. 舆论引导的“弹窗效应”——以人民日报客户端新闻弹窗为例

当前新闻客户端主要采用信息订阅与个性化推送结合的模式。2016年，

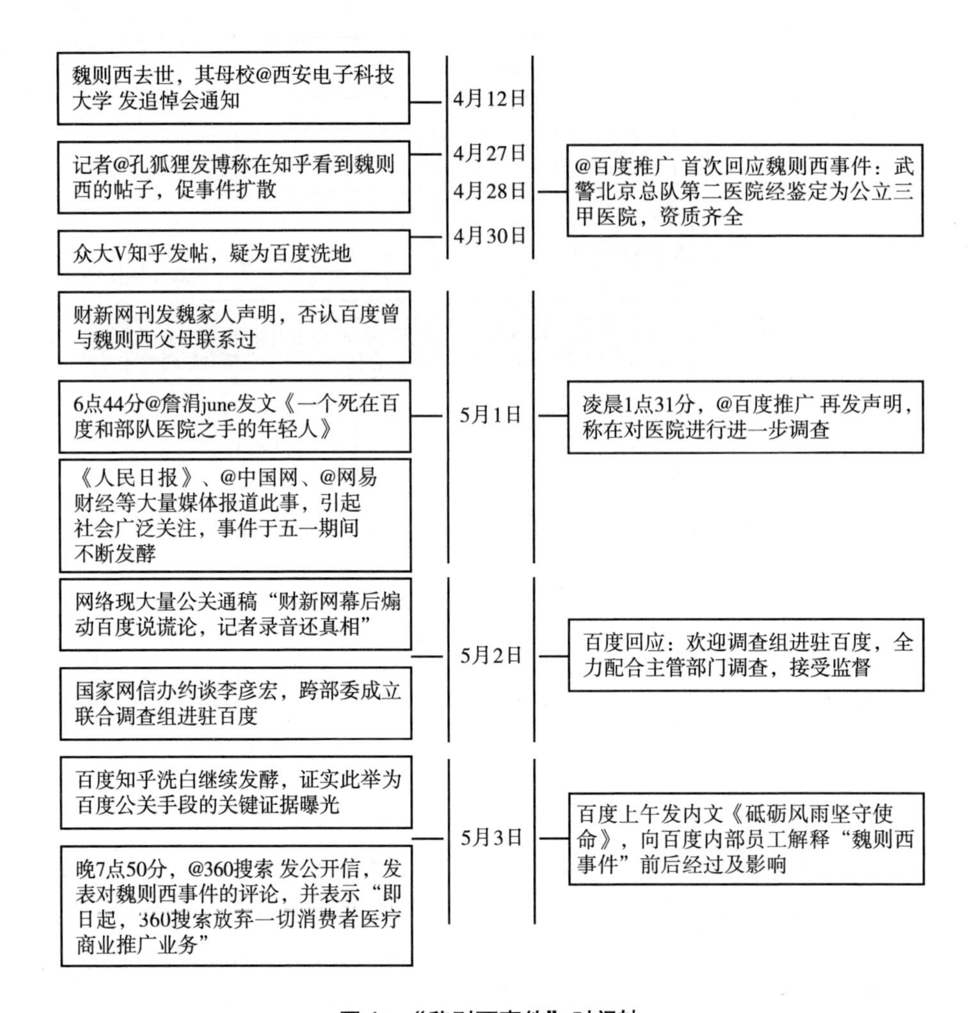

图4　“魏则西事件”时间轴

资料来源：人民网舆情监测室。

在一些热点舆情事件中，移动客户端借助“弹窗”的“即时性”优势，积极强化议题设置，在网络舆论场上发挥导航仪作用。在2016年10月党的十八届六中全会期间，人民日报客户端围绕这一议题，积极通过“新闻弹窗”向1.6亿用户第一时间推送《习近平打破关于反腐的五种论调》《全面从严治党当破三个误区》《从严治党跟老百姓有多大关系》等系列文章，解疑释惑，实现信息的快速传递与舆论引导。

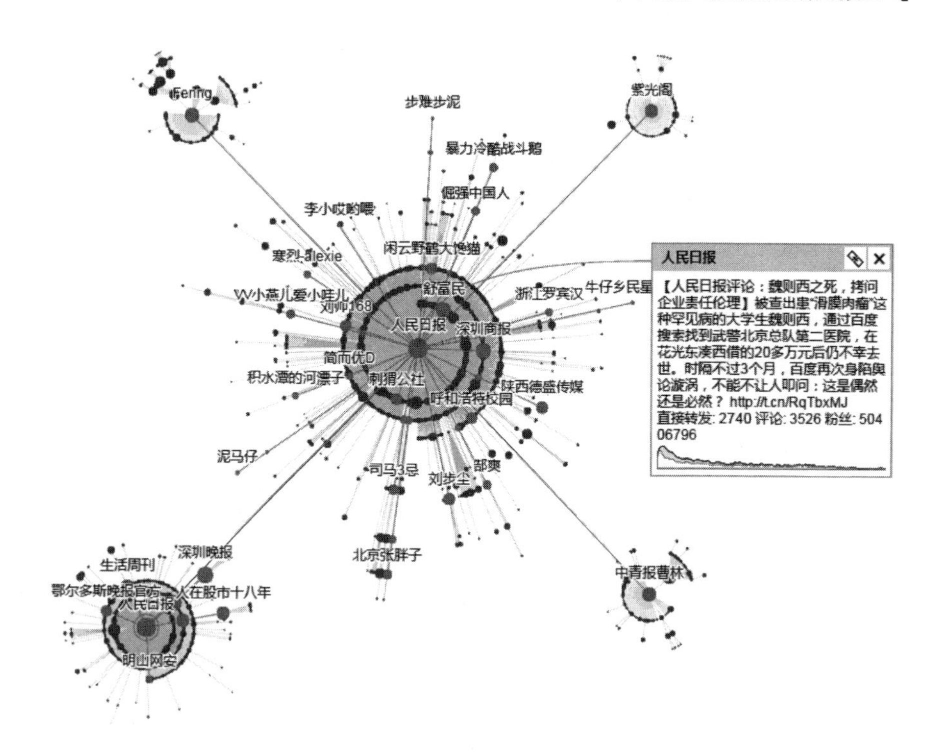

图5 《人民日报》评论《魏则西之死，拷问企业责任伦理》传播路径

资料来源：人民网舆情监测室。

三　2016年移动舆论场的引导与规制

2016年，魏则西事件、"快播"涉黄案等引发了公众对移动互联网管理的关注，网络不只是技术平台、亟待管理和规制的认识逐渐普及。在"十三五"开局的2016年，管理部门创新方法，探索维护移动互联网和谐发展的科学治网管网之道，在法律法规、行政手段和综合治理的基础上寻求平衡，清朗的舆论环境初现。

（一）紧扣环境变化，探索依法治网

移动互联网良性发展的根基是依法办网、依法治网。2016年1月，已

经颁布逾10年的《互联网新闻信息服务管理规定》修订征求意见稿正式向社会公布，规定多类新媒体，包括具有新闻舆论或社会动员功能的应用程序都要纳入管理范围。8月，国家互联网信息办公室召开专题座谈会，就网站履行网上信息管理主体责任提出了八项要求，并多次就违规问题约谈互联网企业负责人，逐渐建立起了主管部门和互联网企业良性互动的路径。11月，我国第一部网络基本法《中华人民共和国网络安全法》通过，从专业角度界定了网民的权利和义务。

从具体领域看，移动视频直播治理是2016年移动互联网依法综合管理的重要部分。9月，国家新闻出版广电总局下发《关于加强网络视听节目直播服务管理有关问题的通知》，重申互联网视听节目服务机构开展直播服务，必须符合有关规定；11月，中央网信办发布《互联网直播服务管理规定》，明确提出“双资质”的要求；12月，文化部印发《网络表演经营活动管理办法》，对网络表演单位、表演者和表演内容进行了进一步的细致规定。这一系列法规的颁布给移动视频直播的健康有序发展提供了保障。

（二）践行网络群众路线，推进政务舆情回应

在党的群众路线教育实践活动中，许多政务部门把网络空间作为重要载体，察民情、听民声、汇民智、解民忧，拓宽了群众工作的领域。2016年4月19日，习近平总书记在网络安全和信息化工作座谈会上强调：“各级党政机关和领导干部要学会通过网络走群众路线，经常上网看看，了解群众所思所愿，收集好想法好建议，积极回应网民关切、解疑释惑。”

2016年下半年，国务院办公厅先后发布《关于在政务公开工作中进一步做好政务舆情回应的通知》《〈关于全面推进政务公开工作的意见〉实施细则》两个文件，明确指出，随着互联网的迅猛发展，新型传播方式不断涌现，政府的施政环境发生深刻变化，舆情事件频发多发，加强政务公开、做好政务舆情回应日益成为政府提升治理能力的内在要求，同时，文件对重大突发事件的舆情应对时效和处置原则提出具体要求。通过网络

群众路线发现问题，以坦诚积极的态度进行回应，有助于促进和谐网络生态的良性循环。

（三）发挥主流媒体传播优势，做强网络正面传播

习近平总书记曾提出，做好舆论引导工作，一定要把握好“时、度、效”，在开展网络正向传播和突发事件舆论引导时，要找准思想认识的共同点、情感交流的共鸣点、利益关系的交汇点、矛盾化解的切入点。

据人民网舆情监测室统计，截至2016年10月，与习近平总书记重要讲话、活动相关的微博讨论达3118万条，微信公号文章186万篇，新闻414万篇，APP采集15.4万条。中央纪委宣传部、中央电视台联合制作的反腐电视专题片《永远在路上》在移动舆论场被热捧，累计播放量超过1000万人次；人民日报法人微博“中国，一点都不能少”话题创下63.9亿人次阅读的纪录；《人民日报》根据畅销书《习近平用典》开发的同名政论微视频产品，24小时内在优酷、爱奇艺、腾讯视频、搜狐视频等视频网站总点播量超过500万次；中央电视台制作的60秒公益广告《我是谁》，以6名普通党员的平凡视角传递不平凡的党员精神……这些正向传播案例的走红，有力地对冲了移动舆论场中的负面思维。

做大做强主流媒体，发展一批有影响力的政务新媒体，是移动舆论场平稳有序的保障。截至2016年底，人民日报新浪微博账号粉丝已逾5000万，微信公众号粉丝700多万，新闻客户端下载量超过1.5亿次。据人民网舆情监测室数据，截至2016年11月底，新浪平台认证的政务微博达164522个，政务微信公号总量超过8万个，还有越来越多的政务机构入驻企鹅号、头条号等第三方平台，或自建客户端。而百度、微博、今日头条等商业网站陆续建立党组织，也有利于舆论场的风清气正。

当然，在正向传播的过程中，也要避免偏激化、形式化、庸俗化和泛政治化。在台湾未成年艺人周子瑜、山东大学教授邓相超和影视演员赵薇等人因各种因素遭网络舆论批判的案例中，总体看虽是正能量传播占了上风，但中间也有过度反应。类似“新婚之夜抄党章”等案例所产生的负面影响，值得深思。

（四）发展网络统战作用，做好“意见人士”工作

根据人民网舆情监测室观察分析，自 2013 年网络秩序整治以来，网络活跃人群的构成发生了较大变化，许多无所不谈的“时政型”“意见人士”逐渐淡出，“专业型”、“中 V”、垂直类自媒体进入网络移动传播的强势阵营。

在移动舆论场中，把活跃度高、影响力大的“意见人士”都看作洪水猛兽的观点并不可取。发挥中国共产党“统一战线”法宝作用，为舆论的和谐有序建设建立最大范围和最大程度上的共识，应该成为移动舆论场管理和引导的重要策略。2016 年，中央统战部成立“新的社会阶层人士工作局”，工作对象包括“新媒体中的代表性人士”（包括新媒体从业人员和“意见人士”）在内的各个社会新阶层。通过有效的沟通和交流，帮助这些有影响力的网络个体提高对网上信息的有效甄别能力和在事件评论中的尺度把握能力，促进其理性、客观表达，最大限度地避免其成为谣言、虚假信息和偏激观点的再传播者，对舆论场净化具有重要意义。

四　2017年移动舆论场发展趋势及对策建议

2017 年，中国移动舆论场将继续保持旺盛的发展势头，还可能出现以下新趋势和新情况。

（一）移动微博和微信的用户数稳中有升并保持活跃

在主要城市和发达地区，微博和微信的使用率已经达到较高程度，未来将向三四线以下城市渗透。相对于大城市而言，小城市关注国内外重大政治经济问题的人群并不太多，或将促使文娱类议题在整体热度榜中的位次进一步提升，为公共事件传播降温。然而，移动微博和微信中屡次出现的群体间话语激烈冲突、安全感不足造成恐慌情绪等问题仍将持续，也不排除在全网短期内出现围观数量过十亿人次的可能。

（二）围绕重大议题，社会公众情绪将多次在移动舆论场交织碰撞

2017 年，国家层面将会有很多重大事件和活动，如党的十九大、深化改革等，预计会引起移动舆论场的较大关注。同时，由于经济下行压力、人民币贬值风险与股市低迷等状况在 2017 年仍难有大的改变，草根阶层，甚至中等收入群体可能会普遍产生社会焦虑，这种情绪和重大议题的交融或将引起更多碰撞。转型社会正进入攻坚克难时期，如何进一步凝聚民心、提高获得感将是工作难点。

（三）舆论向“外围地带”延伸，舆论引导需加强分众化专业沟通

移动舆论场更趋多元化，舆论向更广阔的“外围地带”延伸，微博、微信等成为移动舆论的主要集散地，同时，大中学生和职场青年惯用的知乎、果壳、豆瓣、简书、陌陌等新社群平台将带动舆论生成趋于分众化。与微博、微信热衷追踪社会热点不同，这些相对封闭的“外围圈层”依托于专业定位，在特定议题上分享话语权，甚至最终形成全国热点。小众圈子文化提示引导工作需注重分众传播、圈层传播和专业沟通。

（四）改变主观随意性，“政务舆情回应”亟待建章立制

随着对国务院办公厅相关文件的持续贯彻落实，“政务舆情回应”仍将是 2017 年的重要工作。与过去的主观性和随意性较强不同，建章立制将是新一年的关键词，需要舆情工作者做出更大贡献，比如，以大数据监测分析为基础，向新型智库发展，为舆情回应和舆论风险评估提供更多的支撑。

（五）把握国际局势，引导国内移动舆论场和国际理性交流

中国已然走上世界舞台，但与中国港台地区和其他国家间的舆论摩擦也时有发生，如何让中国的移动舆论场与全球形成更多理性的交流将是未来舆论工作的重点难点。2017 年，“一带一路”国际论坛将在北京召开，国际舆

论将再次聚焦中国。如何传播好中国形象，讲好中国故事，同样需要创新精神。

参考文献

祝华新、潘宇峰、陈晓冉：《2016 年中国互联网舆情分析报告》，载《社会蓝皮书：中国社会形势分析与预测（2016）》，社会科学文献出版社，2016。

张志安：《互联网与国家治理年度报告（2016）》，商务印书馆，2016。

〔美〕戴维·迈尔斯：《社会心理学》，张智勇、乐国家、侯玉波等译，人民邮电出版社，2006。

〔德〕乌尔里希·贝克：《风险社会》，何博闻译，译林出版社，2004。

李贞：《手机媒体移动舆论场的特征与引导策略》，《青年记者》2016 年第 11 期。

B.6
移动互联网推进社会协同治理

黄 河　王芳菲*

摘 要：　移动互联网为社会治理注入了活力并提供了新平台与新方式，推动全民共建共享的新型社会治理格局形成。政府治理向现代化转型，“两微一端”成为协同合作新平台，“圈子”文化促进社会自治发展，不过暴露出的问题仍需要作为主导者的政府部门从多个角度加以解决。

关键词：　移动互联网　社会治理　协同治理

随着社会转型的推进以及经济发展新常态的形成，社会公共事务变得日趋复杂、难以应对，既有社会问题日益板结化，又有新问题又不断出现，公共服务亦陷入供需矛盾突出的困境，这迫切要求政府对其社会治理体制、手段、方式加以革新。近年来，中央政府多次提及要创新社会治理体制、建构社会治理新格局。党的十八届三中全会提出，要“推进国家治理体系和治理能力现代化”，“鼓励和支持社会各方面参与”；2014 年的政府工作报告强调要“注重运用法治方式，实行多元主体共同治理”；2015 年，《中共中央关于制定国民经济和社会发展第十三个五年规划的建议》针对社会治理领域存在的突出问题，就加强和创新社会治理做了全面部署；2016 年 3 月发布的《中华人民共和国国民经济和社会发展第十三个五年规划纲要》亦提

* 黄河，中国人民大学新闻学院副教授，新媒体研究所副所长，博士，研究领域为新媒体传播；王芳菲，大连理工大学人文与社会科学学部新闻与传播学系讲师，博士，研究领域为新媒体传播。

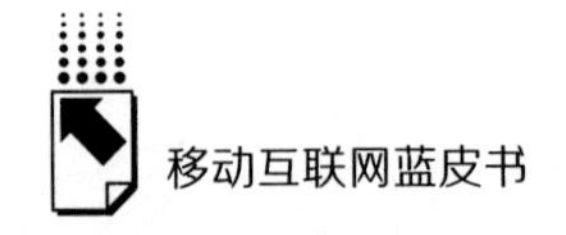

出，要加强和创新社会治理，“构建全民共建共享的社会治理格局”。

在上述过程中，移动互联网的发展进一步重塑了社会治理所处的社会环境。作为传统互联网的延伸，移动互联网既可访问传统互联网上的内容，又可通过各种“应用”延展信息与服务形式，其所带来的全新的信息表现形式、信息传播渠道、社会交往方式，创造的虚拟社会，以及对公民意识和社会民主化进程的促进，在加大了社会治理难度的同时，也为政府创新社会治理注入了活力，提供了新平台与新机遇。

一　移动互联网环境下社会治理面临的新局面

（一）社会形势变迁促使政府革新治理方式

社会形势的演化使社会公共事务变得日趋复杂且难以应对：从量的角度看，自然灾害与灾难事件频发仍在延续，而社会转型带来的社会冲突事件多发、社会结构紧张、社会矛盾激化等新问题也快速增长；从质的角度看，由于社会阶层的变化和社会流动引发的社会利益诉求分化、公共产品需求多元化，社会问题的出现带有更多的偶然性和不确定性，其解决则面临利益对抗、需求悖异、观念冲突等多重阻滞。而互联网、移动互联网的快速发展又加剧了这一状况。新技术、新媒介创造了具有跨时空、可匿名、社会交往广泛、信息流动开放、在一定程度上能摆脱现实约束等特点的新型社会形态——虚拟社会，虚拟社会的去个体化、群体极化、价值多元、道德失范等特点，引发了网络谣言、网络暴力、网络犯罪等诸多新问题；不仅如此，虚拟社会还会与现实社会发生共振，使公共事务进一步复杂化。这均使以往的社会管理格局面临失效的风险，继而要求政府对其治理方式加以革新。

（二）实现“善治”成为政府治理方式创新的新方向

在传统的治理模式中，公众对政府的期望是达到“善政”，即成为具有严明的法度、清廉的官员、较高的行政效率、良好的行政服务的好政府[①]。然而，在经济全球化、政治民主化、文化多样化的社会环境下，传统的治理结构与治理方式渐渐难以跟上时代发展的潮流。例如，受传统的“官本位”“替人民做主”等理念的局限，我国政府习惯于扮演支配者和控制者的角色，这使社会治理长期以政府为单一主体，面对复杂多变的环境越来越力不从心。另外，由于我国政府的组织结构以条块分割为主要特征，社会治理方式存在部门分割、职能交叉、多头管理、缺乏协调等问题[②]，极大地弱化了社会治理的效率和效果。

在此种情况下，“善治”取代了“善政”成为公众对政府的期许。所谓“善治”，是对整个社会的要求——要求政府通过完善治理体制，与社会主体一起对社会公共事务开展合作治理，最终使国家与社会处于最佳状态、实现公共利益最大化[③]。这亦成为我国政府改革的新方向。2014 年发布的十八届四中全会决定明确指出，“法律是治国之重器，良法是善治之前提”，这是“善治”一词在中央全会文件中的首次出现，标志着“善治”将成为党中央治国理政的目标追求[④]。

（三）移动互联网为社会治理创新提供机遇

正如习近平总书记于 2016 年 10 月中共中央政治局第三十六次集体学习时所言，“随着互联网特别是移动互联网发展，社会治理模式正在从单向管理转向双向互动，从线下转向线上线下融合，从单纯的政府监管向更加注重社会协同治理转变”。移动互联网的发展为社会治理创新注入了活力并提供了新平台与新方式。

一方面，移动互联网促进了社会主体的发展，为社会治理注入活力。首

① 俞可平：《论国家治理现代化》，社会科学文献出版社，2014，第 19 页。

② 范如国：《复杂网络结构范型下的社会治理协同创新》，《中国社会科学》2014 年第 4 期。

③ 俞可平：《论国家治理现代化》，社会科学文献出版社，2014，第 3 页。

④ 程冠军：《走向善治的中国》，人民网，2015 年 1 月 5 日，http：//opinion. people. com. cn/n/2015/0105/c159301 - 26326790. html。

先，依托于移动互联网生发的新平台、新应用以及便捷的交互机制，现实中的社会组织通过建立自身的官方网站、官方微博、微信公众号等，在虚拟社会中不断扩大影响，得以覆盖更广泛的社会群体；其次，依托移动互联网平台上的社交“圈子”，基于兴趣、爱好或志愿精神而形成的“虚拟社会组织”（如“虚拟朋友圈”“虚拟社群”）不断增多，因其内部成员的沟通更加频繁、关系更为密切，该类组织对成员的影响力、号召力、约束力也相对更高；最后，新型的政治沟通、动员、活动方式不断出现，促使公众以参与意识、监督意识、责任意识和法律意识为核心的公民意识迅速崛起，他们有了更为强烈的政治参与意愿。这均为社会治理提供了规模日渐庞大的协同者、参与者，并在社会动员、自我治理、协同政府处理公共事务等社会治理领域发挥重要作用。

另一方面，移动互联网为各类社会治理主体提供新平台与新方式，有助于其治理行为的实施与治理目标的实现。比如，基于微博、微信、APP 等新型应用，政府有了更为直接的面向公众发布信息、展开交流与互动、提供政务服务的渠道；又如，电子政务平台、智慧城市和健全的信息共享机制，打破了以往政府执政的“信息孤岛”，跨地域、跨层级、跨部门的政府机构在信息处理、资源分配、人员调动等方面可以实现成本更低、效率更高的协同合作；再如，通过移动新媒体平台上有效的舆论引导、互动对话和沟通渠道的建设，政府能够面向更广泛的社会群体问政、问计、问策，从而能更好地协调多元社会主体的利益、化解社会矛盾、优化政府决策。

二　移动互联网推进社会治理的重点领域

（一）新技术驱动政府治理现代化转型

由于长期行政体制的条块分割，以及信息资源的开发利用意识弱、标准不统一、技术条件差等，我国政府所掌握的大多数信息资源均处于相互封闭、各自独立的“信息孤岛”状态，很难互联互通和资源共享，跨地区、跨层级、跨部门的政府机构之间以及政府与社会组织、社会公众之间沟通不畅、协作效率低下，许多社会治理举措和社会服务亦不能得到有效落实。然而，如今高速发展的移动互联网技术、大数据技术、人工智能技术等，为政府社会治理的现代化转型创造了契机，对此，2015 年后中央政府出台了《促进大数据发展行动纲要》《积极推进“互联网 +”行动的指导意见》《关于加快推进“互联网 + 政务服务”工作的指导意见》《政务信息资源共享管理暂行办法》等系列文件，针对加快政府数据开放共享、借助互联网技术完善政务服务等做出了部署和要求，加速了相应领域创新变革的步伐。

其一，借助云计算和大数据技术，政府通过加强平台的标准化建设和建立共享应用机制，可有效提升政府信息的运用价值，促进信息在不同政府机构之间乃至政府机构与社会主体之间的畅通流动，从而既提升了政府的工作效率，又为政府与社会主体的协同合作创造了基础。例如，北京市自 2005 年起全面推动全市信息资源共享工作，在共享地方法规、共享规则、技术标准规范等方面相继出台了多项保障制度，并由北京市经济和信息化委员会牵头，全市各部门通力合作，积极借助新技术，搭建了信息资源共享交换平台（供市、区两级政府的各部门共享、交换信息）、政务数据资源网（旨在面向社会组织和社会公众提供可公开的信息）、政务地理空间共享服务平台（提供航空遥感影像、地址数据库、政务电子地图、政务信息图层等内容服务）、物联网应用支撑平台（为城市安全运行和应急管理部门提供各政府机构物联网应用信息的接入、汇聚、整合以及数据交换、信息共享服务）等政府系统内外部的信息交换平台①。

其二，政府将政务服务相关信息与申请、办理功能置入政务平台中，对“加快转变政府职能，提高政府服务效率和透明度，便利群众办事创业，进一步激发市场活力和社会创造力具有重要意义”②。这表现在：①新媒体政务服务平台通过对办事机构、职能、流程等信息的公开，以及信息查询、检

---

① 《北京市政务信息资源共享的思路与实践》，新华网，2016 年 9 月 22 日，http：//news. xinhuanet. com/info/2016 -09/22/c_ 135702930. htm。

② 《国务院关于加快推进“互联网 + 政务服务”工作的指导意见》（国发〔2016〕55 号）。

索等功能的设置，可以令公众更方便、更清楚地掌握办事流程；②新媒体政务服务平台能把相应功能板块设置为新的服务“窗口”，公众可在线提交行政事项办理请求，实时追踪办结状态，还能直接使用医院挂号、社保查询等公共服务；③通过邀请政府各部门加入运营，新媒体政务服务平台可实现政府各层级、各部门之间政务信息资源的整合和多元利用，促进政府部门间的协调配合和业务联动，从而有利于公共服务事项、审批事项的集中办理、一站式办结，解决长期困扰公众的“办证多、办事难”等问题。

（二）“两微一端”成为协同合作新平台

我国政府在“十三五”规划中，针对社会治理的一项重要部署就是“完善党委领导、政府主导、社会协同、公众参与、法治保障的社会治理体制，实现政府治理和社会调节、居民自治良性互动”。依循这一思路，我国社会治理主体应包括政府、社会组织（包括市场主体、非政府的公民组织、基层自治组织等）和社会公众，这些主体分别扮演社会治理的主导者、协同者及参与者三类角色，既在各自的社会专业领域中各司其职、各尽其责，又彼此资源共享、协同合作。然而，此种协同合作的达成首先需要依托于一个开放的、多元社会主体均可参与的沟通、交流和资源分享平台。以“两微一端”为代表的移动新媒体的发展，就为政府提供了相较于桌面互联网更为便捷的协作平台和广泛的用户基础，使其可在下述领域引领多元社会主体就社会治理展开协同合作。

1. 网络问政

问政，即咨询或讨论为政之道，是执政者实现科学决策和民主决策的手段。相应的，网络问政就是政府通过互联网、移动互联网等新兴媒体平台与公众进行交流与互动，以体察民情、收集建议，从而更好地为政府协调社会利益、化解社会矛盾、进行民主执政与科学执政提供支持。在“两微一端”平台上，网络问政体现为政府通过与公众保持长期、良好的对话与互动，从中筛选出公众对政府工作的意见反馈，并借由设立公众留言审核制度、信息流转制度、问题办理与回复制度、公众监督与投诉制度等相关制度，督促相关政府部门于特定时限内对公众提出的意见反馈加以线上答复和线下解决。同时，依托移动新媒体随身携带、随时接入网络以及“随手拍”等便捷的信息采集方式，基于“两微一端”的网络问政往往可动员更多社会公众参与，帮助政府获得议题更多元、形式更多样的公众反馈。例如，广州市政府开通了12345政府服务热线微信、APP等平台，广州市市民只需动动手指就可以随时随地向广州市政府反映诉求、表达意见。其中，12345微信平台设置有市民投诉（包括求助/投诉/举报、咨询建议、消费纠纷、户籍迁移、社保业务、噪音扰民）、在线客服、市民服务（包括案例公开、热门话题、工作动态、知识查询）和个人中心（包括“我的诉求”、进度查询、用户绑定等业务）四个业务板块，并嵌入了地点定位、拍照上传附件等功能，供公众在表达诉求时便捷地使用“随手拍”反映真实情景，以及准确发送事发地址。

2. 提供公共服务

由于公共服务项目通常投资周期长、金额大、收益小，因而传统的公共服务大多由政府或在政府主导下供给，存在服务手段滞后、效率低下以及供需矛盾突出、难以满足公众多元需求等问题。但是伴随“两微一端”等移动新媒体的发展，以企业、公益组织为代表的社会主体，有了以更低成本、更高收益提供公共服务的新渠道、新手段，越来越多地协同政府加入提供公共服务的队伍，从而有效地填补了政府提供公共服务的“空白地带”，提升了社会整体的服务水平和服务质量。

典型的如微信、支付宝等开通的“城市服务”项目，通过与政府机构、社会组织等达成合作，集成了包括行政事项申请与办理（如身份证件申请与办理、房产税缴纳查询、行驶信息查询等）、非政府的社会公共服务（如水电气缴费、医院预约挂号、银行服务）、个人生活服务（如快递查询、天气资讯、日常生活的衣食住行）等在内的各项服务，成为在政府自建渠道（政府网站、政务微博、政务微信、政务APP）之外的又一个公共服务集成“窗口”；滴滴、神州专车等打车、拼车APP在盘活车辆存量资源、满足公众个性化出行需求方面发挥了重要作用，有效地提升了交通领域的治理效果；春雨医生、丁香园、平安好医生等平台则为公众提供了网上咨询问诊、运动健身管理等服务，成为传统医疗服务的有益补充。

3. 社会动员

社会动员是政府、政党或社会组织等组织实体，运用特定策略或通过某种渠道对社会成员进行宣传、说服、激励和影响①，从而改变社会成员的态度、价值观和期望，引导、发动和组织社会成员参与社会活动，以实现一定的社会目标的活动②。传统媒体时代，社会动员常常采用自上而下的号召式组织方式，具有层级多、渠道少、成本高、效率较低等缺陷；而移动互联网依托其开放、自由的信息收发以及及时的交往互动机制，使人们得以突破现实社会中时空、阶层、组织等方面的局限，跨越传统媒体时代的复杂体系，快速地进行信息沟通、组织传播和协调执行，大大拓展了社会动员的范围，提高了社会动员的速度，提升了社会动员的效力，从而使动员主体得以在短时间内聚集规模庞大的社会力量和社会资源，能够围绕特定目标统一行动、协同合作。

譬如“两微一端”上组织的打拐、寻人、寻物等活动，江苏省泗洪县公安局网安大队副大队长秦永鸣开通了致力于开展警民寻人活动的个人政务微博“寻人总动员鸣警”，截至2016年底，粉丝数量超过36万，当年话题阅读量达到20.4亿次，而通过发动广大网民的参与，该微博于2016年成功帮助汉中失散18年的母女团圆，帮助安徽肥西72岁老人找到其失散32年的儿子，找回当地走失数月的孕妇……又如，公益组织在“两微一端”上开展的“免费午餐”“冰桶挑战”等系列“微公益”活动，借新媒体降低公益活动的参与门槛，增强公益项目的透明度，创新公益众筹、社交圈筹款等新型公益参与方式，带动了我国公益慈善事业的发展。

（三）“圈子”文化促进社会自治发展

社会自治即社会公众、各级公共机构或民间的社会管理组织等社会力

① 周凯：《社会动员与国家治理：基于国家能力的视角》，《湖北社会科学》2016年第2期。

② 王振海：《社会动员：一种国家治理方式》，中国社会科学网，2014年5月28日，http://www.cssn.cn/dzyx/dzyx_llsj/201405/t20140528_1188064.shtml。

量，在既定的公共空间领域内运用公共权威去维护社会秩序并不断满足社会成员需要的自主治理活动，以自我管理、自我教育、自我服务和自我监督为主要表现形式。虽然社会自治的相关实践在我国已经广泛展开且取得了一定的成就，但自治组织也暴露出了缺少需求的整合、利益的凝聚，对社会成员缺乏有效的组织载体和组织方式，以及“行政化”色彩浓重、社会动员能力不足等问题。

移动互联网的发展使上述问题得到了改善，这突出地表现在如下方面。

1. 培育社会组织，为社会自治提供基础

借助开放、自组织、个性化的移动新媒体，现实社会组织有了新的信息传播和服务渠道，而基于兴趣爱好、价值理念、身份标签等形成的虚拟社会组织不断增多，这为社会自治培育了主体、打下了基础。

2. 提供信息发布渠道，促进事务公开

移动互联网为社会组织提供了即时、开放、双向的信息传播渠道，有助于其简化信息公开环节、降低信息公开成本、加强信息公开的反馈。例如，处于发展乡村旅游重点区域、征地拆迁事宜较多的重庆市铜梁区南城街道白龙社区，以建立微信群的方式面向社区居民公开集体土地征用资金、上级拨款、银行入账信息等财务收支情况，便于居民进行监督和反馈[①]。

3. 创建开放的交流场域，增强内部成员的对话协商

移动社交应用（如微信群）将现实的社会关系、权力关系等强关系复制到虚拟空间中，形成了全新的、封闭性更强的“圈子”——每个人都有一个以自己为中心的圈子，同时又从属于以优于自己的人为中心的圈子，并通过“圈子”内部的交往实现信息的获取与扩散。基于“圈子”，各社会组织的内部成员不仅可以自由表达观点、意见和态度，就社会公共事务进行深入讨论，而且其交往和互动也更为密切。

4. 有效聚集社会公众，社会动员能力更强

由于“圈子”复制了现实的人际关系与权力结构，“圈子”的权力中心因

---

① 《铜梁区南城街道探索利用微信群公开村（社区）财务》，新华网，2017 年 2 月 15 日，http://www.cq.xinhuanet.com/2017-02/15/c_1120468804.htm。

占据更多的社会资本，往往会对其成员的观点、态度、行为构成更为直接、程度更深的影响，其对成员的凝聚力、组织力也随之提升。比如，北京市玉桥街道成立玉桥益家志愿服务中心，并开通了微信公众号，开启了社区志愿服务线上匹配发布、线下服务交流的新方式——社区居民只需打开“掌上玉桥”微信公众号，到玉桥益家栏目就可以找到玉桥街道各个社区组织的志愿服务活动，并完成注册登记、实时报名参与活动、按需匹配服务等系列操作，从而使志愿服务实现“供需对接”，也让更多具有专业技能的社区志愿者参与自治活动[①]。

三 借助移动互联网创新社会治理的优化建议

虽然移动互联网为我国社会治理的体制和方式的创新注入活力，从中央到地方的各级政府在借助移动互联网创新社会治理实践方面也取得了一定成效，但在这一过程中所暴露出的一些问题也需要给予重视。首先，社会治理格局有待完善，政府部门对社会组织、社会公众的重视和培育力度不够充分，导致政府和社会主体未能形成良好的协同合作。其次，社会治理方式欠妥，尽管各级政府积极借助新技术改进其治理方式，但却存在“各自为政”“重项目建设、轻项目应用”“重管理功能建设、轻服务功能开发”等困境或误区，由此带来各类政务新媒体平台低水平重复投入、信息共享不畅、运营维护不佳、数据安全难以保障等问题，未能全面发挥移动互联网应有之功用。最后，社会治理体系仍需完善，我国针对社会治理的政策体系、管理体制、统筹协调机制和监督反馈机制等还不太健全，未能对多元主体参与共治形成有力指导，制约了社会治理能力的提升。

为了更好地适应社会形势、充分发挥移动互联网的作用，作为社会治理主导者的政府机构，还应从下述方面入手对社会治理工作加以进一步的调整与优化。

---

① 《微信时代志愿服务 O2O》，北京通州文明网，2016 年 3 月 15 日，http：//www. bjtzhwm. gov. cn/a/culture/volunteer/2016/0315/6372. html。

（一）转变治理理念

政府对社会治理、社会主体、移动互联网等的认识和态度，是决定其选择何种治理方式、治理手段以及能否取得治理成效的关键。为了改进社会治理工作、更好地构筑全民共建共享的新型社会治理格局，政府应从变革其治理理念入手。在以对等、协作、开放、共享等为特征的移动互联网高度普及，并对我国社会发展及社会治理产生重要影响的当下，各级政府部门应秉持体现移动互联网精神的治理理念。这包括如下几点。

1. 民本位理念

传统的社会治理理念强调官本位、政府本位、权力本位，这让政府部门在开展工作时倾向于替民做主、唯上是从，忽视了社会主体的诉求与作用，亦造就了政府独大的一元社会治理格局；而为了形塑新型治理格局，政府需要将其治理理念向民本位、社会本位、权利本位靠拢，更积极主动地倾听民意、了解民需、洞察民情、顺应民愿。

2. 创新发展理念

即“把创新摆在国家发展全局的核心位置，不断推进理论创新、制度创新、科技创新、文化创新等各方面创新，让创新贯穿党和国家一切工作，让创新在全社会蔚然成风”[①]。

3. 协同合作理念

政府应摆脱“单兵作战”的思维惯性，认识到其他社会主体在社会治理中的重要作用，并促进国家各区域、社会各领域、各社会主体之间的协调与整合、分工与合作。

4. 开放共享理念

为了保障公众的知情权、参与权和监督权等权利，以及促进社会的创新发展，政府应转变以往“封闭管理”的治理理念，注重利用移动互联网加

---

① 《中国共产党第十八届中央委员会第五次全体会议公报》，新华网，2015 年 10 月 29 日，http：//news. xinhuanet. com/politics/2015 - 10/29/c_ 1116983078. htm。

强政务资源信息的对外开放以及与其他政府部门、社会主体之间的流通、分享。

（二）创新工作思路

在理念转变的基础上，各级政府部门还需要进一步创新其工作思路，直面移动互联网对社会治理带来的新挑战与新机遇，积极地认识和熟悉各类新技术、新应用，并将之主动运用至各项工作之中。具体而言，政府部门可在“知媒”“懂媒”“用媒”三个层面对其工作思路加以调整。

“知媒”，政府部门对移动互联网新技术、新应用的正视和重视程度，是政府部门运用移动互联网的思想基础，只有各级政府官员认识到移动互联网在完善社会治理格局、创新治理体系、提升社会治理效果等方面的积极作用，才能拓宽工作思路，积极养成在工作中借助移动互联网改进社会治理的意识。

“懂媒”关涉的是政府官员的媒介素养及其对移动互联网特性和规律的熟识、掌握程度，这具体包括移动互联网的技术手段和传播规律、移动新媒体平台上舆论发展规律和舆论引导方式、移动新媒体平台的使用方法与技巧等方面，而这亦是各级政府有效应用移动新媒体的良好保障。

“用媒”指的是政府部门应在实际工作中主动尝试并坚持将移动新媒体应用至社会治理工作的方方面面，切实发挥新技术、新应用的应有功效。

（三）健全制度体系

为了改进借助移动互联网创新社会治理过程中暴露的系列问题，保障政府部门对各类新技术、新应用的长期、有效的运用，政府部门还有必要建立健全下述制度体系。

1. 领导体制和协调运作机制

针对借助移动互联网改进社会治理时出现的“各自为政”“多头管理”的问题，各级政府部门可从如下两个方面入手加以改进。其一，建立运用、管理新媒体的组织领导体制，明确应负责的官员和部门，以此来加强对该地区、该部门运用移动互联网开展工作的统筹协调和督促指导。在实践中，许多地方政府仿照中央，成立了架构和组成单位及与中央类似的“互联网协调小组”，其中小组组长一般都由当地主要领导兼任，办公室（厅）则负责统筹协调工作。其二，完善各部门协调运作机制，明确需要配合的机构、人员及各自的职责，建立政务服务部门、信息化部门和有关业务部门分工明确、协调有力的工作机制。

2. 运用移动新媒体的监督、考核机制

政府部门若要实现对两微一端、政府网站等新媒体平台长期、有效的运营，保证其方向上的效能、运作中的效率、实践后的效果，就必须建立配套的监督与考核机制。但如今的情况是，有的部门重平台建设、缺制度设计，使新媒体运营团队工作积极性不足；有的部门虽然建立了相应机制，却因为主管领导不够重视而流于形式，不仅难以对相关部门产生协调和约束作用，反而给自己增添了很多不必要的负担；等等。这均是政府部门应予以加强和改进的方向。典型的如广东省为了加快推进各级政府部门借助新技术优化政务服务工作，由省政府办公厅、省编办、经济和信息化委等部门牵头，建立“互联网＋政务服务”工作绩效考核制度，重点将行政审批和公共服务效能、政务数据共享、政务服务配合、信息安全等方面工作纳入考核体系，加大考核权重，定期公开通报工作进展和成效，并将一些综合评价高、公众反响好的做法予以表彰奖励和宣传推广；同时建立健全问责机制，对工作开展不力的在政府门户网站予以通报，对不作为、乱作为、慢作为的进行问责。①

3. 体系化的社会治理制度

新技术、新手段、新方法的运用虽能使社会治理在短时间、局部范围内取得快速发展，但若想借助移动互联网更好地构建全民共建共享的社会治理新格局，在更广的范围内推动社会治理实现突破和升级，就必须将视角移到新媒体之外，建立健全包括社会赋权和引导监督机制、政府向社会组织购买

① 广东省人民政府办公厅：《广东省人民政府办公厅关于印发广东省加快推进“互联网＋政务服务”工作方案的通知》，2016 年 12 月 30 日。

服务机制、社会利益协调和社会矛盾处理机制等在内的体系化的社会治理制度。

参考文献

周红云主编《社会治理》，中央编译出版社，2015。

詹正茂主编《创新蓝皮书：创新型国家建设报告（2013～2014）》，社会科学文献出版社，2014。

洪京一主编《工业和信息化蓝皮书：世界信息化发展报告（2015～2016）》，社会科学文献出版社，2016。

龚维斌主编，赵秋雁副主编《社会体制蓝皮书：中国社会体制改革报告 No.3（2015）》，社会科学文献出版社，2015。

产　业　篇

Industry Reports

B.7

我国移动互联网的核心技术自主创新

周　兰*

摘　要：过去十年间，移动互联网作为ICT产业创新最活跃、发展速度最快的领域，推动移动芯片、移动操作系统、移动传感器等相关技术的快速发展。我国移动互联网发展几乎与全球同期起步，现阶段在智能手机、移动通信网络和移动应用服务等领域均已取得可比肩全球前列的发展态势，移动互联网后续智能化的演进对我国而言既是机遇也是挑战，仍需加大对核心技术的自主创新能力，进一步提升我国产业竞争优势。

关键词：移动互联网　移动芯片　操作系统　移动传感器

* 周兰，中国信息通信研究院信息化与工业化融合研究所高级工程师，研究方向为移动互联网、智能终端、集成电路、人工智能等。

一　全球移动互联网核心技术发展的整体态势及热点

（一）全球移动互联网核心技术发展总体情况

1. 智能化驱动移动互联网云管端协同升级

作为现阶段 ICT 产业发展的重点领域，移动互联网对 ICT 产业整体智能化演进起着非常重要的驱动作用。就移动互联网本身而言，智能手机在 10 年的发展历程中加速了计算和互联的扩展，而仍在不断兴起的可穿戴、无人机、虚拟/增强现实等更广泛意义上的智能硬件则极大地拓展了终端的感知和交互能力，为互联网应用虚拟化图景注入了更为丰富的元素，加速了多样传感器的普及式应用，由此实现了可用数据样本的极大丰富，带动了应用快速创新，推动了云端低成本大规模计算能力的全面提升，为机器学习尤其是深度学习的渗透融合创造了有效应用环境，开启了智能化革命的新浪潮。2016 年随着人工智能再次进入产业视野，移动互联网正成为人工智能的大规模优先应用领域，移动互联网的技术体系正展开新一轮升级。

2. 移动互联网技术体系由线铺面，开启覆盖面更广、融合更深化的集群式创新

随着移动互联网的进一步演进，云管端均蕴含着巨大的技术创新机遇，其中既存在延续性的技术升级，更存在颠覆性的技术变革。前者包括数据处理能力的进一步增长、工艺制程的持续升级、显示分辨率的继续提升等；后者包括与特定算法紧耦合的专用智能应用芯片、基于材料和器件创新而来的通信功率器件、可识别生物量的传感器等。与此同时，软硬件技术能力的快速进步为人工智能走向实际应用创造了基础条件，成为后续应用智能化创新的重要助力。应用创新倒逼技术加速升级的态势日益凸显，需求的多样化带动技术创新进入前所未有的融合创新阶段，信息通信技术与智能感知、海量数据处理、人工智能等的系统化、集成化创新不断加速，并与先进制造、新型材料、现代生物和能源等其他多学科技术的交叉渗透日渐深入，成为信息通信技术创新的重要方向。

3. 核心技术变革升级的同时，外围技术也在加速创新

移动互联网所涉及的云管端各层核心技术仍处于不断持续升级中。移动芯片在通信能力、计算能力、图形图像处理能力等方面基本呈现逐年升级迭代的态势，智能终端操作系统随着应用创新不断丰富能力供给。随着人工智能、智能硬件等的快速兴起，移动互联网技术体系也发生了一定变化，突出表现为原本较为边缘的部分技术，正逐步成为整个技术体系的核心环节，如传感在深化物理感知精确度的基础上不断丰富生物感知等多种感应量形式。

（二）2016年全球移动互联网核心技术热点

本文结合 2016 年全球移动互联网的实际发展情况，重点分析以下三类核心技术进展。

1. 移动芯片

重点围绕多模多频、自研架构和高工艺高集成实现持续平稳技术升级。LTE 多模多频依然是主要需求和技术重点，2015 年主流 LTE 通信芯片已实现全模全频，载波聚合能力已支持到 Cat6/Cat9（网络接入能力等级为 6 或 9）；预计 2017 年载波聚合能力将升级到 Cat12/Cat16。AP（应用处理器，等同于计算机中的 CPU）近期将在多核 64 位的技术框架内，针对多核灵活调度进行重点优化，在目前已支持到 16 核的大小核技术方面，将实现集群内更灵活的多核调度，不需组建大小集群族即可实现核与核之间的调度。高通依然是领先技术水平的代表，2016 年高端手机主流配置的骁龙 830 采用三星 10 纳米 FinFET（Fin Field-Effect Transistor，鳍式场效应晶体管）工艺，基于自研 64 位 kyro 架构并实现七模全频 LTE；三星基于自有 14 纳米 FinFET 工艺和自研 64 位 Mongoose 架构，奠定了 Exynos8 芯片的高端化水平；MTK 在高性价的基础上继续践行高端化路径，HelioX30 平台即基于台积电 10 纳米工艺，并全面提升通信和计算能力。

移动 VR（Virtual Reality，虚拟现实）正成为移动芯片的又一重要应用

表1　2016年以来移动芯片主要新品特性一览

		核数	架构	主频	工艺	CPU	基带	年份
	骁龙820	4	64位Kyro	2.2Ghz	三星14nm	Adr eno530	LTE cat12	2016
	骁龙821	4	64位Kyro	2.4Ghz	14nm	Adr eno530	LTE cat12	2017
	骁龙830	8	64位Kyro	2.8Ghz	10nm	—	LTE cat16	2017
	Holio X20	10	A72+A53	2.5Ghz	TSMC20nm	MaliT880	LTE cat6	2016
	Holio X30	10	A72+A53	2.8Ghz	TSMC10nm	四核PowerVR	LTE cat12	2017
Samsung Exynos	Exynos8890	8	64位Mongoose	2.3Ghz	三星14nm	MaliT880	LTE cat12	2016
	Exynos8895	—	—	—	—	—	—	2017
	麒麟950	8	A72+A53	2.3Ghz	TSMC16nm	MaliT880	LTE cat6	2016
	麒麟960	8	A72+A53	—	TSMC16nm	MaliG71	LTE cat12 +CDMA	2017

资料来源：各芯片企业公开宣讲材料汇总。

方面。目前移动芯片是计算能力仅次于PC和服务器的第三大成熟平台，且体积小、功耗低、外围交互能力丰富，是移动VR天然的承载平台。移动VR产品对底层硬件的技术能力要求重点有二：一是强大的图形图像处理能力；二是面向VR需求的硬件能力调用。现阶段各主要移动芯片均针对VR个性化需求进行了优化，如骁龙820芯片平台针对移动VR需求所做的能力提升和优化包括以下几点，在视觉效果方面，最高支持分辨率3200×1800、帧率60fps（每秒画面填充帧数）的画面渲染，通过GPU和视频加速引擎来驱动360度的4K画面；在声效处理方面，通过与传感器配合，精确调整输出音频；在交互性方面，储备焦点渲染技术，通过集中渲染几个焦点片段的方式，提升画面的沉浸感；此外，高通围绕820平台能力提供VR SDK（虚拟现实软件开发工具包），允许开发者调用芯片平台的更多功能优化VR内容的体验，如DSP（digital signal processor，数字信号处理器）融合传感器、光速运动、立体渲染与镜头校正、VR分层、电源管理等①。

① 《移动VR一体机将成为主流VR设备》，http：//ee. ofweek. com/2016－04/ART－8610－2808－29092115. html。

移动 VR 极大地强化了对 GPU（Graphics Processing Unit，图形处理器）的升级需求。对智能手机而言，除大型游戏外，现有移动芯片的计算能力几乎可以满足大多数场景的应用需求。但对 VR 需求而言，现有计算能力则几乎不能满足，如移动 VR 要求在满足低功耗需求的前提下实现 4K×4K 渲染，而现阶段大部分移动芯片甚至都并未支持到 4K；而且在现有的 GPU 技术框架内，不变革架构，仅凭借摩尔定律解决对图形处理能力的需求，工艺可能至少需要升级到 7 纳米。ARM 公司也看到了 VR 类终端对 GPU 的需求提升，推出最新的 Mali G71 平台，在性能方面，实现图形性能提高 50%、功效提高 20%，并可支持 32 核灵活配置；支持 Vulkan API，更低延时、通管计算和图形核心；并强化了部分 VR 应用需求，如提供 Enligten 动态全局光照技术等。随着 G71 系列 GPU 核在移动芯片上的应用，预计未来 2～3 年内移动芯片平台对移动 VR 的支持会有所改观。

基于移动芯片衍生而来的各专用芯片平台不断涌现。大部分消费类智能硬件可直接采用移动芯片，但低功耗、高集成度及专用功能的新增/增强的需求也催生了专用芯片平台的诞生。如高通基于骁龙 820 的计算、通信及外围元器件间的交互能力，推出了围绕车载应用的 820A/820Am，围绕汽车传感器的应用而提升了可扩展性，并支持更丰富的车载软件平台，包括嵌入式 QNX，以及苹果和谷歌连接智能手机和汽车平台的桥接工具 CarPlay 和 Android Auto；此外，还推出了面向可穿戴和无人机的相关应用平台。纵观目前由移动芯片衍生而来的各智能硬件平台，其通用发展思路是“处理器+特定通信+多用传感器”，大部分是部分移动芯片技术的集成精简/部分功能增强型平台。

2. 移动操作系统

谷歌安卓与苹果 iOS 继续巩固在智能手机与平板电脑等成熟移动智能终端产品中的占有率，主导基础软件与应用开发的演进方向。2016 年上半年，搭载安卓与 iOS 系统的智能手机合计占据 98.6% 的市场份额，同比增加 2.2 个百分点；安卓在巩固市场占有率方面略胜一筹，全球市场占有率达到 85.1%，同比增加 4.6 个百分点；iOS 市场占有率为 13.8%，同比下降 2.4

个百分点。安卓保持高市场占有率的同时，存量市场中的安卓版本分裂态势并未得到有效缓解，新版本更新速度持续放缓，截至 2016 年 8 月，安卓 6.0 渗透率仅为 15.2%，与 2015 年同期 5.0 版本市场占有率相比下跌了两成。其他操作系统厂商的差异化突破路径未见明显成效：一是 2016 年上半年 Windows Phone 市占率仅为 0.6%，同比下降 1.8 个百分点，微软也开始逐步弱化移动消费手机平台的投入；二是基于 HTML5 技术的 Web OS 未取得实质进展，市场上最受关注的 Mozilla FireFox OS 由于无法较快提供最佳的用户体验已宣布停止系统开发及手机销售。

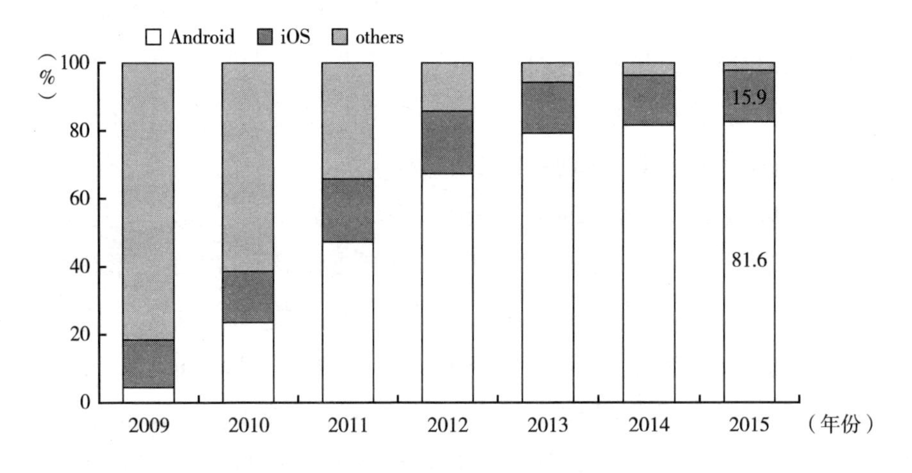

图 1　全球手机操作系统市场份额分布

资料来源：Gartner 咨询统计数据。

智能硬件部分品类形成通用型操作系统平台。面向更多品类智能硬件的操作系统主要包括两种技术路线。一是对手表/简单的眼镜等可承载交互类应用的产品而言，借助智能手机生态优势向下整合，以延续类安卓/iOS 架构为主。二是对手环/家居类等不承载交互类应用的产品而言，多采用从传统嵌入式操作系统中衍生轻量级系统，以模块化、内核可伸缩、云端适配、自组网等为典型技术特征，具备简化的库、应用框架和针对性的网络协议栈，方便根据设备规格进行二次开发，受到拥有底层硬件优势的芯片企业和通信企业的青睐。

3. 移动传感

智能手机已成为传感器的重要应用市场。随着智能手机所具备功能的不断丰富和用户体验的极大优化，内置传感器的数量和种类均得到快速提升。以苹果手机 6plus 为例，其中即应用有陀螺仪、加速度计、指纹传感器、电子罗盘、距离传感器、环境光线传感器和 MEMS 麦克风等多款传感器。其中，随着功能的不断优化，对传感器的种类和数量需求也在不断变化，如苹果手机为了实现更好的声音效果，在历代终端产品中不断提升 MEMS 麦克风的技术指标，苹果手机 4、苹果手机 5、苹果手机 6 中的 MEMS 麦克风信噪比分别为 59db、62 ~ 63db、64 ~ 65db；还通过提升所应用的 MEMS 麦克风数量实现更优的声音解决方案，苹果手机 4 中仅有 2 个，而苹果手机 6s 中则有 4 个。

智能硬件推动 MEMS 传感器快速发展。相比较智能手机而言，智能硬件产品范畴更广，种类更多样化，产品功能和需求差异性也较大，对传感器的需求也各不相同。在可穿戴类产品中，运动传感是主要需求，小米手环即内置了 ADI（亚德诺半导体技术有限公司）的 MEMS 加速度和心率传感器来实现运动和心率检测，苹果手表中则内置了 MEMS 加速度计、陀螺仪和脉搏传感器。对虚拟现实设备而言，需要实现对头部转动速度、角度和距离的精确测定，采用 MEMS 加速度计、陀螺仪和磁力计是目前的重要解决方案，Oculus Rift、HTC Vive、PlayStation VR 等虚拟现实显示设备都采用了具有较高精度的 MEMS 加速度计和陀螺仪。无人机方面，结合 MEMS 加速度计和陀螺仪的综合应用，可实现对角度变化、飞行位置和飞行姿态的及时掌握，这是实现无人机飞行控制系统的重要支撑手段。

移动 MEMS 传感器技术创新活跃，感知功能不断丰富，智能化水平快速提升。消费电子领域作为 MEMS 应用的最大市场，未来五年依然是引领 MEMS 传感器市场成长的重要动力，据统计机构 HIS 数据，2016 ~ 2021 年应用于消费电子领域的传感器市场规模年复合成长率可望达到 11.8%。在移动 MEMS 传感器市场规模快速扩大的同时，相关产品能力和技术水平也在不断提升，从可实现温度、压力、光电等基本的感知功能，到超声波、红外、气体、深度、动作捕捉等更为丰富多样化的功能。传感技术正加速向更智能的方向演进。随着智能硬件产品不断创新所带来的对人体及环境感知功能的不断丰富，对智能传感器的需求也快速提升，近年来领先企业也不断扩大在智能传感器领域的布局，如苹果收购了以色列 3D 传感器公司 PrimeSense；索尼收购了比利时传感器公司 Softkinetic Systems SA，其可拥有带精细化手势识别功能的 3D 深度摄像头。可以预见，随着人工智能技术的发展以及相关设备的推广，智能化传感器的创新应用还将进一步加快。

二　2016年我国移动互联网核心技术的最新进展和特点

（一）发展现状

移动互联网已成为我国在全球信息技术领域优势最为明显的领域之一。我国已成为全球最大的移动互联网市场，用户数、智能终端出货量和普及程度等数项基础指标都远远超过全球平均水平，2016 年我国手机网民数达到 6.95 亿，智能手机累计出货 5.22 亿部[①]。依托国内巨大规模市场的明显带动，我国移动互联网产业在全球的影响力也快速提升。中国手机品牌在全球占比超过 40%，囊括全球前十大手机品牌中的七个席次，[②] 华为以 Mate9、P10 成功占据中高档位，并不断缩小与三星和苹果的差距。国内企业多年来不断加大海外市场拓展，已取得优异成绩，现阶段印度 30 个主要城市约 40% 的市场份额已被我国企业所占据。[③] 我国整机产业链能力也得到全面提升，移动芯片国产化率逼近 20%，[④] 阿里云、TencentOS 等国产操作系统产

① 中国信息通信研究院入网统计数据。

② 《2015 全球前十大智能手机：中国本土厂商囊括七席》，http：//www.chyxx.com/news/2016/0118/380578.html，2016 年 1 月 18 日。

③ 《国产手机“国外香”　拿下 40% 印度市场》，http：//news.xinhuanet.com/tech/2017－01/03/c_ 1120232143.htm，2017 年 1 月 3 日。

④ 中国信息通信研究院入网统计数据。

品不仅加大对智能手机的部署力度，也在加快向电视、汽车、可穿戴等更多应用领域的拓展。我国在固定互联网时期的应用服务优势得到进一步放大，在全球市值排名前 15 的企业中，中国上榜的四家企业阿里巴巴、腾讯、百度和京东，全部都在移动互联网领域形成竞争领先优势。

我国依托移动互联网的发展显著缩小了与领先国家的信息技术差距。在终端层面，一改台式电脑时代核心软硬件平台完全受制于人的境况，华为海思的移动芯片设计能力已基本可与行业领先企业高通比肩，设计工艺上开始采用与高通同一代的 16 纳米或 14 纳米技术，并取得 ARMv8 架构授权以开展对基础架构的自研，提升自有移动芯片的基础能力；设计能力的提升直接推动中芯国际集成电路制造技术水平的进步，目前其已实现 28 纳米的成功流片，并与华为、高通等合作共同推进 14 纳米量产工艺和 FinFET 工艺的研发。在网络层面，我国主导 TD－LTE 技术和标准已成为两大 4G 国际主流标准之一，实现了全球范围的大规模商用，43 个国家已建成 76 张 TD－LTE 商用网，总用户达到 4.7 亿，占全球 LTE 用户的 47%。[①] 在应用层面，我国互联网企业在不断提升视频、位置、支付、搜索等传统应用服务技术水平的同时，深化 HTML5 技术的深度定制和融合应用的打造，依托超级 APP 模式打造自有应用生态。

（二）三大关键技术领域的国产化进展情况

1. 移动芯片技术创新进展

我国移动芯片技术进步明显，逐渐与国际主流同步。在设计工艺方面，海思基于台积电目前最先进的 16 纳米 FinFET 工艺设计而来的麒麟 960 芯片已在华为自有高端机型 Mate9 中得到应用，展讯 2016 年量产的 SC9860 也采用同样的 16 纳米工艺进行设计；在计算芯片设计方面，国内芯片企业虽暂时仍多采用 ARM 参考内核 A72 和 A53 实现八核架构，但海思已取得 ARMv8

① 周兰、许志远：《推动移动互联网技术发展，打造中国优势》，光明网，http：//theory.gmw.cn/2016－10/15/content_ 22484988.htm，2016 年 10 月 15 日。

架构授权并展开对基础架构的自主研发；在通信芯片设计方面，海思在 LTE 多载波聚合能力上也可比肩先进水平，其目前已能够支持 cat12、cat13 网络标准，理论下载和上传速率分别达到 600Mbps 和 150Mbps，在最新款麒麟 960 芯片中即实现了集成。在多模多频设计方面，国内企业海思、展讯、联芯等均已有多款五模多频的平台实现了规模商用，并通过外挂威睿电通的 CDMA2000 基带模块实现全模平台的部署。此外，国内芯片企业也加大对整体芯片平台的全面优化，如海思在麒麟系列芯片中搭载相应的协处理器[①]，实现在极低功耗下使手机处于 AlwaysSensing（常感知）状态，实现对各种传感器的管理；并自主研发 ISP（Image Signal Processing，图像信号处理）模块，不仅可根据拍照场景自适应选择最佳对焦方式，还支持混合对焦技术，进而实现智能手机拍照性能的进一步提升。

国产化率在伴随技术突破快速攀升的同时，不断加大对高端市场的深化探索。移动芯片国产化率稳步提升，国内 2G 和 3G 市场的国产化率稳定在 30% 和 40% 左右，4G 市场借由 2014 年下半年海思、展讯、联芯等多家企业普遍实现规模商用而得到快速增长，已由 2014 年初不足 1% 达到目前的接近 20%。[②] 海思、展讯等国内企业始终加大对高端化的探索，二者近两年发布的新品已极大缩小了与高通、联发科间的差距，根据用户对终端应用功能的需求而加大优化力度；与此同时，海思凭借与华为终端的深度合作，在 Mate8、Mate9、P9 等系列旗舰款终端实现规模应用。展讯则凭借与三星、中兴等多家终端企业的客户关系，提升了在终端芯片产业中的位置。

国内芯片企业不断强化产业协同合作，深化竞争优势并不断开拓新市场。一方面，芯片企业加强与产业链上下游间的合作。小米成立松果电子，获得联芯 SDR1860 技术平台授权，二者深度合作的首款终端“红米 2A”目前已实现千万量级出货，业已开展升级新平台的研发部署；展讯在八核五模

① 协处理器（coprocessor），用于减轻系统微处理器的特定处理任务的一种芯片。

② 中国信息通信研究院入网统计数据。

LTE 芯片底层进行了多重加密后，同时对接基于 Linux 开源项目的国产操作系统“元心”和普通安卓，推出可兼顾安全需求和日常使用的双系统安全手机解决方案“紫潭”，实现对差异化市场需求的满足。另一方面，国内芯片企业也积极拓展物联网、智能硬件等新领域。在“2015 中国移动全球合作伙伴大会”上，联芯就展示了基于 LC1860 平台的车载娱乐系统以及智能后视镜方案；零度智控也已推出基于 LC1860 的双目视觉深度恢复方案，实现对环境的深度感知能力，未来在无人机、智能机器人等领域有着非常广泛的应用前景。

2. 移动操作系统技术创新进展

YunOS 由边缘突围，国内占比位列第三。国内移动操作系统的市场占有率与全球情况略有差异，前三强分别为安卓、iOS 和 YunOS（阿里巴巴旗下智能操作系统），其中，YunOS 超过 Windows 系列占比达到 7.1%。现阶段 YunOS 终端出货重点集中在三线、四线及以下城市，前者占 YunOS 整体出货的 22.5%，后者占比则达到 53.7%①。其在国内的推广模式主要是通过对小厂商的补贴，叠加运营商渠道实现规模推广，此外依托阿里巴巴电商优势和商业投资，与魅族的合作对国内自主系统平台的部署突破也具有一定的示范作用。

YunOS 平台强化云端优势提升整体竞争力。Web 化依然是改变现有操作系统格局的潜力路径。在原生平台适配硬件生态的基础之上，叠加 Web 技术构建应用服务生态的组织方式，仍是操作系统发展的可行路径。以 YunOS 为例，通过提供类安卓的虚拟机、本地应用框架以及完全自主的 Web 引擎等实现对云应用和安卓应用的兼容，不仅能够发挥 Web 跨平台优势，降低应用开发成本和维护成本，同时还最大限度地复用了既有成熟的应用生态。此外，阿里云以搭建开放平台的方式与芯片商、方案商、整机厂商、应用服务商等开展广泛合作，围绕操作系统构建云端一体化生态体系并

① 《挑战 iOS 和安卓？阿里 YunOS“野心”不小》，中国通信网，http：//www.c114.net/news/51/a949741.html，2016 年 4 月 18 日。

取得较快发展，YunOS 份额达到 7.1%，已超过微软成为国内第三大移动操作系统。①

3. 移动传感技术创新进展

我国在麦克风、手机摄像和指纹识别三大领域初步形成规模竞争优势。在麦克风领域，歌尔声学以 MEMS 麦克风为主打产品，进入苹果全球产业链，是全球第四大 MEMS 麦克风供应商。在手机摄像领域，国内除了拥有豪威、格科微、思比科等为代表的图像传感器企业外，还拥有以舜宇等为代表的高像素镜头提供商，以欧菲光、舜宇等为代表的模组厂商，形成了较为完备的手机摄像产业链。在指纹识别领域，因指纹识别芯片和触控芯片技术原理的相近，为国内汇顶、思立微、集创北方、比亚迪等的切入奠定发展先机，凭借前期的客户积累迅速成为指纹识别领域的主力军。现阶段，汇顶已拥有高中低市场全面覆盖的 IFSTM（Invisible Finger Sensor System，指纹识别与触控一体化技术）指纹与触控一体化、蓝宝石指纹识别、玻璃指纹识别和涂覆式（Coating）指纹识别等多款解决方案，获得三星、联发科、高通、东软、握奇、天喻等的支持，并已完成在银联、支付宝、微信等的认证工作，国内指纹识别产业生态日趋完备。

我国移动传感器企业正加大技术研发和生态部署，推动整体高端化的持续演进。一是继续加大在 800 万、1300 万及更高像素图像传感器领域的研发投入，逐步缩小与索尼、三星等国际厂商的差距，抢占苹果、华为、OPPO、小米等主流厂商的供货市场；加强产业链之间的协同合作，推动本土单圈马达厂商快速成长、提升市场份额，逐步摆脱对阿尔卑斯（ALPS）、MTM、TDK、Jahwa 等日韩厂商的依赖；支持舜宇等厂商加速研发推广自主高像素镜头，强化对自主中高端机型的配套能力。二是进一步升级手机指纹识别芯片设计技术、指纹加密算法和安全软件架构，提升国产指纹识别综合技术竞争能力；布局超声波 3D 指纹传感芯片、超薄光学指纹传感芯片等趋

---

① 《YunOS 成第三大移动操作系统你了解吗?》，搜狐网，http://mt.sohu.com/20151217/n431676937.shtml，2015 年 12 月 17 日。

势型芯片技术方案的研发。三是多家科研机构、传感器芯片企业及整机应用企业加强对手机光线、温湿度、距离、心率传感器等趋势性应用领域的布局突破，实现国内移动传感器产品品类的丰富和相应技术水平的提升。

三　对我国未来移动互联网核心技术升级的展望

移动互联网已成为我国在全球信息通信产业中优势最为明显的领域之一，其未来演进对我国而言是机遇更是挑战。一方面，基于现有基础有进一步提升影响力和做大做强的机遇；另一方面，我国的产业短板，尤其是技术短板在诸多新兴领域中可能会被放大，存在再次掉队的风险。一是随着人工智能在移动互联网领域的不断深化和规模应用，势必将带来包括基础算法及基础材料/器件/工艺等在内的大量基础核心技术的原始自主创新，以及与其相关的包括上层软硬件实现和应用的协同创新，所带来的创新深度和难度均前所未有。长期以来，我国在物理、化学、生物、数学等基础学科科研的薄弱，为后续核心技术底层突破带来巨大难度。二是核心技术和平台对外的依赖程度依然较高，屏幕、存储、传感等关键元器件依然依赖进口，对核心操作系统、开发框架及工具等软件技术的理解也有待深入。三是科研创新机制体制仍待进一步理顺，孕育新产品、新业态、新模式的产业生态环境仍待继续完善。近年来，国家对核心信息技术的重视程度日益提升，2016 年习近平总书记在中央网络安全和信息化领导小组第三次会议和网络安全和信息化工作座谈会上都指出，国内要加大对核心信息技术的自主研发和突破。工信部、科技部、国家发改委、国家网信办等多部门也加大对国内核心信息技术的支持投入。

结合 2016 年移动互联网发展的新形势，对我国移动互联网技术未来发展提出如下建议。

第一，持续提升本土优势技术竞争力，推动技术产业协同升级。积极推动移动芯片架构、基础能力等的升级和面向 VR、无人机、智能汽车等新应用需求的能力创新；依托触控芯片、指纹识别芯片等既有产业优势，加强技术研发，持续缩小与国际厂商的技术差距，并加大对高端化演进的推动力度；结合 YunOS 在移动操作系统领域的发展，继续加大对物联网应用类平台的部署，实现万物互联核心平台的打造。

第二，大力攻关薄弱环节技术瓶颈，增强关键器件研发配套能力。除了前面所分析的移动芯片、移动操作系统、移动传感外，包括移动存储、高清/柔性屏幕等领域，国内还存在一定短板，一方面，可通过整合并购等方式，加快对国外先进成果的引进消化吸收和再创新，实现对部分短板技术的快速突破；另一方面，也需要推动国内科研机构、产业链上下游企业及终端应用企业间的紧密合作，以实现产业生态的完善和协同加速升级。

第三，持续加大技术创新力度，围绕交互、智能、传感三大方向展开重点布局，重视 FiT（Frame Interactive Technology，边缘触控技术）、眼纹识别等新型元器件引入和基于硬件的应用微创新技术等，推动智能手机及智能硬件的高端化升级。加快移动互联网技术与多科学技术的统筹布局和融合创新，强化人工智能技术在端和云的深度应用。

参考文献

〔美〕海顿、〔美〕韦伯斯特：《移动商业革命：传统产业如何拥抱移动互联网》，王雪畅译，人民邮电出版社，2015。

马化腾等：《互联网 +：国家战略行动路线图》，中信出版社，2015。

吴军：《硅谷之谜：〈浪潮之巅〉续集》，人民邮电出版社，2015。

李婷等：《指尖上的革命——移动智能终端》，电子工业出版社，2014。

B.8
宽带无线移动通信2016年发展现状、热点及趋势分析

潘峰　曹磊*

摘　要：2016年，我国4G宽带移动通信网络和业务继续保持高速增长态势，LTE网络向LTE-A/LTE-A Pro演进，4G用户数和移动数据流量仍处于高速增长期。移动通信技术迎来全面发展，NB-IoT的应用成为移动通信产业下一个增长点，5G标准化和技术试验正如火如荼地展开，LTE技术逐步向宽带无线专网渗透，免许可频段技术成为移动通信演进的新方向。同时，运营企业为了应对残酷的市场竞争正加快转型升级，并积极应对日趋严峻的网络安全问题。

关键词：4G　NB-IoT　5G　无线专网　免许可频段

一　宽带无线移动通信网络和业务发展

（一）移动通信网络加快发展，LTE网络向LTE-A/LTE-A Pro[①]演进

2016年，我国三大电信运营商进一步推进LTE网络建设，持续优化城区

---

* 潘峰，中国信息通信研究院（原工业和信息化部电信研究院）产业与规划研究所副总工程师，高级工程师，主要从事无线网规划、无线网测评优化、无线新技术和产业发展方面的重大问题研究；曹磊，中国信息通信研究院产业与规划研究所高级工程师，主要从事无线与移动通信以及移动互联网和物联网等领域规划和咨询研究。

① LTE-A/LTE-A Pro是LTE-Advanced/LTE-Advanced Pro的简称，是在LTE标准上的进一步增强和演进，也称为4G+/4.5G。

网络覆盖质量，提升城市热点区域容量，扩大农村地区覆盖范围。我国4G网络经过3年的发展，基站规模超过260万个，继续保持全球最大4G网络地位。

移动通信网络加快向宽带化发展，移动电话基站数达到559万个，3G/4G基站数合计占比超过70%。我国2011~2016年移动电话基站发展情况如图1所示。

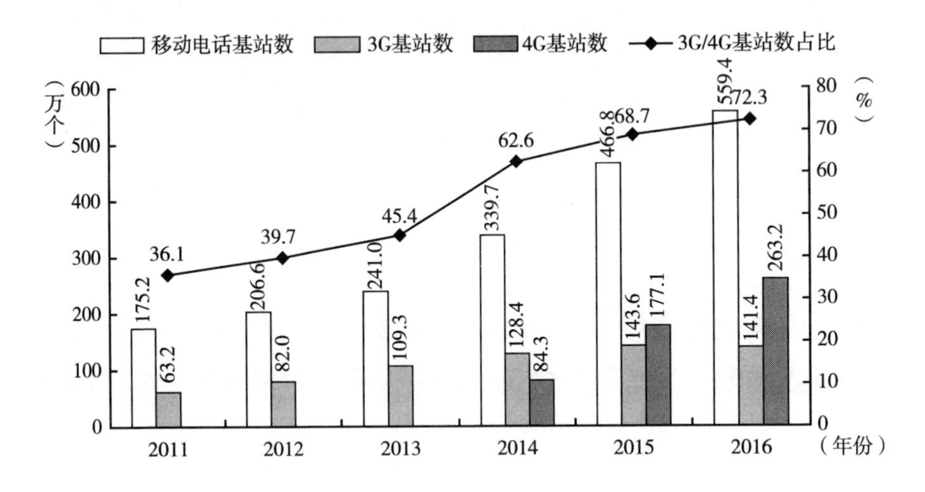

图1　2011~2016年移动电话基站发展情况

资料来源：工业和信息化部《2016年通信运营业统计公报》，2017年1月22日，http://www.miit.gov.cn/n1146290/n1146402/n1146455/c5471508/content.html。

具体来看，截至2016年12月，中国电信完成LTE网络投资约435亿元，累计建成TD-LTE室外基站2.4万个，LTE FDD室外基站50.3万个，室内分布系统17.1万套。中国移动4G（TD-LTE）网络投资完成约730亿元，累计建成4G（TD-LTE）基站约151万个，其中宏基站116万个，室内分布基站35万个。中国联通完成4G投资约253亿元，累计建成4G基站约59万个（FDD 58.14万个，TDD 0.86万个），4G室内分布系统约0.97万套。

为了进一步提升LTE网络能力，电信运营商加快VoLTE① 和载波聚合

① Voice over LTE是一种IP数据传输技术，无需2G/3G网，全部业务承载于4G网络上，可实现数据与语音业务在同一网络下的统一。

技术应用，推进 LTE 网络向 LTE-A/LTE-A Pro 演进。中国电信预计将在 2017 年实现 VoLTE 商用；中国移动自 2016 年启动 VoLTE 商用以来，已在 29 个省份超 300 个城市开通 VoLTE 服务；中国联通已于 2016 年底实现 VoLTE 试商用，2017 年实现全面商用。同时，三大运营商均试点载波聚合技术，拟进一步提升 4G 网络速率，但是考虑到网络升级成本因素，目前仅在部分热点地区部署了载波聚合，以满足用户速率需求，预计 2017 年将逐步在更多城区开通载波聚合。2015 年以来上市的主要中高端手机都支持 VoLTE 和载波聚合技术，为 LTE-A/LTE-A Pro 网络发展和应用打下了较好的基础。

2016 年，我国三大运营商持续缩减 WLAN 网络建设投资，维持现有网络规模，三大运营商 WiFi AP（Access Point，无线访问接入点）数量约 600 万个。受运营商 WiFi 网络用户体验差、LTE 商用加速以及新型商业 WiFi 快速发展等因素影响，运营商 WLAN 网络利用率低，难以实现盈利。为了利用存量 WLAN 网络资产，同时改善 LTE 室内语音覆盖不足以及应对互联网企业 OTT（Over The Top）业务挑战，运营商积极发展 VoWiFi① 业务，已经进行规模试验，预计 2017 年将开始试商用。但是，手机终端方面，除 iPhone6/6plus 及以上的版本支持 VoWiFi 外，目前市面上其他终端厂家仅有较少款型的终端支持 VoWiFi，产业链还比较薄弱。

随着铁塔公司全面接管运营商铁塔及站址建设等相关工作，电信基础设施的共建共享将更加深入。2016 年，铁塔公司与三大运营商签订四方资产租赁协议，在商务定价上达成一致。铁塔公司全年承接塔类建设需求超过 68 万个，已交付近 55 万个，截至 2016 年底，提供给运营商的站址总数近 168 万个，有力地支持了 4G 网络建设，推进了移动通信网络基础设施共建共享。

---

① Voice over WiFi，升级蜂窝网核心网（EPC）和多媒体子系统（IMS）网络，将基于 VoLTE 的业务扩展到 WiFi 接入，用户可以通过 WiFi 拨打电话，同时支持 VoLTE 和 VoWiFi 之间的无缝切换，此业务被称为 VoWiFi 或者 WiFi Calling。

（二）4G 用户数持续增长，移动数据流量保持高速增长态势

2016 年，我国 4G 用户数继续呈爆发式增长，全年新增 3.4 亿户，总数达到 7.7 亿户，在移动电话用户中的渗透率达到 58.2%。2G 移动电话用户减少 1.84 亿户，占移动电话用户的比重由上年的 44.5% 下降至 28.8%。3G 移动电话用户继续呈现负增长。2G 和 3G 移动用户继续向 4G 用户转移。我国各制式移动电话用户发展情况如图 2 所示。

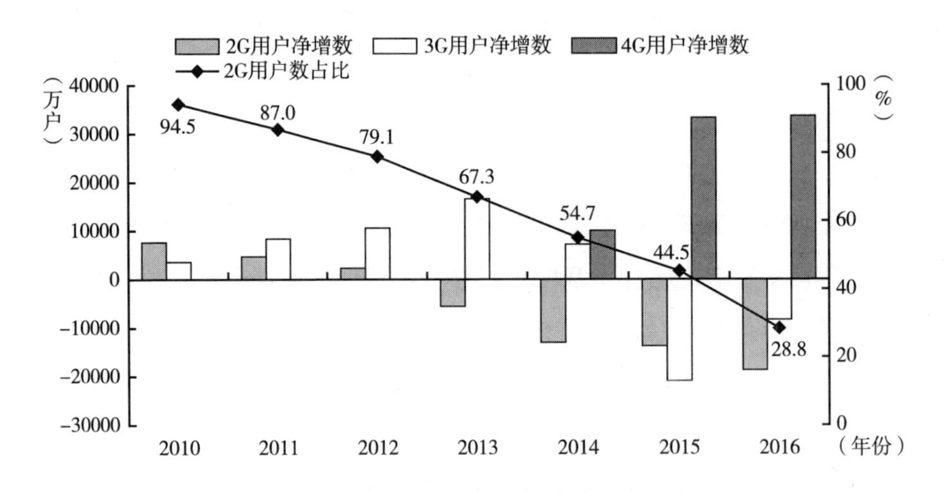

图 2　2010～2016 年各制式移动电话用户发展情况

资料来源：工业和信息化部。

随着 4G 用户的快速增长，移动宽带（3G/4G）用户总数占比已经超过 70%，为移动互联网的进一步发展提供了坚实的基础。我国移动宽带（3G/4G）用户发展情况如图 3 所示。

过去四年，全球移动互联网流量年均复合增长率超过 50%，2016 年全球移动互联网流量规模保持稳定增长，达到 53%。随着国内 4G 用户规模大幅提升和单用户 DOU（Dataflow of Usage，平均每户每月上网流量）继续攀升，2016 年国内移动互联网流量增幅创新高，同比增长 98.3%，远超全球平均水平，户均月流量达到 772MB。我国移动互联网流量发展情况如图 4 所示。

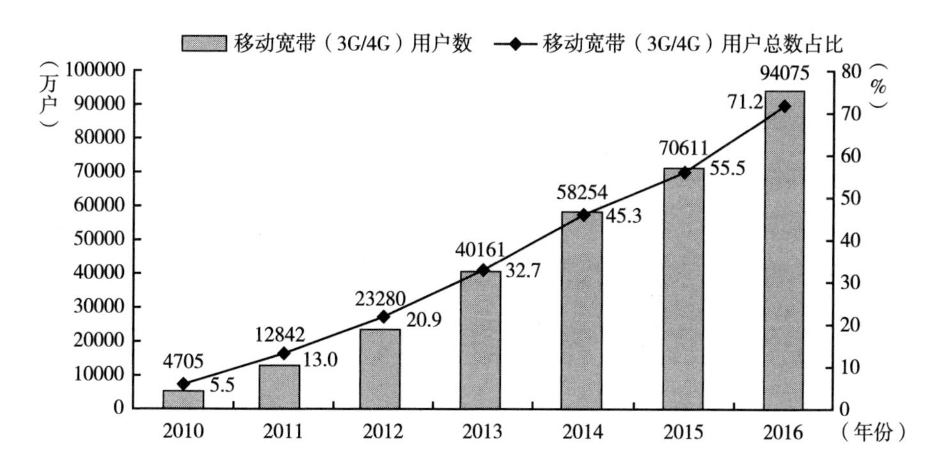

图3　2010～2016年移动宽带（3G/4G）用户发展情况

资料来源：工业和信息化部。

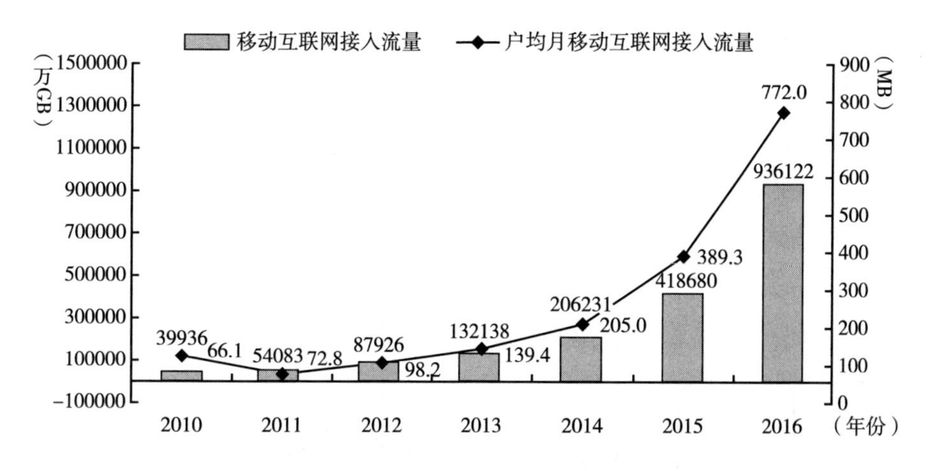

图4　2010～2016年移动互联网流量发展情况

资料来源：工业和信息化部。

随着今后几年4G网络的逐渐普及以及进一步推进提速降费等政策的实施，我国移动用户流量潜在需求将得到进一步释放，预计2016～2021年国内移动互联网月均流量继续保持高速增长，2021年单用户DOU将达到2016年的8.3倍，约为7GB。我国移动互联网户均月流量预测如图5所示。

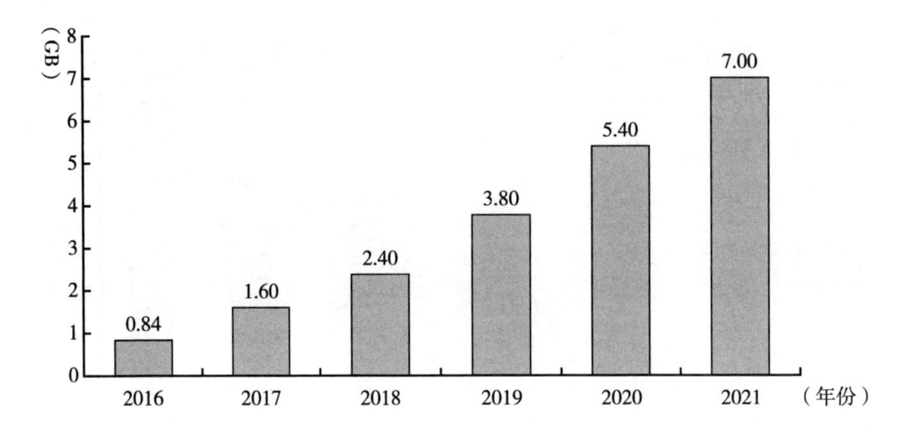

图5　2016～2021年国内移动互联网户均月流量（GB）预测

资料来源：中国信息通信研究院。

随着国内三大运营商持续推进2G/3G用户向4G网络迁移，2016年底，国内4G网络数据流量占移动互联网总流量的比例约为72%。预计2016～2021年国内4G网络移动数据流量年复合增长率将超过150%，2017年我国4G网络数据流量占比将超过90%，2G将逐渐退出移动数据流量市场。我国各制式网络承载的移动数据流量占比预测如图6所示。

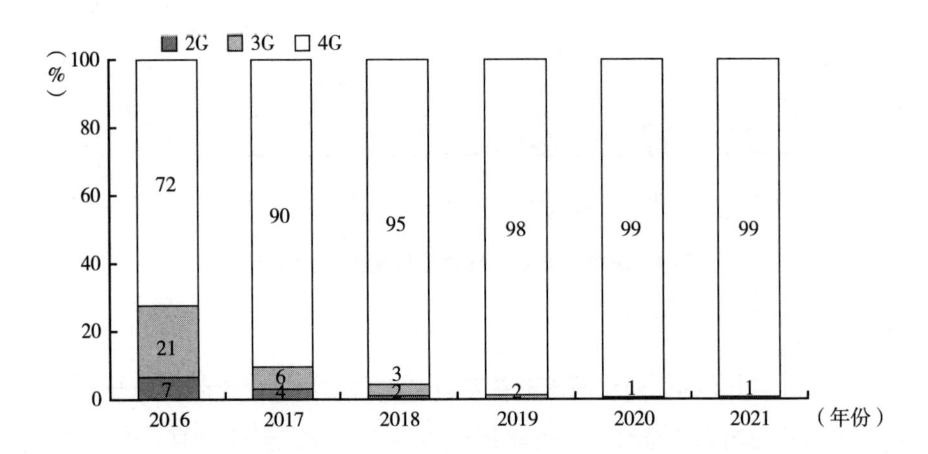

图6　国内2G/3G/4G网络承载的移动数据流量占比预测

资料来源：中国信息通信研究院。

二 宽带无线移动通信技术演进及热点分析

（一）NB-IoT[①] 助推移动通信产业向物联网领域扩展

增强移动宽带场景是移动通信长期考虑的主要场景，并且已经在此市场取得了巨大成功，但是面对自然人用户红利终结、流量经营“剪刀差”持续扩大的现实，全球移动通信业不约而同地将未来战略聚焦于充满无限想象空间的万物互联“新风口”。3GPP 等标准组织和移动通信产业界开始将目光投向以物联网为代表的低功耗大连接场景和以车联网为代表的低时延高可靠场景，以期进一步扩大移动通信产业版图，向其他无线通信领域渗透。基于 LTE 技术的 NB-IoT 正是在这样的背景下应运而生的，助推移动通信产业向物联网领域扩展。

目前，NB-IoT 是广域物联网的一个重要分支。NB-IoT 网络基于蜂窝移动通信技术，采用授权频谱，只占用少量带宽，可直接部署在现有 2G/3G/4G 网络上，实现平滑升级，显著降低了建网成本。

1. NB-IoT 是面向低功耗、广覆盖场景的全球统一标准

2016 年 6 月，被通信业寄予厚望的 NB-IoT 技术协议获得 3GPP 无线接入网（RAN）技术规范组会议通过，从立项到协议冻结仅用时不到 8 个月，成为史上制定最快的 3GPP 标准之一。随后我国的 CCSA 也在 2016 年底完成 NB-IoT 行标主要内容。

NB-IoT 是面向物联网优化的全新窄带系统，工作带宽为 180kHz，能有效使用 GSM 相关频谱，并与 LTE PRB 匹配。下行采用 OFDMA 多址方案，上行支持单波（3.75，15khz，基于 OFDM）和多波（n × 15khz，基于 SC-OFDM）方案。每个小区支持约 5 万个连接，单站覆盖达到 25 公里，终端

---

① NB-IoT，即 Narrow Band Internet of Things，窄带物联网。支持低功耗设备在广域网的蜂窝数据连接，也被叫作低功耗广域网（LPWA）。

电池寿命近10年。NB-IoT相比于传统无线蜂窝技术能够更好地适应物联网应用。

2. 随着NB-IoT产品规划的明确，各运营商发布商用计划

根据ITU预测，全球2020年将有500亿物联网设备，市场规模超万亿美元。另外，根据市场研究公司Machina分析，NB-IoT网络未来将承载超过25%的物联网设备，可广泛应用于智能抄表、智能停车、智能家居、智能城市、智能生产等领域[①]。由于可直接部署于GSM、UMTS或LTE网络，相比其他物联网技术，NB-IoT颇受电信运营商青睐，该技术也在运营商、设备商、终端芯片厂商等合力推动下，仅用两年时间就实现了突破性发展。

目前，NB-IoT市场步入规模发展时期，多厂家陆续在2016年底和2017年初发布NB-IoT芯片，如华为、Intel、中兴等。全球多个运营商紧跟NB-IoT发展步伐，在标准协议完成之后第一时间进行技术验证、演示和现网测试。我国三家电信运营商陆续成立物联网专业化子公司，以期通过搭建开放平台来吸引产业链上下游合作，打造物联网产业生态圈，同时，在现网基础上进行NB-IoT试点建设，技术应用验证，并制订商用计划，为2017年全面商用做准备。比如，2016年10月，中国联通和华为在广州开通国内首个标准化NB-IoT商用网络；中国电信广东公司在深圳福田建成承载业务的标准化低频800M NB-IoT连片覆盖网络并投入试商用。2016年11月，中国联通福建分公司开通并启用带业务运行的标准化NB-IoT规模化商用局；中国移动携手华为和海思在全球率先完成基于3GPP标准的NB-IoT端到端商用产品实验室验证。2017年1月，鹰潭市政府、中国移动江西公司、华为公司签署NB-IoT合作协议，江西省鹰潭市在全国率先启动窄带物联网试点城市建设。

依托移动通信网络优势的NB-IoT在运营商和产业各方的力促下快步疾行，有望于2017年率先迎来商用元年。

---

① 《NB-IoT迎来商用元年，万亿级市场启航》，http：//news. xinhuanet. com/info/2017 -01/17/c_ 135987126. htm。

3. 面向商用部署，NB-IoT 仍面临诸多挑战

虽然 NB-IoT 的技术研发和标准制定取得积极突破，与相关行业的融合发展初见成效，但深层次矛盾依然突出。首先，芯片、终端、传感器仍是瓶颈。目前 NB-IoT 芯片加模组的价格还难以做到 5 美元以下，造成 NB-IoT 终端成本相对较高。其次，寻找杀手应用是扩展 NB-IoT 产业规模的前提条件，同时，构建跨行业产业链，分工协作至关重要。物联网产业链长而繁，协同难度大，应用涉及多领域的垂直行业，相关企业小而散，面临跨界融合的诸多障碍。最后，建立安全机制是 NB-IoT 健康发展的重要因素。联网节点分布广、数量多、环境复杂，安全风险相对较大，需要产业各方审慎对待。

（二）移动通信产业加快5G 标准化和技术试验

1. 5G 国际标准全面启动，技术框架逐步形成

3GPP 明确 5G 标准规划，将包含 R15 和 R16 两个版本，其中，R15 标准分为两个子阶段。第一个子阶段在 2017 年底或 2018 年 3 月完成非独立组网 5G 新空口技术标准化，满足美韩日等希望提前部署 5G 网络运营商的需求，并完成 5G 网络架构标准化。第二个子阶段在 2018 年 6 月完成独立组网 5G 新空口和核心网标准化，支持 eMBB 和 uRLLC 两大场景，满足 2020 年 5G 商用需求。此外，R16 标准将于 2019 年 9 月完成，支持 eMBB（增强移动宽带）、mMTC（海量机器类通信）、uRLLC（超高可靠低时延通信）三大场景，并满足全部 ITU IMT－2020 技术要求。无线技术方面，3GPP 于 2016 年 3 月启动了 5G 研究，目前已基本形成新空口技术框架；网络技术方面，3GPP 于 2016 年 11 月完成 5G 系统架构研究，将在 2017 年 1 月启动《总体架构和功能技术规范》和《业务流程技术规范》标准制定。

5G 新空口技术框架逐步形成，新空口架构具有灵活、低时延、多业务共存等特点。基础参数方面，5G 新空口子载波基于 15kHz 进行灵活扩展，支持多套参数；支持低时延、灵活自包含的帧结构；引入新波形，支持业务间灵活共存；支持 OFDMA 基础多址，并充分讨论新型多址方案，涉及码

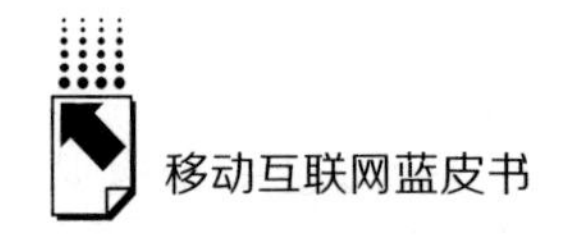

域、序列和交织方案；在多天线方面，新空口基于4G多天线方案，侧重于研究基站侧和终端侧波束赋形方案；支持灵活的协议栈分布，针对不同应用场景，接入网协议灵活分布于中心或远端节点。

5G将同时支持移动宽带和物联网场景，但在具体标准化技术路线方面，各国观点存在一定差异。目前，ITU已基本完成5G技术需求指标和评估要求研究，5G业务包含增强移动宽带、海量连接物联网和低时延高可靠物联网。在3GPP标准化技术路线上，针对业务场景存在两类观点：一方面，美国、韩国、日本、欧洲设备商建议3GPP第一版本的5G R15标准重点完成移动宽带标准化工作；另一方面，我国运营商、设备商及主要的欧洲运营商认为产业需要融合发展，移动宽带和移动物联同等优先，建议3GPP同步开展移动宽带和物联网标准制定工作。频谱方面，3GPP综合各方观点后决定5G第一版本将支持40GHz以下的频率。

目前，我国已明确了移动宽带与物联网同步、以低频新空口为主体和注重技术创新的技术路线，并提出灵活系统设计、创新技术和大规模天线三大技术方案，已在3GPP取得阶段性标准化成果。

2. 我国完成第一阶段5G试验，初步验证关键技术性能，2017年推进第二阶段技术研发试验

目前，IMT-2020（5G）推进组负责组织国内外网络设备商、终端厂商、芯片厂商、运营商和科研机构，进行5G技术研发试验，已经完成第一阶段的测试工作。其中，华为、中兴、大唐、爱立信、诺基亚、三星、上海贝尔和英特尔等企业顺利完成5G无线关键技术及网络关键技术测试工作。

为支撑5G国际标准研制，加快推进5G概念样机设备开发，培育5G产业链，我国已于2016年10月启动5G研发技术试验第二阶段工作，并已发布了5G技术试验第二阶段的无线部分的技术规范，重点面向5G典型场景的技术方案开展测试，以验证不同厂商技术方案的功能和性能。

第二阶段测试工作面向5G典型场景，统一测试平台、测试设备、测试规范和试验频率。统一测试平台方面，将在北京怀柔、顺义外场和MTNet

实验室搭建统一的公共试验平台开展测试工作；统一设备和测试规范方面，将对参与测试的设备提出统一的规范要求，按照设备规范进行开发和测试；统一试验频率方面将主要面向低频段的测试要求，重点测试 3.4～3.6GHz 必选频段，同时进行高频试验样机的开发和测试。

（三）基于 LTE 的宽带无线专网在政府和行业应用中发展迅速

目前，无线专网宽带化发展迅速，TD-LTE 专网技术日趋成熟。政务、公安、应急、交通、电力、铁路等部门和行业的信息化发展对宽带业务需求急迫，我国 TD-LTE 产业依托雄厚的产业链，向无线专网渗透，积极推出 TD-LTE 无线专网产品，推进宽带无线专网的规模组网和商业应用。

自 2011 年开始，工信部主导先后在北京、天津、南京、上海、广东组织进行了 1.4GHz（1447～1467MHz）频段 TD-LTE 宽带数字集群系统专网的试验。2012 年北京获得工信部批复 1.4GHzTD-LTE 政务网试验频率，随后天津、南京、上海、广东也获得了试验频率，开展 TD-LTE 政务专网试验网。2014 年宽带集群联盟（技术、频率、业务应用和产业推进工作组）成立，推进宽带技术在无线专网中的应用。目前，全国主要城市的政府部门（以公安系统为代表）和行业（交通、电力、能源等）也纷纷提出建设专用 LTE 宽带专网的需求，掀起了新一轮宽带专网的市场发展热潮。

政府部门的宽带专网主要采用 1.4GHz（1447～1467MHz）频段承载，使用 TD-LTE 技术，简称 1.4GHz 专网。1.4GHz 专网一般采用共网模式部署，统一网络管理和运维，共用频谱资源和网络基础设施。整体来看，单个部门建网不利于满足整体的业务需求，需要共网模式来发挥 TD-LTE 专网的宽带优势，更好地满足各个部门特别是宽带业务的需求。共网模式下设置网络使用优先级，涉及国家安全和重大活动保障时，保证关键部门的频率和业务优先使用权。当无线传输资源出现拥塞时，网络根据不同终端和不同业务的优先级，将无线空口传输资源分配给优先级高的用户。共网部署模式可通过鉴权、VPN、业务加密、信息安全级别等方式提供安全性保障，并且有利

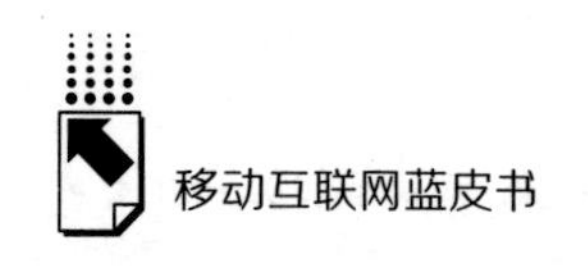

于建设政府统一指挥调度网，有利于提高频谱资源利用率，有利于降低建设和维护成本。

行业用户对宽带无线专网的需求主要集中在轨道交通、电力、机场、石油、铁路等行业部门。行业用户的宽带专网主要采用 1.8GHz（1785～1805MHz）频段承载，一般使用 TD-LTE 技术，简称 1.8GHz 专网。各行业无线专网一般采用自建的方式，承载与行业生产相关的业务平台，提高信息化水平和生产效率。

（四）利用免许可频段成为移动通信演进新思路

1. 无线频谱供需矛盾促使移动通信产业采用免许可频段技术

随着无线频谱供需矛盾的加大，3GPP 阵营开始尝试利用较为丰富的免许可频段，并将其作为移动通信后续演进的新方向。这一新的演进思路主要基于如下两点考虑。

一是随着移动互联网、物联网的广泛应用，流量的激增使蜂窝网络频谱资源缺口越加明显。LTE-A 商用后，运营商越来越依赖于通过载波聚合提高带宽。而在频谱稀缺的今天，运营商很难一次性拿出数个 10MHz 甚至 20MHz 的频谱资源进行载波聚合，频谱资源供需矛盾突出。我国蜂窝移动系统共规划 IMT 频段 687MHz（已使用频率 477MHz，还有 210MHz 未分配）。根据 ITU 频谱需求预测及目前已规划频谱计算，我国到 2020 年需要 1490～1810MHz 频谱资源，即将存在 800～1100MHz 的频谱资源缺口。

二是全球免许可频段资源较为丰富，尤其是 5GHz 频段使用率较低，还未被充分利用，大部分主要国家的 5GHz 频谱量都在 400MHz 以上，并且主要集中在 5150～5350MHz、5470～5725MHz、5725～5850MHz。这给移动通信利用免许可频段提供了可能性。

2. 对待 WiFi 的不同态度影响移动通信免许可频段的技术演进

目前，根据对待 WiFi 的不同态度，免许可频段技术可以分为两类，并且各自按照其理念不断演进。一是绕过 WiFi 技术，直接部署在免许可频段

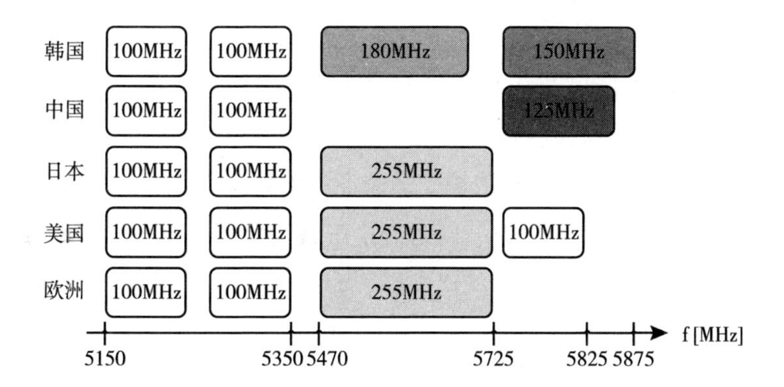

图7　部分国家和地区5GHz免许可频段分布

资料来源：中国信息通信研究院。

上，比如，LTE-U（LTE-Unlicensed）①、LAA（License Assisted Access）②、MulteFire③。LTE-U、LAA、MulteFire发展理念的区别在于是否考虑与WiFi系统和谐共存和是否可以单独部署在免许可频段。二是利用WiFi技术，整合WiFi链路间接使用免许可频段，比如，LWA（LTE WiFi Link Aggregation）④。

3. **未来各免许可频段技术可能存在不同的发展路径**

总体来看，以LAA、LWA为代表的免许可频段技术是运营商的网络升级备选技术；LTE-U由于政策风险进一步发展的可能性不大；MulteFire未来

---

① LTE-U：一种非免许可频段独立部署（Non-stand alone）方案，在对免许可频谱的MAC机制上不能保证与WiFi的公平共存（CSAT机制，Carrier-Sensing Adaptive Transmission，载波侦听自适应传输）；采用scheduling/grant（调度/授权）的思路，不支持LBT（Listen Before Talk，先侦听后传输）。经过高通和其他无线接入网（RAN）供应商的推广，LTE-U成为产业界关注的热点。非3GPP标准方案。

② LAA：一种非免许可频段独立部署（Non-stand alone）方案，即必须与许可频谱通过CA的方式捆绑使用，而不能单独使用；采用LBT机制。以较低成本满足不断增长的数据业务需求，同时保证基础运营商的授权频谱价值，与现有WLAN网络共存。3GPP标准方案。

③ MulteFire：一种免许可频段独立部署（Stand alone）方案，直接部署在免许可频段上；采用LBT。与现有WLAN网络共存。非3GPP标准方案。

④ LWA：一种LTE与WiFi链路聚合方案，将WiFi链路作为移动基站与终端数据传输的通道，在基站侧实现移动数据链路和WiFi数据链路的聚合，同时提供数据传输。3GPP标准方案。

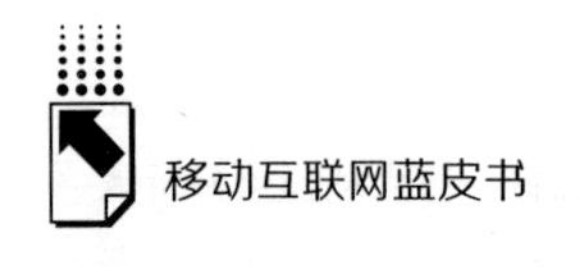

的发展模式有更大的想象空间。

（1）运营商免许可频段技术将主要采用3GPP标准的LAA和LWA技术，作为其LTE网络后续演进的备选技术

LAA和LWA的未来发展取决于运营商的网络部署策略。具体来看，当运营商面临许可频率资源缺乏、网络流量压力巨大的时候，将有动力进行免许可频段技术的应用和相应的网络升级。如果流量增长过快，移动通信网络需要快速利用免许可频段资源，适合采用LAA技术部署到现网中；如果考虑与WiFi网络的协同发展，保护已有WiFi投资，且现网WiFi可以升级（比如，无感知认知等有升级空间），适合采用LWA技术部署到现网中。

虽然LAA和LWA在3GPP的R13和R14版本协议中不断进行标准化，产业界也开始研发相应设备，但是从运营商的角度来看，这两种技术都只能作为网络向4.5G演进的备选技术，仅仅是作为采用授权频段的LTE网络的补充技术，在部分场景下进行协同组网。随着5G新空口（NR）和全频谱接入技术的研发和应用，运营商在5G时代将优先使用许可频段技术，这一策略将进一步对基于LTE的LAA和LWA的应用造成较大的不确定性，运营商可能直接大规模部署5G网络，不会再对4G网络进行较大的技术升级。

（2）LTE-U由于政策风险进一步发展的可能性不大；MulteFire未来的发展模式有可能类似新型商业WiFi的发展

目前来看，MulteFire发展将面临全方位的挑战。

从产业界的态度来看，运营商和WiFi阵营都反对。运营商不希望在网络部署上引入新的竞争者，而MulteFire与WiFi的应用场景高度重合，WiFi阵营自然极力反对。

从技术发展来看，MulteFire技术较WiFi复杂。MulteFire标准基于LTE，相比WiFi更复杂，需要在后续演进中能够提供更低的成本和更好的性能；并且MulteFire部署依赖核心网，需要在后续演进中能够提供更灵活的部署方式。

在未来的发展中，由于MulteFire采用直接部署在免许可频段上的模式，相当于基于LTE技术的AP，其面临和WiFi接入点（基于802.11ac/ax）的直接竞争。类比于WiFi的发展，MulteFire如果能够顺利发展，其发展路径分为如下两个阶段。

阶段一：作为个人、家庭和企业等的无线接入方式。

阶段二：互联网企业等介入无线产业，类似新型商业 WiFi 的发展。

因此，如果 MulteFire 能够解决面临的各种挑战，其未来的发展模式有更大的想象空间。

三 宽带无线移动通信运营模式发展

（一）移动通信运营企业加快转型升级

移动运营商转型升级是近年来电信业一直关注的焦点之一。从 2011 年起，国内三大运营商就提出“平台化”的转型目标，比如，中国移动面向产业链各环节的开放平台体系、中国电信“天翼开放平台”和中国联通“WO + 开放平台”。运营商向平台化转型是电信业发展的必然趋势。一方面，运营商网络能力开放是信息通信产业链价值最大化的基础环节，是运营商通过平台化组建生态系统的基本要求；另一方面，市场要求运营商向平台化转型，不同产业环节发起组建生态系统间的竞争也要求运营商建设平台，客观上推动了运营商平台化建设。

虽然三大运营商在转型升级方面进行了很多工作，但是平台化转型的效果不佳。首先，相比于腾讯、百度、阿里的平台，运营商开放平台的社会影响力普遍较小，社会关注度，特别是互联网领域的关注度不高。其次，收入创造能力相对较差，电信运营商在平台经营方面尚未建立起合适的商业模式，特别是缺少有影响力的案例和产品。从未来市场需求来看，运营商的平台化需要满足大容量（基础设施实现高速传输）、大计算（智能管道实现智慧计算）、大连接（泛在接入实现万物互联）、大交互（开放能力实现交互融合）四大特点，这些都给运营商的平台化转型提出了更高的要求。

目前，随着移动互联网和物联网的快速发展，运营商的业务模式正在从基本通信、娱乐消遣向教育、商业等更广泛的领域转移扩展。传统的依赖于硬件的网络无法跟上如此大规模的增长，运营商无法快速扩容，也无法更好地降低成本。同时，电信市场供给主体趋向多元，具备基础电信运营能力的企业日益增多，在提供电信服务方面竞争日益激烈；并且互联网企业 OTT 业务迅猛发展挤压运营商传统语音、短信等业务空间。上述电信市场发展的最新动态，促使移动运营商加快转型升级步伐，呈现出如下的转型热点和新动向。

1. 夯实网络基础，挖掘网络新空间

持续推进高速宽带无线网络建设。积极加快4G 和4G + 网络部署，全面提升移动网络覆盖范围和质量，继续保持全球最大 4G 网络定位。探索向 SDN/NFV 的智能化转型。SDN/NFV 技术的应用赋予了运营商网络灵活调度的能力，全球主要电信运营商开始尝试创新网络产品形态，通过按需服务、即付即用的模式，满足用户个性化需求，降低用户使用成本，充分挖掘网络潜在市场空间。国内运营商也纷纷加快 SDN/NFV 的实验和部署工作，相继发布了 SDN/NFV 发展规划。

2. 布局新兴领域，拓展增长新动能

加快布局物联网，以新连接驱动新发展。随着信息通信技术向各领域、各行业融合渗透，联网设备边界从传统的 PC、手机等信息通信设备向汽车、机器、家居等一般物品广泛延伸，数据连接从人人互联迈向万物互联，运营商加快布局物联网领域，开辟新的增长空间。加快培育数字化服务，寻找增长新空间。“内容 + 流量”融合业务成为运营商转型重要方向。持续跨界新领域，通过多元化经营获得新的增长动力，运营商通过加快能力开放和产品孵化，形成了车联网、智能家居、智慧医疗、智能制造等典型的行业应用，打造了融合创新生态。

3. 探索合作共赢，形成发展新趋势

2016 年，三大基础电信企业先后与百度、阿里巴巴、腾讯等互联网公司签订战略合作框架协议，采取资源置换、技术互补、成果共享等方式，充分发挥各自领域优势，合力打造共赢生态系统。中国联通被列为国有企业混合所有制改革试点企业，探索通过资本运作手段促进产业深度融合，优化完善企业治理结构，推动基础业务经营模式转型，创新业务规模效益发展。

（二）网络安全逐渐成为移动通信产业运营中关注的重点

随着电信网和互联网的飞速发展，中国全面进入信息化社会，信息网络无处不在，已经渗透到从老百姓衣食住行到国家重要基础设施建设的方方面面，信息网络在促进社会经济发展的同时，其产生的安全事故越来越多地成为社会公共安全问题，使网络安全与国家、社会和个人的安全息息相关。对于国家而言，网络安全已经成为国防安全、金融安全之上的第一安全；对于社会而言，没有网络安全，社会的健康运作和良好风气就无法建立；对于个人而言，失去网络安全，人们将失去社会对个人隐私的必要遮蔽，而处在一种时时处处被窥视和被算计的危险之中。

为了应对日益严峻的网络安全形势，我国第一部全面规范网络空间安全管理的基础性法律《网络安全法》于 2016 年 11 月获全国人大常委会高票表决通过，至此，信息网络立法取得实质性进展，标志着我国网络安全治理进入新阶段。电信运营商，作为网络设施的建设、运营和维护单位，在网络层面承担了基础和关键性的角色。同时，又与网络应用服务和终端服务有着紧密的联系，因此，电信运营商作为构建网络空间的重要一环，在网络安全领域的作用不言而喻。

目前，电信运营商积极应用网络安全新技术，建设移动互联网恶意程序监测系统、木马和僵尸网络防治系统，分别实现对移动互联网以及骨干网公共环境进行流量监测以及威胁处置，形成分析处理全网恶意程序安全能力，能够具备以下安全能力。

1. 移动互联网恶意程序监测系统

覆盖 2G/3G/4G 网络，具备对移动互联网恶意程序疑似样本的捕获能力；具备发现省内用户感染已知移动互联网恶意程序的能力；具备对已知移动互联网恶意程序的传播和控制端 IP、域名、URL 进行处置的能力。

2. 木马和僵尸网络防治系统

具备对木马和僵尸网络疑似样本的捕获能力；具备发现省内用户感染已知木马和僵尸网络的能力；具备对已知木马和僵尸网络的传播和控制端 IP、

域名、URL 进行处置的能力。

未来，电信运营商将继续分期建设上述两种网络安全系统，应用新的安全技术、优化系统性能、提升系统能力，通过技术手段积极应对新出现的恶意程序和网络木马，提升全网安全水平，营造良好的网络安全环境。

对于通信及网络诈骗，电信运营商深入推进防范和打击通信信息诈骗专项行动，建成国际出入口和重点省份诈骗电话防范拦截系统，通过提醒和封堵等方式，对行为异常的高频次的通信行为进行拦截和用户身份确认，向用户提示疑似骚扰或诈骗行为的号码等。同时，2016 年关停违规语音专线 2.3 万条、“400”号码 67.5 万个，下架改号软件和产品 1700 余个，全面实现了电话用户实名登记。

未来，电信运营商将持续整治通信及网络诈骗，通过技术手段提升对通信及网络诈骗的应对能力。可以建立全网集中的大数据分析平台，汇聚电信、金融和公安部门的数据，通过跨部门、跨区域、跨专业的协同分析，构建通信及网络诈骗的行为模型，加强对重点地区、特殊行为、潜在风险的监控、预警防范，有利于通信及网络诈骗案件的侦破和处理，践行电信运营商的社会责任。

参考文献

素文：《NB-IoT 迎来商用元年，万亿级市场启航》，《人民邮电》2017 年第 1 期。

李珊：《LTE 利用免许可频段：在争议中前行》，《人民邮电》2016 年第 4 期。

陈晓贝、魏克军：《全球 5G 研究动态和标准进展》，《电信科学》2015 年第 5 期。

常英贤、陈广勇、石鑫磊、胡恒瑞：《移动网络安全防范技术研究》，《信息网络安全》2016 年第 4 期。

《2016 年通信运营统计公报》，http：//www.miit.gov.cn/n1146290/n1146402/n1146455/c5471508/content.html。

B.9

移动互联网产业助推中国经济转型升级

孙 克*

摘 要： 移动互联网领域创新空前活跃，新的业务应用和新的终端产品不断涌现。移动互联网加快从消费环节向生产环节、从虚拟经济向实体经济渗透，逐步成为培植新兴产业的关键领域，对供给和需求的强力拉动作用已经显现。应深刻把握信息消费发展的贡献、特征、问题，深入推进移动互联网健康发展，不断提升其在经济发展中的支撑作用。

关键词： 移动互联网 经济发展 转型升级

一 移动互联网时代全面到来

移动互联网是当今创新最活跃、渗透性最强、影响面最广的领域。推动移动互联网发展的网络基础、产品形态、业务模式和用户规模已经发生根本性变化，新的发展阶段已经到来。

1. 移动网络规模持续扩大

移动互联网数据流量的爆炸式增长，使移动网络扩容需求进一步迫切。据初步估算，2016 年全球移动互联网数据流量在互联网总流量的占比近

---

* 孙克，中国信息通信研究院政策经济研究所副主任，高级工程师，经济学博士，主要研究方向为信息消费、信息经济、数字经济等。

30%，其中我国产生的移动数据流量大概占全世界的1/10。全球LTE（长期演进技术）和WLAN（无线局域网络）投资建设步伐加快。全球移动供应商协会GSA公布的最新数据显示，截至2016年8月，全球已有521张LTE、LTE-A或者LTE-A Pro网络在170个国家商用，其中已有46个国家推出了78张TD-LTE商用网络。全球运营商正投资于194个国家的738张LTE网络。该数字包括在188个国家的708个网络部署承诺（其中已经推出了521张网络），以及在其他6个国家进行的30个预承诺测试。仅在过去一年里，就有74张LTE网络正式商用①。

2. 移动智能终端多元创新发展

智能手机基础器件突破性创新减缓、操作系统新版本普及进度屡创新低，先进企业领跑优势与示范效应弱化，探寻新一轮创新机遇。互联网信息迅猛增长的同时也不断推升普通大众对智能终端的期望值，对信息获取手段与速度、认知水平与价值、展现形式与地点都提出了更高要求，推动着智能终端冲击手机桎梏，变换多种形态，润物细无声地融入生活、生产的各个流程，同时也缔造出全新的智能服务与感官体验。同时，全球互联网流量进入泽字节时代，移动智能终端成为流量增长的主要来源。当今社会，信息的生产速度已经超越了所有物质生产领域的生产速度。移动互联网仍然是互联网流量增长的主要驱动因素。全球手机用户数已经超过71亿，至2020年，移动流量仍将保持45%以上的年复合增长率，移动终端（包括手机、平板电脑、智能手表等）带来的数据量将增长8倍。同时，移动流量质量不断提升，视频等富媒体业务已经占据移动流量的66%②。

3. 移动互联网应用更加丰富

传统互联网应用正加速向移动平台迁移，基于移动互联网的社会交往、搜索、消费、休闲娱乐等应用日益普及，为信息消费提供了日益丰富的途径和形式。自2015年以来，面向移动互联网的创新加快步伐。

---

① 《GSA：年底LTE网络将达560张》，中国信息产业网，http：//www. cnii. com. cn/internation/2016 -08/17/content_ 1768404. htm，2016年8月17日。

② 中国信息通信研究院：《移动智能终端暨智能硬件白皮书》，2016年10月。

一是使简单的消费产品获得一定的智慧能力。如智能空调遥控器通过学习用户调温行为，完善起居习惯模型，最终实现如同本人的自主操作。

二是弱人工智能已经达到实用水平，与多领域的生产型设备融合，缔造新的智能产品。2016 年智能机器人阿尔法狗（AlphaGo）战胜人类围棋职业选手；无论是沃尔沃、宝马、通用等汽车企业，还是谷歌、百度等互联网公司都加速了自动驾驶技术研发、路测和规则制定；适用于家居、办公、城市管理领域的机器人与智能机械手臂也有增多趋势，在模仿人类动作、表达人类情感、仿真人类手指精细动作等方面有显著进步。

三是继续探索智能手机后的平台型个人智能终端。虚拟现实和增强现实（VR/AR）类产品通过对显示技术的颠覆性创新，具备了成为新一代平台型终端的发展潜力，在软硬件技术和产业供给皆不成熟的状况下，提前成为资本市场与领先企业青睐的下一个风口。

4. 移动互联网用户快速增长

伴随移动互联网应用的日趋丰富和智能终端的全面普及，移动互联网用户加速增长。一方面，移动互联网用户渗透率超八成，融合业务用户快速增长。2016 年，中国移动互联网用户净增 1.3 亿户，总数达到 10.9 亿户，同比增长 13.4%，对移动电话用户的渗透率达 82.8%，较上年末提高 8.9 个百分点。其中，无线上网卡用户同比下降 24.9% 至 1336.5 万户；手机上网用户达 10.4 亿户，同比增长 13.3%。[①] 融合业务继续快速发展，IPTV 用户达 8672.8 万户，[②] 同比增长 89%，增速创 2014 年以来新高；物联网终端用户达 9561.8 万户，同比增长 20.6%[③]。另一方面，移动电话用户结构不断优化，4G 用户占比近六成。截至 2016 年 12 月底，我国移动电话用户新增 5053.7 万户，累计达 13.2 亿户，普及率达 96.2 部/百人。2G 和 3G 用户加

---

① 工业和信息化部：《2016 年 12 月通信业主要指标完成情况（二）》，http：//miit.gov.cn/n1146312/n1146904/n1648372/c5471031/content.html，2017 年 1 月 22 日。

② 工业和信息化部：《2016 年通信运营业统计公报》，http：//www.miit.gov.cn/n1146290/n1146402/n1146455/c5471508/content.html，2017 年 1 月 22 日。

③《工业和信息化部关于电信服务质量的通告（2017 年第 1 号）》，http：//www.miit.gov.cn/n1146290/n4388791/c5477814/content.html，2017 年 1 月 25 日。

速向4G用户迁移，2G用户净减少1.8亿户，总数下降至3.8亿户，占移动用户的比重持续下降至28.8%；3G用户数减少至1.7亿户，占比下滑至12.9%；4G用户累计达7.7亿户，占移动用户的比重达58.2%，全面赶超2G、3G用户。受4G用户快速增长的带动，移动宽带用户（3G/4G）达9.4亿户，占比达71.2%，相比2015年继续提高11.1个百分点[①]。

二　移动互联网是推进经济优化升级的有效途径

1.宏观经济下行压力急需新的发展动力

当前，我国宏观经济下行压力加大，经济增速进一步回落。自2007年至今，我国经济经历了由高位增长转为全球危机时期的较大幅下滑及危机后的恢复性回升，2010年一季度我国GDP增长率回升到高峰，达到11.9%，之后的6个季度GDP增长率回稳在9%左右。但进入2012年后又进一步回落，2016年GDP增速维持在6.7%左右。从外部需求看，全球经济增速放缓与出口企业生产、资金、汇率成本提高等因素叠加，使出口增速呈现放缓态势。从投资需求看，总投资增幅下降，要素成本持续上升，企业利润增幅放缓，部分领域投资下行压力明显，投资增幅将有所回落。从最终消费看，汽车、住房等消费热点逐渐降温，消费刺激政策效应正逐步减弱，物价高位运行削弱低收入群体消费能力，消费增长稳中趋降。未雨绸缪，我国亟须寻找与消费关联性更强、内需特征明显的经济增长新动力，为未来几年的经济稳定增长创造良好环境，防止经济大起大落。

2.移动信息技术成为各国促进发展的共同选择

20世纪90年代以来，美国“新经济”的根本动力就是以信息革命为先导的整个经济结构的调整与升级。当今，信息产业已经成为美国最大的产业部门之一，信息产业的贡献不仅在于创造最大份额的国民生产总值，同时，也

① 《工业和信息化部关于电信服务质量的通告（2017年第1号）》，http：//www.miit.gov.cn/n1146290/n4388791/c5477814/content.html，2017年1月25日。

吸收了美国最多的劳动力。据美国劳工统计局（BLS）统计，信息产业雇用的职工占美国劳动力的比重从1975年的40%上升到2011年的70%以上[①]。微软、英特尔等已经取代通用、福特和克莱斯勒三大汽车公司，成为美国经济的新支柱。同时，英国、日本等国产业结构向信息技术产业演进的特征显而易见。发达国家主导产业的变迁呈现出一条清晰的历史路径，有以下几方面的特点。

第一，在工业化早期，纺织、机械成为主导产业，主要取决于各国的资源状况和制度基础。随着技术、资源的变革，主导产业呈现周期性的变更，现代信息技术使这种周期有日益缩短的倾向和趋势。

第二，虽然世界各国由于产业状况和资源禀赋的差异，主导产业有所不同，但主导产业在产业结构成长过程中都遵循从纺织工业向重工业，再向航空、汽车、家电等工业，最后向信息产业和现代服务业转变的规律。

第三，每一时期的主导产业部门在构成上都是由早期的几个产业向产业群方向发展。主导产业的群体特性表明主导产业与其他产业间有着更为紧密的联系。信息技术的广泛应用和渗透体现了信息产业作为主导产业的特征。

第四，主导产业变更的顺序可以概括为：非耐用消费品产业向耐用消费品产业发展；对应于需求结构的变化顺序是维持基本生存需求占主要比重向中间需求再向享受性、发展性需求占主要比重转化；对应于生产要素投入结构的变化顺序是从资源和劳动密集型向资本密集型、资本技术密集型再向知识技术密集型转化。

第五，主导产业的作用机制中，政府的政策机制尤为重要。不过政策机制并非指政府向主导产业提供财政和金融方面的优惠扶植，而主要是针对社会基础设施而言的。美国政府对农业的有效扶植是在教育和科研方面，而英国对主导产业的扶植主要是在立法方面。

3. 移动互联网为经济发展提供可行手段

习近平总书记指出，现在人类已经进入互联网时代的历史阶段，这是一

---

① 美国劳工部劳工统计局：《主题数据库、列表与统计》，https：//www.bls.gov/data/#employment，2017年1月。

个世界潮流。而且这个互联网时代对人类的生活、生产、生产力的发展都具有很大的推动作用。党的十八大以来我国经济社会持续发展，科技创新能力不断提高，人民群众对网络文化有更新的需求、期待，移动互联网面临着更好的发展机遇和更大的发展空间。当前我们正处于向新型工业化、信息化、城镇化、农业现代化迈进的关键时刻，移动互联网的发展对于提高我国信息化水平至关重要。

一是移动互联网应用满足多用户的消费需求。随着移动互联网的不断发展，信息业务消费需求呈现多元化的特点，移动互联网不断推出诸如位置服务、移动电子商务、多媒体多方通信等新兴业务。而且，现有技术通过研发创新将进一步满足未来日益增长的用户需求，如移动搜索下一步将拓展语音识别、语义处理、高精度定位等新技术，使之能够更加贴近用户的使用习惯和需求。信息业务消费需求的日益增多，将持续推动移动互联网新业务新业态的增长，市场发展空间广阔。

二是移动互联网进一步弥合数字鸿沟，进一步弥合因收入差异、城乡差异、年龄差异形成的数字鸿沟。互联网收益群体不断扩大，2016 年新增网民中农村网民所占比例超过 50%①。移动互联网的发展是农村网民大幅增加的主要原因，对我国经济社会发展和推进信息化进程都是一件富有意义的大事。

三是移动互联网深刻改变生产生活形态，打破了网上信息传播时间和空间的局限，随时、随地、随身查找信息、保持共享从梦想变为现实。数以亿计的用户在移动互联网上生活、工作、交友，这些崭新的行为方式使人类的生活更加丰富多彩，变换出数不清的商业机会，催生出新的产业形态。得益于移动互联网快速发展，我国互联网应用正从新闻和研究的功能向商业化为主转移，网络应用得到优化和升级。

四是移动互联网推动我国社会深刻变革、移动和社交深度融合，特别是随着微博、微信等社交网络的普及应用，所有人通过信息传播方式改变了交往模式，塑造了新型关系，对经济增长和产业组织形态重塑具有巨大作用。

---

① 中国信息通信研究院：《中国互联网发展景气指数报告》，2016。

三　移动互联网对经济社会发展的贡献

1. 移动互联网对国民经济的直接贡献

传统互联网应用正加速向移动平台迁移，基于移动互联网的社会交往、搜索、消费、休闲娱乐等应用日益普及，提供了日益丰富的途径和形式。受资费下降和4G用户快速增长的带动，移动互联网接入流量快速攀升，11月单月移动互联网接入流量首次突破10亿G，全年累计达93.6亿G，同比大幅增长123.7%。其中，手机上网流量共完成84.2亿G，同比增长124.1%，连续25个月保持单月100%以上的高速增长，在移动互联网接入流量中的比重达90%。无线上网卡流量完成8.9亿G，同比增长121.3%，占移动互联网接入流量的9.5%[①]。移动互联网应用服务创新形成了开放发展、海量参与者的态势，形成了规模巨大的新兴市场。2016年，我国移动互联网信息服务市场总收入达到13786亿元，同比增长12%（见表1）。

表1　移动互联网信息服务市场规模

单位：亿元

服务市场类别	2015年	2016年	2017年
移动收入	11542	12927	14478
其中：移动语音	5817	6124	6448
移动接入	2248	2597	2944
增值业务	3476	4205	5087
增值企业收入	747	859	988
总收入	12289	13786	15466
增加值	7127	7996	8970

资料来源：工业和信息化部、中国信息通信研究院。

2016年我国GDP突破74万亿元，同比增长6.7%。移动互联网对GDP增长的贡献，2016年约为1.52%，预计到2017年将达到1.62%。移动互联

① 罗凯：《11月我国户均移动互联网接入流量近1G》，中国信息产业网，http：//miit.gov.cn/n1146312/index.html，2016年12月26日。

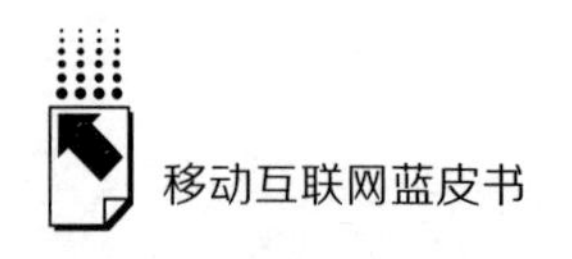

网对 GDP 增长率的贡献，2016 年为 0. 20%，到 2017 年约为 0. 22%。

2. 移动互联网对国民经济的间接贡献

在最终需求给定的情形下，根据投入产出模型，某产业一单位产出的变化会导致各个产业部门由此引起的直接和间接产出的综合变化。因此，可以对上式的三个构成部分做如下定义。一是乘数效应。产业内单位最终需求所引起的本产业产出水平的变化，是产业自身需求对自身产出的影响，其反映的是产业的自身发展能力及自我修正能力。二是反馈效应。某产业单位最终需求对其他产业产生影响之后，这一影响会反过来对该产业产生反馈效应。三是溢出效应，即某产业一单位最终需求对其他产业产出的直接和间接影响的总和，是一种单向的效果，反映了该产业的影响能力。据初步测算，移动互联网对 GDP 增长率的间接贡献，2016 年约为 0. 41%，到 2017 年约为 0. 45%。

表 2　移动互联网直接经济贡献测算

年份	2015	2016	2017E
服务增加值(亿元)	7127	7996	8970
产品增加值(亿元)	1955	2339	2833
GDP(亿元)	631516	678880	729796
增加值占 GDP 比重(%)	1. 44	1. 52	1. 62
置信区间	[1. 35%,1. 53%]	[1. 43%,1. 61%]	[1. 53%,1. 71%]
对 GDP 增长率的贡献(%)	0. 20%	0. 20%	0. 22%
置信区间	[0. 19%,0. 20%]	[0. 20%,0. 21%]	[0. 21%,0. 22%]

注：表中表示 95% 的置信区间，表中“服务增加值”“产品增加值”“GDP”均以 2012 年不变价计。

资料来源：中国信息通信研究院。

表 3　移动互联网间接经济贡献测算

年份	2015	2016	2017
服务增加值(亿元)	7127	7996	8970
波及系数	2. 02	2. 02	2. 02
产品增加值(亿元)	1955	2339	2833
波及系数	2. 21	2. 21	2. 21
占 GDP 比重(%)	2. 96	3. 14	3. 34

续表

年份	2015	2016	2017
置信区间	[2.57%,3.36%]	[2.75%,3.53%]	[2.95%,3.73%]
对 GDP 增长贡献(%)	0.40	0.41	0.45
置信区间	[0.39%,0.42%]	[0.40%,0.43%]	[0.44%,0.47%]

注：表中表示 95% 的置信区间。
资料来源：中国信息通信研究院。

3. 移动互联网对就业的贡献

移动互联网应用在提升效率而削减工作岗位的同时，也在创造新的就业岗位。按照国家统计数据和投入产出表计算，信息服务业的人均劳产率（经济增加值口径）为 73 万元/（年·人），终端产品制造业的人均劳产率（经济增加值口径）为 36 万元/（年·人）。根据移动互联网对相关产业的波及效果，测算间接带动的就业岗位，2016 年移动互联网带动就业岗位 306 万个，预计 2017 年，移动互联网领域对就业的带动作用将超过 330 万个。

表 4 移动互联网就业贡献测算

年份	2015	2016	2017
平均波及系数	2.09	2.09	2.09
新增就业(万个)	285	306	331

资料来源：中国信息通信研究院。

四 移动互联网促进经济社会发展转型面临的困难和问题

移动互联网正在改变人们的生活方式和消费观念，对扩大内需、促进增长的巨大作用已初步显现。然而，我国移动互联网仍处于快速起步阶段，移动互联网自身能力、应用服务创新环境等还存在不足，使移动互联网难以充分满足经济社会和消费者日益多样化的需求。

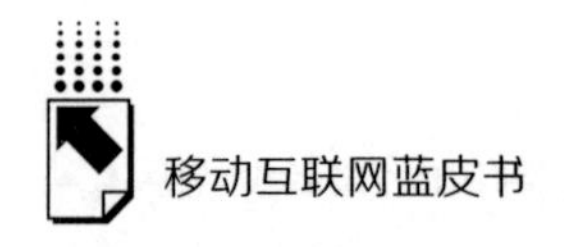

1. 移动互联网市场空间有待继续开拓

一是移动互联网的应用和服务体系不够丰富。发达国家已经形成了以移动搜索、移动音乐、移动社交、移动支付、移动电视、移动广告、位置服务以及二维码等“杀手级”业务为核心产品的移动互联网业务服务体系。我国移动互联网应用和服务还较为匮乏，用户更加偏好娱乐类和多媒体类的应用，而相比于大众移动互联网消费，面向企业市场的生产性移动互联网应用服务发展更加滞后，在我国移动应用商店中，办公、财经等生产性应用数量占比不到2%；企业利用移动互联网进行精确营销还刚刚起步。互联网龙头企业百度、阿里等面向生产性服务的搜索、移动商务等应用尚没有形成独立的应用服务系统。

二是移动互联网盈利模式缺乏。移动互联网领域盈利规模远未与其发展速度相匹配，移动广告与移动电子商务长期以来是主要赢利模式。移动互联网广告有效推销率并不乐观，其千次点击率收入远不如互联网领域。从我国2016年的“微信收费”风波来看，搜索、商务、视频等移动互联网应用领域格局未定、商业模式仍不清晰。

三是居民消费能力制约了移动互联网的广泛应用。广大农村地区由于收入差距问题，其移动智能终端产品和移动互联网服务的实际消费水平仍然较低，相对较高的价格制约了移动互联网的使用或把大量潜在用户堵在了移动互联网服务的门槛之外。城乡信息环境差异（主要反映为移动互联网普及率和移动电话普及率）和信息技能缺乏是制约农村消费的重要因素，造成城乡居民通过先进手段获取消费信息的悬殊，进而导致城乡居民收入向现实消费转化的差异。

2. 移动互联网支撑能力亟须提升

一是网络承载能力是发展移动互联网的关键。消费者使用较多的移动社区、电子商务、视频、位置服务等业务能否发展壮大，都取决于移动互联网带宽是否能承载这些业务的大规模数据流量。根据日本和韩国的经验，高带宽是确保移动互联网用户体验的基础，也是移动互联网能够确保用户规模、不断扩大信息服务的基本前提。

二是亟须破解无线频谱制约。加快3G/LTE演进进程，全面提升移动互联网自身能力，面临频率制约，需要进一步释放频率资源。

三是互联网应用处理能力较低。移动互联网的全面、深入渗透带来巨大的资源处理需求，对互联网数据中心（IDC）和高水平的系统处理工具提出了新要求，但目前我国云计算的发展仍处初期，数据分析和挖掘能力仍较弱。

四是移动网络面临的扩容和投资压力不断加大。近几年，我国移动互联网流量保持每年近乎翻番的增长，未来仍将延续这一态势，意味着每年均需要巨大网络建设投资，并亟须加快演进升级，加速提升网络容量。

3. 移动互联网业务创新不足

一是我国移动互联网自身的创新能力和竞争力仍不强。在移动应用商店智能平台、移动操作系统等方面，我国企业的创新能力还远不能与苹果、谷歌等企业巨头相抗衡，企业的创新能力和产业竞争力仍然不强，技术研发与相关产业的结合还不够，通用型技术开发还比较滞后，企业创新主体尚未明确，商业模式创新意识和经验不足，手机操作系统、关键芯片等核心技术主要依赖国外，这些都会给我国自主发展移动互联网基础设施与应用带来巨大的挑战。

二是移动互联网应用融合创新存在壁垒。移动互联网催生了一批跨产业的融合新兴业务，移动支付、位置服务、移动医疗等都面临跨部门管理，亟须跨部门的协调和统筹支持。例如，移动支付潜力巨大，目前技术已经成熟，但运营商、互联网厂商、金融机构等利益冲突。移动公共服务受信息资源封闭的制约，跨部门开放度不足，严重影响了信息应用的开发和普及，亟须促进信息资源的开放和共享。

4. 移动互联网发展的配套环境有待完善

一是移动互联网的消费体验环境亟须改善。网上消费给人们带来的快捷、便利、节约成本等优越条件，使越来越多的人选择了网上消费；但由于网络的固有属性，移动互联网的娱乐导向、便利导向和经济导向较强，而安全性差、质量无保障等因素导致用户消费体验欠佳，如以虚假信息欺骗消费

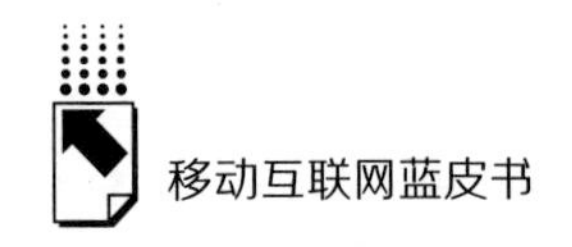

者。移动网上商店展示的商品往往是一些图片和文字，没有一定的展示标准，向消费者提供的大多是不完整的信息，使消费者不能全面判断商品质量，从而造成损失。移动网络广告是消费者网上购物的主要依据，许多经营者故意向消费者提供虚假的商品信息，但消费者又很难判别广告信息的真实性，再如，以违法行为欺诈消费者，由于缺乏移动互联网经营行为规范，一些经营者以非法占有为目的，通过虚构未经工商登记的企业，编造虚假的企业信用信息和经营情况以及获奖材料，宣称子虚乌有的商品和服务信息，实施欺诈，损害消费者利益。

二是安全、可信的移动互联网环境尚未完全建立，消费者个人信息安全得不到保障。无处不在的移动互联网接入也意味安全隐患、有害信息、网络违法行为无处不在的可能性。智能终端和移动互联网服务对个人的通信记录、社交关系、消费习惯甚至位置信息等精确把握，使用户隐私保护问题更加突出，信息泄密概率和风险增高。消费者在网上消费的同时需要登记自己的个人信息，包括电话号码、身份证号、银行账号、通信地址等，一些不法分子盗取这些消费者信息，进行电话、网络等营销活动，甚至骗取消费者信息进行欺诈等不法行为。随着移动终端操作系统的智能化、开放化，计算能力增强，应用软件大量增加，基于移动互联网业务的攻击增加，使移动电子商务和移动支付等消费安全问题逐渐凸显，消费者个人财产安全受到威胁。网络消费存在九个风险因素——网上信用卡被盗、提交个人信息、色情和暴力、过多的网络广告、信息可靠性、缺乏身体接触、未取到在线购买的商品、网上购物缺少人际交往、沉溺于网络。其中网上信用卡被盗和提交个人信息是主要的两个感知风险因素。

五　促进移动互联网创新健康发展的建议

1. 释放移动互联网应用需求潜力

传统信息通信服务和互联网应用正加速向移动平台迁移，基于移动互联网的社会交往、搜索、消费、休闲娱乐等应用日益普及，为信息消费提供了日益丰富的途径和形式。应将移动互联网的普及应用作为推进信息化、新型工业化、城镇化、农业现代化“四化”同步发展的重要手段，加快移动互联网与人们生活和各行业各领域的融合，以进一步刺激和扩大移动互联网的信息消费。

一是扩大移动互联网信息消费用户基础。利用技术进步和网络升级成果，逐步降低单位移动数据流量价格，不断扩大4G和移动互联网的用户普及，带动个人电脑（PC）、智能手机、平板电脑升级换代，形成智能终端消费热潮，挖掘更大的信息消费潜能。

二是加快智能终端产品推广。面向农村农业需求，发展价廉、易用、适农智能终端和面向农民的移动互联网应用。针对不同消费群体的差异化升级需求，给予相应的补贴以刺激消费，如国产智能手机、平板电脑等采取类似“家电下乡”“以旧换新”等补贴政策，降低电子信息产品进入消费者家庭的门槛。将居民潜在需求转化为现实消费，进而也为扩大信息服务消费创造必要条件。

2. 鼓励业务和产品创新

一是加快移动互联网应用向生产领域拓展。抓住移动互联网爆发式增长契机，积极引导流通和服务企业电子商务平台向移动电子商务方向延伸，加快完善移动电子商务产业链建设。深化移动电子商务在工业和生产性服务业领域的应用，面向研发设计、生产制造、营销管理等各个环节，推动企业级移动应用（APP）等的开发和推广。

二是推进移动互联网在智能交通、远程教育、远程医疗等公共服务信息领域的应用，推广普及移动智能家居产品和服务。加快无线城市建设，鼓励和支持政府部门对云计算、大数据等新技术的应用与消费，推动各地、各部门的政务应用和社会管理系统向移动电子政务平台迁移，组织开展政府信息公开、医疗健康、人口管理、能源安全等公共领域大数据研发与应用试点示范。

三是研发新型智能终端产品。把握HTML5、语音识别、体感、3D等新技术发展趋势，推动以智能化为主要特征的全球新一轮电子信息产品的消费升级。不断扩大移动互联网应用规模，积极研发智能眼镜、智能手表、智能健康终端、智能车载终端等新兴移动智能终端。

四是营造良好的创新创业环境。完善业务准入制度，减少审批环节，鼓励基础电信企业、终端制造企业、互联网企业和其他民资企业参与移动互联网的应用创新。鼓励基础电信企业和互联网龙头企业为中小企业发展搭建服务和创新平台，加大知识产权管理力度，保护其形成的创新型成果。

3. 加快移动通信网演进

一是面向长远发展，继续推动无线频谱规划等研究工作，推进优质频段重整和分配，夯实无线宽带网络长期发展和升级的基础。相关部委加快政策协调，制定我国无线宽带通信频谱资源的国家规划路线图，探索建立频谱回收和转让制度。通过国家重大专项、专项基金等对高效利用频谱新技术的研发进行资金支持，合理利用频谱资源，提高频谱利用效率。

二是完善信息基础设施建设环境，落实宽带建设的两项国家强制标准，将宽带网络建设和改造纳入公共交通设施规划，加强宽带网络设施与其他规划的有效衔接，实现同步规划、同步实施和同步验收。

4. 加强制度建设，营造安全、可靠的发展环境

一是加强个人信息保护和交易安全保护，大力促进电子签名与支付等网络信用服务，针对用户敏感信息，如位置信息、号码信息、用户行为信息等，制定使用规范和管理办法，强化行业监管，确保用户信息不被非法授权和滥用。商业银行应完善网上银行运行机制，制定正确的电子银行技术风险管理策略，对建设电子银行的技术方案进行科学论证，确保信息技术安全可靠，做到电子银行系统设计严密、功能完善、运行稳定。

二是完善覆盖网络、资源、应用和产品的市场监测体系，加快构建行业自律和公共监督相结合的社会化治理体系，持续提升信息产品和服务质量，进一步实现服务规范化、种类多样化、消费透明化，提高用户满意度。加强终端产品入网及售后服务的监督检测，保证产品质量。

三是加强信息资源共享的体制机制探索，培育新型移动互联网商业模式。推动部门间信息资源共享和开放，促进信息资源挖掘和有效利用。

四是加强安全技术能力建设，不断完善移动智能终端等信息产品的安全评测机制和技术平台，加强应用商店监管，建立移动应用软件及服务的第三方安全评估与监测机制，构建安全可信的移动互联网生态环境。

参考文献

〔英〕卡萝塔·佩蕾丝:《技术革命与金融资本：泡沫与黄金时代的动力学》，田方萌等译，中国人民大学出版社，2007。

李海舰、田跃新、李文杰:《互联同思维与传统企业再造》，《中国工业经济》2014年第10期。

Amit T, Zott C, "Value creation in E-business", *Strategic Management Journal*, 2001, 22 (6): 493 – 520.

傅瑜、隋广军、赵子乐:《单寡头竞争性垄断：新型市场结构理论构建：基于互联网平台企业的考察》，《中国工业经济》2014年第1期。

辜胜阻、曹冬梅、李睿:《让信息经济行动计划引领新一轮创业浪潮》，《科学学研究》2016年第2期。

罗珉、李亮宇:《互联网时代的商业模式创新：价值创造视角》，《中国工业经济》2015年第1期。

B.10

2016年中国移动应用发展现状及趋势分析

于金波　牟秀秀*

摘　要：　中国移动应用市场规模巨大，用户持续增长，在全球移动应用市场中占主导地位。“超级APP”功能不断增加，覆盖衣食住行各领域。获取资讯、社交、看视频是中国网民使用移动应用的主要目的。轻应用、小程序等带来了移动分发形式的多样化，互联网巨头盘踞，手机厂商发力，移动应用分发市场格局有变。中国移动应用行业呈现出智能化、全球化、垂直化的发展趋势。

关键词：　移动互联网　移动应用　应用商店

一　中国移动应用市场发展状况

中国移动互联网普及率逐年上升，网民对移动互联网应用的需求日益扩大。国内通信基础设施不断完善、通信质量的提升与移动通信资费的下降，为互联网用户高效地使用移动应用提供了基本保障。

* 于金波，DCCI互联网数据研究中心分析师，主要从事互联网、移动互联网的产业研究，长期关注社交、电商、网络营销等领域；牟秀秀，DCCI互联网数据研究中心分析师，主要从事互联网、移动互联网的产业研究，长期关注互联网金融、大数据及AR/VR等领域。

（一）中国移动应用市场规模巨大，用户数量持续增加

1. 移动应用市场规模持续扩大

多重利好因素助力中国移动应用市场迅速发展，中国移动应用开发市场突飞猛进，截至2017年2月，APP Store上的应用数量突破220万，应用宝中Android应用数量达300多万。移动应用不断推陈出新，各种创新模式的移动应用亦不断涌现，中国移动应用市场规模持续扩大，截至2016年12月，中国移动应用市场规模达6050亿元（见图1）。

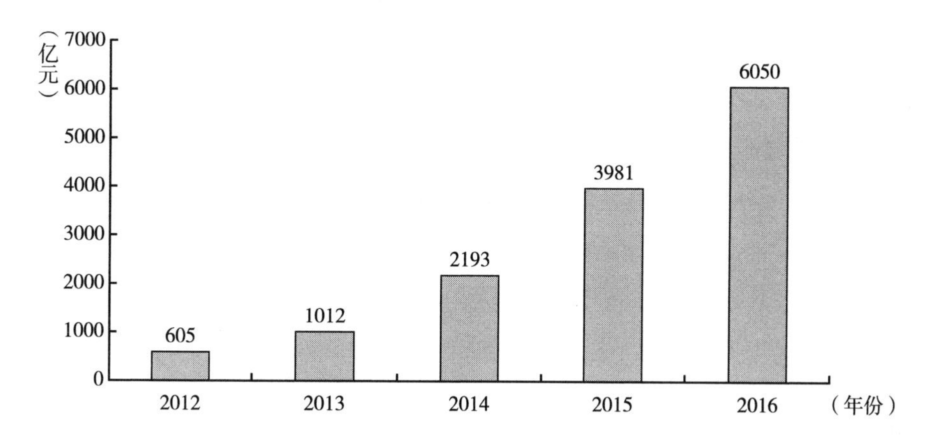

图1　2012～2016年中国移动应用市场规模

资料来源：DCCI互联网数据研究中心。

2. 移动应用用户增速可观

CNNIC数据显示，截至2016年12月，中国手机网民规模达6.95亿人，较2015年底增加了7550万人。网民中使用手机上网人群的占比由2015年的90.1%提升至95.1%，提升5个百分点，网民手机上网比例在高基数的基础上进一步攀升（见图2）。①

手机网民规模的持续扩大促进移动应用用户数量规模上涨，数据显示，

① 中国互联网络信息中心：《第39次中国互联网络发展状况统计报告》，2017年1月22日。

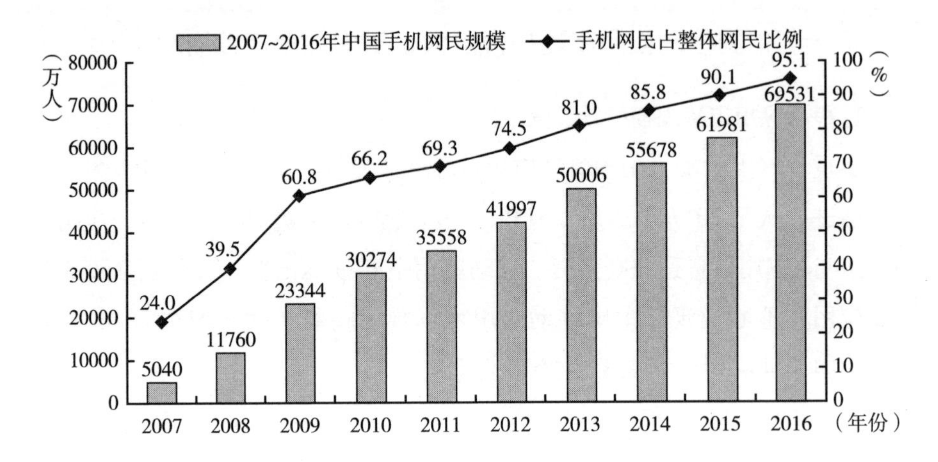

图2 2007~2016年中国手机网民规模及其占网民比例

资料来源：CNNIC。

2014~2016年，即时通信、网络新闻、搜索、网络音乐等主流手机应用用户规模持续扩大（见图3）。

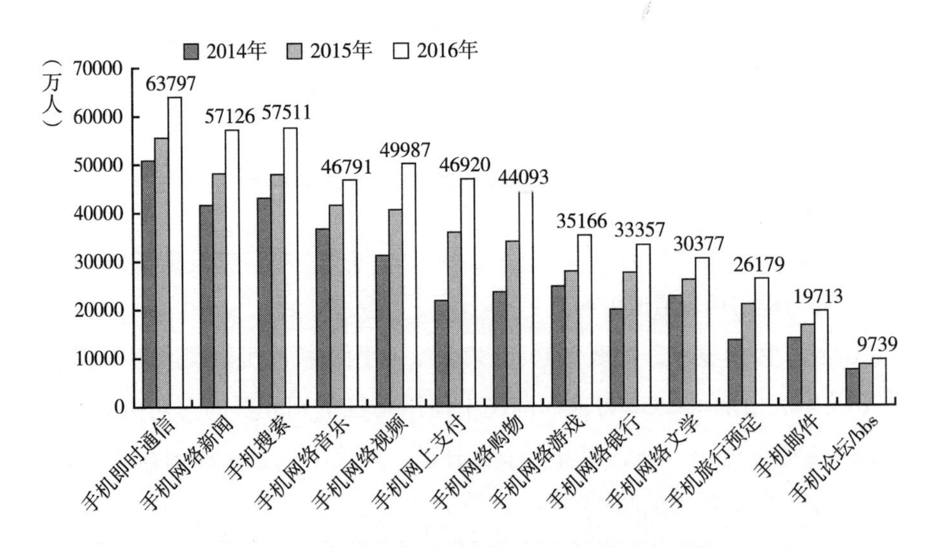

图3 2014~2016年中国主流手机应用用户规模情况

资料来源：CNNIC。

（二）社交、电商等主流应用进入稳步发展期，O2O、直播等细分应用竞争白热化

1. 社交、电商等移动应用进入稳步发展期

移动化、社交化、多媒体化、云化已经成为不可逆转的移动应用发展趋势，各类个性化和本土化的 APP 应运而生。随着移动互联网的普及，各种需求被发掘，中国移动应用覆盖领域广泛，包括传统的社交、新闻资讯、影音、阅读。此外，近年来，直播类、拍摄美化类、支付及出行等领域移动应用不断丰富，其中，社交、电商等领域主流移动应用进入稳步发展期，竞争已趋于理性化，如社交领域中，微信朋友圈、QQ 空间与微博的使用率远超过其他社交应用（见图 4），手机淘宝，天猫、手机京东的市场份额亦优势突出（见图 5），但垂直细分领域的社交应用及电商类应用依然凭借其独有的产品与人群优势占有可观的用户群体。

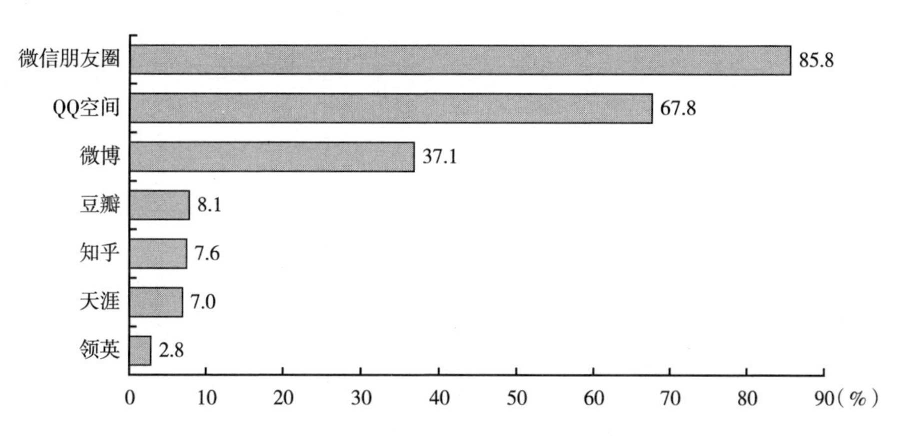

图 4　2016 年中国主流社交应用用户使用情况

资料来源：CNNIC。

2. 垂直细分领域移动应用从崛起到白热化竞争

随着移动互联网迅速发展，核心流量入口基本稳定，新的涌入者纷纷从垂直细分领域切入。移动应用的发展变得更加具体化，针对特定人群或用途的移动应用越来越多，O2O、直播、短视频等垂直类移动应用迅速成长，出

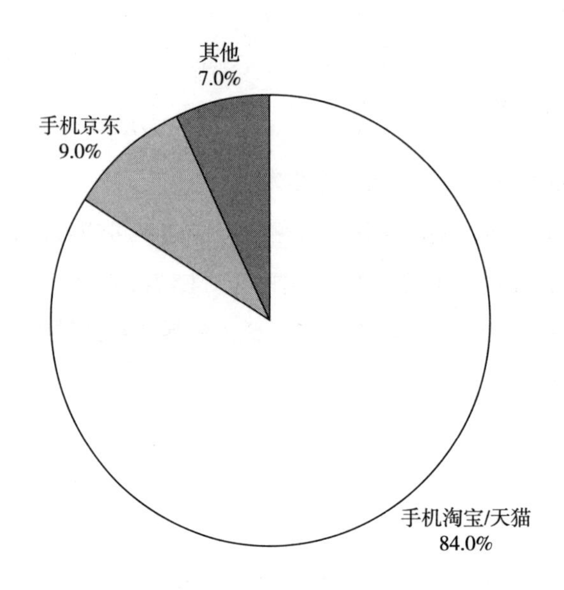

图5　2016年中国主流移动购物应用市场份额情况

资料来源：DCCI互联网数据研究中心。

行领域、本地生活等领域，在补贴大战后也逐渐走向合并，行业领军企业确定。而共享单车、直播等领域，正处于白热化竞争阶段，尚未形成稳定的市场格局。

（1）O2O移动应用波及各领域

以团购的兴起为契机，经过移动互联网的发酵，O2O场景多样化，越来越多的传统行业接入O2O移动应用服务中，目前的O2O移动应用包括衣、食、住、行、健康美业、家装服务等人们生活的各个方面，用户也在众多O2O应用的服务下越来越"懒"，足不出户即可享受一切。在发展过程中，各类O2O典型移动应用不断涌现，如外卖类的美团外卖、饿了么；为用户提供影院信息、票务预订等功能的猫眼电影、大麦；为用户提供行程相关的机票、门票、酒店等服务的去哪儿、携程；等等。O2O移动应用借定位精准、支付便捷等特性得已迅速发展起来。

（2）直播类移动应用发展迅速

目前各类型网络直播平台已经突破300家，用户规模高达3亿，市场规模超过百亿元。[①] 根据移动数据分析平台 ASO100 的统计，截至 2016 年 12 月 31 日，App Store 中国区在线直播类应用已经超过 500 款。移动视频直播应用根据直播内容的不同，可以分为体育直播、游戏直播、真人秀场、商务直播、财经直播等类型；在这些细分领域中，真人秀场由于起步较早，目前发展较为成熟，用户规模最大；游戏直播用户规模较高且增速较快，是发展相对成熟且潜力较大的细分领域；其他直播包含商务直播、财经直播等，其起步较晚，虽然用户规模较小，但发展潜力巨大。

（三）“超级 APP”功能不断增加，覆盖衣食住行各领域

移动互联网时代，智能手机是连接用户的硬件终端，而各种各样的 APP 是连接用户的软件终端。一些在移动互联网发展早期就积累了大量用户的头部 APP，在获取流量的同时，也在加强用户的“停留时间”、提升用户体验、打造一站式应用平台。移动应用间信息逐渐打通，功能相互渗透，用户可以在一个 APP 中获取多种服务。这种“超级 APP”使一个移动应用平台的服务范围扩大，移动应用综合性加强，如用户在微信中除了进行社交之外，还可获取新闻资讯、购物、打车等；支付宝除提供转账、理财等金融服务，还可以提供生活缴费、外卖预定、票务预订、购物等服务；京东中除可以进行常规的网购外，还可以提供票务/酒店等预订以及到家服务、金融服务、车辆相关服务等；手机淘宝接入了到家服务、旅行服务、外卖服务等。

（四）中美移动应用市场发展具有差异

1. 中美两国主导国际移动应用市场

全球移动互联网市场高速发展，从 iOS 与 Google Play 2016 年全球热门

① 《移动直播元年：内容单一，80% 流量靠网红主播》，http：//tech. caijing. com. cn/20170109/4221985. shtml。

应用下载量排名来看，2016 年，中国与美国在热门应用国家排名中分别位居第一、第二，中国与美国在全球移动应用市场占主导地位。

表 1　iOS 与 Google Play 2016 年全球热门应用下载量排名

排名	国家	排名	国家
1	中　国	6	法　国
2	美　国	7	德　国
3	日　本	8	加拿大
4	英　国	9	巴　西
5	俄罗斯	10	澳大利亚

资料来源：APP Annie 2017。

2. 中外移动应用产品设计理念不同

美国移动 APP 市场起步早于中国，也是被中国 APP 模仿借鉴的对象。但近年来海外的 APP 征战中国市场都没能获得行业第一的位置，中国开发者无论在国内市场还是国际市场都体现出了更高的热度和水准。中国 APP 开发者已告别最初的模仿学习阶段，凭借自己的创新在一些领域走在了世界 APP 市场前列，对众多美国 APP 巨头形成了直接的挑战。

以 WhatsAPP 与微信为例，从产品本身来看，WhatsAPP 聚焦聊天这一主要功能，而微信的功能则非常丰富。WhatsAPP 是通信领域的先行者，在世界主要国家均占有一定的市场份额。而微信从通信 APP 做起，现在已然跳出社交聊天的范畴，在生活 O2O、支付领域全面布局，成为中国用户生活中必不可少的一部分。从用户数来看，根据两家公司 2016 年的财报数据，当前 WhatsAPP 拥有 12 亿月活跃用户，微信和 WeChat 的合并月活跃账户数达到 8.46 亿。微信在聊天功能上比 WhatsAPP 多出了小视频、视频通话、表情包商店、朋友圈等，更通过支付功能打通了线上购物与线下 O2O 领域，生活缴费、打车、酒店预订等诸多功能均可在微信平台实现。二者最重要的区别是：微信开通了朋友圈和公共账号，在社交和媒体领域进一步深入，而 WhatsAPP 则止步于聊天领域。更值得一提的是微信的红包功能，引领了当下中国用户的“红包社交”风潮，乃至连苹果 iOS 版本中，也照此开发了发红包的功能。

微信与 WhatsAPP 体现出了中、美两国用户完全不同的理念，微信根据中国用户的本地化习惯，从一个单纯的聊天工具进化成人们生活的一部分，从聊天、发红包到打车、买东西，全都能在微信上完成，微信成为一个大而全的复合应用。

二　中国移动应用分发市场情况

（一）轻应用、小程序等出现，中国移动分发形式更加多样化

当前，移动应用分发形式多元化发展，用户下载安装 APP 的渠道最主要为应用市场，包括第三方应用市场、手机厂商自有应用市场等；而除此之外，用户下载安装 APP 的渠道还有桌面助手、浏览器等。随着应用数量和种类的增加，用户对 APP 的选用也受到内存影响，基于这样的背景，轻应用、小程序等概念慢慢进入人们的视野。

应用商店的产品形态也在随着技术的进步发生巨变，如应用宝、百度手机助手与微信小程序等轻应用可以让用户“在应用商店无须下载，提前体验 APP 内服务”，轻应用所带来的最大的变革就是将云端的数据和服务以更近更快的形式呈现在用户手机上。轻应用在产品形态和优势上与传统 APP 有着极佳的互补关系，在对一些强的频发需求的满足上传统 APP 具有更大的优势，在一些追求效率的信息获取类需求上，轻应用又具有更大的优势。

（二）巨头盘踞、手机厂商发力，中国移动应用商店市场格局有变

1. 互联网巨头霸居高位

应用分发作为移动互联网的流量引擎，在巨头的战略版图中举足轻重。目前，BAT 是国内应用分发市场的第一梯队，华为、小米等智能手机厂商是应用分发市场的第二梯队。中国移动应用分发市场已经趋于成熟期，市场发展相对稳定。

2016年7月，阿里移动收购豌豆荚，国内Android手机应用分发市场形成“3BAT（360、百度、阿里、腾讯）+手机厂商应用商店（小米、魅族、华为等）”的格局。其中，360系（360手机助手）、百度系（百度手机助手、Android市场）、阿里巴巴系（豌豆荚、PP助手）、腾讯系（应用宝）组成的巨头军团，保守估计占国内Android应用分发流量的七成以上，成为国内Android应用开发者最为重视的渠道。

2. 手机厂商集体发力应用商店，第三方应用平台萎缩

随着手机厂商对“服务”“入口”等模式的追逐，应用商店的渠道价值水涨船高，大量手机厂商开始重新投入资源进行应用商店的建设，这使应用分发市场格局发生了变化，手机厂商将会成为应用分发市场的一支新锐，而第三方应用平台因产品创新乏力，逐渐萎缩。

2016年，手机厂商对移动互联网产业链的把控力度持续加大，传统应用商店份额流失，主流移动应用商店已被3BAT占据（见图6）。

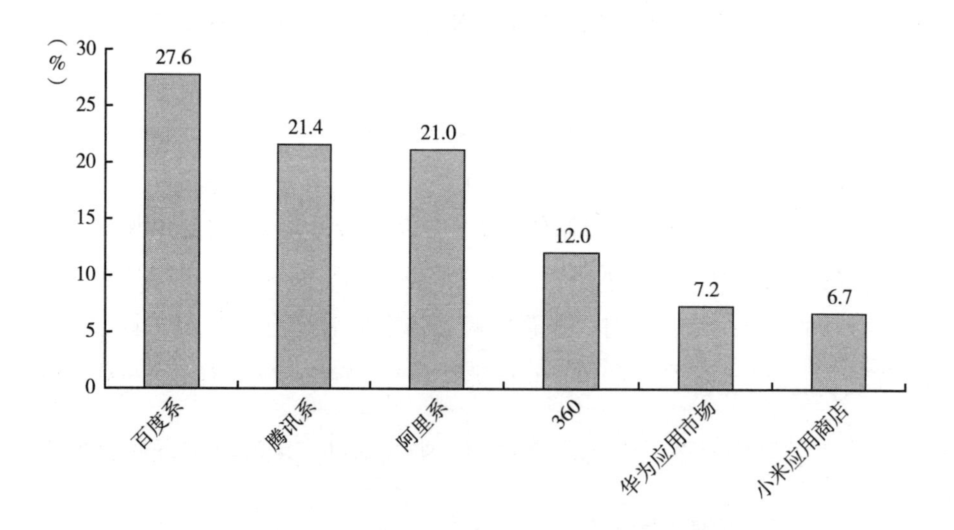

图6　主流Android移动应用商店渗透率

资料来源：DCCI互联网数据中心。

早期手机厂商的应用商店普遍存在应用数量少、用户体验差等问题，随着硬件带来的利润逐渐萎缩，他们开始逐步意识到应用分发和软件服务的重要性。而开发者选择与手机厂商的应用商店合作，机型适配比较容易，测试更简单，耗时也更少。一般的第三方平台只提供标准化的游戏和应用，不同终端的用户体验不一样。但手机厂商提供的都是经过适配的应用，不会割裂用户的使用体验。这将更有效地建立起与用户的联系，从而提升渠道分发能力。

三　中国移动应用用户行为分析

（一）中国移动应用用户使用黏性良好

与2015年相比，2016年，中国网民整体移动应用使用率呈上涨态势，用户移动应用使用黏性良好。外卖、在线教育课程、购物、支付等手机应用用户增长迅速，其中外卖、在线教育课程两大移动应用规模增长明显，年增长率分别达到86%和85%。中国手机互联网应用中即时通信类应用使用率达92%，高居榜首，其次，搜索类与网络新闻类应用分别为83%、82%（见图7）。[①]

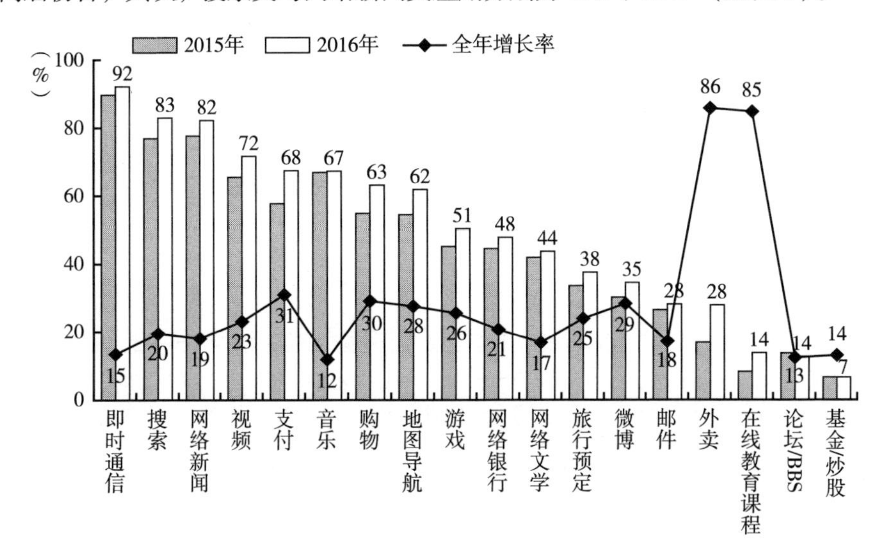

图7　2015～2016年中国网民移动应用使用情况

资料来源：CNNIC。

① 中国互联网络信息中心：《第39次中国互联网络发展状况统计报告》，2017年1月22日。

（二）获取资讯、社交、看视频是网民使用移动应用的主要目的

移动互联网应用的飞速发展给网民生活带来更多便利，2016 年，中国网民使用移动应用的主要目的是获取新闻资讯信息、社交服务相关需求、看视频，分别占 57.9%、53.1%、52.5%（见图 8）。

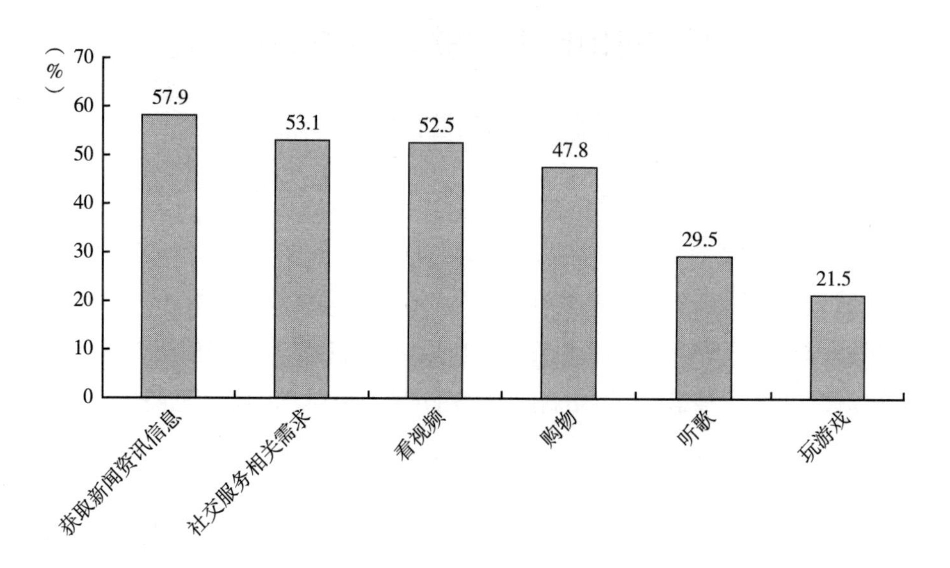

图 8　2016 年中国网民使用移动应用的主要目的

资料来源：DCCI 互联网数据中心。

（三）微信、QQ、淘宝、百度与支付宝是网民最常使用的五个应用

网民最常使用的五个移动应用分别是微信、QQ、淘宝、手机百度与支付宝，网民可在这些应用里获取资讯信息、社交或购物等。数据显示，79.6% 的网民最常使用的移动应用是微信，其次为 QQ，占 60%，淘宝、手机百度、支付宝分别占 24.1%、15.3%、14.4%（见图 9）。

（四）中国移动应用市场下沉，三、四线及农村地区是未来角逐之地

随着一、二线城市的应用市场逐渐饱和，三、四线城市及农村地区网络

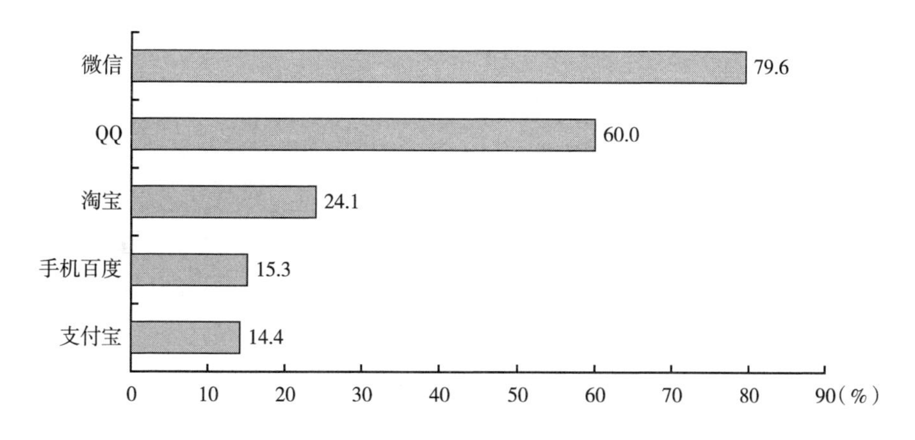

图9　2016年中国网民最常使用的五个APP

资料来源：CNNIC。

基础设施逐步完善，4G网络覆盖率迅速上升和智能手机价格持续走低，网民手机上网成本缩减，对移动互联网应用的接触逐渐增多，移动应用市场的争夺将从一、二线城市扩张到三、四线城市及农村地区。

四　中国移动应用面临的问题与监管政策

（一）中国移动应用产品面临盗版、数据泄露等安全问题

随着移动互联网的飞速发展以及智能手机的迅速普及，移动互联网APP呈爆发之势。但一些开发者为了谋取利益，在用户不知情的情况下，随意调用手机权限，盗取用户隐私数据，推弹广告，偷跑流量，恶意下载程序，更有甚者还通过APP传播暴力恐怖、淫秽色情及谣言等违法违规信息，极大地侵犯了用户权益，引发了网民强烈不满，成为影响APP信息服务健康发展的恶疾。

对于中国移动应用市场存在的问题，其原因是一方面，部分开发者受利益驱使，侵犯用户权益；另一方面，部分第三方渠道的审核较为宽松，应用上架快，给了恶意操作者机会。除了一些恶意的安全问题外，应用不兼容、

占用内存过大、费电、手机卡顿等问题也都亟待解决。

1. 山寨盗版软件问题

山寨应用是指通过盗用正版 APP 的图标和名称，对官方 APP 进行篡改，加入恶意代码，从而非法谋取利益的 APP。山寨 APP 通常打着正版 APP 的旗号坑蒙拐骗，比如，内含恶意代码、扣费插件，盗用用户数据，强推广告等问题。一旦下载了恶意山寨应用，轻则浪费流量，重则泄露自身隐私甚至被窃取钱财，给用户带来巨大的危害。

盗版应用是由黑客下载正常软件，并对其进行二次打包，将木马病毒嵌入其中，然后重新投放应用市场，用户浑然不知。盗版应用不仅对用户的权益造成威胁，也严重侵害了正版应用的声誉及利益。

2. 数据泄露、恶意扣费、流氓广告问题

现阶段移动应用的盈利模式主要有四种，一是会员收费模式，二是付费服务模式，三是广告模式，四是电商模式。而在移动红利逐渐消退的当下，如果没有健康的盈利模式，应用随时面临失败的可能性。由于缺少正确的盈利模式，数据倒卖、静默下载、恶意扣费、流氓广告便成为部分平台的非合理、违法获利手段。而国内大大小小的应用商店近 100 家，很难做到每一家都对上线的应用严格审核，也因此给了不法分子机会。

（二）中国移动应用内容面临各种版权问题

当前，存在侵权盗版现象比较严重的创业领域主要集中在文字、影视、新闻、游戏等方面。新闻聚合类 APP、视频 APP、游戏 APP 等层面的盗版侵权问题接踵而来。

1. 新闻版权问题

近两年，新闻聚合类 APP 以网络爬虫和人工智能个性化推荐算法为技术支持，将互联网中抓取的新闻信息进行分类排序推荐，迅速在新闻 APP 领域崛起。当相关新闻聚合类 APP 通过深度链接到网站内容页时，特别是当该内容页的深度链接通过广告获取了盈利，这时就容易产生侵权行为。近两年，错综复杂的新闻网站以及客户端的侵权诉讼案例屡有曝出。

2. 影视周边版权问题

关于影视周边的版权问题，最为突出的就是移动视频 APP 中的侵权行为。一是网盘、云盘等存储工具被不法分子利用，将院线在线的热门电影或是电视台同步播出的热映电视剧等，通过自己的视频 APP 播放。二是通过聚合链接的名义，以深层连接的方式，无偿使用正版视频网站的版权资源、服务器以及宽带资源，用户点击之后，直接进入侵权软件内进行影片播放，这对正版视频网站造成了极大的侵扰。

3. 游戏版权问题

随着畅销文字、影视、动漫、游戏等行业深度融合形成泛娱乐化生态系统，游戏研发往往借助知名 IP 的热度，以畅销热映的小说、漫画、动画片、电影或电视剧为蓝本进行改编创作。有的开发商版权意识不强，未经授权许可便使用他人作品，由于文章、新闻、影视等作品难以逐一对比分析，盗版抄袭现象屡见不鲜。

（三）中国移动应用市场相关政策法规

移动应用市场中商店建设者、软件提供者、用户是主要的法律主体，因而这三方均有各自应重点监管的部分。如移动应用商店的管理、审批、操作过程是否符合规范；软件提供者是否涉及侵权盗版、不正当竞争以及损害用户权益等；用户主动配合实名制等。2016 年，国家有关部门出台了两部关于移动应用市场的重要政策法规。

1.《移动智能终端应用软件预置和分发管理暂行规定》

2016 年 12 月 16 日，工业和信息化部印发《移动智能终端应用软件预置和分发管理暂行规定》（工信部信管〔2016〕407 号）。该规定共 14 条，自 2017 年 7 月 1 日起实施。规定主要规范了移动智能终端生产企业的移动智能终端应用软件预置行为，以及互联网信息服务提供者提供的移动智能终端应用软件分发服务。

2.《移动互联网应用程序信息服务管理规定》

2016 年 6 月 8 日，国家互联网信息办公室发布《移动互联网应用程序

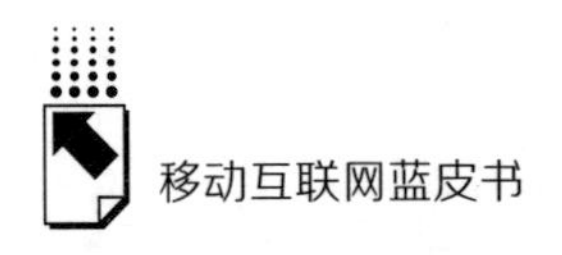

信息服务管理规定》。这是首个针对移动互联网 APP 的信息服务管理规范，这个规定加强了 APP 信息服务规范管理，将对促进移动应用行业健康有序发展起到极大作用。

移动互联网从发展开始，经历了野蛮生长的阶段，APP 提供者快速增加，但其信息安全管理的意识和能力各不相同，重效益，轻安全，没有建立有效的安全管理机制。随着网络与社会经济的深度融合，网络信息的安全威胁和风险日益突出，互联网、移动互联网相关问题越来越受到重视，中国移动应用市场法制管理逐渐健全。涉及 APP 产业监管的部门主要包括工信部、国家新闻出版广电总局、国家工商总局、国家版权局、国家互联网信息办公室、公安部以及其他 APP 所涉及行业的主管部门。

综合而言，移动应用监管政策范围涉及面较广，移动 APP 提供者以及应用商店提供者都被赋予了重要的信息安全管理责任，如移动 APP 提供者需要对用户进行实名认证、建立健全用户信息安全保护机制、建立健全信息内容审核管理机制等。此外，移动 APP 提供者需要依法保障用户知情权和选择权，不得擅自调用权限，捆绑安装无关应用程序。互联网应用商店提供者，需要对应用进行真实性、安全性、合法性审核；督促 APP 提供者保护用户信息；督促 APP 提供者发布合法信息，建立健全审核机制；督促 APP 提供者发布合法应用，尊重和保护知识产权。

信息服务越规范，用户越愿意使用，政府越鼓励发展，从而形成企业、用户、政府共生共荣的行业生态。

五　中国移动应用发展趋势

（一）针对可穿戴、VR、AR 等智能设备的移动应用发展

随着智能设备普及，可穿戴设备、VR、AR、智能家居等前沿科技的发展，每个用户手中都不仅拥有一个移动设备。智能手机、平板电脑可能成为下一代移动计算平台出现之前的过渡产品。与智能手机、平板电脑不同，用

户调用移动应用的方式可能不是点击，而是通过语音调用，下一代计算平台极可能是 AR、VR 眼镜抑或家中的一部音箱，而移动应用将依旧是它们的入口。未来将有越来越多的针对可穿戴、VR、AR 等智能设备的移动应用被开发、使用。

（二）中国移动应用智能化程度不断加深

随着人工智能、云计算、大数据、传感技术、交互技术的发展，这些先进技术将开放给越来越多的应用。比如，通过人工智能在应用内实现智能应答、语音交互、人脸识别；在智能设备中融入新型传感器，获取更加多维的用户数据，从更全面的数据分析挖掘用户特征，提供个性化服务等。中国移动应用的智能化将会不断加深，最终形成新的交互方式、服务方式。

（三）移动应用个性化服务更加完善

随着搜索技术、美图技术、云计算技术等的发展，一个应用所能承载的功能越来越多。为了给用户提供人性化的服务，提升用户体验，应用内搜索、应用内传输、云存储、修图、个性化推荐等需求也都相继得到满足。如微信在 2016 年底更新的版本中，用户给好友发送照片或在朋友圈发送照片前，可以对其进行简单编辑；腾讯新闻、网易新闻、搜狐新闻等传统门户网站在部署自家的新闻 APP 时，也将个性化推荐功能融入产品，从而提升用户体验。

（四）中国移动应用海外扩张脚步加速

一方面，中国的移动红利逐渐消退，国外互联网公司进入中国的壁垒越来越小，中国移动互联网企业必须走全球化发展的道路；另一方面，近几年，全球互联网整体市场中心开始从以美国为中心的发达国家市场转变为以中国为中心的发展中国家市场，而中国互联网恰处于发展的鼎盛期，全球化发展条件充足，有各种新兴的机会窗口。猎豹移动已经通过工具类应用率先取得了全球化发展的阶段性胜利，2016 年，阿里、百度、腾讯等越来越多的巨头企业在布局全球化，而未来将有更多的移动应用企业放眼全球。

（五）垂直细分领域移动应用突起

移动互联网发展至今，国内移动市场用户自然增长已经进入尾声。前几年30%的高速增长不复存在，增速放缓，人口红利减少，竞争加剧。用户对于新应用的好奇心减弱，每天打开的应用数量呈减少趋势。

在这样的背景下，发展APP的一个策略是深挖用户兴趣，做好用户体验，在小而美的细分垂直领域做下去，形成自己鲜明的特色，从而打造细分垂直领域风向标，比如Faceu、Keep、大姨妈等。

参考文献

杨威、肖旭升：《移动应用安全解析学：成果与挑战》，《信息安全学报》2016年第2期。

叶纯青：《移动应用的发展之路》，《金融科技时代》2015年第3期。

《典型应用——移动应用未来发展的指向标》，《互联网周刊》2013年第21期。

B.11

我国移动智能终端产业发展及未来趋势展望

朵灏　李巍　葛涵涛　张睿　周轩羽*

摘　要： 2016年，我国手机市场继续保持了较好增长态势，基本完成向4G的过渡，国产品牌顺利实现弯道超车，快速崛起。智能车载终端的智能化、网联化已占据市场主流，诸多新技术得到试用和关注，但市场爆发点还未到来。智能可穿戴设备逐渐走向成熟，但还依赖于人工智能、柔性电池、新型传感等技术的发展。

关键词： 移动智能终端　智能手机　智能车载终端　可穿戴设备

一　智能手机产业发展情况及未来趋势展望

（一）我国智能手机市场发展情况

1. 借势4G换机红利期，国内手机市场全球独秀

中国信息通信研究院统计数据显示，2016年全年我国手机市场累计出货5.60亿部[①]（见图1），继续保持8.0%的高增长。尽管相比2015年14.6%

---

* 朵灏，中国信息通信研究院泰尔终端实验室主任工程师，高级工程师；李巍，中国信息通信研究院泰尔终端实验室高级工程师；葛涵涛，中国信息通信研究院泰尔终端实验室物联网行业研究员；张睿，中国信息通信研究院泰尔终端实验室副总工程师；周轩羽，中国信息通信研究院泰尔终端实验室助理工程师。

① 中国信息通信研究院：《2016年12月国内手机市场运行分析报告》，2017年1月11日。本报告其他标注来源为中国信息通信研究院的数据均为原创数据。

的增长率，增长速度有所回落，但相比全球低于个位数仅 0.23%[①]的增长率，我国手机市场仍是全球独秀。手机市场高增长主要得益于我国持续推广 4G 技术以及运营商定制终端补贴投入充分借助 4G 换机红利期拉动我国手机市场出货。

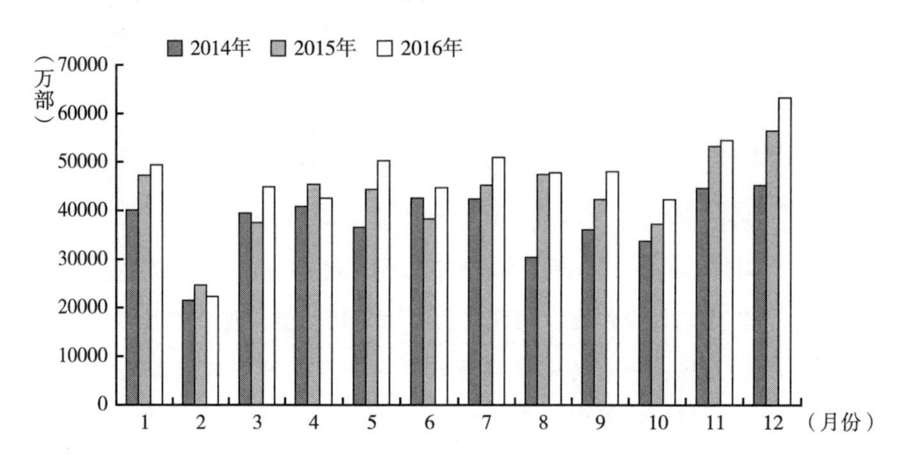

图 1　2014～2016 年我国每月手机出货量统计

资料来源：中国信息通信研究院。

2. 3G 手机快速退出，4G 过渡速度远超全球水平

中国信息通信研究院统计数据显示，2016 年全年我国手机市场 4G 手机累计出货 5.19 亿部[②]，相比 2015 年增加 0.8 亿部，实现 18% 的增长，远高于我国手机市场整体出货量增长水平。2016 年全年手机市场出货量中，4G 手机占比达到 92.8%，相比 2015 年提高近 10 个百分点（见图 2）。自 2013 年我国正式商用 4G 网络，我国 4G 手机市场一直保持较快增长势头，仅用一年时间就实现近 2 亿部出货，三年时间基本已实现我国手机市场向 4G 的过渡。而 2016 年同期全球 4G 手机出货量占比仅为 57.5%，[③] 远低于我国 4G 手机普及水平。

① Gartner，Mobile Device Forecast。

② 中国信息通信研究院：《2016 年 12 月国内手机市场运行分析报告》，2017 年 1 月 11 日。

③ 《2017 年无线与移动领域迎来多重利好　产业发展步伐加快》，http：//tc. people. com. cn/n1/2017/0105/c183008－29001927. html。

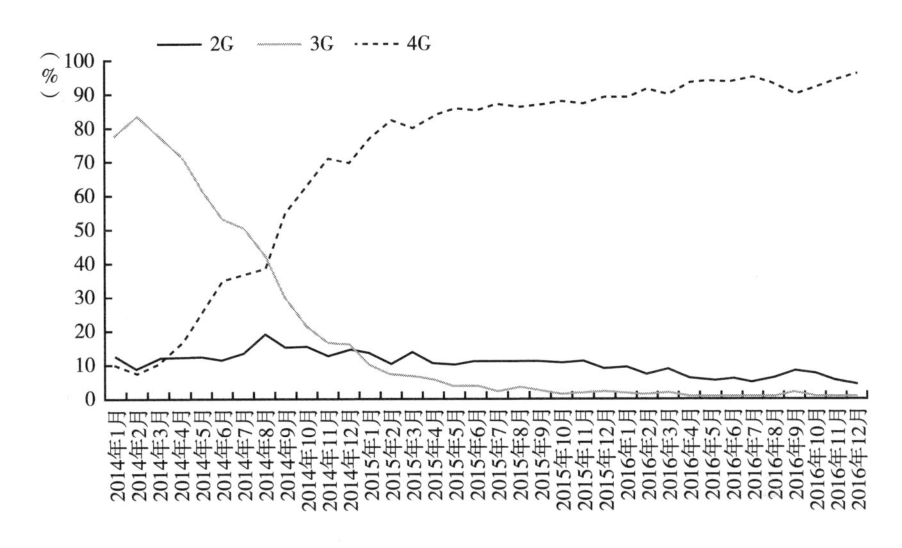

图 2　2014～2016 年我国手机市场出货量 2G、3G 和 4G 占比变化

资料来源：中国信息通信研究院。

3. 国际大牌遭遇突发事件，国产品牌依托渠道崛起

中国信息通信研究院统计数据显示，2016 年全年国产品牌手机出货 4.98 亿部①，相比 2015 年 4.29 亿部同比增长 16.1%；国产品牌手机出货量占所有手机出货量的 88.9%，相比 2015 年提升了 6.2 个百分点（见图 3）。

国产品牌手机崛起一方面得益于国产品牌企业近年来技术创新和品质提升，另一方面得益于国产品牌企业在渠道布局和市场营销方面深耕细作。OPPO 副总裁吴强就曾表示，早在 2015 年 OPPO 线下门店就达 20 多万家。而 vivo 目前线下零售店数量也达 25 万家，售后服务中心达 430 余家。据业界猜测，OPPO 和 vivo 两大品牌每年在营销上的花费或将高达 20 亿元。国产品牌手机在中国低线市场（四至六线城市）的表现是 2016 年实现弯道超车的关键所在。同时，三星等国际品牌受 Note 7 自燃爆炸等突发事件影响，也为国产品牌手机崛起创造了机会。

---

① 中国信息通信研究院：《2016 年 12 月国内手机市场运行分析报告》，2017 年 1 月 11 日。

图3　2015～2016年我国国产品牌手机出货量月份占比

资料来源：中国信息通信研究院。

（二）我国手机产品技术热点情况

1.“全网通”4G手机快速增长

“全网通”4G手机是指支持LTE、WCDMA、TD-SCDMA、cdma2000、GSM和CDMA 1X全制式的手机产品，“全网通”是我国手机市场特有技术名词，主要解决我国运营商多制式网络共存问题，保证我国4G手机能够接入不同运营商网络。

中国信息通信研究院统计数据显示，2016年全年我国申请进网的“全网通”4G手机高达773款，相比2015年177款，增长率高达337%，“全网通”4G手机款型占比大幅提高，如图4所示。

2.芯片多核协作与制程工艺提升

2016年手机核心处理器芯片摒弃单纯追求核数竞争模式，开始在多核协作方面深耕细作。自2015年联发科技推出10核手机核心处理器后，其余手机芯片企业并未跟进，业内并未出现12核、15核等已在桌面计算机中使用的多核架构产品。高通、海思等企业纷纷推出双丛集核心产品，而联发科技更是推出了三丛集核心产品，多核间协作成为各企业间产品竞争重点。同时，各芯片企业在制程工艺方面竞争激烈，不断将先进制程工艺应用于更多

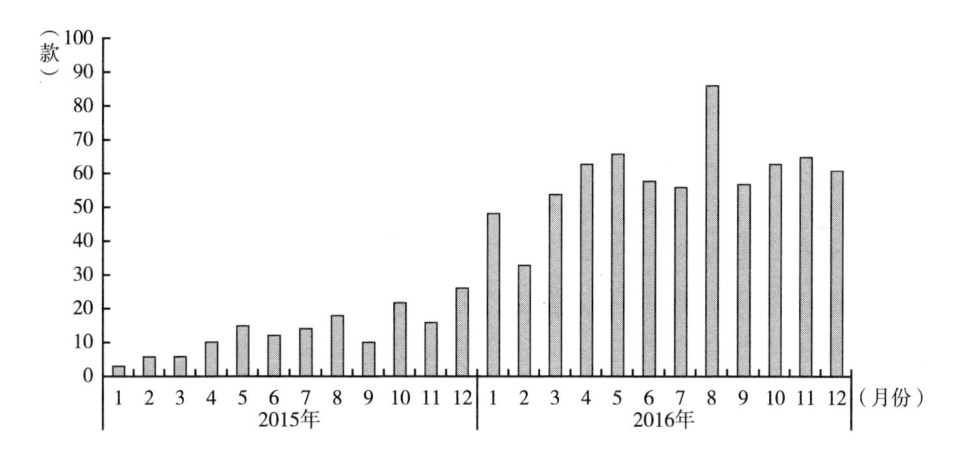

图4　2015～2016年我国“全网通”4G手机月份款型统计

资料来源：中国信息通信研究院。

芯片产品。2016年各芯片企业旗舰处理器除联发科技Helio X25/X20仍在使用16/20nm制程工艺外，其余旗舰处理器产品均已使用14/16nm制程工艺，且高通、海思等企业还将14/16nm制程工艺应用于中端处理器中，手机核心处理器芯片先进制程工艺快速普及。

3. YunOS操作系统成为我国智能手机第二大智能操作系统

中国信息通信研究院统计数据显示，2016年全年我国申请进网的智能手机中，采用Android操作系统的款型占比仍居首位，达到69.2%，超过半数款型的新智能手机继续保持Android操作系统。另外，YunOS操作系统也快速增长，采用YunOS操作系统的智能手机款型占比达到27.6%，YunOS操作系统成为我国智能手机第二大智能操作系统，逐步得到我国手机研发生产企业认可（见图5、图6）。

4. 双曲面侧屏成旗舰机型热点

手机产品显示屏呈大屏化、高分辨率化以及高屏占比的趋势发展。中国信息通信研究院统计数据显示，2016年全年我国申请进网的手机中，屏幕尺寸大于等于5英寸款型占比为74.2%，比2015年提高近8个百分点；屏幕分辨率高于等于HD720的款型占比为59.5%；屏占比等于大于70%的款

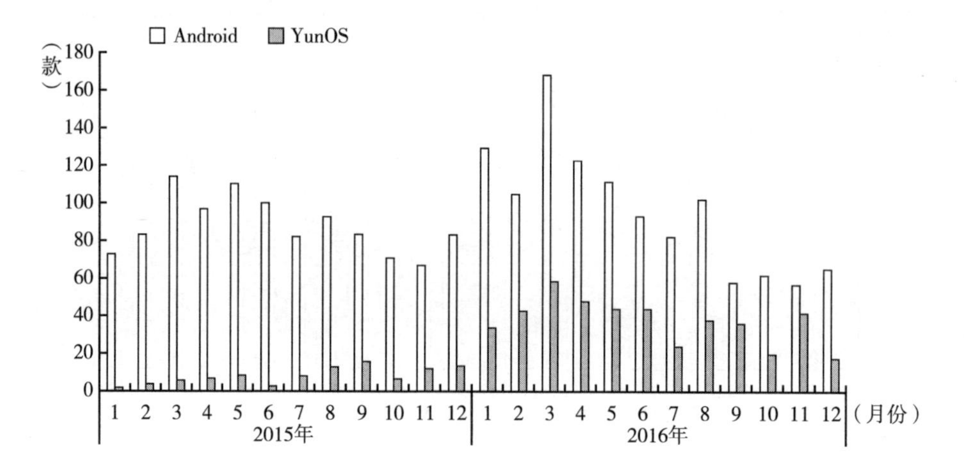

图 5　2015～2016 年我国手机 Android 和 YunOS 操作系统款型月份统计

资料来源：中国信息通信研究院。

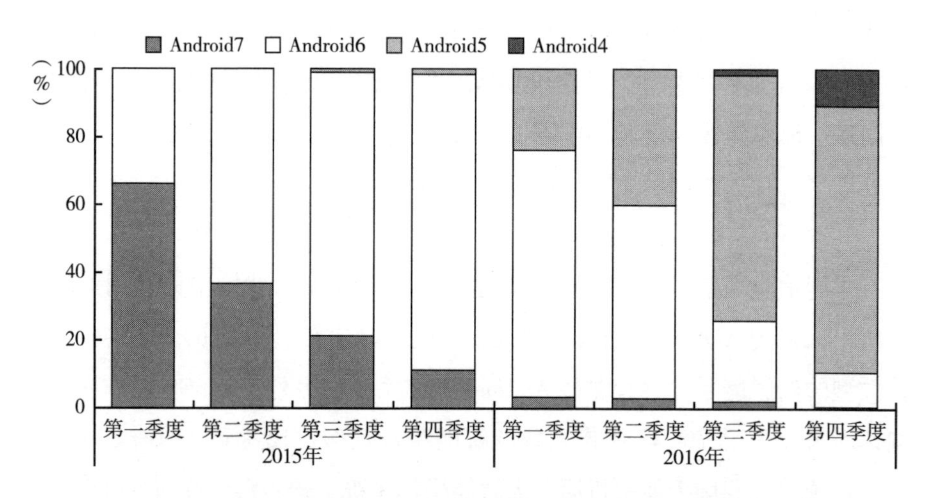

图 6　2015～2016 年我国智能手机 Android 操作系统各版本季度款型占比

资料来源：中国信息通信研究院。

型占比为 33.5%。

2016 年双曲面侧屏成为旗舰机型热点。2016 年除三星继续推出 S7 Edge 手机产品外，华为、小米和 vivo 等国内手机企业也积极跟进双曲面侧屏手机产品研发生产，先后推出了小米 Note2，华为 Mate9 Pro，vivo Xplay6 等产品，为用户提供了更多的选择。双曲面侧屏技术不仅可使手机产品具备更高的外观颜值，还便于手机企业基于双曲面侧屏特征开发一些独有的应用操作，譬如侧屏解锁、侧屏来电提醒以及侧屏快速启动 APP 等功能。

5. 双摄配置得到认可与普及

2016 年手机摄像头方面最热的技术是双摄像头技术。手机产品双摄像头技术因摄像头模组配置、相对位置以及色彩度不同，大体可分为黑白 + 彩色组合、广角 + 标准组合、长焦 + 广角组合等，前者可以有效改进弱光环境成像质量，而后两者则可改进变焦和成像景深。双摄像头成像最终效果受镜头排列、机身稳定、图片合成算法、模块组装等多种因素影响，随着双摄像头技术普及应用，手机产品成像效果将进一步提升。

6. 超声波指纹识别技术尝试应用

生物识别技术能更加有效地保护用户的隐私和安全。指纹传感器以其精确的识别能力和流畅的用户体验迎来了爆发式增长，几乎成为高端智能手机的标配。当前主流的指纹识别技术采用按压式传感器，整体操作体验颇为流畅。目前业内已有在研的使用超声波技术进行指纹识别的方案，超声波指纹识别技术属于第三代指纹识别技术，利用超声波穿透材料能力，根据不同材料产生的回波来区分指纹嵴与峪所在位置，受手指污垢、油脂以及汗水影响较小。

7. USB PD 手机快充标准

现今智能手机快充市场因原理不同以及专利限制等因素影响，存在多种快充技术方案。为改变快充市场乱局，USB-IF 组织近期发布了 USB PD 3.0 重要更新，规范了电压输出范围为 3.0 ~ 21V，步进调幅电压为 20mV，电流则包含 1.5A、2A、3A 和 5A。这意味着 USB PD 3.0 一个方案同时覆盖高压低电流、低压大电流两种现有快充方案，加上谷歌在最新的 Android 7.0 OEM 规范中要求使用 USB 接口的手机快充技术必须支持 USB PD，USB PD 有望在将来成为手机快充的统一标准。

（三）我国手机市场趋势展望

2017 年，随着我国 4G 用户数增速放缓，换机红利将进一步被消耗殆尽，整体手机市场出货量增长形势不容乐观，预计增速将降至3% ~4%。整体市场收缩势必造成国际大牌同国产品牌间更加激烈的竞争，但因汇率变化和原材料价格上涨，手机产品成本上升，市场重返低价竞争模式可能性较小，国产品牌将会继续布局中高端产品，同国际大牌展开高中低档价位全面交锋，厂家间竞争将更加集中于线下渠道以及产品体验的竞争。

另外，蜂窝通信技术不断向前演进将进一步提升手机产品数据峰值传输速率，但因峰值速率对当前应用需求已过剩，速率进一步提升的用户可感知度并不明显。手机核心芯片的制程工艺有望进一步提升至10nm，手机产品性能和功耗将得到不断改善。超声波指纹识别技术应用体验将得到进一步提升，屏嵌指纹识别模块技术真正商用仍需时日；快速充电技术将向中低端普及，技术标准有望逐步统一；双摄像头配置将在更多机型上普及应用，而双曲面侧屏技术在中端机型上的大量使用还为时过早，将继续集中于旗舰机型。

二　智能车载终端现状及发展趋势分析

（一）智能车载终端技术及市场现状

智能车载终端是指接入公众移动通信网络，具有智能操作系统，提供更加人性化的人机交互界面和更多智能互联网服务的新型车载终端。智能车载终端除具有定位导航、音乐播放或拨打电话等基本功能外，还可提供自动泊车等智能服务，也可通过云端数据服务给用户提供远程控制、搜索等互联网服务。本文将以2016年市场主流的智能车机、智能后视镜、智能行车记录仪为主要分析对象，具体如下。

1. 智能化、网联化已经占据市场主流

传统车载操作系统的导航或娱乐应用的体验远远落后于智能手机消费级产品，被广为诟病。随着国际上谷歌、苹果、特斯拉等新技术公司和国内互联网界的BAT试图通过颠覆式创新方式来改变传统的汽车业，汽车将成为类似于智能移动终端的互联网终端，并成为移动互联网的下一个主要入口。如图 7 所示，智能车载终端从 2014 年即呈现出逐年上升的发展趋势。2016 年中国智能车载终端的市场规模约达到 158 亿元，较 2015 年增长 69.9%。预计到 2018 年中国智能车载终端市场规模将在 378 亿元左右。

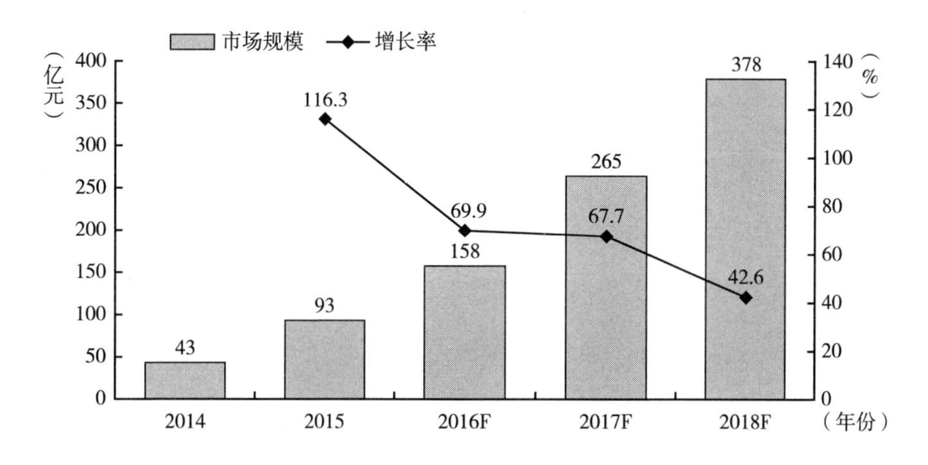

图 7　2014～2018 年中国智能车载设备市场规模及预测

注：该报告中的智能车载终端类型包括车载智能后视镜、智能网络电台、智能行车记录仪、智能车充、OBD、智能车载机器人等，与本文所述范围有所不同。

资料来源：易观《中国智能硬件产业综述分析（2016）》，2016 年 11 月 23 日，http://www.eefocus.com/component/373005/r0。

2. 互联网企业和传统车企尚在博弈中，还需融合合作

车规级产品[①]对零部件要求更高、具有较长的开发周期且供应链相对封闭，这导致车规级产品成本较高。而互联网产品开发方法的灵魂是快速迭代，但在汽车上如何可靠安全地迭代却是个不容忽视的难题。因此，两者的融合合作需要创造出新的产品文化和理念。

3. 诸多新技术尚待成熟，市场爆发点还未到来

智能车载终端给更多吸引消费升级的新技术提供了施展空间，如手势识

① 车规级实际上是一套硬件上的规格标准。以车载导航为例，首先要求有高性能的处理器，车规级微控制单元专门处理 CAN 总线信息及控制逻辑，保障系统可靠运行。

别、增强现实 AR、语音识别和控制以及高级辅助驾驶或无人驾驶等，这些新技术自身都还未完全成熟，有些还在进一步提升阶段，因此，市场爆发点尚未到来。

4. 我国技术短板明显，核心技术缺失

中国智能车载设备领域的研发和制造水平落后于国际领先企业，关键零部件、车载芯片等领域的研发水准仍处于初级阶段。同时，国际领先企业或研究机构在新型人机交互、驾驶员分心、无人驾驶等领域开展了大量基础性、前瞻性的研究开发，这些工作将决定未来技术和市场的制高点，而国内几乎无暇顾及。

（二）智能车载终端技术发展趋势

2016 年，智能车载终端呈现出较强的发展活力，产生诸多看点，但同时，也有很多新技术方兴未艾，成熟商用还有待时日。

1. 网络技术提速

车联网已经成为诸多汽车企业的核心战略，而智能车载终端是车联网最重要的载体。2016 年，国内外多家终端厂商的联网技术已经开始从 3G 提升到 LTE。有些车企，如福特在车内提供了 LTE + WiFi 热点，允许多达 10 个设备连接到互联网。

2. 车机手机互联得到广泛应用

苹果、谷歌、百度分别推出的车载系统解决方案 Carplay、Android Auto、Carlife 等均是基于车机与手机互联的应用。车机手机互联的方案延续了用户使用智能手机的习惯，提升了双屏映射下的用户体验。

3. 人机交互 HMI 技术发展迅速

人机交互技术是目前创新和应用最活跃的领域，语音控制、手势识别和触摸屏是目前车载人机交互系统的三个主要技术。由于手势识别离成熟商用尚有距离，本文将主要介绍语音和屏幕部分。

车载触控显示屏除了显示功能还兼顾操控功能。随着车联网业务的丰富，车载触控显示屏将会逐步成为车内标准配置并向高清大屏化、集成化、智能化方向发展。市场研究机构 IHS 指出，全球汽车显示器总体产值可望由 2015 年的 90 多亿美元大幅攀升至 2021 年的 186 亿美元，其中，中控屏占近一半比重，HUD（Head Up Display，平视显示器）产值成长最为强劲。

车内语音交互不仅能保证驾驶员的行驶安全，同时也让交互更加自然。2016 年，多家国内领先的语音企业发布了针对车用的语音解决方案，在提升语音识别准确率的同时着力增强理解力和易用性，使车内语音交互更加顺畅。预计 2017 年会迎来汽车版语音平台的量产。

4. 空中升级 OTA①技术

空中升级技术可使汽车在线自动完成版本升级、故障检测与故障码消除、功能更新、应用新增、消除系统 Bug 等功能，极大地降低了汽车召回的成本和风险。OTA 是支持快速迭代的互联网开发模式的必备功能，目前被众多汽车企业关注或采用。

5. 新型汽车以太网总线

新型车用总线——汽车以太网在 2016 年获得了众多国内汽车厂商的认可和接受。IEEE 已经完成对该技术 100Mbps 速率的标准化，并正在对 1Gbps 速率进行标准化。当前汽车以太网主要应用在带宽需求较高的高级驾驶辅助系统（ADAS）、车载诊断系统（OBD）以及车载信息娱乐系统等方面。

6. 网络与信息安全技术

智能化网联化让汽车变得日益开放，这使汽车的网络信息安全问题越发引起关注。一个合格的车联网产品，不可以出错、不可以停止，要隔绝病毒入侵或者其他恶意攻击，还要对汽车所涉及的数据和隐私加以保护。智能车载终端的安全防范应主要从文件系统完整性校验、通信信道安全、车内安全域隔离和访问控制、应用程序安全、升级的安全机制、安全审计六个方面着手加强。

---

① OTA，即 Over-the-Air Technology，空中下载技术，是通过移动通信（GSM 或 CDMA）的空中接口对 SIM 卡数据及应用进行远程管理的技术。

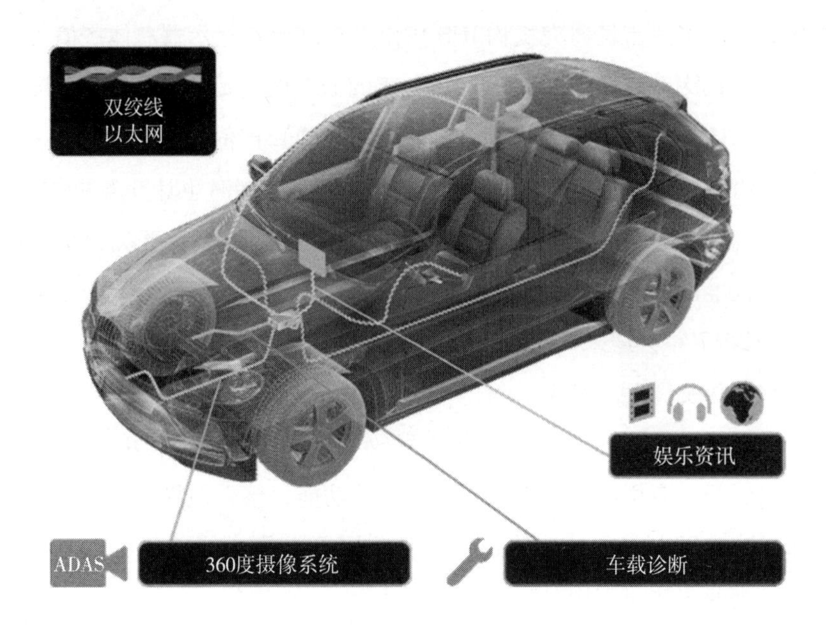

图8　车用以太网应用场景示意

（三）智能车载终端市场发展趋势

1. 用户体验仍是消费者选择的重要评判标准

车联网的本质就是以车为载体，以网络为工具，中间层的硬件设备将两者协调起来，通过智能运算，带给人们更棒的驾乘体验。所谓汽车业的“互联网入侵”或“互联网颠覆”，最直接感受到的就是用户，智能车载终端应像智能手机一样切中用户的需求从而给汽车带来极致的用户体验。

2. 智能化网联化将推动车载终端的演进

智能车载终端的网联化将带来“云＋数据”的车联网模式，从而催生新的商业模式。同时，ADAS① 功能和车载终端导航娱乐功能等将在终端形态上呈现融合趋势。未来互联网和传统汽车设计会进一步融合、碰撞，产生新的

① ADAS，即 Advanced Driver Assistant System，高级驾驶辅助系统，其利用安装在车上的各式各样传感器，感应周围的环境，收集数据，让驾驶者在最短的时间内察觉可能发生的危险。

亮点。

3. 保证智能车载终端车规级的品质

车企对车载终端的质量要求非常严苛，对用于后装的零部件和设备，同样按照整车研发逻辑进行大量的认证和验证测试，尤其针对极端环境和耐久性等方面。而智能车载终端由于采用了多种新技术，缺乏针对这些技术的车规级标准规范和测试方法，从而导致测试验证水平相对滞后，不利于智能车载终端的健康和可持续发展。

三　智能可穿戴产业发展和趋势分析

（一）智能可穿戴终端设备主要类型

智能可穿戴设备是可以直接穿戴在人身上或整合到用户的衣物或配件中的便携式设备，可以通过各类传感器对人体的体征数据进行收集，并通过软件实现数据交互，依靠大数据技术、云计算为用户提供服务。目前，智能可穿戴设备的产品形态丰富，包括手环、手表、眼镜、头盔、臂环、戒指、纽扣、鞋等。目前市场上主流的智能可穿戴设备可以划分为以下三大类。

1. 智能手表

智能手表是在手表内置智能化系统，支持各种应用程序的新式智能腕带设备。智能手表能与手机或其他智能终端相互连接，并与网络连接，从而能够实现传统手表主流功能以外的多种功能。随着各种新式的传感器被应用到智能手表上，智能手表还具备采集各种人体数据的功能。伴随着人工智能领域相关技术的快速发展，智能手表还具备多种新的交互方式以及一定的智能分析能力。

2. 智能手环

智能手环是一种可穿戴式设备，内置传感器芯片，通过传感器对人体的体温、脉搏、睡眠状况、运动状态等生命特征进行侦测，相关数据与 iOS 或 Android 设备进行同步，并通过移动 APP 呈现给用户或进行交互等。与智能

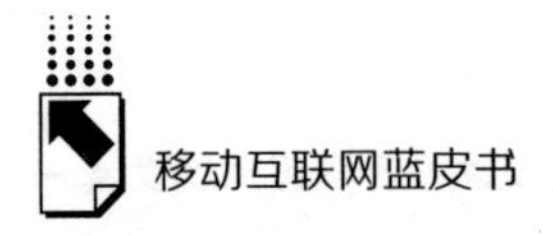

手表最大的不同在于智能手环不具备传统手表的方形或原型表盘。但是随着智能手环类产品的不断发展，其功能和外观设计已经逐渐和智能手表类似。

3. 智能头戴式设备

智能头戴式设备通常指安装了一种或多种传感器、具有独立操作系统、具备一定存储能力、具备一定计算能力的支持通过语音或动作操控进行人机交互的眼镜和头盔等设备。

（二）智能可穿戴设备市场现状分析

1. 市场现状

从2016年初开始，针对可穿戴技术的投资热潮褪去，整个智能可穿戴设备市场迎来寒冬，不管是全球性的企业还是创业企业的盈利情况均不佳。美国数据分析公司IDC在2016年公布的数据显示，可穿戴设备的总体出货量较2015年同期大幅缩水了51.6%，[①] 而其中大多数都是利润相对较低的智能手环。很多智能可穿戴领域创业企业面临设备销售不挣钱，而资本市场又保持观望迟迟不肯输血的状况，因此大量可穿戴设备厂商倒闭。尽管可穿戴设备市场在2017年第一季度出现了罕见的回暖，但是整个行业低迷的大趋势仍未得到有效改善。

当前，可穿戴产业依然处于服务和应用的探索阶段，虽然现有设备拓展了终端的外延，方便了用户的工作和生活，但是依然缺乏具有足够规模效应的盈利模式，在应用和服务平台方面，可穿戴设备产业仍在寻找杀手级应用，没有形成有效的盈利模式，仍处于孵化阶段。

2. 产业链分析

（1）芯片

随着可穿戴设备领域的快速发展，用户需求的不断提高也对可穿戴设备和相关技术提出了更高的要求，即计算能力越来越强、尺寸越来越小、价格

① 《可穿戴设备迎寒冬？行业泡沫逐步削减》，http：//china.cnr.cn/xwwgf/20170201/t20170201_523546498.shtml。

越来越低。各大芯片半导体公司都针对可穿戴设备的需求，给出符合可穿戴设备要求的主芯片或平台等解决方案。

英特尔于2015年开始推广Quark超小型处理器，希望能以此驱动更多的可穿戴设备。英特尔还针对“硬件创客”推出了基于Atom处理核心的Edison计算平台，该计算平台尺寸较小、计算性能强大、功耗极低，可被用于设计机器人的处理核心。英国ARM公司也在推广可应用于更广泛的物联网行业的芯片设计，例如，其研发了Cortex-M系列芯片，该芯片的最大优势是功耗低，部分型号芯片驱动的设备，可以单纯依靠小型纽扣电池就运行数月甚至数年之久。凭借相关优势以支持更多的小型物品（智能可穿戴设备、智能小家电、小型机器人等）具备足够强大的运算和通信功能。为可穿戴设备提供芯片的厂商还有君正、联发科、得州仪器、高通、博通等。

（2）传感器

传感器是可穿戴设备的核心部件之一，具有信息收集、传递以及处理的功能。可穿戴设备对传感器的需求，按照功能一般大致可以分为生物传感器、运动传感器和环境传感器。生物传感器主要是对用户生物体征进行传感，包括体温、血压、血糖、心率等，这一类的传感器大多与运动健康和医疗卫生类的可穿戴设备相关。运动传感器则包括陀螺仪、加速传感器、地磁传感器等，主要用以实现运动、导航等功能。环境传感器主要是对外部环境，如温度、湿度、光线、气压、麦克风以及pH酸碱度等进行传感。在可穿戴设备中的传感器领域，目前的主流厂商与智能手机中传感器的主流厂商类似，主要包括意法半导体、飞思卡尔、BOSCH等。

（3）操作系统

目前可穿戴设备主要有三大操作系统。

一是Android Wear。Google在2014年3月发布的Android Wear是专为智能可穿戴设备而设计的开放平台，支持第三方厂商生产基于Android Wear的智能可穿戴设备，拟在智能可穿戴设备领域打造一个类似手机Android系统的生态系统。目前最新版本是2.0。Android Wear 2.0的最大更新是支持脱离手机通过数据网络独立使用，这意味着所有支持Android Wear 2.0的智能手表都将获得在手表上独立运行应用的能力，可以独立安装和卸载，Google Play 应用商店也被集成到新系统，过去可穿戴设备的应用需要在手机上安装然后同步到手表中，应用独立运行标志着智能手表向脱离手机又迈近了一步。

二是 Apple Watch OS。Apple Watch 于 2014 年 9 月发布，2015 年 4 月上市。截至 2017 年，Apple Watch 的系统已发展到了 Watch OS 3。Apple Watch 的基础功能与市面上主流的智能手表产品一样，可以实现显示通知及日程、调用地图进行简单的导航、控制音乐播放、接打 iPhone 上的电话、接收短信并快速回复等操作，同时也支持健康监测和 Siri。新版 Watch OS 支持用户 DIY 锁屏界面，既可以是单张图片也可以是某个相册；还加入了 Time Travel 功能，可以在旋转表冠时切换表盘展示信息；新系统还增加了支持横屏显示功能，将 Apple Watch 侧放并进行充电，它就会自动进入床头钟模式。Apple Watch 支持语音回复邮件，进行 FaceTime 语音通话，独立连接耳机、WiFi 等。HomeKit，Apple Pay 也将支持 Apple Watch。

三是 Tizen。三星在 MWC2014 上公布了搭载自家 Tizen 系统的智能手表 Galaxy gear 2。Tizen OS 是一款基于 Linux 架构、由三星和英特尔等公司共同开发的针对手机和其他设备的操作系统。Tizen 平台能提供较简易的作业系统、装置外形的设计弹性及能根据服务来整合的空间，该款 RTOS 的使用者界面也较简洁。

（三）智能可穿戴设备未来技术发展趋势

可穿戴设备的发展方向是更简便的佩戴形式、更先进的数据采集及分析系统、更长的续航时间、更方便而多样化的交互方式等。未来五至十年，随着电池技术、传感器、屏幕、交互方式等的不断发展，可穿戴设备将走向成熟，从方方面面渗入人们的生活和工作中。

1. 柔性屏幕

相较于传统屏幕，柔性屏幕的优势十分明显。不仅在体积上更加轻薄，功耗上也低于原有器件，有助于提升设备的续航能力，还让设备穿在身上更轻松，给用户带来全新的佩戴体验和更加舒适的交互体验。由于柔性屏幕具备可弯曲、柔韧性佳的特性，其耐用程度也高于普通屏幕，降低了设备意外损伤的概率。虽然柔性屏幕有着不可限量的应用前途，但在目前因为工艺复杂和良品率低而成本上升，产量很低。预计它的普及还需要很长一段时间。因为要想制作柔性 AMOLED，除了在材料、设备、工艺、封装等各方面的全面革新外，还要提升其反复弯曲的次数，减小弯曲的曲率半径等，使其由固定的曲面发展到能自由弯曲的柔性屏幕并通过发展新型有机发光材料和封装材料，进一步延长其使用寿命。

2. 柔性电池技术

如果要将可穿戴设备变成像智能手机和平板一样普及的产品，势必要采用体积更轻薄、续航更持久、形态更加灵活的电池。三星和 LG 化学在电池领域均取得了较大进展，三星公布了厚度仅为 0.3 毫米的超薄柔性电池 Stripe，这款电池采用极小的电池密封间距，相对比市场上其他电池具备更高的能量密度。由于 Stripe 特有的轻薄性和柔软性，其将很有可能适用于更多类型的可穿戴设备。LG 化学研发了一款新型柔性智能手表电池，该款电池可折叠成的圆圈半径只有 15 毫米。LG 化学还在特型电池研发方面取得了进展，包括可弯曲弧形电池、梯状电池和线状电池等。电池技术领域除柔性电池外，还有无线充电技术、快速充电技术等新技术。

3. 新型传感器

传感器元器件是可穿戴设备上非常关键的部分，未来移动医疗会逐步集成到可穿戴设备中，越来越多的生物以及光传感器会加入可穿戴设备，从而实现健康指标的测试，如血压、血氧、心率等健康指标的测试。随着可穿戴医疗设备的发展，那些能呈现医疗指标，如血糖监测、健康监控的传感器等，将具备更广阔的发展空间。目前市面上比较多的 MEMS① 传感器包括加速度传感器、陀螺仪、磁力计、气压传感器以及温湿度传感器等。通过利用这些 MEMS 传感器，可穿戴设备可完成各种运动识别以及手势识别，帮助

① MEMS，Micro-Electro-Mechanical System，微机电系统，是在微电子技术（半导体制造技术）基础上发展起来的，融合了光刻、腐蚀、薄膜、LIGA、硅微加工、非硅微加工和精密机械加工等技术制作的高科技电子机械器件。

消费者实现健康应用。三星 Gear Fit、Apple Watch、微软 Band 系列手环、华为荣耀 S1 等都集成了心率传感器。

4. 人工智能技术

未来，智能可穿戴设备将成为人体的一部分，作为各种传感器的载体，将实现人、设备、云端的对接和数据交互，实现实时的场景感知，变得更聪明。智能可穿戴设备与人工智能两者深度结合，将使人体感知能力得到进一步的补充和延伸，实时场景感知将会是下个物联网领域的技术趋势。互联互通、实现数据交互是可穿戴设备的基本功能，云计算、大数据、人工智能技术则是支撑可穿戴设备实现领先科技体验的核心技术所在。可穿戴设备作为人类体征数据的重要获取渠道，获取了大量多维度的人类体征数据，这些数据成为机器学习的重要数据来源，通过对这些数据的分析、解读，可以更好地为用户提供医疗健康服务，以及各种提醒服务。可穿戴设备也是重要的人机交互数据来源，用户通过语音、震动、手势、光线、温度等实现与可穿戴设备间的交互产生的人机交互数据越多，智能化设备就学习得越多，越能读懂用户的行为习惯，并精确执行命令，同时具备一定的感知预测能力。国内领先的人工智能技术团队包括百度、科大讯飞、云之声、思必驰、商汤科技、旷世科技等。

参考文献

覃韶辉：《车载信息服务终端的质量评估》，《电信网技术》2016 年第 6 期。

《汽车显示屏正走向高清大屏化、集成化、智能化》，2016 年 2 月 2 日，http://www.cheyun.com/content/9533。

李巍、张丽静、王艳芳：《车载以太网技术及标准化》，《电信网技术》2016 年第 6 期。

罗璎珞、方强：《车载终端信息安全威胁与防范》，《电信网技术》2016 年第 6 期。

市 场 篇

Market Reports

B.12

2016年中国移动电子商务市场分析

曹 磊*

摘 要： 2016年，中国移动电子商务市场呈现迅猛发展态势，市场集中度很高。跨境电商、直播电商、农村电商成为未来发展的几个主要趋势，VR购物、移动社交拼团电商开始兴起。低价、恶性竞争，假冒伪劣，物流问题是制约移动电子商务发展的短板，推进移动电子商务的技术创新和试点应用，完善移动电子商务市场监管体系迫在眉睫。

关键词： 移动电子商务 跨境电商 直播电商

* 曹磊，中国电子商务研究中心主任，研究员，主要研究领域为电子商务、“互联网+”产业应用、互联网战略与思维、农业互联网（农村电商）、互联网金融等。

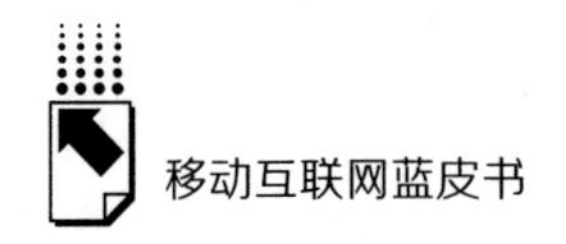

所谓移动电子商务，是指利用手机、个人数字助理（PDA）等无线设备进行 B2B 或 B2C、C2C 等有关的电子商务行为。相对于电子商务，移动电子商务具有的优势在于：任何时间、任何地点都可以完成任何操作。

本报告从 2016 年中国移动电子商务市场现状、新特点与制约因素、未来发展趋势以及问题与建议四个方面进行深度剖析。

一　2016年中国移动电子商务市场现状

（一）2016年中国移动电子商务市场总体情况

2016 年，无论从交易规模还是从从业人员的角度来看，中国都已经成为全世界最大的电子商务市场，并保持着良好的发展态势。中国电子商务研究中心监测数据显示，2016 年上半年，中国电子商务交易规模就已经达到 10.5 万亿元，同比增长 37.6%。其中，B2B 市场交易规模达 7.9 万亿元，同比增长 36.2%；网络零售市场交易规模 2.3 万亿元，同比增长 43.4%。中国电子商务研究中心估算，2016 年全年，中国电子商务的交易规模将达到 23 万亿元甚至更高。

作为中国电子商务市场的重要组成部分，移动电子商务市场近年来呈现了迅猛发展态势。中国电子商务研究中心监测数据显示，移动端在零售网络市场交易规模中占比已连续 5 年上升，并在 2015 年达到 52.7%，超过了 PC 端。截至 2016 年上半年，中国移动网购交易规模在零售网络市场交易规模中占比已达 69.4%，相比于 2011 年 1.4% 的占比，上升约 48.6 倍，移动化进程增速惊人。在移动化转变的进程中，商家的主动引导起到了很重要的作用。移动电商中，如天猫、京东、苏宁易购等通过促销优惠、积分奖励等方式不断将用户购买行为向移动端转移，同样的商品在移动端购买比 PC 端价格更加优惠。在价格优势下，用户向移动端的转变也就自然而至。

在交易规模上，中国电子商务研究中心的监测数据显示，2016 年第一至三季度，中国移动网购市场交易规模分别是 6593.2 亿元、7834.4 亿元、9619.1 亿元，同比分别增长 82.7%、75.9%、83.5%。2016 年的第四季度，中国移动网购市场的交易规模估计突破万亿元大关（见图 1）。

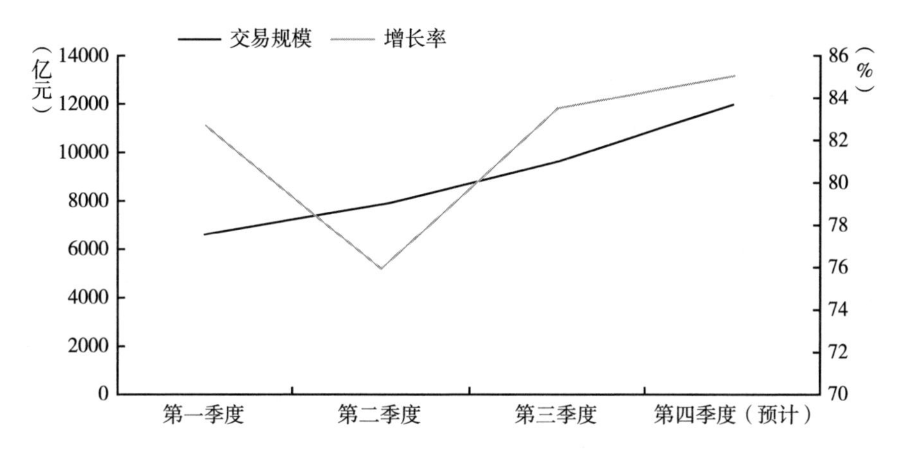

图 1　2016 年各季度交易规模变化折线示意

资料来源：中国电子商务研究中心。

（二）各大电商平台移动端购物数据概况

“互联网 +”智库、中国电子商务研究中心发布的《2016 中国移动电商行业产业链图谱》显示，目前移动电商平台主要由以下几类构成。①综合电商：手机京东、手机淘宝、唯品会、手机苏宁易购、亚马逊、一号店、聚美优品、当当网、手机国美、天猫 APP、蘑菇街、美丽说、礼物说等；②垂直电商：喵街、有范、优衣库、土巴兔、宜家、聚美优品、蜜芽、宝宝树、三只松鼠、瓜子二手车、阿里健康等；③跨境电商：洋码头、网易考拉、HIGO 海淘、达令、小红书等；④导购/社交电商：返利网、一淘、美柚、京东微店等（见图 2）。

从各大电商平台移动端的整体数据来看，移动购物市场集中度依然很高。从企业份额来看，2016 年第一季度阿里巴巴居首位，在移动购物市场

图 2　2016 中国移动电商产业链图谱

资料来源：中国电子商务研究中心。

中的份额占比为 82.1%，牢牢占据移动电商头把交椅。第二季度，阿里巴巴依然稳居首位，占比略降至 80.1%。由于“6·18”大促，京东移动端市场份额增长至 8.0%。随着垂直电商不断发力、农村电商兴起、直播等内容运营方式的火热，其他电商企业移动端交易也占据了一定的份额。第三季度，阿里巴巴的占比又回升至 82.7%（见图 3）；除苏宁凭借“8·18”发烧节及与阿里巴巴的合作份额有小幅增长外，其他头部企业份额均受挤压有小幅下降。消费者往移动端转移，社交电商、直播、O2O 等新兴电商的发展和农村市场的开拓，使市场竞争更加激烈。2016 年第四季度，随着“双十一”“双十二”的发力，市场上在短时间内仍然摆脱不了阿里巴巴“一家独大”的局面。

2016 年，天猫“双十一”全球狂欢节总交易额超 1207 亿元，是 2009 年的 2400 多倍。这其中，无线交易额占比高达 81.8%。相较于 2014 年的 42.6% 的占比，已经翻了一番。

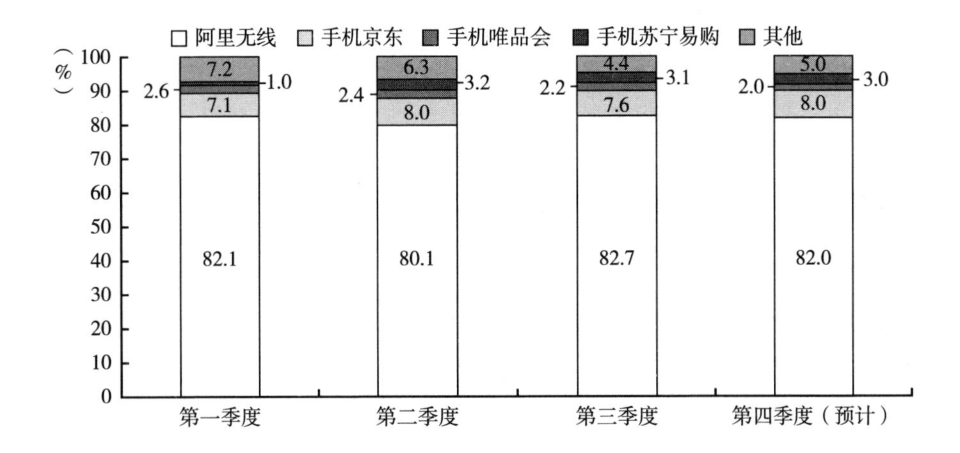

图3　2016 年各季度中国电商企业交易规模市场占比

资料来源：中国电子商务研究中心。

二　中国移动电子商务发展新特点与制约因素

（一）2016年移动电商新特点

1. VR 购物诞生

2016 年 4 月 1 日下午，淘宝推出全新购物方式 Buy + 。Buy + 使用虚拟现实（Virtual Reality）技术，利用计算机图形系统和辅助传感器，生成可交互的三维购物环境。Buy + 将突破时间和空间的限制，真正实现各地商场随便逛，各类商品随便试。淘宝在 6 月 30 日对外首次展示了 VR 购物场景。“双十一”天猫狂欢节期间，淘宝上线了 VR 购物，虽然体验内容很有限，但也是迈出了一大步。

2017 年 2 月 20 日，阿里巴巴集团与百联集团共同宣布达成战略合作，双方将在全业态融合、技术研发、会员体系、供应链整合、支付以及物流六大层面展开全方位合作，并且合力打造 VR 购物。

但 VR 购物的发展并非如想象般的迅速，技术层面上也远没有那么成熟。首先 Buy + 上的购物场景和商品数量非常有限，顾客购物时能够选择的商品数量并不多。同时由于场景和商品的模型搭建受限，要完成更多场景和商品需要大量技术人员在建模和交互设计方面的投入，所以目前通过 Buy + 来购物非常有局限性。

同时 Buy + 的交互方式也同样比较匮乏，与真实且沉浸式的购物体验相距甚远。同时，手机在目前 4G 的带宽下，全景场景根本无法即时打开，加载过程时间很长，流量和电量自然也是走得飞快。

所以，目前 VR 技术还处于发展的萌芽阶段。Buy + 现在虽然还谈不上好用，但是虚拟购物很可能成为现在网购的升级版本。每个新鲜事物必定都要经历时间的发展与沉淀。而 Buy + 能够完全普及，完全颠覆实体店，恐怕还需要走很长一段路。

2. 移动社交拼团电商兴起

移动电商快速发展，出现了社交拼团、返利导购、分享购物等新的形式，其中以拼多多最为典型（见图 4）。

图 4　市场上主要的几家移动社交拼团电商

“拼多多”是一家专注于 C2B 拼团的第三方社交电商平台，在把沟通分享与社交理念融于电商的参团拼团过程中，形成了属于拼多多的新社交电商思维。“拼多多”利用拼团涌入的大量订单和用户，以用户为传播点，节省了很多宣传的费用。大额订单量也使“拼多多”可直接与供货厂商合作对话，省掉诸多中间环节，价格优势由此实现。

拼团电商在快速发展的同时，也产生了一系列的消费问题。2017 年 3

月 10 日发布的《2016 年度中国电子商务用户体验与投诉监测报告》显示，“拼多多”的投诉量超过了零售电商市场份额第一的天猫/淘宝，达 13.12%，且用户满意度普遍较低。其主要问题为质量差、商家不发货、售后服务差等。不仅如此，平台入驻商家也屡屡曝出诸多矛盾，其多次被投诉的不退还保证金问题，也成为年度热点。

3. 微商模式逐渐成熟

微商是基于微信生态的社会化分销模式，是企业或者个人基于社会化媒体开店的新型电商。当前微商主要有以下四种模式。

（1）朋友圈代理模式

这是微商自出现以来到现在的主要销售模式。通过设立多个层级，每个层级需要压一定量的货，层级不同价格不同，一级一级向下招代理。这种模式下，每个代理商是必须拿货的，压货就有一定的风险，主要的盈利就是差价。大多数底层代理商成了最终的消费者。纵观微商几年来的发展，市场上出现了很多品牌，大多是代理模式，火爆了一段时间，然后销声匿迹。

（2）微电商分销模式

这种模式一般以微商城或者微信公众号为载体，自带分销功能，商城里面有各种商品，在里面购买到一定金额之后就可以自动成为一个微店主，享有一个自己的专属微店界面，通过链接引流及购买力，获取相应的佣金。这种模式的优势是不用压货，没有囤货的风险，而且自己不用发货以及产品问题的售后问题。

（3）平台微商模式

平台微商模式类似淘宝和亚马逊，提供平台。没有微商条件的人，可以进驻微商平台，平台会不断进行推广宣传，吸引客户到平台来，然后选择自己需要的产品。每一个消费者同时又是推广者，自己消费过的产品可以随手分享，可以享受一定的佣金。

（4）服务微商模式

这种模式主要针对有一些实体店或者有某些技能的人提供服务，比如，一些餐饮店及快递员直接提供微信号方便接下来提供服务。

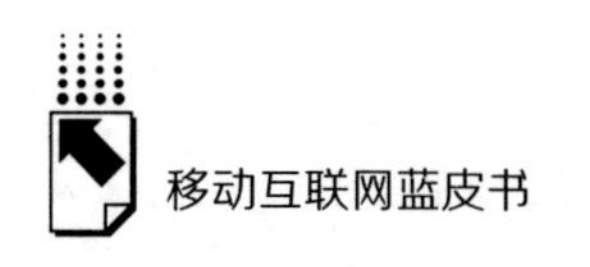

（二）移动电商发展的制约因素

1. 瓶颈一：低价文化

在电商领域，商家经常妄想靠价格取胜，物美价廉当然好，但是“变味”的低价文化对中国制造的升级是极其不利的，同时这也会对尊重创意的社会价值观产生影响。比如，打开“淘宝”APP，9.9元抢购包邮的商品比比皆是。而更多的移动电商平台不惜以高成本的补贴作为市场竞争的核心力。

2. 瓶颈二：恶性竞争

传统的商战中有不少恶性竞争的案例，互相攻击，损害双方的声誉。同样的，在互联网时代，每个平台都拼命想站在互联网的风口上，抢用户，互相排斥，逼迫商家、用户二选一等。时间的紧迫性在某种程度上影响了公平竞争，催生了恶性竞争的发展。

3. 瓶颈三：假货当道

假货是互联网平台亟须解决的问题。不少电商深感名誉受损之害，不约而同地将“打假”作为经营重点。2016年12月，高举打假旗帜、努力洗白在假货市场名声的阿里巴巴遭到了当头一棒：美国政府重新将阿里巴巴列入其“恶名市场”名单中。这意味着，四年前从该名单中移除之后，阿里巴巴再次回到原点。

4. 瓶颈四：诚信危机

移动电商的信用体系建设一直是受到各界关注的问题。由于信用体系建设的不完善，网络交易平台上出现了不少电商交易的诚信问题，特别是虚假交易、刷单炒信、恶意差评等违规违纪的行为，严重破坏了互联网的正常生态环境，严重损害了消费者的合法权益，而这一问题目前也受到政府的密切关注。但终究，要想从根本上解决这一问题，需要电商平台、买卖双方以及政府、第三方机构的合作，多管齐下。

5. 瓶颈五：物流短板

物流成为限制众多电商平台发展的重要问题。目前我国的物流配送能力与国外还存在较大差距。社会物流系统不够完善成熟。供应链、配送、第三方物流的信息化和标准化水平仍有很大提升空间。同时，国内物流行业没有真正响当当的带头企业，导致服务水平参差不齐，这也在一定程度上制约了国内物流业的发展。

三　中国移动电子商务未来发展趋势

（一）跨境电商将成为移动网购主流

跨境电商由传统外贸、外贸电商衍生而来。经历了1999～2003年的跨境电商1.0时代、2004～2013年的跨境电商2.0时代后，如今跨境电商迎来了高速发展的3.0时代。

1. 特征一：越来越多的国际大品牌进驻平台

天猫国际、淘宝全球购、京东全球购等成为中国跨境电商的主宰力量，吸引了越来越多国际大品牌的入驻。2016年，天猫国际吸引了包括美国Target、维多利亚的秘密、卡乐比等3700多个品类、14500个海外品牌的入驻。此外，英超俱乐部利物浦、韩国工厂SM等超级IP，也入驻天猫国际。京东全球购平台2016年也吸引了来自70个国家和地区、近2万个海外品牌入驻，如宝洁、花王、沃尔玛等。

2. 特征二：健康领域的消费增长潜力巨大

健康问题越来越受到消费者的关注，但中国目前在健康领域市场的开拓仍有很大的发展空间，资料显示，目前我国每年在健康领域的花费占GDP的5%～6%，这仅仅是日本、加拿大等发达国家的一半甚至是三分之一。因此，众多健康领域的巨头公司正是看中了这一机会，如Swisse、Blackmores（澳佳宝）、GNC（健安喜）、Webber Naturals等品牌都已先后入驻天猫国际，开拓中国市场。

3. 特征三：昔日价格竞争过渡到品质竞争

人们对于跨境电商一开始的印象，还是停留在洋码头、蜜芽、考拉这三家跨境电商平台大户就纸尿裤展开的价格大战。但经过几轮的价格比拼后，

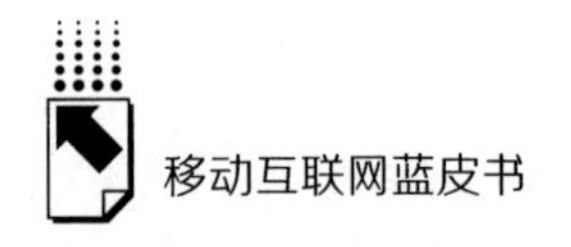

由于消费者消费观念的改变，各大跨境电商平台已经将战略重心从价格之争转移到品质之争，未来商品品质将成为各大跨境电商平台所关注的重点。

4. 特征四：跨境电商平台 APP 的用户黏性高

虽然目前跨境电商 APP 的体量较小，但是其用户黏性高于整体电商 APP 的平均数值。这一点在周人均打开次数上就可以得到清楚的印证。小红书 21.4 次，Wish36.9 次，HIGO23.1 次，如此高的周打开次数证实了跨境电商平台 APP 拥有较高的用户黏性。

而从消费者的角度来分析，跨境电商购物的用户主要分布在一、二线城市。而购买商品的品类也是以奢侈品、鞋子服饰等在国内价格昂贵的商品为主。

（二）直播成为移动电商平台的内容营销延伸

直播已经成为各大电商平台最重要的内容营销手段之一，传统意义上的电商流量入口正越来越被弱化，“用户”的权重力量在互联网世界中开始越来越大，“直播”和“内容”可能会成为新的流量入口。

截至 2016 年 12 月，网络直播的用户规模已经超过 3.44 亿，占网民总体的 47.1%。[①] 如此大规模流量的入口当然会成为电商平台所争夺的对象，而“网红 + 电商”也就应运而生了。“直播 + 电商”的合作模式在理想情况下能够为网红和电商平台带来双赢的效果。目前主流电商平台均已在“直播 + 电商”领域完成试水，根据公开资料梳理各大电商平台的重点直播事件如表 1 所示。

移动电商的竞争往往是流量大战。经过多年的快速发展，各大电商平台跑马圈地，流量或多或少地都遇到了瓶颈期。但是商户增长却仍然非常快，这就造成商铺之间可分配的流量越来越少，商铺获取流量的成本也更高。“直播 + 电商”的模式无疑为电商流量的突破创造了新的方向，直播或成为电商平台的标配化功能。对网红资源的整合与争夺，将成为电商直播下一个

① 中国互联网络信息中心（CNNIC）：《第 39 次中国互联网络发展状况统计报告》，2017 年 1 月 22 日。

表1 国内各大电商平台的重点直播事件

电商平台	时间	标志事件	直播效果/销量
苏宁易购	2016年6月	招募大量网红主播在苏宁线下门店进行直播导购	1. 直播期间苏宁易购页面流量同比增加280%，直播互动数达30万条 2. 1小时内，联想手机预约突破10万台
京东	2016年6月	与斗鱼合作开展"龙虾激战之夜"	1. 超过50位主播参加，其中单一主播的观看人数超过20万人 2. 整个"6·18"期间生鲜自营订单量达到上年同期6倍
淘宝	2016年5月	明星导购直播：柳岩	1. 直播观看人数超过11万人 2. 推荐干果卖出超过两万件。推荐面膜及太阳镜卖出超过2000件。单价千元的手链卖出52件
蘑菇街	2016年5月	直播"上新大赏"	1. 直播功能上线1个月内，聚集超过6000名主播入驻，共完成直播3万次，浏览总计千万次，频道UV增长10倍 2. 网红主播店铺当天浏览量增长112.6%，店铺成交额较平时增长67.3%
唯品会	2016年6月	12小时直播生存挑战秀	1. 累计超过1500万人观看 2. 微博上"12小时生存挑战"话题阅读数破6亿次，参与讨论达到7.3万条
聚美优品	2016年6月	明星发红包直播互动：魏晨	1. 魏晨空降聚美直播，出场五分钟，直播平台粉丝数突破200万人。在线观看人数超过500万人次 2. 电商平台月活跃人数上升15%，用户人数增长超过9%

竞争的主战场。流媒体直播和网红潮流的融合，让电子商家赢得了忠实的粉丝。与此同时，通过这些网红的社交网络，商家品牌的影响力也得到了提高。

（三）移动电商消费将向三、四、五线城市及农村渗透

根据商务部、国家统计局数据，2014年全国农村网购市场规模达1817亿元，2015年农村网购市场规模达3530亿元，同比增长94.3%。2016年上半年农村网购市场规模达3120亿元，预计2016年全年将达6475亿元（见图5）。①

① 《农村电商发展报告：上半年农村网购规模3千亿》，http://www.ebrun.com/20161031/199166.shtml。

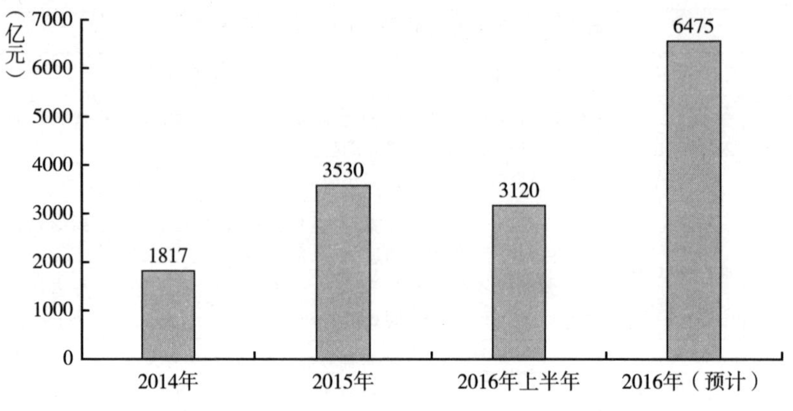

图 5　2014～2016 年中国农村网购市场规模

资料来源：国家统计局。

在农村电商的具体实践部署中，阿里巴巴早已将农村电商定为未来阿里巴巴集团的三大战略之一。2014 年 10 月，阿里巴巴已启动“千县万村计划”农村战略，计划在 3～5 年内投资 100 亿元，建立 1000 个县级服务中心和 10 万个村级服务站。而据阿里巴巴 2017 财年第一财季财报披露的数据，农村淘宝虽启动不到两年，但也已经覆盖了多达 29 个省份 300 多个县 17700 个村。无独有偶，京东、苏宁也加快步伐布局农村电商。数据显示，农村网购市场的增速已经超过城市。可以预见的是，未来几年，农村电商将成为电商三大巨头的新战场。

四　中国移动电子商务发展的问题与建议

（一）中国移动电子商务发展的问题

1. 移动网速慢和资费高的问题仍然较为突出

当前，与日本、韩国等发达国家相比，国内大部分手机用户上网网页打开慢、网络连接数据传输慢的问题依然突出，尤其是在一些欠发达地区、边远地区。另外，上网资费偏高也是一大问题，这一问题也得到了政府层面的重视，李克强总理就数次敦促提高网速、降低网费。

和发达国家相比，我国的移动通信资费还停留在以语音为中心的阶段，而发达国家却已经迈入了语音和流量并重并逐步进入以流量为中心的阶段。这也对未来我国的移动通信网络建设和流量经营提出了更多挑战。

2. 移动电子商务的市场监管体系尚不健全

当前，我国对于这种移动电子商务的监管还非常薄弱，一方面，由于跨境、跨区特性和网络交易的隐匿性，全面监管存在困难；另一方面，我国相关的法律法规还不够完善，立法和执法层面都存在一定的缺位。另外，由于技术方面与发达国家相比还有不足，这也使我国监管采用的一些手段是比较落后低效的。种种因素使市场监管还需要更加完善，来保障用户的利益和安全。

移动电子商务使交易风险跨机构、跨市场扩散的可能性显著上升，这对我国工商、质量监督检疫等领域的属地化市场管理模式提出了挑战。目前国家工商局已委托中国电子商务研究中心对目前我国的信用体系进行调查。相信这一问题在未来会得到妥善解决。

3. 移动电子商务的安全保障能力不足

移动电子商务的安全问题一直是人们关注的焦点，相比于 PC 互联网，移动互联网的安全问题更为严峻。移动电商涉及用户的工作居住地址、出行时间、生活习惯等更为隐私的信息，交易平台上、物流环节等的信息泄露的风险加大。而受技术条件的限制，现有较为成熟的网络安全技术无法直接移植到无线网络的设备上。与 PC 端相比，移动终端的运算能力和存储容量不足，木马病毒、手机钓鱼网站等可以更为轻易地植入手机。

另外，移动终端操作系统大部分是开源平台，对于应用软件审查不严密，这也使一些不法厂商有了可乘之机，他们利用智能手机软件应用的开放性特点，通过伪装篡改软件、游戏，在其中嵌入木马或在游戏、软件中捆绑广告插件等方式进行恶意应用以达到其目的。

（二）中国移动电子商务发展的建议

1. 加强移动互联网等信息化基础设施建设

放宽电信行业的市场准入限制，降低门槛，出台政策，鼓励社会资本投资运营移动网络，促进行业内的竞争，避免形成垄断或寡头企业。同时，认真贯彻执行《“宽带中国”战略及实施方案》，对于移动互联网等信息化基础设施进行建设。努力推进宽带网络提速，并在公共场合建立 WiFi 覆盖点，扩大无线网络的覆盖面积。同时敦促各大运营商的移动网络资费下调工作，为移动电子商务的发展提供强力的基础设施保障。

2. 完善移动电子商务市场监管体系

借鉴国外优秀的立法经验，制定并逐步完善移动电子商务相关技术标准和行业规范，完善移动电子商务市场监管体系。提高应用市场、移动终端的准入标准，建立起统一的、完备的检测以及认证标准。同时应加大查处力度，实时监控调整。

另外，需要加强经营主体的自律。对第三方监管机构进行扶持，如果第三方的监管机构可以起到作用，将能在一定程度上缓解政府的压力。又因为第三方机构的特殊性，相较于政府机构，其更容易与用户产生有效的沟通。

3. 推进移动电子商务的技术创新和试点应用

加大支持力度，推进移动电子商务技术研发，应用于产业化实践，鼓励第三方电子商务机构研发移动电子商务客户终端，引导传统电子商务交易平台向移动电子商务平台转变，进而提高移动电子商务交易的比重。

同时，应在公共事业、交通、物流、体育、进出口贸易、旅游、农业、企业管理、环保监控等领域建立多个试点，进而丰富移动电子商务的产品体系，扩大规模，为移动电子商务的快速发展提供有力的保障。

参考文献

中国电子商务研究中心：《2016 中国移动电商市场研究报告》，2016。
王敏、冯璐、潘晔等：《九大痛点待解决》，《中国名牌》2015 年第 6 期。
中国电子商务研究中心：《盘点：中国跨境电商发展的三个时代》，2014 年 11 月 14 日。
《“四八新政”缓行背后：跨境电商进退猜想》，《财经国家周刊》2016 年 6 月 29 日。

B.13

虚拟现实的演进探析

李晓波*

摘 要：随着虚拟现实（VR）应用内容的不断升级，虚拟现实技术渗透到新闻、旅游、演艺、体育等各个领域，虚拟现实技术由此也被定义为一种新的信息传播方式，成为继报纸、广播、电视、互联网、移动互联网之后的第六大媒体传播形态。虚拟现实内容的创作应该具备真实的沉浸感、高度灵活的自由性和更加丰富的交互性。移动 VR 准入门槛较低，在与其他高端 VR 头盔竞争时具有很大优势。其商业模式主要有 VR 广告、VR 直播及场景体验。

关键词：虚拟现实　新媒体　第六媒体　交互性

自 2015 年以来，虚拟现实（Virtual Reality，VR）被大众逐渐认知，消费市场也随即开启，吸引了众多创业者和投资方的介入，各类面向消费者市场的产品和内容层出不穷，虚拟现实也借助移动互联快速实现了传播和形态的转变。尤其在创业市场，随着国家“大众创业，万众创新”政策的实施，虚拟现实为创业者提供了实现梦想的重要方向，数以百计的虚拟现实概念创业公司如雨后春笋般涌现，争相占领虚拟现实的各个领域。以暴风科技和乐

---

* 李晓波，北京七维视觉科技有限公司副总裁，兼任中国传媒大学创业实践导师、重庆大学“新媒体系列丛书”顾问、编委、中国教育技术协会仿真专业委员会委员、虚拟现实产业联盟（IVRA）理事等职务。

视网为代表的互联网企业也快速布局虚拟现实领域，成为资本市场上虚拟现实概念的领军企业。其他包括传统影视、动漫、演艺、体育等领域在内的上市公司也在虚拟现实市场上快速布点，争夺虚拟现实的先发优势。

一 “第六媒体传播形态” 的形成

虚拟现实技术随着计算机技术的发展一直在进行技术演化，在这个过程中其媒体价值越发凸显。2014 年，以脸书（Facebook）和谷歌（Google）为代表的企业完成了高性价比且具有专业技术的头戴式显示器（HMD）解决方案，HMD 价格降至万元以下，数百元的产品谷歌纸盒也大量出现在市场上。虚拟现实带来前所未有的逼真体验感，吸引了众多科幻爱好者和黑科技尝鲜者进行尝试。随着虚拟现实应用内容的不断升级，虚拟现实技术渗透到各个领域，新闻、旅游、演艺、体育等领域都开始尝试使用虚拟现实技术进行内容的传播，虚拟现实技术由此也被定义为一种新的信息传播方式，虚拟现实技术也成为继报纸、广播、电视、互联网、移动互联网之后的第六大媒体传播形态。

场景作为虚拟现实内容的重要表现方式，带给消费者前所未有的信息消费模式。从听觉、视觉到触觉，人们获取信息的方式更加多样化，人们对场景内容的感知也越发立体化。场景化可以是人们已知环境和场景的还原，也可以是人们未知环境和场景的想象与探索。场景中的物、事、人将构建沉浸式的信息空间，置身其间的人们可以自由浏览，与信息进行多层次交互。信息传递的多样性带给人们更多的选择，这对人们的主观判断力有了更高层次的要求。从被动消费到主观消费，场景化带给人们的不只是信息获取方式的改变，更是对人们认知事物模式的改变。个人知识世界的结构决定着自己在相同场景中获取信息量的多少，思想素质的高低决定着个人对信息二次处理的能力。虚拟现实构建的场景是一个复杂、动态变化的新世界，新世界的构成和认知世界的能力相辅相成，缺一不可。

人们消费信息的方式多种多样，从被动认知到主动感知，而“体验”

成为人们主动感知世界的最重要的手段之一。过去人们经常在服装店和鞋帽店试穿、试用一些实体物品，体验对于人们来说是种司空见惯的消费方式。在虚拟现实领域，交互是人们与场景进行信息传递最重要的一种手段，无论是线上应用场景还是线下虚拟现实空间都以体验为中心，人们也非常享受交互方式带给人们与众不同的体验。这种体验不但是人们获取信息最好的方法，也是人们反馈信息最佳的通道。体验中人们和内容场景进行双向的信息交互，人们在体验过程中不经意地释放对信息的喜好厌恶，眼球的转动、注目时长、心跳速度、脑神经的紧张松弛都成为虚拟现实世界获取人们反馈信息的方式，虚拟现实的自我学习能力也将迅速得到提高。

二　虚拟现实技术与内容创造的特点

相较以往的媒介传播形式，虚拟现实技术具有革命性的创新。人们在媒体消费过程中，不仅仅只是被动地观看，而且可以以“沉浸”的方式与媒介内容进行交互。虚拟现实传播的内容不仅是一个现实中存在的场景或者人物，也可能是一个现实中不存在的异次空间中的场景或者物体。虚拟现实交互方式的出现，不仅颠覆了媒介消费的形态，更让媒体的制作和投放成了一门有待研究的课题。而虚拟现实媒体内容的制作、传播和消费也成为研究的重点。

虚拟现实技术具有三大技术特征：沉浸感（immersion）、交互性（interactive）、可构想性（imagination）。虚拟现实多用图形图像和声音来虚拟具有沉浸感的场景。传统的视频和游戏与虚拟现实的整合具备原生优势，但又有不同。身临其境的体验虚拟现实内容的先决条件是必须具备虚拟现实场景，虚拟现实场景又区别于传统内容的生产制作流程。以视频为例，传统视频的拍摄为180°的拍摄方法，而虚拟现实的全景视频采用360°×360°的拍摄方法，无论是前期的拍摄成本，还是后期的制作成本都成倍地增加。更为重要的是在全景视频拍摄中，虚拟现实内容的创作是一种与以往视频完全不同的创作，它不再是将事物容纳进一个固定的方框里，而是考虑如何在一个空间里放置观众的意识，如何将它们与这个空间联系起来以及引导观众在其中的动作。这实施起来具有非常大的难度，需要导演利用声音、图像变换、色差、比例等因素来引导观众。虚拟现实内容的创作应该具备以下几个特点。

1. 真实的沉浸感

增强沉浸感是为了使内容更加真实，这是目前消费级虚拟现实市场上已经实现了的主流特性。具有典型代表性的是3D电影和360°环拍影像。无论哪种展示方式，都是为了使事件现场更加真实地还原在观众面前，换一种说法，就是使观众可以完全融入事件发生的现场。

2. 高度灵活的自由性

高度灵活的自由性一直是游戏所追求的最高境界，这和传统媒体设定的严格叙事结构是相违背的。但是游戏不是完全没有主线，只是换了一种故事展现方式，通常都是通过游戏任务来串联整个游戏的主辅线，进而建立起游戏的世界观。同样的，当用户使自己融入虚拟现实环境中，他所感受到的是独立的虚拟世界，在虚拟世界用户的主体意识更加独立，不会局限于编辑人员事先画好的框框中，他可以有更多的自由选择性。

3. 更加丰富的交互性

虚拟现实的交互性是此项技术区别于传统技术的主要特点。传统视频是典型的线性叙事结构，而虚拟现实技术则具有强烈的交互性，不但可以在更高程度上还原事件，用户还可以通过多种方式与事件中的人、物进行交互，包括视觉、听觉、触觉、嗅觉等。用户可以真实地体验到事件发生的真实背景和客观事实。虽然新闻现场报道已经很客观地反映了事实，但用户还是很难体会到在某一特定环境下人们的心理和生理反应。比如，在足球比赛的现场，用户很难体会到在一个四万人的体育场中，大家齐声高呼所带来的震耳欲聋的效果，但虚拟现实技术可以逼真地还原。

首先，由于虚拟现实内容相较传统内容更多，全景视频是传统视频的四到六倍，所以其对网络的带宽和稳定性要求也更高。当然，随着H.265视频编码技术的普及，虚拟现实对网络的依赖度也会更大。其次，虚拟现实内容区别于传统的内容，需要有独立的播放器来完成，尤其是在进行交互时，需要相应的技术支撑。目前这部分技术已经实现了基本的播控功能，在众多媒体的 APP 中也有技术支撑，但是与交互方式的完美实现仍有距离。

目前，消费终端产品（HMD）技术仍处于一个不断更新的阶段，每个阶段都有品类繁多的终端产品，处于不同价格段位的产品也有数十种可供选择，从数十元到数千元不等，主要分为连接手机的 Cardboard、Daydream 产品，内置处理器的 HMD 一体机以及连接 PC 的 HMD 三种，价格由低至高，带来的体验也是由低至高。在纷乱的市场竞争中，新兴产品的标准各不相同，极像智能手机发展的初期。虽然有相关标准化机构倡导技术的标准化，但是效果并不明显。真正的标准化还要在市场竞争中诞生，目前国际几大阵营也带着各自不同的显示和交互标准在激烈地厮杀。

三　虚拟现实应用的发展

随着智能手机的普及，移动互联网成为信息数据交互的主要通道，微博、微信、客户端成为人们获取信息的主要方式。据市场调查，近 100% 的人通过手机进行信息获取，远超过 PC 端的 60% 和电视的 32% 。这样的数据比例也体现在虚拟现实产业。移动 VR 有较低的准入门槛，在与其他高端 VR 头盔竞争时具有很大优势。2016 年三星 GearVR 出货量达到 420 万台，远超过 HTC VIVE 的 42 万台和 Facebook Oculus Rift 的 25 万台。此外，华为、小米、联想等手机生产商也将移动 VR 作为手机配件推出，在延展手机功能多样性的同时对移动 VR 的普及起到了巨大的作用。

在虚拟现实硬件百花齐放的同时，标准化成为硬件发展和内容制作的瓶颈，以 Daydream 为标准的移动终端继承了 Cardboard 的衣钵，在加强了沉浸感体验的同时，加入了交互设备，人们在使用移动终端的时候也可以自由交互。这一平台主要依托安卓系统，与现有的手机可以无缝衔接，这也是安卓系统走向虚拟现实领域的一个分水岭，造就了第一个虚拟现实操作系统。在首批公开的合作名录中，三星、小米、华为、LG、中兴及 HTC 都榜上有名，处于移动虚拟现实终端的第一梯队。

在国内虚拟现实一体机如火如荼发展的同时，高通基于骁龙处理器的一体机解决方案为这个市场又加了一把火。创维酷开 G1s 率先使用了高通的 inside-out 技术，实现了 6DOF 的空间定位功能，G1s 通过一个内置高速摄像头，以 800Hz 的频率对周边环境进行高速扫描，从而在不借助外部传感器的情况下，完美实现头盔的空间定位，使我们能够摆脱线缆的牵绊和活动空间的限制，真正进入“移动 VR”时代。这一技术也将很快被整合到手机的处理芯片中，在未来将会搭载不同的 Cardboard 实现空间定位功能。而一体机的缺点在于操作系统的兼容性较差，无法像安卓手机一样快速地实现内容制作标准的统一化，现状略显尴尬。

内容分发渠道方面，《纽约时报》于 2015 年 11 月推出了自己的 VR 客户端 NYTVR，国内的新华社、《人民日报》、《法制晚报》等也相继推出了自己的 VR 频道。目前，众多出版集团在将目标锁定虚拟现实市场的同时，也将目标瞄准了与纸质媒体结合度更高的增强现实技术（Augmented reality，简称 AR）。视频领域的巨头 YouTube、爱奇艺、优酷、腾讯视频以及网易、搜狐新闻客户端等也都推出了自己的 VR 客户端，甚至电商平台阿里巴巴和京东也在淘宝客户端和京东客户端导入了虚拟现实技术。通过移动 VR 输出的内容多以全景视频类为主，在一定程度上实现了场景的沉浸感，然而在交互性上相较 PC VR 会差一些，这种差距也随着谷歌 Daydream 和高通 VR 解决方案的推出变得越来越小。

四　移动 VR 的商业模式

对于移动 VR 来说，终端铺货数量较少，平均观看时长较短，这两个数据成为在 VR 中植入广告的瓶颈。其次由于 VR 场景是 360°的观看模式，广告的植入形式也较传统方式不同，正是这些不同为 VR 创造了新型的广告模式。目前，国外的 Adobe 和国内的七维科技都相继提供了 VR 广告的植入平台。在不同的场景中植入不同的虚拟品牌商品成为虚拟现实场景化营销的重要部分。在进行品牌传播的同时，平台还将实时接入电商平台，用户可在商品体验过程中完成购买的全过程。

2016 年最火的两个技术形态——VR 和直播实现了融合，即 VR 直播。过去一年中，VR 直播被广泛应用到各个领域。在传统演艺、体育类事件 VR 直播中，门票的购买成为获取商业利润的一个主要来源。数据显示，在 VR 直播中观众有较高的意愿为高质量的 VR 体验埋单，王菲的演唱会微鲸 VR 和腾讯 VR 以 30 元的价格进行门票销售，取得了十万张以上的销售数量。目前主要的瓶颈仍然在移动 VR 的终端体验上，相信体验质量的提升能够带动观看数量的提升。

秀场的 VR 直播成为备受关注的应用方向。观众已经不满足于普通的直播形态，希望更多地和主播进行互动，而 VR 场景的出现恰恰满足了这类人群的需要，VR 的沉浸感将观众和主播封闭在一个沉浸的虚拟空间中，观众不但可近距离观看主播节目，而且观众赠送的礼品可出现在主播的场景中，此类场景会随着主播的授权进行丰富的交互。在直播市场开始缓降时，移动 VR 技术或许是一个值得尝试的突破点。

场景体验（包括 VR 游戏）是移动 VR 的另一个主战场，开发制作流程与 VR 游戏相近，却服务于不同的领域，除了游戏领域，传统的医疗、旅游、教育、安防、宗教等领域都引入了移动 VR 来增强用户对场景的体验感。体验感带来的不仅是视觉上的享受，更是人们对事物认知的一个方向。移动 VR 的便携能力在复杂场景的应用更容易体现，如在旅游的过程中，游客人手一个终端设备，不仅能够观看到眼前经历的风景，而且能够看到风景的四季变换。

B.14
2016年中国移动金融发展分析

鲍忠铁*

摘　要：　移动金融正在成为金融行业主要的客户入口，未来大部分金融支付场景将发生在移动金融这个载体上。移动金融将从过去的高速发展阶段进入存量经营阶段，差异化服务和用户体验将成为移动金融发展的竞争力，技术和数据将成为产品创新和服务创新的基础，商业模式的壁垒将会越来越低，用户壁垒将越来越明显。

关键词：　移动金融　客户入口　存量经营　支付场景　智能推荐

一　中国移动金融整体发展情况

移动金融是指借助智能设备和无线技术为客户提供金融服务的一种方式，目前已成为金融企业和互联网企业为客户提供金融服务的主要方式。在消费金融时代到来的前提下，移动金融正在成为所有金融企业赢得客户的主战场。中国移动互联网从2012年开始经历五年高速发展之后，进入了平稳发展阶段，从过去20%以上的增幅转为低于10%左右的增幅。存量用户经营时代到来，移动金融也进入平稳发展阶段。

* 鲍忠铁，北京腾云天下科技有限公司首席金融行业专家，研究领域为移动金融发展趋势、金融行业数字化经营和数据风控、人工智能在金融行业的应用和推广。

（一）2016年移动金融用户整体数量和渗透率

2016 年移动互联网从野蛮生长期进入存量经营时代，移动金融设备的增长也从高速增长趋于稳定增长。截至 2016 年底，中国移动互联网设备总量为 13.68 亿部，移动金融设备总量为 8.69 亿部，移动金融的渗透率为 63.5%，相对于 2015 年略有下降。根据中国独立第三方大数据公司 TalkingData 统计的数据，2015 年底中国移动金融设备总量为 8.16 亿部，2016 年中国移动金融设备增长率低于 10%。移动金融仍然是一个重点发展领域，互联网企业和传统金融企业仍在重点发力这个领域，争夺客户入口。存量经营会成为移动金融发展的主题，影响着企业的移动金融战略。

（二）移动金融发展阶段和典型特征

移动金融伴随着移动互联网发展起来，同时又推动了移动互联网的发展和普及。移动金融在 2015 年进入发展高峰期，其中移动支付是移动金融的主要发展领域，移动支付支撑了移动 APP 的高速发展。移动互联网典型的服务，如电商、旅游、出行、订餐、游戏都离不开支付这个基础服务，移动支付推动了共享服务和 O2O 服务的高速发展。

移动金融的发展可以分为三个主要阶段。

1. 移动金融1.0，金融服务转向移动互联网阶段

在移动金融 1.0 阶段，金融企业特别是银行和证券，将网上银行产品和服务转移到移动 APP 上。移动金融的主要任务是将金融交易从柜台或者 PC 互联网转向移动 APP，为客户提供更多的服务渠道和便捷的金融服务，提升客户体验。

2. 移动金融2.0为客户提供支付和消费场景

移动金融 2.0 阶段的典型代表是招商银行掌上生活，移动 2.0 阶段也是目前大多数金融企业移动金融所处的阶段。借助移动 APP 提供大部分消费场景，做电商化移动金融平台，成为客户移动互联网消费的主要入口，通过消费分期、服务手续费、商家返利、零售商品差价等方式赚取利润。为客户提供的基本消费场景，包括购买电影票、获取餐饮优惠券、购买电子产品、

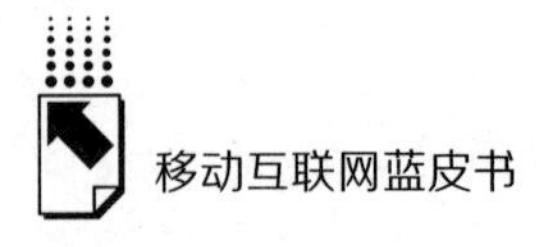

购买火车票、购买飞机票、手机充值、生活缴费等。

3. 移动金融3.0阶段，平台服务实现客户和流量变现

移动金融 3.0 阶段，提供的是平台服务，通过移动金融 2.0 的运营，移动金融平台聚集了大量的金融用户，这些用户都是高质量的消费客户，客户的黏度和活跃度都很高。典型的有支付宝、51 信用卡、挖财等金融服务平台型入口企业。

金融企业可以借助移动金融平台的客户和流量，提供全维度金融服务。例如，利用积分兑换和优惠商品购买来提升用户活跃度，就是典型的平台流量变现。移动金融 3.0 平台上客户的消费行为和点击行为，可以帮助金融企业了解客户，形成具有价值的数据，这些数据可以用于精准营销和风控。

（三）移动金融服务类型

移动金融应用类型丰富，全方位满足用户的存取、借贷、理财、记账、资讯、消费等多元化需求。移动金融服务主要包含五大类——移动支付、传统移动金融服务、新兴移动金融服务、金融资讯、金融生活（见图 1）。

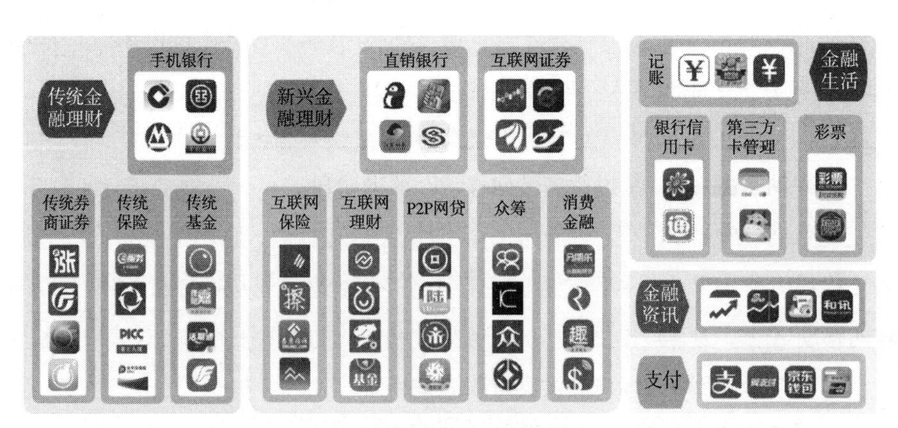

图 1　移动金融应用图谱

资料来源：根据公开资料整理。

1. 移动支付

移动支付也称为手机支付，就是允许用户使用其移动终端（通常是手机）对所消费的商品或服务进行支付的一种服务方式。根据央行统计的数据，2016 年我国移动支付业务共发生 257.1 亿笔，同比增长 85.82%，涨势迅猛，移动支付金额也达到 157.55 万亿元。

相对于移动支付的交易总金额增长速度，移动支付的交易笔数增加幅度较大，意味着小额支付成为主流。阿里巴巴和腾讯在线下大力推广的二维码支付，成为移动支付笔数增加 1 倍的主要原因。移动支付主要的市场集中在支付宝、微信、NFC、银联支付几大巨头。

2017 年 1 月 4 日，蚂蚁金服发布了支付宝年终账单，4.5 亿消费者过去一年 71% 的支付笔数发生在移动端，超 10 亿人次使用了移动支付。80 后、90 后已经成为这一趋势中的主流人群，80 后人均支付金额已超过 12 万元，90 后使用移动支付的比例更是高达 91%。

2. 传统移动金融服务

传统移动金融服务包括银行、信用卡、证券、保险、信托、基金、租赁等方面的服务。中国最早进入移动金融领域的行业是银行业，2000 年 2 月，中国银行与中国移动签署了联合开发手机银行服务协议，并于同年 5 月 17 日正式在全国 26 个地区进行试点推广，拉开我国手机银行发展的序幕。

证券行业移动金融起步较晚，由于受到互联网券商竞争的影响，这几年发展非常迅速。证券行业已经将移动证券作为重点战略发展方向，70% 以上的交易量和 50% 左右的交易金额来源于移动证券。券商的移动证券创新动力高于银行，并在某些移动金融产品创新上走在了银行的前列。

基于商业模式的特点，保险、基金、信托、租赁等领域的金融服务在移动互联网领域发展较慢，主要的金融交易还是以线下交易为主，大部分依赖于银行合作渠道和自身渠道。

3. 新兴移动金融服务

新兴移动金融服务主要是指互联网金融企业利用移动互联网为客户提供理财、投资、保险、借贷、分期、证券交易、产品推荐、风控等金融服务。

2013 ~ 2016 年，以支付宝为代表的新兴移动金融发展迅速，已经成为移动金融的重要组成部分，并在部分细分领域领先于传统金融服务。新兴移动金融服务具有交易便捷、用户体验好、营销活动丰富等优势，成为移动金融的新生力量，这几年发展迅猛，占领了年轻人的市场。

2016年是互联网金融的监管年，按照监管法规要求，互联网金融服务企业必须放弃线下网点，移动金融成为互联网金融企业提供服务的主要渠道。

4. 金融资讯

金融资讯主要是为金融客户提供信息服务的平台，包括新浪、和讯、第一财经等传统互联网财经APP，也包含了新兴金融服务如腾讯自选股、雪球、牛股王等金融信息服务平台。

金融资讯移动应用主要为用户提供全方位财经资讯及全球金融市场行情，覆盖股票、基金、期货、外汇等市场的重大新闻，帮助用户快速获取精准、深入的全球财经资讯和市场观点。金融资讯应用迅速发展得益于国人金融意识的提高和金融信息需求的增加，同时也得益于中国移动互联网的高速发展和监管大环境的开放。

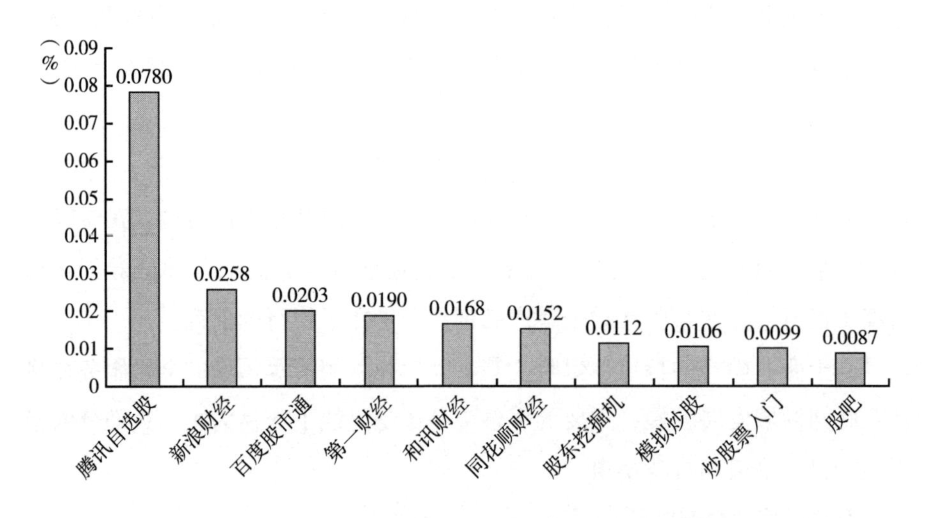

图2 金融资讯APP装机量排名

资料来源：TalkingData数据中心，2016年12月31日。

5. 金融生活

金融生活服务APP也成为移动金融一个主要力量，其中包含了为客户提供消费服务的信用卡移动应用、第三方卡管理应用、记账类应用和彩票类应用。在信用卡移动应用中，领先的是招商银行信用卡掌上生活，日活跃用户超过500万人，超过了大多数金融企业的移动应用。

金融生活移动应用中比较典型的是第三方卡管理应用，最近几年发展迅速。信用卡行业高速发展，每个人的钱包里都有多张信用卡，如果用户不掌握每张卡的账单日、还款日等，可能会产生逾期风险。第三方卡管理帮助客户汇集所有信用卡，统一管理还款和消费，为客户提供信用卡优惠活动信息，提供更好的消费服务。第三方信用卡管理应用中典型的是51信用卡管家。

二　移动金融细分领域分析

（一）银行移动金融发展现状

银行移动金融主要是指手机银行、直销银行和互联网金融平台。银行的主要客户群体正在逐步转向80后、90后。他们不会主动到银行网点办理业务，更愿意使用手机银行来完成金融服务。

根据中国金融认证中心CFCA《2016中国电子银行调查报告》，在地级以上城市13岁及以上常住人口中，网上银行用户比例为46%，手机银行用户比例为42%；微信银行、电话银行、直销银行用户比例分别为28%、23%和11%。个人手机银行用户比例有望在2017年超过个人网上银行，跃居个人电子银行渠道用户第一位。

中国建设银行手机银行在2016年6月末用户达到20257万户，较上年末增长10.79%；实现交易额13.04万亿元，同比增长125.63%；交易量达到97.42亿笔，同比增长244.56%，处于市场领先地位。招商银行手机银行具有用户体验好、产品丰富、版本迭代快等特点，深受年轻人喜欢，招商手机银行的活跃率和年轻人比例处于领先地位。中国工商银行、中国建设银行、中国农业银行、中国银行四家银行的手机银行用户量超过了6亿，占比超过了70%，但是用户的活跃率相对股份制商业银行还有一些差距。中国邮政储蓄银行依靠庞大的客群规模，短时间内就晋升为手机银行第四名。

银行移动金融主要为客户提供基本的金融服务，但是在支付场景和消费场景上落后于新兴互联网移动金融。其用户黏度和活跃情况不如支付宝等移动支付巨头，未来银行移动金融需要在支付场景上继续开拓，同互联网企业争夺支付入口，即将推出的银联二维码支付将主要承担这个角色。

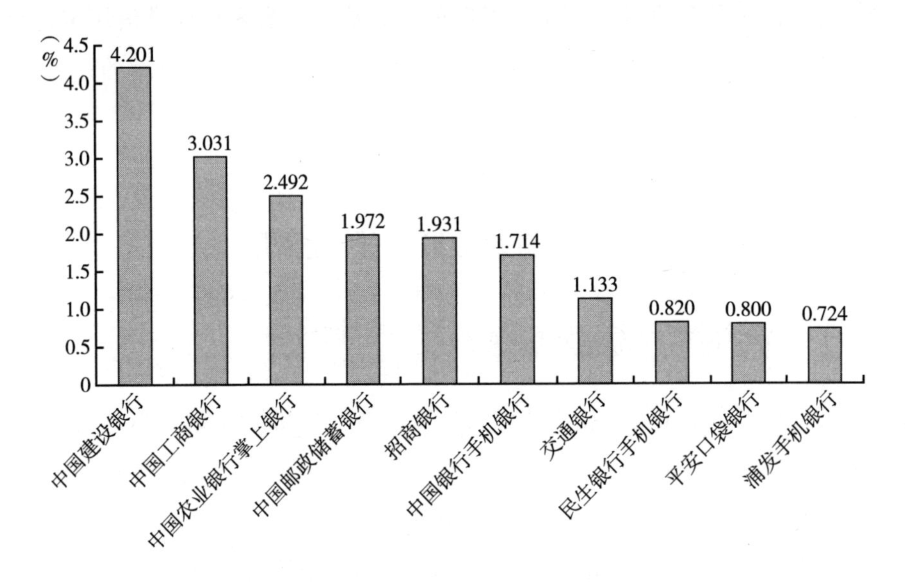

图3　手机银行移动APP装机量排行

资料来源：TalkingData数据中心，2016年12月31日。

（二）证券行业移动金融发展现状

证券移动化趋势日益深入，国内券商普遍在加快移动证券步伐，APP已成为国内券商创建互联网品牌、拓展经纪市场份额的重要阵地。

证券行业的经纪业务受到了以同花顺、东方财富、大智慧为主要代表的互联网券商的较大冲击。依据TalkingData统计的数据，截至2016年12月底，同花顺APP的装机量超过传统五大券商之和，东方财富和大智慧的装机量也超过传统证券公司。互联网券商占领市场的主要手段还是低佣金

（万分之二点五）和补贴营销，其主要特点是客户增长较快，但是单客价值不高，客户活跃过度依赖促销活动。互联网券商主要的收入来源于传统中小券商的新客导流费用和交易佣金。一般情况下，互联网券商会收取几百元的新客导流费用和50%左右的交易佣金。高额的收费导致很多中小券商正在考虑自己独立发展移动券商渠道，降低渠道费用支出成本（见图4）。

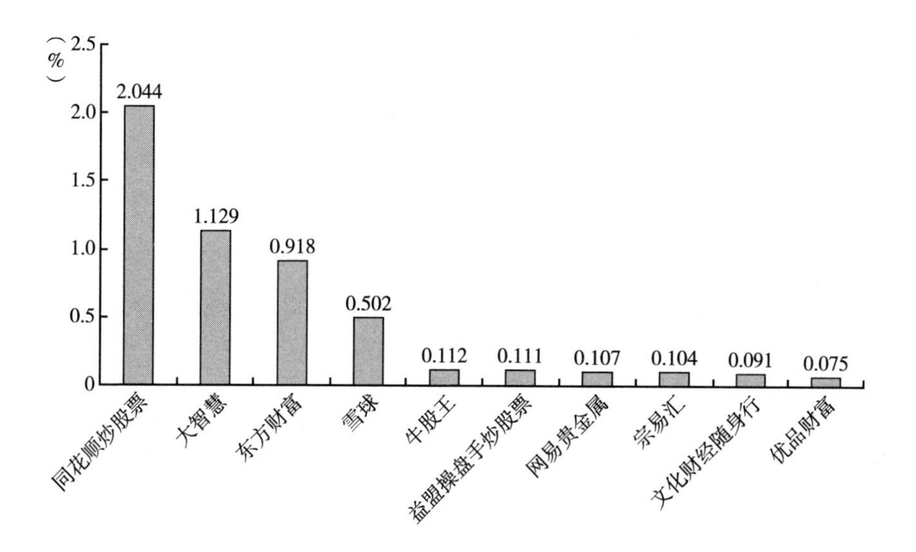

图4　互联网券商移动APP装机量排名

资料来源：TalkingData数据中心，2016年12月31日，Android平台。

传统证券行业移动金融比较领先的券商是华泰证券。总部位于南京的华泰证券早在2009年就开始大力发展互联网渠道，并在2014年开始重点发展移动证券涨乐财富通，投入较大资金在移动APP建设上和用户获取方面。根据TalkingData统计的数据，截至2016年12月底，华泰证券的APP涨乐财富通装机量超过1800万台，月度活跃用户超过700万户，连续三年领先于其他的传统券商。参考华泰证券2016年上半年年报，涨乐财富通移动终端客户开户数55.5万户，占公司全部开户数的92.39%；公司78.27%的交易客户通过“涨乐财富通”进行交易。华泰证券APP具有用户活跃率高、客户增长较快等特点，但面临单客价值低的问题。

券商中经纪业务收入较高的国泰君安证券也发力移动证券，作为战略重点，正在逐步加大投入。国泰君安的客户具有高价值客户比例高，忠诚度、活跃率高等特点，其移动证券用户超过千万，活跃率也位于传统券商的前三名。券商中网点最多的银河证券也在发力移动端，将借助庞大的线下网点和客户资源来提升其移动端的影响力，其优势是客户群体较大，一旦激活了客户，其移动端影响力将会倍增。其他的券商如海通证券、中信证券、中信建投、国信证券、广发证券等都在加大移动端的建设，未来传统券商在移动证券领域的影响力将会越来越强。

雪球是中国较大的移动社交投资网络平台，其最大特色是将社交和投资完美结合。雪球采取类 Twitter 的 Follow 方式，关注大 V，进行个性化内容订阅，平台会收集所有用户在雪球里面产生的互动数据，包括点击、发帖、转发、点赞等行为。根据中国证券登记结算有限公司的数据，仅 2016 年 10 月 10 ~ 14 日，通过雪球投资的人数达到 11404. 75 万人，排重后实际有资产的账户约 5000 万个。雪球平台上承载了 1100 万用户，每天有十几万交易用户，年交易额近 1000 亿元。雪球平台的火爆也从侧面验证了中国股市投资结构的特点，以散户个体为主。

（三）信用卡移动金融发展现状

从 2016 年开始，消费金融进入黄金发展期，在金融行业收入占比较小的信用卡行业受到了战略性关注。信用卡行业高速发展，正在成为银行的一个重要收入来源。招商银行信用卡 2016 年业务收入超过 400 亿元，净利润超过 120 亿元，成为招商银行内部收入和净利润最高的板块，占招行整体净利润的 20%。建行信用卡发展也很快，2016 年净利润已经超过 80 亿元，增长速度正在加快。交通银行信用卡和浦发银行信用卡 2016 年移动端投入较大，新客户增长明显，客户活跃度也较高。光大信用卡移动端创新能力较强，其开发的很多消费金融的产品都得到了市场的认可，特别是年轻人的喜欢。

四大国有银行中，建行和农行没有独立的信用卡 APP，其信用卡服务功能整合在手机银行 APP 内部，工银融 e 联是一个共享移动金融平台，提供了信用卡服务功能。中行信用卡 APP 活跃率和覆盖率最近几个月增长显著，未来发展将会加速。

信用卡中领先的移动应用是招商银行信用卡掌上生活。截至 2016 年底，装机量超过 5000 万，绑卡用户已经超过 3000 万，活跃率和覆盖率都领先于其他信用卡。交行信用卡 APP 买单吧上线不到两年，绑卡用户超过 1400 万，已经排到行业前三名，未来将持续高速增长。浦发银行作为后起之秀，这几年呈几何级数增长，客户量翻了几倍。浦发卡的市场促销活动非常丰富，成为行业热点，其在支付宝端开展的客户引流活动取得了良好的效果，年度新增客户超过几百万，是经典的互联网渠道获客案例。光大信用卡、兴业信用卡和民生信用卡也在发力移动端，未来信用卡移动端的竞争将非常激烈。

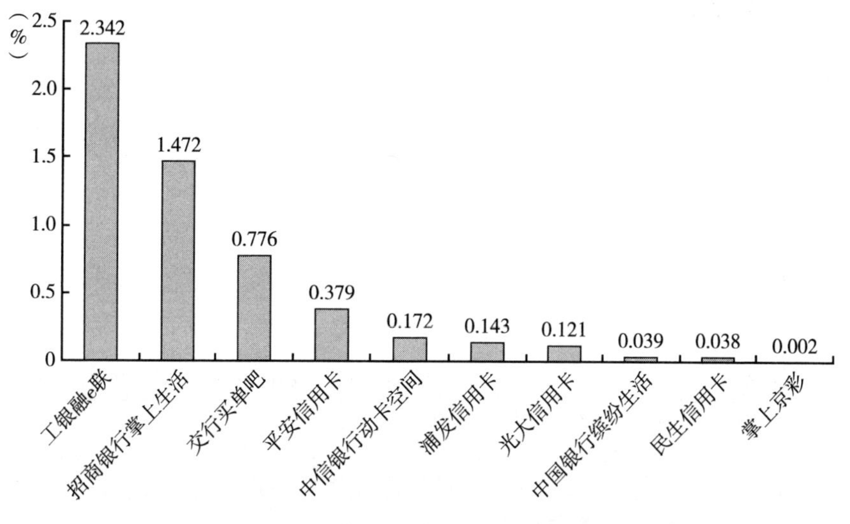

图 5　信用卡移动 APP 装机量排名

资料来源：TalkingData 数据中心，2016 年 12 月 31 日，Android 平台。

（四）保险行业移动金融发展现状

中国保险行业还在处于黄金发展期，保持了两位数以上的高增长。根据保监会 2017 年 2 月 14 日公开的数据，2016 年保险业资产总量 15.12 万亿元，较年初增长22.31%，新增互联网保险保单61.65亿件；2016年，全行业共实现原保险保费收入3.10万亿元，同比增长27.50%，中国是世界上潜力最大的保险市场。

保险行业移动互联网发展较慢，主要原因是保险行业在个人保险领域主要收入来源于保险代理人。保险行业80%以上的个人保险收入来源于保险代理人的推荐，保险公司主要的业务收入来源于银行渠道，保险企业自身也不重视移动金融的发展。

保险行业中，在移动金融方面领先的企业是平安保险，特别是在车险和个人保险方面，平安保险远远走到了行业的前列，其移动APP的装机量领先于所有保险公司，平安保险集团一共拥有四个领先的移动APP，抢占了大部分移动保险市场。中国人寿和新华人寿在移动金融投入较大，其移动APP位于前五名（见图6）。

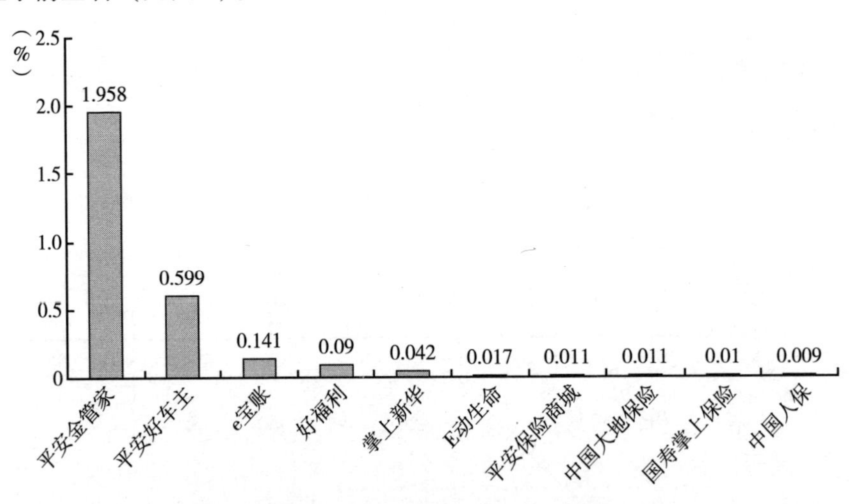

图6　传统保险移动互联网APP装机量排名

资料来源：TalkingData数据中心，2016年12月31日，Android平台。

（五）P2P移动金融发展现状

经历了几年的爆发性发展之后，互联网金融2016年迎来监管年，行业走向升级转型。零壹财经数据显示，截至2016年末，国内正常运营的P2P

网站1625家，占行业累计上线平台的33%；累计问题平台3201家，其中在2016年出问题的有1106家，2017年网贷行业互联网运营平台数仍将进一步减少。由于监管要求，互联网金融的线下理财渠道已经被全部关闭，互联网的线上渠道成为客户理财和借贷的主要渠道。

参考TalkingData的数据，截至2016年底，P2P移动应用排名前十的分别为用钱宝、拍拍贷借款、宜人贷借款、陆金所、借贷宝、晋商贷、你我贷理财、玖富钱包、有利网理财、钱升钱理财（见图7）。位于领先地位的用钱宝是基于移动互联网的全流程线上网络借款APP，主要解决都市年轻白领与蓝领在日常生活中的小额借款需求，由百度、赶集网、民生银行等互联网与金融行业资深人士创办。创立于2007年6月的上海拍拍贷金融信息服务有限公司在移动端发力很早，拥有移动用户超过700万，活跃率也处于领先地位。宜人贷借款移动端发展较快，一直排在P2P移动APP前列。陆金所和借贷宝排名有一定程度下降，可能同其市场策略相关，旨在经营好存量用户，实现有机增长。玖富钱包深受年轻人喜欢，活跃率也很高，其移动金融大师兄的品牌宣传深受年轻投资人的喜欢。晋商贷市场投入较大，移动端发展迅速。

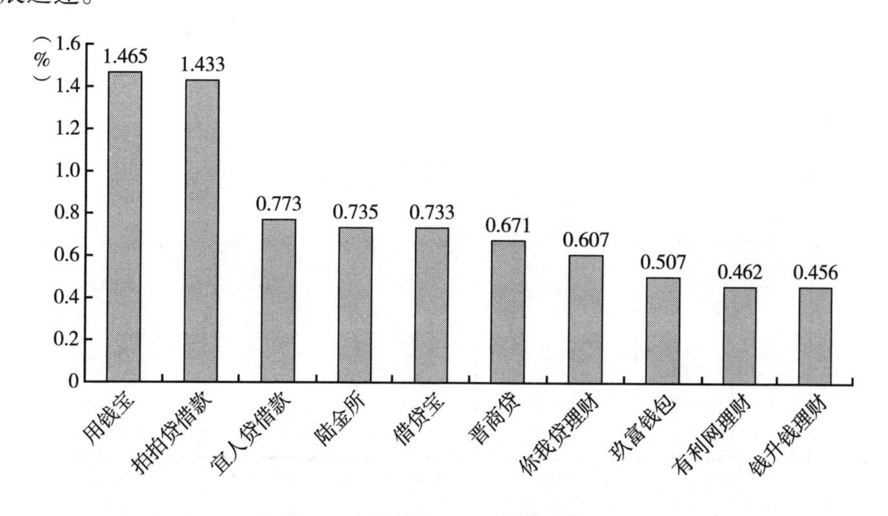

图7 P2P移动APP装机量排名

资料来源：TalkingData数据中心，2016年12月31日，Android平台。

三　移动金融客户分析

（一）移动金融用户年龄分布

移动金融客户具有年纪轻、收入高、分布集中等几个特点。截至2016年12月，在移动金融用户中，26～35岁用户比例为54.3%，80后仍然是移动金融的主力人群；36岁及以上用户比例为28.8%，比2015年有所提升（见图8）。移动金融持续向中老年群体渗透。

参考2016年电商公布的销售数据，在移动电商消费客户中，中年以上的客户比例增加明显，同移动金融发展趋势相同。中老年用户使用移动金融的比例在增加，未来将成为移动金融中的一股重要力量。这个群体掌握了中国大部分金融资产，直销银行、互联网金融平台、券商理财平台、保险和信托理财平台都将迎来很好的发展机会，有可能成为主要的理财平台，并在总规模上超过银行的线下网点。

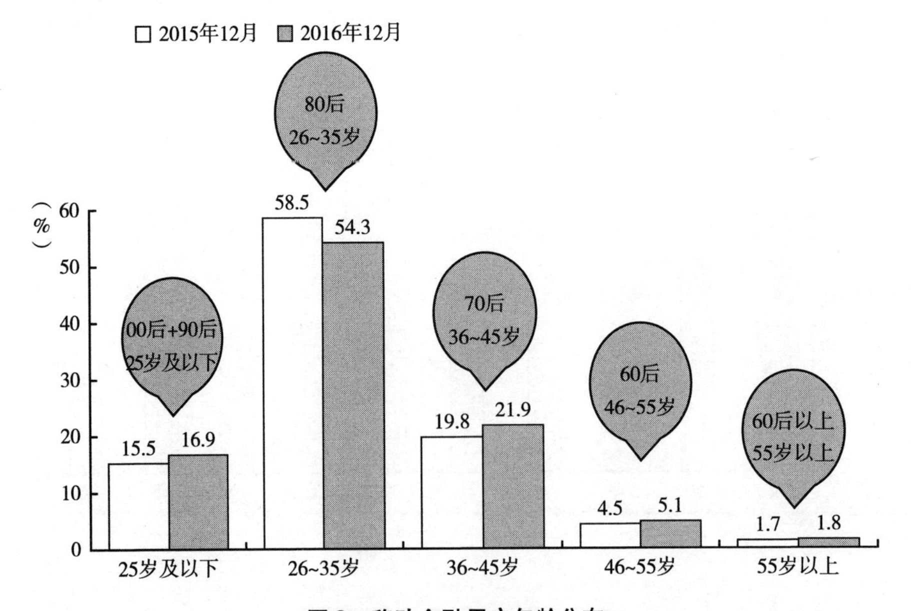

图8　移动金融用户年龄分布

资料来源：TalkingData数据中心，2016年12月31日，Android平台。

（二）移动金融用户地域分布

截至 2016 年 12 月，移动金融用户城市分布以三线及以下城市为主；对比 2015 年 12 月，一、二线城市的金融用户份额呈下降趋势，三线及以下城市的金融用户份额增长，移动金融用户向三线及以下城市下沉（见图 9）。

移动金融继续向三线城市渗透，一方面说明三线城市移动金融需求在提升，另一方面也说明移动金融在一、二线城市逐渐趋于饱和。随着中国经济的发展、居民收入的增加，中产阶级人群扩大，金融意识增强，三线城市移动金融的发展前景更加乐观。互联网金融的高速发展也加速了金融服务的下沉，三线城市用户更容易得到同样的金融服务。

但是我们也要警惕某些具有庞氏骗局性质的理财类 APP，容易在金融风险防范意识较差的三线城市飞速发展，对金融防范意识不强的群体进行诈骗，影响正常金融秩序。

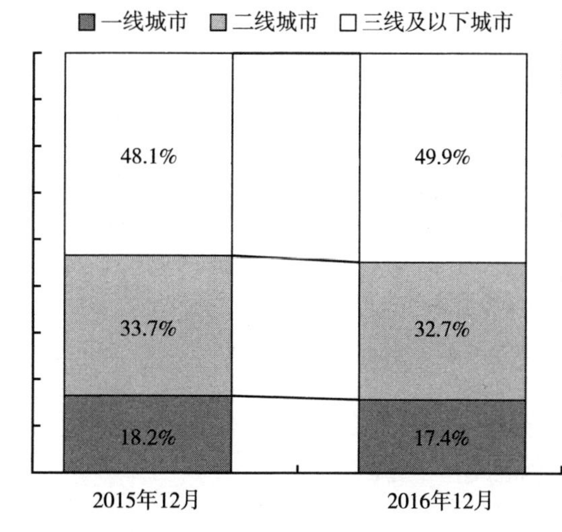

城市级别	对比2015年增长率
一线城市	-4.5%
二线城市	-2.9%
三线及以下城市	+3.8%

图 9　移动金融用户城市级别分布变化

资料来源：TalkingData 数据中心，2016 年 12 月 31 日，Android 平台。

（三）移动金融大学生用户分析

移动金融的大学生用户性别分布较为均衡，其中，男生占 52.8%，女生占47.2%；城市分布中，大学生在二线城市最为集中，比例达到49.2%。大学生使用的设备品牌中，TOP5都是国产品牌，其中，对小米最为偏好，其次是华为。在大学生使用的设备机型TOP5中，红米note、魅蓝note价格低于1000元，其余3款价格在1000~2000元，大学生用户偏好中低端国产智能机。

移动金融中的大学生用户主要关注移动支付、移动理财和贷款、金融资讯APP。大学生对利息比较敏感，比较愿意投资收益较高的产品。对具有消费金融功能的移动APP比较青睐，是消费金融和现金贷的主要客户群体。

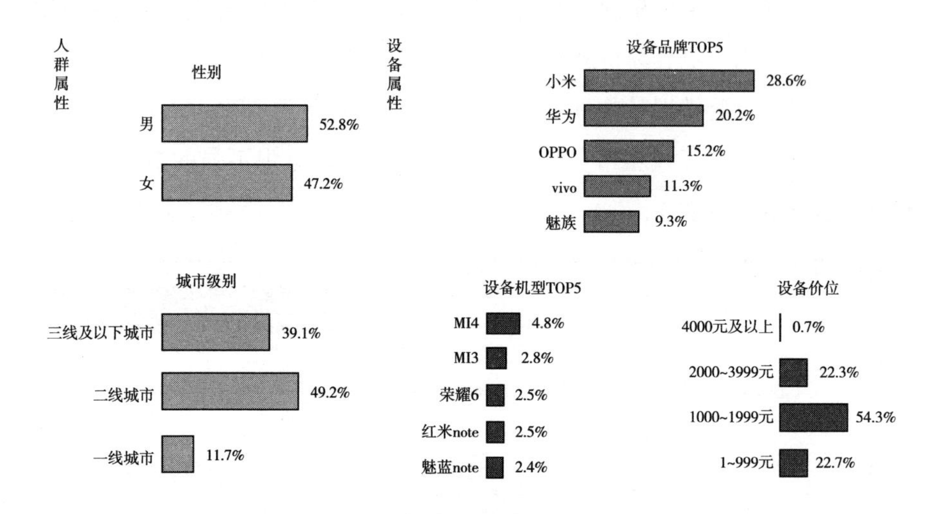

图10　移动金融大学生用户分析

资料来源：TalkingData数据中心，2016年12月31日，Android平台。

（四）北京和上海移动金融用户分析

在北京和上海金融用户中，高端智能机的占比均高于金融整体用户。除支付宝钱包外，北京金融用户与工行手机银行的关联度最高，上海金融用户与中国建设银行的关联度最高。此外，北京金融用户与京东金融的关联度高于上海金融用户，北京金融用户的理财需求较为强烈；上海金融用户与同花顺、大智慧的关联度高于北京金融用户，上海金融用户对互联网证券较为偏爱（见表1）。

表1　北京、上海金融用户金融理财应用偏好

单位：%

北京金融用户金融理财应用偏好 TOP10			上海金融用户金融理财应用偏好 TOP10		
排名	应用名称	关联度	排名	应用名称	关联度
1	支付宝钱包	78.2	1	支付宝钱包	83.5
2	工行手机银行	13.8	2	中国建设银行	15.0
3	中国建设银行	13.2	3	工行手机银行	14.0
4	工银融 e 联	11.5	4	招商银行	13.9
5	招商银行	11.0	5	掌上生活	11.2
6	掌上生活	7.9	6	同花顺	9.8
7	农行掌上银行	6.8	7	工银融 e 联	9.7
8	京东金融	6.8	8	小米金融	7.1
9	小米金融	6.7	9	农行掌上银行	6.4
10	同花顺	6.3	10	大智慧	6.0

资料来源：TalkingData 数据中心，2016 年 12 月 31 日，Android 平台。

（五）移动金融服务头部聚集趋势

根据 TalkingData 的数据，2015 年，移动金融用户平均安装 3.2 款金融应用，2016 年平均安装 2.9 款，较为平稳。2015 年移动金融用户平均每日打开 3 款金融应用，2016 年平均每日打开 1.4 款，反映出用户倾向于使用较为固定的金融应用，移动金融企业间竞争更加激烈（见图 10）。移动金融服务向头部 APP 聚集是一个趋势，未来这种趋势将加速。这也是移动互联网发展到存量经营时代后的必然。

移动支付、新兴金融服务、金融资讯服务类应用的头部聚集效应最为明显，传统金融企业应用、金融生活聚集效应不会太快。客户将会逐渐开始卸载一些不经常使用的移动金融 APP，特别是经常发送通知影响客户体验的移动 APP 将会被最先卸载。互联网金融行业洗牌才刚刚开始，未来尾部互联网金融 APP 生存将更加困难。

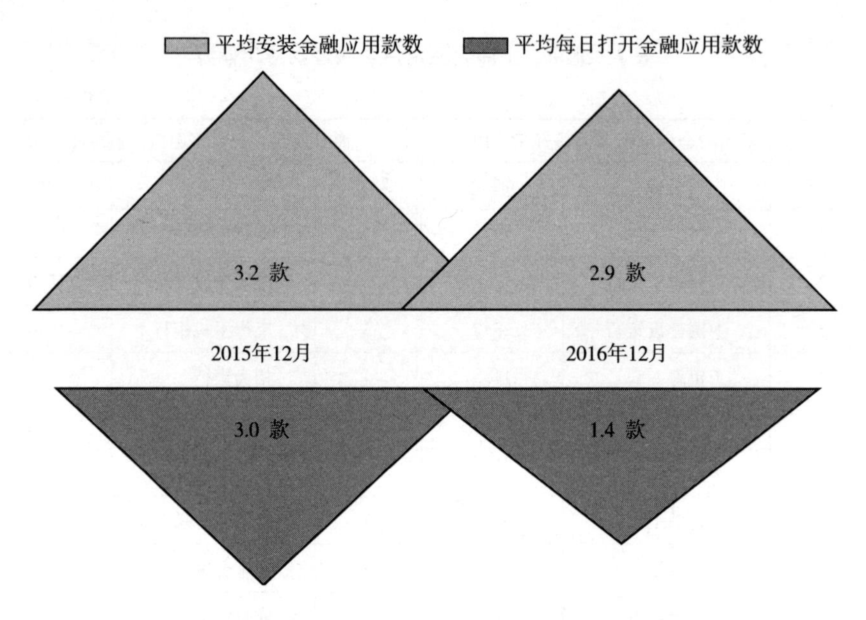

图 11 移动金融用户平均安装和打开金融应用款数

资料来源：TalkingData 数据中心，2016 年 12 月 31 日，Android 平台。

四 移动金融发展趋势分析

在中国实体经济投资回报低迷的前提下，很多传统企业将金融作为一个重要突破口，家电企业、房地产企业、零售企业等行业巨头纷纷进入金融领域，其中个人消费金融是一个重点。金融企业客户越来越倾向于利用移动金融 APP 来解决金融服务需求，中老年客户的移动金融渗透率在逐渐提高，这些因素决定了移动金融仍然处于朝阳发展阶段。移动金融将持续以用户为中心，为其提供完整的金融服务。简捷的交易流程、丰富的支付场景、同用户之间的社交化互动、智能化应用等将成为移动金融未来发展趋势。

（一）简化交易流程，提升用户体验

中国过去的移动金融发展的方向是大而全，倾向于提供全面的金融服务，无论是支付、投资、理财、融资等，传统金融企业和互联网金融企业都

在设法满足客户多方面的金融需求。这也导致了中国移动金融普遍存在的缺点：功能太多、用户体验差。

在用户体验方面，有两个主要缺点，一是首页功能太多，让用户陷入选择恐惧症，短时间内无法找到自己需要的功能，浪费了用户时间；二是移动应用的界面没有实现智能管理功能，一旦版本升级，功能菜单布局改动太大，用户无法短时间内找到常用功能，会对新的界面产生厌恶感，将减少使用次数。

国外领先的移动金融 APP 的特点是界面简捷、功能简单。用户在智能手机界面只需要看到有限的几个图标，就可以方便快捷地进入菜单，经过几次点击就可以找到自己需要的功能，完成金融服务。另外金融交易的功能设计也很重要，客户在进入功能菜单后，交易流程非常简化，多用选择和确认信息，在短时间内完成交易。即使移动金融应用升级之后，其交易路径变化很小，不会让用户产生陌生感。

客户对移动金融服务体验要求会越来越高，要在短时间内找到自己需要的金融服务，快速安全地完成交易。移动金融需要在界面设计和功能设计上投入较大精力，简化交易流程，提升用户体验。

（二）丰富支付场景，提供全面金融服务

移动金融的主要功能是连接客户和提供金融服务，简捷的交易流程和用户体验提升了连接的可能性，让更多用户愿意使用移动金融服务。丰富支付场景则可以提高用户黏度，将移动金融应用变成高频使用的 APP。

用户使用移动互联网过程中，60% 以上的金融服务需求会同支付相关，其中包括金融投资理财购买、商品购买、交通出行、旅游酒店、公共事业费支付、餐饮消费，娱乐消费、外卖支付等。支付成为用户使用移动互联网的主要目的之一，在未来发展过程中，移动金融需要考虑为客户提供更丰富的消费支付场景服务，深度思考提供哪些支付场景服务，如何利用支付功能黏住客户，提高客户使用移动金融服务的频率。失去了支付场景，将会导致金融服务失去发展基础，同时也会失去资金和客户入口。

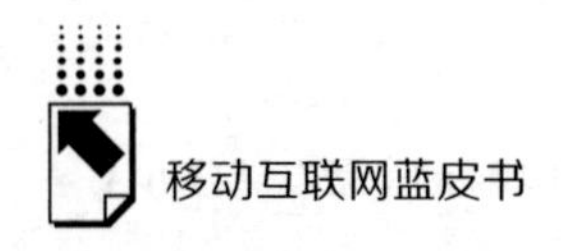

在支付过程中，企业可以挖掘出客户更多的金融服务需求，为客户提供全面的融资和理财服务。支付场景服务还可以为信用评估和反欺诈提供数据支持，帮助移动金融更好地发挥快捷服务，提升客户体验。

（三）拓展社交化互动，掌握客户需求升级迭代

借助于社交功能，客户可以发表对金融服务的想法和建议，金融企业可以了解到更多的信息和数据，进行客户分析，优化产品，提升客户满意度。社交化互动数据是典型的用户行为数据，金融企业可以利用这些数据丰富用户画像，对客户进行分类，依据客户的特点来经营客户。

金融企业可以依据客户特点、客户职业、客户爱好等建立一些圈子，如留学圈、户外运动圈、亲子圈、教育圈、理财圈、艺术品投资圈等。定期举行一些线下的活动，利用实体社交圈子，将金融企业的产品和服务渗透进来，为客户提供金融服务，实现社交营销。

社交功能可以激励客户进行社交传播，企业可以为社交传播的客户以及新导入的客户提供优惠，实现低成本获客，分享产品和活动，提升用户活跃度，提高产品转化率。利用社交功能，企业可以掌握同客户沟通的信息和数据，所有交流信息将留在企业内部，有利于统计分析，有助于客户服务质量和效率的提升。

（四）人工智能应用，驱动移动金融业务增长

2016 年人工智能开始爆发，人工智能在金融服务上的应用也进入高速商业化阶段，其中典型的应用有人脸识别、智能推荐、智能投顾、智能客户等。算法和模型的应用不但可以帮助移动金融提升风控水平，还可以提升移动金融的用户体验。人工智能应用将成为移动金融主要的发展趋势。

人脸识别可以帮助移动金融快速远程开户，识别出恶意欺诈分子，通过图像活体检测技术，也可以让一些高智商犯罪分子失去欺诈前提。智能推荐可以依据客户以往点击和购买习惯进行产品推荐，并帮助提升客户体验和产品转化率。智能推荐技术还可以用于界面管理优化，针对不同客户定制不同

界面，即使当移动 APP 升级之后，用户也不会对新界面感到恐惧，其常用的功能还是出现在首页。智能投顾会参考客户的风险偏好提供金融产品配置，获得稳定的投资收益。其最大的优势是市场风险识别，可以在动态的投资市场中，帮助投资者及时调整投资策略和资产配置，获得高出市场平均水平的收益。智能客服将逐步代替人工客服，利用记忆优势和学习优势，为客户提供一对一的智能服务。未来的智能客户可能上知天文，下晓地理，并具有学习和进化能力，可以成为客户的朋友，帮助客户进行理财规划。

移动金融将会朝向简捷、方便、智能、社交几个方面发展，技术和数据将成为产品创新和服务创新的基础，商业模式的壁垒将会越来越低，用户壁垒将越来越明显，新移动金融业务的崛起将比较困难。存量客户和流量经营时代将到来，移动金融未来发展充满了希望，也将做出调整。

参考文献

TalkingData：《2016 年中国移动互联网行业发展报告》，2016。

中国人民银行：《2016 年支付业务统计数据》，2016。

中国金融认证中心：《2016 中国电子银行调查报告》，2016。

B.15

中国移动阅读行业发展状况分析报告

杨　云*

摘　要：　2016 年，中国移动阅读延续前几年快速发展的态势，成为主流阅读方式，用户群体进一步扩展，原创内容付费占比提高，版权及泛娱乐化运营形成，碎片化阅读趋势加强，有声阅读形成规模。资本运营对移动阅读行业的影响在 2016 年日益明显。

关键词：　移动阅读　版权运营　碎片化阅读

一　2016年中国移动阅读行业发展概况

（一）移动阅读的发展与特点

从狭义上说，移动阅读是利用手机、平板电脑、电子书等移动终端设备进行阅读之统称。从广义上说，移动阅读的对象还包括更利于实现商业化的电子化图书、杂志、报纸、动漫以及由其衍生出的音频、视频等内容。

移动阅读是数字阅读的一种形式。数字阅读在计算机发明之初便已出现。但最终形成固定阅读版本并引导消费者养成数字阅读习惯，则是在 20

* 杨云，阅文集团市场部公关总监，长期专注于品牌商业价值建构、数字化传播等领域的实践与研究。

世纪 80 年代个人电脑普及之后。进入 21 世纪，手机技术的发展日新月异，新处理器、新显示屏的应用，使基于台式计算机的数字阅读转移至以手机为主的移动终端。借助 WiFi 及 3G 通信技术，随处互联且易于携带的智能手机、平板电脑令移动阅读越来越为消费者所接受，此外，还出现了如亚马逊 Kindle 电子书阅读器等专门为移动阅读而定制的设备。目前，移动阅读已成为阅读的主流形式之一。继数字阅读时长超过传统纸质媒介阅读时长之后，2015 年，移动阅读又超过基于台式电脑的传统数字阅读，成为消费者首选的阅读方式。

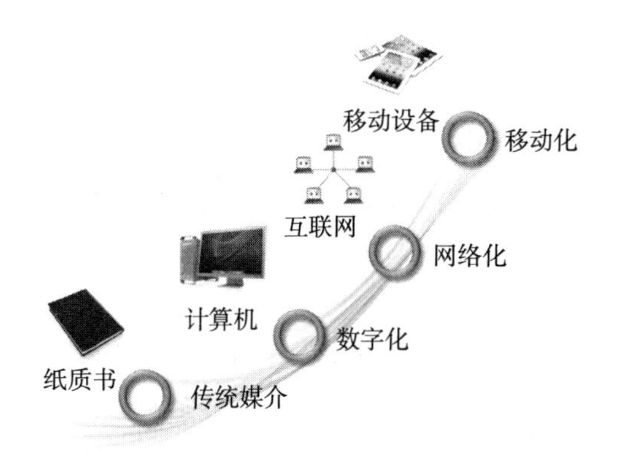

图 1　阅读媒介技术的演进

由于应用的设备、场景、消费者、内容不同，移动阅读呈现出众多不同的形式。其形式又因技术的发展向两个极端发展：一是基于新技术、新创意而生的产品日新月异，行业参与者越来越多；二是如版权优势、资本、商业模式带来的行业集中度提高，行业强者越来越强。前者使行业呈现长尾现象；后者使国外的亚马逊、国内的阅文集团这样的拥有优质资源的企业在未来的行业竞争中占据核心竞争优势。

（二）影响日隆的国内移动阅读行业

国内的移动阅读行业近年来发展较快。2016 年，随着版权概念的强化以及在多领域的收入增加，移动阅读行业引起了广泛关注。其中，在以阅文集团为首的“泛娱乐全产业”概念推动下，网络文学[①]延伸到娱乐业，为整个娱乐业输送了新鲜且改编价值极高的素材。同时，娱乐业也反哺移动阅读行业，使其社会影响力日益扩大。

1. 移动阅读人群不断壮大

相对于国外行业发展现状而言，国内移动阅读行业可谓方兴未艾。桌面电脑端数字阅读时代培养的读者，以及以起点中文网为主的原创网络文学网站培养的读者，都是行业的忠实消费者。数据显示，国内的数字阅读接触率超过60%。

基于内容的不同，移动阅读用户基本上划分为两大阵营：出版物读者和网络文学读者。两个群体特征不同，使移动阅读覆盖人群得到扩展，“全民阅读”得以更大程度地体现。

在覆盖人数方面，以2016年前三个月的数据为例，移动端阅读人数较桌面电脑端合计多了6000万人（见图2）。

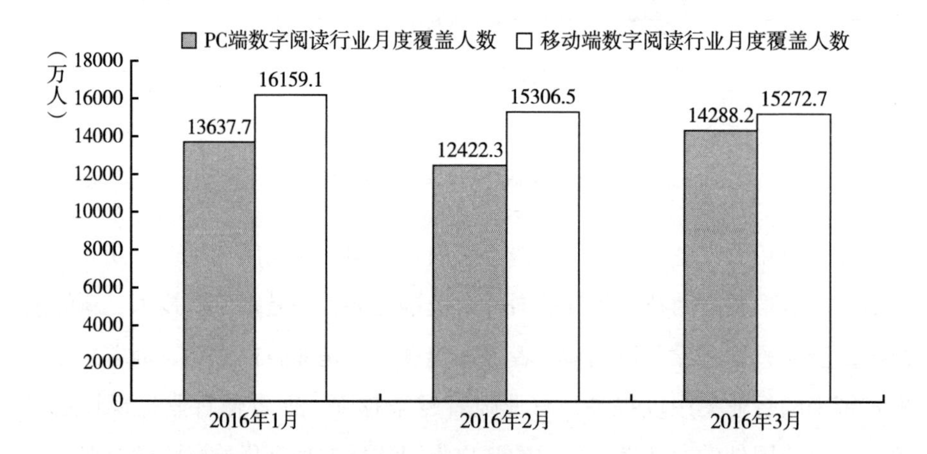

图2　2016年第一季度PC端、移动端数字阅读月度覆盖人数

资料来源：艾瑞咨询《中国数字阅读行业季度报告（2016年Q1）》。

---

① 本文中出现的“网络文学”，意为在互联网上创作和发布的以小说连载为主要形式的文学作品形式。

根据CNNIC最新发布的报告，截至2016年12月，我国网络文学用户数量达到3.33亿，其中手机网络文学用户为3.04亿，较上年底增加4469万，占手机网民的43.7%。[①] 随着阅文集团等龙头企业继续以版权为基础拓展衍生产品线及泛娱乐生态圈，营销力度不断加大，以网络文学为阅读对象的移动阅读消费者将会进一步增多，阅读量、阅读时长、阅读深度也将会随之发生变化。

在形式上，早期以文字为主的移动阅读，逐渐加入了动漫、有声书等多种形式；在内容上，出版物与网络文学的相互融合，使移动阅读的外延得到了有效延伸。在地域覆盖上，移动阅读消费者已由接触新生事物较早、较快的一、二线城市用户群体向三、四线城市及农村居住人群扩展。

移动阅读已经成了生活中的常态。尽管围绕纸质书与电子书孰优孰劣的讨论还将在一定程度上持续，但是，数字阅读、移动阅读已呈现不可逆转之大势。

2. 用户电子阅读习惯养成，应用和设备持续丰富

（1）用户电子阅读习惯养成

网络文学及电子出版物已从传统的纸质出版物市场中吞食了一大片领土，而移动阅读又与基于桌面电脑端的传统数字阅读分庭抗争，并于2015年全面超越桌面电脑端的数字阅读。2016年两者间的差距更加明显，2016年前三个月，移动阅读时长是桌面电脑端阅读时长的4~5倍，反映了移动阅读在碎片化时间利用上的绝对优势（见图3）。

用户获取阅读资源的渠道虽然多样化，但是移动阅读所占的比例是绝对领先于其他方式的。根据《中国网络文学行业研究报告（2016年）》，用户通过手机、平板等移动终端上的浏览器阅读网络文学的占比为66.6%，通过移动终端APP阅读的占比为51.5%，通过桌面PC端阅读的占比不到50%，通过其他渠道阅读的在30%以下（见图4）。

由此可见，通过移动设备阅读已成为主要的网络文学传播阅读渠道。相对于传统阅读，移动阅读的渠道拓展潜力更大，其内容提供商与渠道分销商

---

① CNNIC：《第39次中国互联网络发展状况统计报告》，http://www.cnnic.net.cn/hlwfzyj/hlwxzbg/hlwtjbg/201701/t20170122_66437.htm，2017年1月。

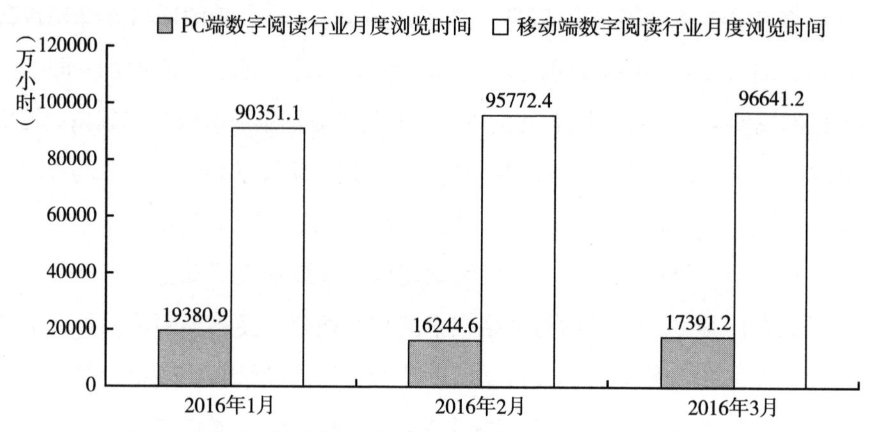

图 3　2016 年第一季度 PC 端、移动端数字阅读月度浏览时长

资料来源：艾瑞咨询《中国数字阅读行业季度报告（2016 年 Q1）》。

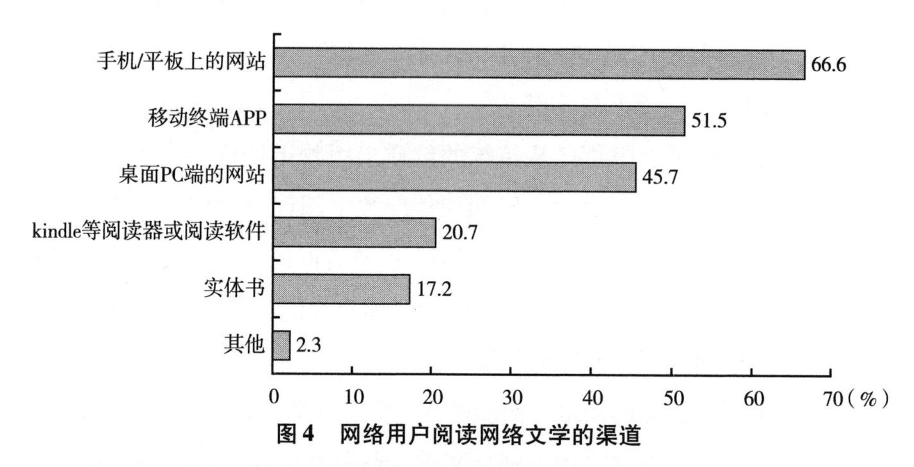

图 4　网络用户阅读网络文学的渠道

资料来源：艾瑞咨询《中国网络文学行业研究报告（2016 年）》。

已成为行业的决定性力量。尤其是整合原盛大文学、腾讯文学而成立的阅文集团，旗下囊括了起点中文网、创世中文网、红袖添香、小说阅读网等 8 家网络文学网站，网络文学资源上的强势优势，令其遥遥领先于竞争对手。加之其早已看准移动阅读的优势，以“QQ 阅读”为主打产品围绕移动阅读进行产品、服务、营销的一系列布局，对未来的行业竞争有着重大的影响力。

（2）移动阅读应用市场

以 APP 为主的终端应用是企业与消费者之间连接的桥梁和主要的流量

入口、营销平台。衡量阅读应用的标准有许多，大多可以与图书馆做对比：应用中书籍的资源量相当于图书馆的藏书量；应用的稳定性与方便性相当于图书馆服务水平；应用界面的美观与个性化相当于图书馆的装修装饰。在各家企业大力推动下，移动阅读应用的各项指标均有所提升。自 2016 年开始，云计算、大数据、交互式体验已广泛应用于各阅读应用，成为标配。从“人找书”升级到“书找人”，人性化功能特点突出，远非传统图书馆可比。这些功能的应用，改变了消费者的使用习惯，同时也因为定位更加准确，更便于精准营销。QQ 阅读、掌阅 iReader、多看阅读等应用，就充分体现了个性化、社交化的移动阅读潮流特征。2016 年第三季度 QQ 阅读在强大的营销攻势下，一举超越掌阅 iReader，成为新的应用霸主，占据了 31.53% 的市场份额[①]（见图 5）。QQ 阅读与掌阅 iReader 作为第一阵营的实力卓然。

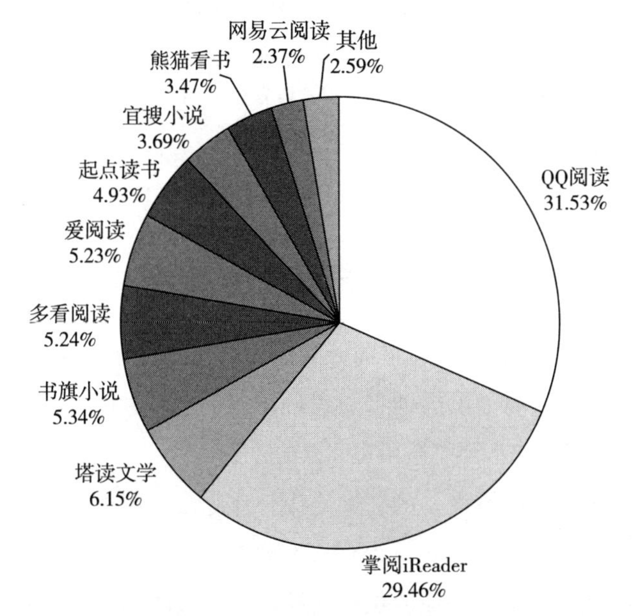

图 5　2016 年第三季度中国移动阅读应用时长份额分布

资料来源：速途研究院《2016 年 Q3 移动阅读市场分析报告》。

① 速途研究院：《2016 年 Q3 移动阅读市场分析报告》，http：//www. sootoo. com/content/668575. shtml。

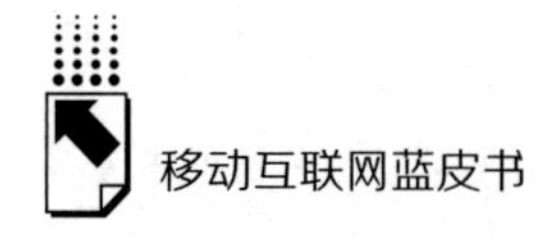

（3）移动阅读设备

相对于阅读应用而言，阅读设备市场的集中度极高，尽管汉王、盛大、掌阅等国内厂商也向市场提供了不同功能的阅读设备，但市场仍呈现亚马逊 Kindle 电子书阅读器一家独大的局面。

近年来，Kindle 的市场表现并不令人满意。以亚马逊自身的评估而言，这种局面是崛起中的基于 iOS、安卓的平板设备对 Kindle 造成了巨大的冲击以至于销量逐年下降的结果。以 Kindle 为主的阅读设备的销售量在 2011 年曾达到 2320 万台，而近几年的销售业绩持续下滑，2015 年仅售出 780 万台。① 市场的萎缩使各生产厂商不约而同地将设备规格定在 6 寸屏，因为只有这个规格才能吸引到最多的消费者、产生规模效应，以避免产生亏损。

尽管以 Kindle 为旗手的阅读设备在中国移动阅读市场摇旗呐喊了许多年，但是阅读设备仍未对移动阅读市场形成较大影响。设备的开发与推广才是行业未来向纵深发展的利器。只有形成平台与生态圈，才能在阅读设备上拓展许多创新业务。这一点在汉王、盛大和掌阅的案例上都有体现。阅文集团 2017 年发布的阅读器会否为这个细分市场带来冲击，目前仍有待观察。

（三）2016年：基于 IP 的泛娱乐化

2016 年移动阅读行业延续了前几年的发展态势，并且在广度、深度两个维度均有所加强。行业发展的特点表现在以下七个方面。

1. 数字阅读继续拉大与纸质图书阅读的差距

由于智能手机与终端设备的普遍应用，移动阅读用户习惯已形成。我国成年国民人均每天手机阅读时长为 62.21 分钟。② 由于现代人移动的频次增加、碎片化的时间增多、关注的焦点转移增快，轻阅读、碎片化阅读、浏览式阅读，令移动阅读相较于纸质阅读更具优势。而数字阅读的相对优势必然

---

① 《kindle 凭什么超越手机成阅读首选?》，时代在线，2016 年 4 月 26 日。

② 《第 13 次全国国民阅读调查报告》，光明网，http://news.gmw.cn/2016-04/19/content_19757211.htm，2016 年 4 月 19 日。

会越来越大。

2. 原创内容用户付费占比提高

早期数字阅读行业受原创数量不足与质量不佳双重因素的影响，多是将纸质书进行数字化的形式快速积累阅读内容，如亚马逊的电子书库就是数字化的纸质书。近年来由于起点中文网等原创文学网站在行业的深耕，原创的质、量均得到提升。在数字阅读行业的收入结构中（如图 6 所示），数字阅读付费用户占比为 61.0%，其中原创内容占到数字阅读付费的 97.8%。

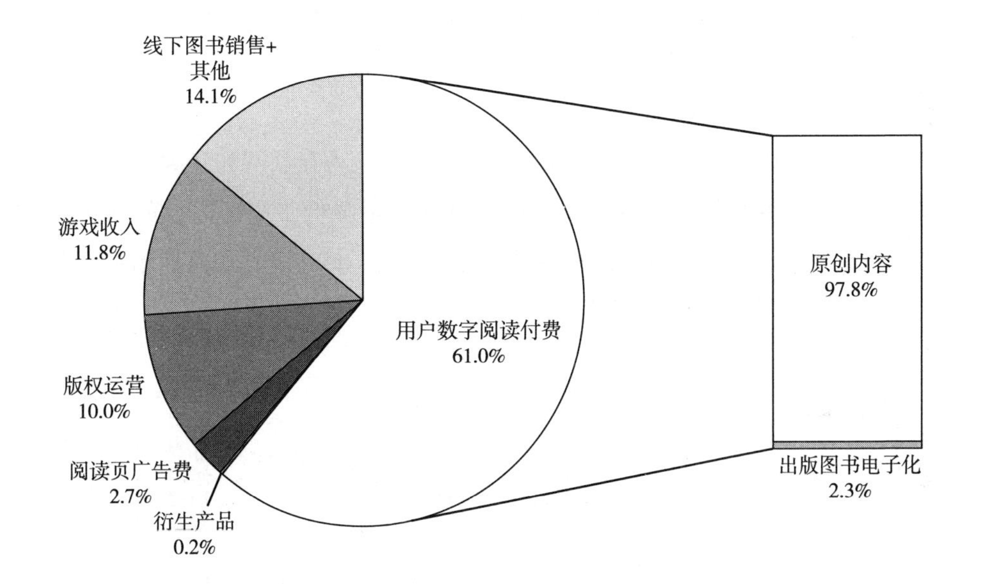

图 6 数字阅读产业收入结构占比

资料来源：阅文集团数据业务中心《2016 移动阅读报告》。

3. 版权影响日渐加大，延伸产业效应明显

版权运营是近年来移动阅读行业出现的一个重要现象。与早年基于 PC 端的网络文学网站运营模式不同，移动阅读从行业兴起之初就将版权作为重要的运营要素。整个行业的利润分成也与版权运营不无关系。桌面电脑网络文学时代的盗版泛滥现象得到有效遏制，许多没有版权支持的企业也逐渐退出了竞争者的行列。

版权运营不仅实现了对文字的知识产权保护，同时也因版权极强的衍生能力，将产业链拓展到游戏、动漫、电影、电视、音乐等行业。2016 年版权运营较之往年产生了更大的经济收益与社会影响力。据统计，2016 年度网络文学版权在影视剧方面的衍生作品包括 42 部电影、96 部电视剧、137 部网络剧①。

4. 碎片化阅读习惯形成

移动设备的便携性，使用户形成碎片化阅读的习惯。不分时间、不分场所随时可进行的阅读，以及微信读书、QQ 阅读、多看阅读等推出的由阅读时长换取积分的活动也促进了用户碎片化阅读的习惯。

5. 有声阅读形成风尚

“听书”成为一种新型阅读方式，尤其是在移动互联网和音频录制存储技术高速发展的环境下，音频制作和传播的成本降低带来了内容的繁荣发展。由于在移动端收听有声读物的群体越来越大，该市场得以高速增长，发展潜力巨大（见图 7、图 8）。

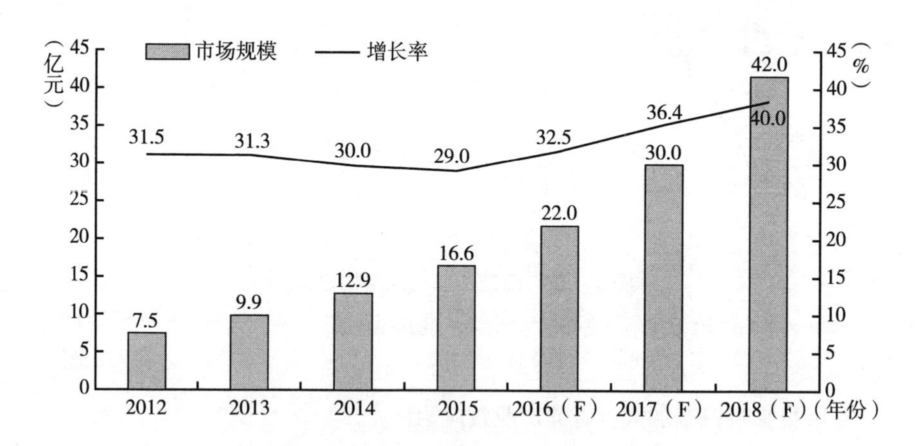

图 7　2012～2018 年听书市场规模及增长率

资料来源：阅文集团数据业务中心《2016 移动阅读报告》。

① 骨朵传媒：《骨朵独家 2016 影视剧改编 IP 大盘点（2.0 修正版）》，http：//www. guduomedia. com/？ p = 6922，2016 年 2 月 18 日。

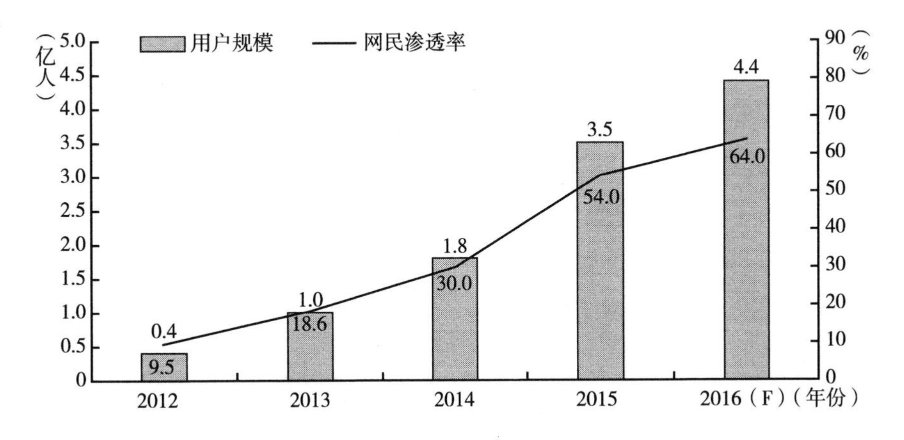

图 8　2012～2016 年听书用户规模和网民渗透率

资料来源：阅文集团数据业务中心《2016 移动阅读报告》。

6. 由单一阅读转变为泛娱乐化

阅文集团 CEO 吴文辉在“2016 中国游戏产业年会”的演讲中指出，网络文学高速发展，不仅加速了国内数字阅读、移动阅读的壮大，也为文化创意产业、娱乐业持续输送优质内容养料、注入发展活力。[①] 移动阅读由单一的文字阅读行为，转变为与游戏、动漫、影视等的互动行为；同时，多形式的互动又为移动阅读带来更多娱乐元素。以内容、版权为轴心的网络文学与移动阅读不仅为企业带来巨大的经济效益，也形成了很大的社会影响。

7. 共享经济、资本运营理念渗透

2016 年是国内共享经济蓬勃发展的一年，移动阅读行业也受到这种潮流的影响。除了传统的沿着产业链在内容作者、移动阅读平台、分销渠道、版权运营、泛娱乐化拓展等方面的共享资源整合外，移动阅读的导流能力已成为关注、竞争的焦点，带动了其他行业的商品宣传与销售，促进了与之相关的供应链、金融、信息技术、民生工程等的发展。除了上述产业特色为投资人所关注外，业内企业也更积极地以资本运营为手段集聚资源。

---

① 《吴文辉出席 2016 中国游戏产业年会　提出阅文集团“文游联动”规划》，东方网，http：//finance. eastday. com/eastday/finance1/Business/node3/u1ai52657. html，2016 年 12 月 15 日。

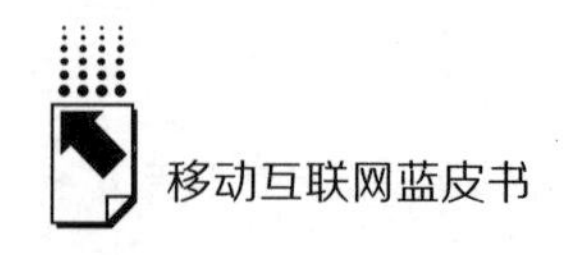

二 中国移动阅读行业发展分析

（一）行业发展阶段

移动阅读由来已久，无法确定一个具体的行业催生时间点，但通常可以用几个标志性的事件来说明这个行业发展的重要节点。在国外，移动阅读兴起的标志性事件是亚马逊公司的成立；在国内，起点中文网 WAP 的成立代表了移动阅读内容的形成，中国移动手机阅读基地的成立代表了分销渠道的形成。产品（移动阅读内容）、营销（移动阅读分销渠道），再加上客户（移动阅读读者），则是移动阅读兴起、行业形成的标志。移动阅读行业从“进入期”进入“成长期”的标志性事件则是 2010 年苹果发布新的智能手机及第一代平板电脑。

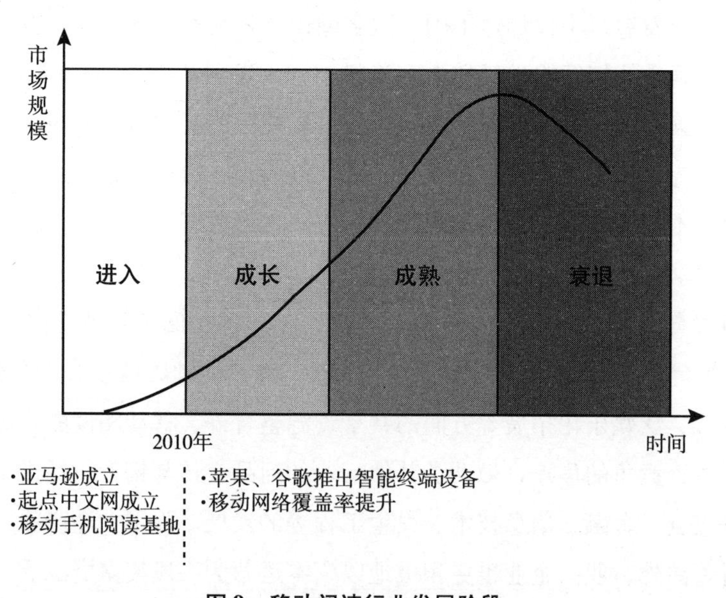

图 9 移动阅读行业发展阶段

起点中文网、红袖添香、中文在线、新浪、潇湘书院等传统内容提供平台基于浏览器访问量的竞争也正是从 2010 年开始产生了根本性的分化。以阅文集团为例，2002年成立起点中文网，2007年起点中文网WAP站建立，网络文学阅读从PC端开始向移动端迁徙，[①] 2009年起点中文网开始向中国移动手机阅读基地提供内容，2010年发展出移动阅读商业雏形，2011年起点读书客户端上线，标志着移动阅读时代全面开启。接下来的几年，随着2012年QQ阅读上线、2014年QQ阅读注册用户突破3亿个，由浏览器转向移动互联网的强大优势一年比一年大。在整合了起点读书、QQ阅读等资源后，阅文集团在移动阅读领域做了重要布局。仅用了5年时间，移动阅读就取代了基于PC机与浏览器的数字阅读地位，形成了以阅文集团、掌阅为领导的新格局。

行业发展在“成长期”向“成熟期”发展的主要标志是企业对产品、服务的定位发生重大改变。由图10可知，行业经济的发展会经历1.0商品经济（形成销售）、2.0产品经济（形成品牌）、3.0服务经济（强化品牌）、4.0体验经济（行业领袖）四个阶段。

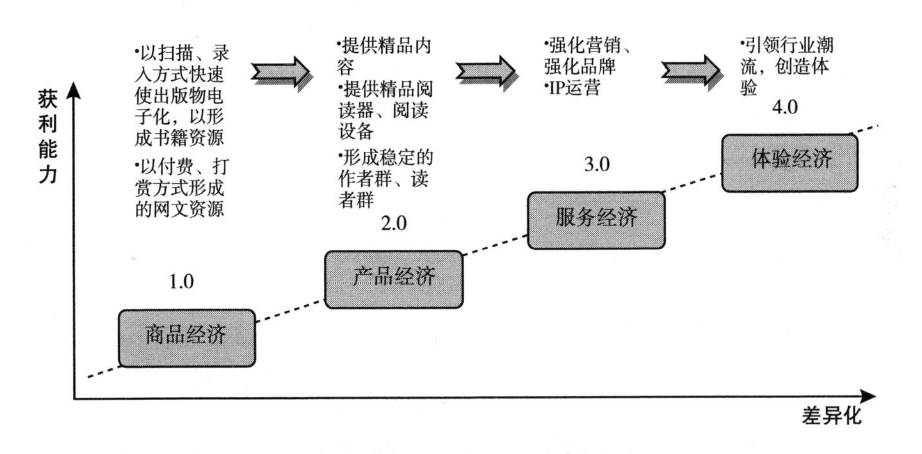

图10　移动阅读行业经济发展的四个阶段

移动阅读行业目前仍处于高速增长的“成长期”。尽管近几年行业增长的速度已大大放缓，但可以预见客户群外沿拓展、版权运营等将会为行业带

① 《阅文数字阅读洞察：得90后得天下》，中国信息产业网，http：//www.cnii.com.cn/platform/2016-12/19/content_1804802.htm，2016年12月19日。

来新的增长点。行业是否在那时才算进入“成熟期”，目前难以判断。阅文集团等部分企业预见到“全民阅读”的巨大市场，而将泛娱乐化、版权运营作为战略重点，将会对行业未来发展产生重要的推动作用。

（二）行业用户阅读习惯分析

无论是基于存量的竞争，还是基于增量的拓展，行业用户始终是行业发展的焦点。在消费场景方面，如图 11 所示，公交地铁排在首位（占 87.1%）。这正是移动阅读在移动中阅读的优势体现，也完全符合现代快节奏、频繁移动的生活状态。此外用餐时（43.7%）、使用卫生间时（39.2%）也体现出移动阅读的独特阅读场景，同时也反映了移动阅读是使阅读碎片化的助因。

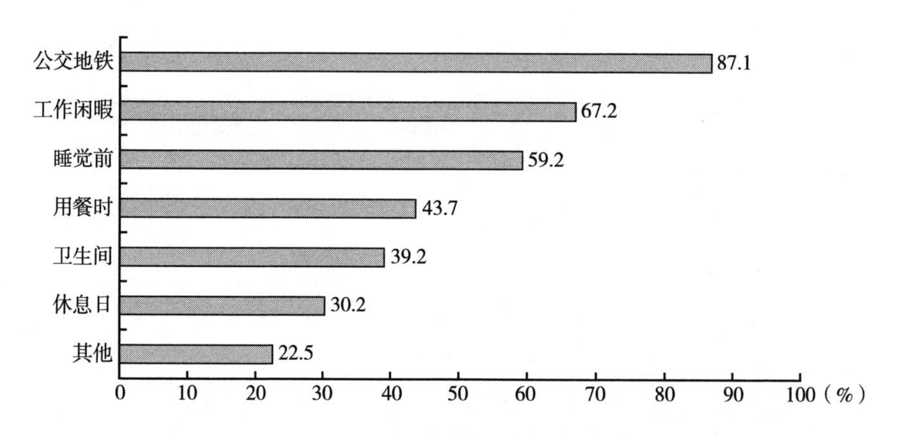

图 11　2016 年第三季度移动阅读用户分布场景

资料来源：速途研究院《2016 年 Q3 移动阅读市场分析报告》。

在阅读时间分布方面，下午与晚上是阅读时间的高峰期，而临近睡前达到峰值，在单次阅读时长方面，低于半小时的浅阅读占据了主要地位（见图 12、图 13）。由此可见，移动阅读对于消费者而言：①主要利用休闲时间进行移动阅读（娱乐形式的定位）；②移动阅读以休闲娱乐为目的（内容分类的定位）；③移动阅读消费者更偏重浅阅读（内容呈现形式及排版方式的定位）。

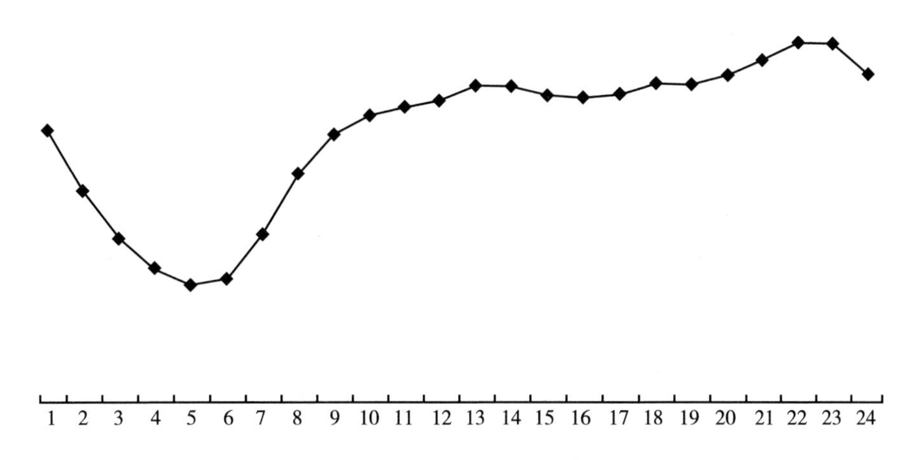

图 12　用户阅读时间段分布

资料来源：阅文集团数据业务中心《2016 移动阅读报告》。

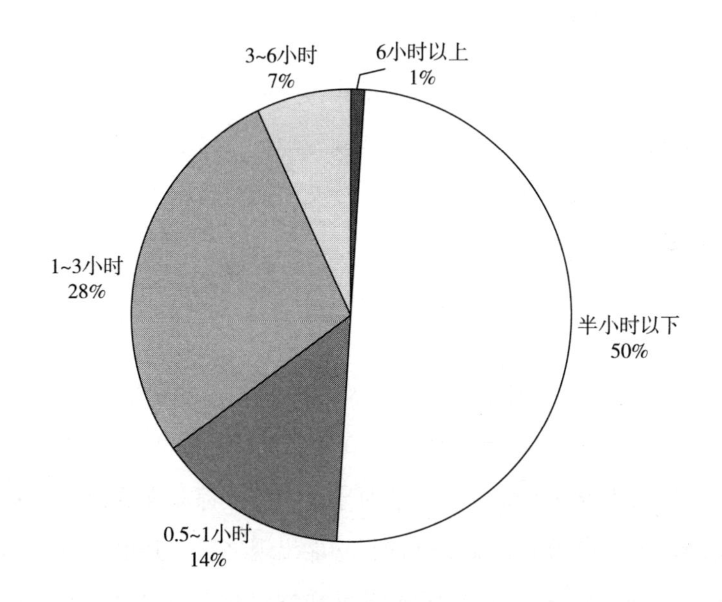

图 13　用户阅读时长分布

资料来源：阅文集团数据业务中心《2016 移动阅读报告》。

由移动阅读用户的消费习惯可知，娱乐性强、时效性强、更新速度快、表述方式简单易懂的网络文学正是应对上述消费习惯而生的。

表 1　移动阅读用户的消费习惯

项目	内容
娱乐形式	阅读网络小说
内容分类	都市、玄幻、言情等
呈现形式、排版方式	一天读 1 ~3 更(一更以 3000 字计,依据普通用户读书速度大部分可在半小时内读完)

上述的统计数据也同时印证了网络文学作者把更新时间定在上午（早高峰之前）、中午（午休时间）、下午（晚高峰之前）、晚上（睡前）等时间段，是非常符合移动阅读客户的消费习惯的。而这个消费时段，也是行业参与者做营销等活动需要重点关注的。

（三）行业竞争优势分析

移动阅读是一个新兴行业，其真正获得发展动力的时间不到十年。但在短短的发展期内，已在同类市场中获得领先地位。这是因该行业的优势是同类市场所不具备的：产品内容迭代快，社交功能对营销、销售以及泛娱乐化运作的推动等。

但是该行业的劣势、成长机会、威胁也需要给予关注。与国外移动阅读市场相比，国内移动阅读市场呈现多元化的局面，市场集中度不高，长尾效应明显。尽管 QQ 阅读、掌阅是市场的领头羊，但主流的竞争者依然紧随其后，市场排名 20 以内的竞争者依然拥有大量的用户，十分分散。产品同质化明显。其原因主要在于每一家企业对于用户体验都非常重视，也非常关注产品的更新度。当市场上有受欢迎的新功能出现之后，其他竞争者也会第一时间跟进。此外，软件开发工程师的流动性也促成了产品同质化的现象（见图 14）。

移动阅读行业竞争格局相对简单，目前对该行业造成一定竞争力的是来自传统行业的纸媒。除此之外，移动阅读行业在准入瓶颈、供应商地位、客户地位、替代威胁等方面都占据有利地位，竞争力较强（见图 15）。

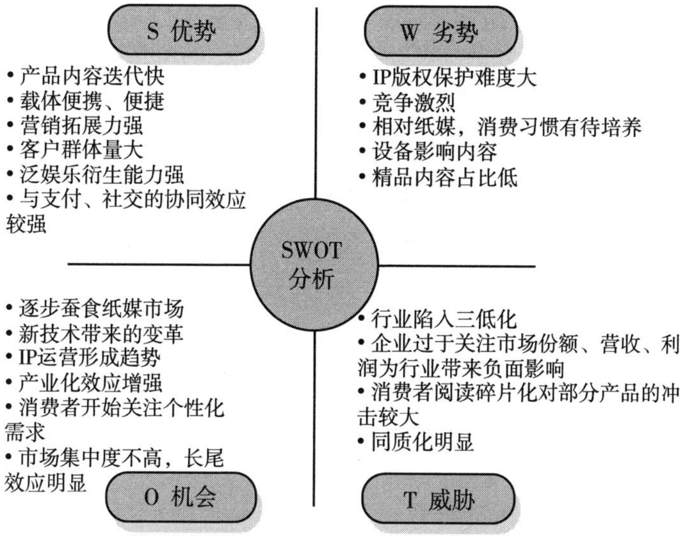

S 优势
• 产品内容迭代快
• 载体便携、便捷
• 营销拓展力强
• 客户群体量大
• 泛娱乐衍生能力强
• 与支付、社交的协同效应较强
W 劣势
• IP版权保护难度大
• 竞争激烈
• 相对纸媒，消费习惯有待培养
• 设备影响内容
• 精品内容占比低
SWOT分析
• 逐步蚕食纸媒市场
• 新技术带来的变革
• IP运营形成趋势
• 产业化效应增强
• 消费者开始关注个性化需求
• 市场集中度不高，长尾效应明显
O 机会
• 行业陷入三低化
• 企业过于关注市场份额、营收、利润为行业带来负面影响
• 消费者阅读碎片化对部分产品的冲击较大
• 同质化明显
T 威胁

图 14　移动阅读行业 SWOT 分析

进入障碍
• 市场商业模式已成熟
• 市场格局已形成
• 进入成本较高
• 获取内容资源、客户资源不易
• 内容提供者力量分散，议价能力较强
• 许多内容提供者依赖行业的扶持
供应商地位
新进入者
供应商
竞争对手
客户
替代品
客户地位
• 消费者较分散，议价能力较强
• 对内容及资源有一定控制力，议价能力较强
• 营销模式清晰
• 产品/服务需要提升
替代威胁
• 虽然是新兴行业，但是已形成消费习惯，且用户群体不断增多，来自传统产品及行业的替代威胁存在，但影响力日趋减弱
• 行业外竞争对手：以纸媒为主。移动阅读略占上风，但未来竞争格局难料
• 行业内竞争对手：同质化现象严重，个性化不突出。内容、IP、渠道是主要竞争力

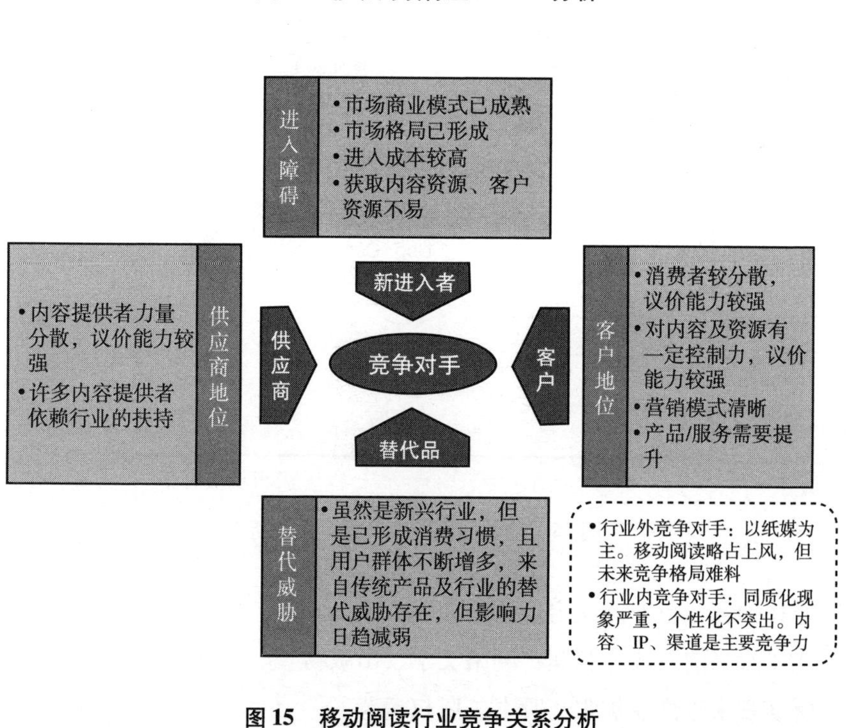

图 15　移动阅读行业竞争关系分析

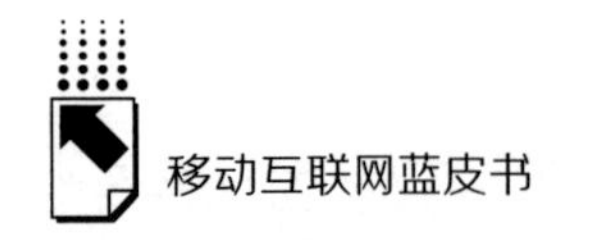

（四）行业产品定位分析

移动阅读行业的主流产品包括出版物、网络文学、动漫、听书等内容，阅读设备等硬件以及版权运营。出版物及网络文学是行业兴起的基石，目前也为行业贡献着主要的营收与利润，同时也是导流的主要工具。按波士顿矩阵分析（见图16），这两个产品既是金牛，也是增长速度快的明星，是各家企业立足的基石。听书与版权运营是近两年发展速度最快的产品，其影响力日趋变大，尽管其营收及利润贡献的规模有限，但其具有极大的发展潜力。动漫近年来发展速度较快，但是受众有限，且行业尚未培育完全。阅读设备方面尽管有长达10年的培育期，但是市场的表现不如人意。

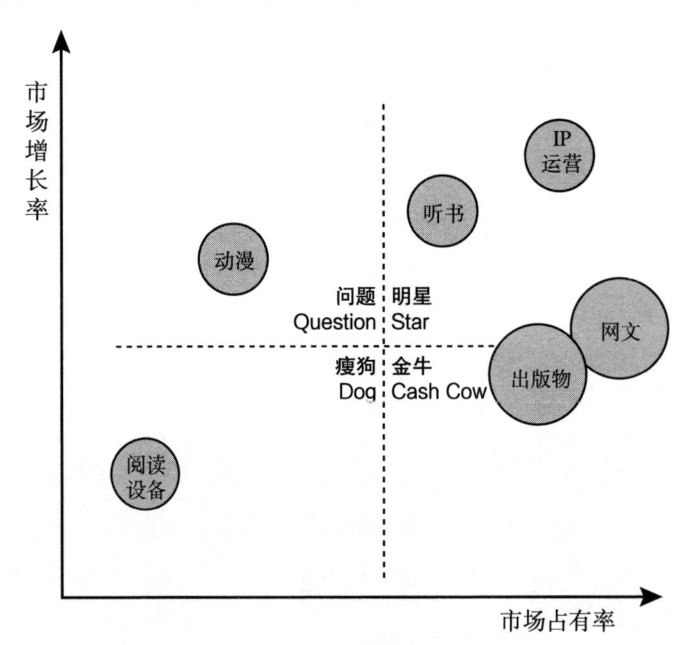

图16　移动阅读行业产品定位分析

总体而言，行业产品定位策略如下。

①扩大当前营收与利润：网络文学、出版物。

②实现未来产业扩张：听书、版权运营。

③形成完整产业链、打造综合性移动阅读企业：动漫、阅读设备。

（五）行业盈利模式分析

移动阅读行业的盈利模式主要包含用户付费阅读、借阅、图书出版发行、版权运营（版权增值）、广告、硬件销售等多个方面[①]。

由上述行业产品定位分析可知，用户付费阅读、借阅、图书出版发行等与网络文学、出版物强相关的业务是行业的主要收入，其盈利模式相对较为成熟。版权运营等衍生业务未来具有非常大的可拓展的空间。坚守网络文学、出版物阵地，推进“泛娱乐化”是行业当前与未来的主要商业模式。

此外，共享经济、资本运营等理念渗透进移动阅读行业，类似优步（以推行人、车匹配为技术特点）、亚马逊的模式可以在资本的推动下实现行业与企业的增值，而不再关注业务本身的盈利情况。

三　中国移动阅读行业的未来趋势

（一）行业趋势

随着商业模式再造、技术迭代、资本运营、跨界合作，移动阅读近年来取得了快速发展。这几个影响因素还将在未来 5～10 年继续主导行业的发展。平台、生态圈的概念使行业由竞争走向合作的可能性更大。内容、应用、设备对未来的发展会有较大影响，但是最深远的影响将来自商业模式与生态圈方面。

1. 内容的发展趋势

目前的移动阅读内容出现通俗化、碎片化的现象，但当移动阅读的精品越来越多、用户黏度越来越高时，当前的消费场景必然会随着消费习惯进一步拓展，从而使移动阅读不再是通勤时间、睡前时段打发时间的工具，而取

① 易观智库：《中国移动阅读市场年度综合报告 2016》，http：//www.199it.com/archives/496403.html，2016 年 7 月 15 日。

代大部分阅读场景。其内容也将从以小说为主的轻阅读拓展到文档、文献、教材、商业资料等深度阅读领域。因此，围绕内容以及与之相关的应用、设备、衍生品的形态与消费者将会发生重大的改变。

2. 应用与设备的发展趋势

内容的发展体现了共性，而应用与设备的发展体现了个性。以内容为原材料，通过应用与设备进行产品提升，是行业未来发展的主基调。包括交互性、娱乐性、批注/审阅等共享阅读功能在内的商业应用，高附加值功能、以 VR 等新技术的引入打造的文化终端，是未来可期的发展方向。

（二）企业趋势

1. 资本及并购整合的趋势

“共享经济 + 资本运营”对移动阅读行业的影响在于强大的资本可以使平台发展壮大，而平台的壮大又能反哺行业的价值。因此，未来的企业不再是孤军奋战，而是与关系者结成战略同盟，在扩大市场份额的同时，做大蛋糕。

阅文集团就是“共享经济 + 资本运营”的一个成功案例。起点中文网、创世中文网等网站在企业运营方面已形成正反馈，腾讯给予的资源支持也令阅文集团的竞争优势更加明显。其发展战略及商业行为足以决定二、三线竞争者的生死。

2. 产品及服务的趋势

与产品（内容、应用、设备）相关的就是服务。在解决了阅读问题之后，平台、社交性、无处不在的存在感是服务发展的方向。早年依赖某一两件热门作品就撑起一个网站的时代早已不复存在。消费者对产品、服务的需求对行业提出了更高的标准。

移动阅读与 BAT 结盟是必然结果。仍以阅文集团为例，腾讯给予阅文集团的，不仅仅是资金支持，更重要的是生态圈、用户、流量入口的支持。同时，阅文集团还可以共享腾讯在云计算、大数据方面的技术成果。更重要的是，微信 + QQ 垄断了国内几乎全部社交流量入口。这样的资源整合带来的竞争优势，是其他企业所不能及的。

3. 内容与版权的发展趋势

2016年，版权问题始终是移动阅读行业的热点话题。与版权相关的打击盗版行动、版权运营权的争夺等将来还会愈演愈烈。在行业法规越来越严、企业原罪越来越难掩饰时，版权可以决定一家企业的生死。

4. 生态圈——行业竞争趋势

行业生态圈的打造会在今后的几年中逐渐形成规模。蓝海战略、企业的差异化、市场份额之争、流量争夺战等最终会归到谁的生态圈最早完成、谁的生态圈更加健康。行业企业如不能形成自己的生态圈，就必然会沦为某一个大生态圈的附庸供应商或消费者的地位。

四　推动中国移动阅读行业综合健康发展

以技术驱动、消费驱动推动的产品精品化、服务个性化决定一家企业近期发展前景；版权运营决定一家企业的远景；生态圈的打造决定一家企业最终能否从竞争中胜出，并成为行业整合者。

从2016年的行业发展来看，以阅文集团为主的几家企业已经在生态圈布局方面走在了同行前列。阅文集团的泛娱乐化使其拥有短期竞争优势；打击盗版及版权运营使其拥有长期优势；借助腾讯的资本、平台、社交工具、金融工具形成阅文独特的生态圈，正在紧锣密鼓进行中。其他同行能否跟进、跟进速度如何，将决定未来的竞争格局。为了内容、产品、服务综合、健康发展，本文提出以下建议。

1. 产品差异化

大而全是优势，小而精也是优势。但专注于小而精的企业因为小众化而易于被大而全企业所吞没。这是商业发展与资本发展的普遍规律。

产品的差异化是从产品本身开始，但是仅专注于产品本身并不能解决问题。资源优势、版权优势、资本优势都需要企业以战略眼光去整合。

2. 版权运营精加工

版权运营在2016年迸发出巨大的能量。但目前版权运营还相对“简单粗暴”。极少数作品的版权贡献了绝大部分价值。将版权作为专利技术或原材料看待，通过设计、精加工形成独一无二的产品，是企业可以关注与发展的方向。

3. 加大营销力度

阅文集团2016年的营销亮点频出，也为之带来了巨大的流量。反观其他企业则将内容或应用视作单一产品，未能形成宏观、协同的营销战略。倘若还只是依赖自有网站、APP及有限的分销渠道的推广，用户流失是必然的结果。

4. 生态圈与资源共享

基于共享经济的思想打造生态圈是当务之急。行业中排在前列的企业都有打造生态圈的实力，但并不是每一家企业都意识到生态圈的意义与价值。未来的竞争并不在于几本书或改编影视剧的走红，而在于能形成生态圈，使企业能够以四两拨千斤的方式激发巨大的商业能量，并拥有攻城略地的终极武器。

参考文献

艾瑞咨询：《中国数字阅读行业季度报告（2016年Q1）》，2016。
艾瑞咨询：《中国网络文学行业研究报告（2016年）》，2016。
速途研究院：《2016年Q3移动阅读市场分析报告》，2016。
阅文集团数据业务中心：《2016移动阅读报告》，2016。
易观智库：《中国移动阅读市场年度综合报告2016》，2016。

B.16

2016年中国移动社交发展评析

张春贵*

摘　要：　2016年中国移动社交整体格局相对稳定，创投热潮回落，主流社交产品通过移动支付、移动政务、移动民生服务等进一步融入社会生活。新技术新应用不断发展，新一代用户进场，对移动社交格局起到一定的调整作用。随着用户增量放缓，移动社交产品进入存量经营时代。运营者既要提升产品体验，增强用户黏性，也要承担更多主体责任，加强平台生态建设。

关键词：　移动社交　视频社交　微信　QQ　微博

随着移动互联网的发展，我国网民的移动迁徙渐趋完成。中国互联网络信息中心（CNNIC）《第39次中国互联网络发展状况统计报告》显示，截至2016年12月，中国网民规模达7.31亿人，手机网民规模达6.95亿人，手机网民占比由2015年底的90.1%提升至95.1%；在新增网民中，手机网民占比达80.7%。

在移动互联网快速发展和网民移动迁徙的大潮中，社交产品的移动化发展更充分。2016年12月，即时通信类的社交产品（主要指QQ、微信、陌陌等）用户规模达到6.66亿人，其中手机即时通信用户6.38亿人，占总用户规模的95.8%；微博的月活跃用户达3.13亿人，其中90%为移动端用户。

---

* 张春贵，人民网研究院研究员，博士，主要研究方向是社交网络、社会思潮等。

一　2016年移动社交产品发展状况

（一）腾讯系社交产品继续稳固“一家独大”地位

腾讯系社交产品，主要指腾讯公司的QQ、QQ空间和微信、朋友圈等社交产品。2016年，腾讯系产品继续毫无悬念地占据社交领域的“龙头”地位，保持稳定增长。据腾讯公司2016年度财报数据①，其各个产品的用户数量如下。

微信和WeChat的合并月活跃账户数达到8.89亿，比2015年同期增长28%。另据2016年12月微信团队发布的《2016微信数据报告》②，微信在9月平均日登录用户达到7.68亿，较2015年增长35%，50%的用户每天使用微信时长达90分钟，日发送消息总次数较2015年增长67%，日成功音视频通话总次数1亿次，较2015年增长180%。

朋友圈是微信产品所属的一个应用，没有独立的APP，只能在微信中打开或关闭。截至2016年底，其打开率是85.8%。③

据财报数据，QQ月活跃账户数达到8.68亿，比2015年同期增长2%；QQ智能终端月活跃账户达到6.52亿，比2015年同期增长2%；QQ最高同时在线账户数达到2.44亿，比2015年同期增长1%。

QQ空间月活跃账户数达到6.38亿，比2015年同期下降0.3%；QQ空间智能终端月活跃账户数达到5.95亿，比2015年同期增长4%。

从数据来看，QQ和QQ空间的用户总数基本稳定，增长缓慢；微信仍然保持较高的增长率，并且在年底首次超过QQ的用户数，但同比增长28%，这也是微信历史上首次低于30%，体现了网络用户增长放慢的影响。

---

① 《腾讯公司2016年度财报》，http：//tech. qq. com/a/20170322/034572. htm。

② 企鹅智酷：《2016微信数据报告》，http：//tech. qq. com/a/20161228/018057. htm#p = 1。

③ CNNIC：《第39次中国互联网络发展状况统计报告》，2017年2月。

腾讯系产品的发展，一方面是由其巨大的用户基数带来的规模效应，以及熟人关系、强连接功能，不断吸引用户加入进来。另一方面，也由于其加强线下各种功能连接，丰富用户的场景应用，不断扩展移动政务、移动民生服务等应用的范围。

此外，腾讯也不断改进其产品功能。2016 年底，微信推出了小程序。小程序提供类似应用程序的原生体验，用户无须离开微信界面即可便捷地进行低频次互动，释放了智能手机内存空间，让社交分享更方便①。在直播大潮中，微信也积极布局，如提高微信小视频的时长。微信直播也正在紧密筹备。微信朋友圈是基于微信联系人形成的熟人社交平台，随着用户规模的拓展、产品功能的丰富，弱关系社交也逐渐渗入，在产品内部形成多个相互平行、自成体系的圈子。

手机 QQ 用户的活跃度受益于厘米秀②等新功能的带动。QQ 空间是独立于 QQ 的一款应用，其智能终端的用户活跃度受益于功能的增强，如沉浸式浮层展示，这使用户可观看自动播放视频以及发现更多个性化推荐。

（二）微博保持强劲上涨势头

微博在 2016 年继续强势上涨。截至 2016 年底，微博月活跃用户全年净增长 7700 万，增至 3.13 亿，移动端占比达到 90%。这是自上市以来微博活跃用户规模连续 11 个季度保持 30% 以上的同比增长③。2016 年 10 月，微博市值还一度超过 Twitter，成为全球市值最高的社交媒体。

微博快速发展的原因，首先，调整了运营策略，包括对青少年群体发力，加大在三、四线城市的下沉，以及对电影、音乐、体育等垂直领域做深

---

① 《腾讯第三季度总收入 403.88 亿元　同比增长 52%》，http://tech.qq.com/a/20161116/036457.htm。

② 厘米秀是 QQ 手机版一个提供个性化动态头像的产品，用户可使用其在聊天中与好友互动，或向好友收集道具解锁新功能。

③ 《微博发布 2015 年第四季度及全年财报》，http://tech.sina.com.cn/i/2016-03-03/doc-ifxqaffy3528786.shtml。

度开掘，吸引大量的年轻人。其次，在产品形式上，微博不断优化产品信息流，改善用户体验。2016 年 5 月，微博推出“一直播”平台，成为兼具文字、图片、视频和直播四大业务的全媒体平台。据微博 CEO 王高飞解读，微博做直播的一个主要特点是“赋能”：给内容生产者开放了视频直播业务，给他们解决直播的基础设施，如带宽等，大大降低了内容生产者参与直播的门槛[①]。最后，加大内容生态建设。2016 年是媒体开放平台激烈竞争的年份，各家互联网公司和媒体都建设媒体开放平台，争夺内容产品。微博作为一个具有强媒体属性的社交平台，本就在社会公共讨论中具有得天独厚的优势，又借鉴、吸纳其他平台的优点，对其产品做了平台化改进，如放开 140 字限制，增加打赏、问答等功能，优势更加明显。2016 年 10 月 25 日，微博在年度 V 影响力峰会上公布数据称，2016 年已有 45 个垂直领域的月阅读量超过 10 亿，自媒体作者通过微博获得收入 117 亿元，微博成为国内生态最活跃的新媒体平台之一。

（三）垂直化移动社交产品深耕专业领域

腾讯系社交产品和微博，分别代表了强关系、封闭式社交网络和弱关系、开放式社交网络。从功能属性、用户覆盖上来看，这两类综合产品属于各自领域的“巨无霸”，再发展同类产品与之竞争几无可能。因此，在移动互联网时代发展起来的社交产品，往往深耕垂直领域，专注某类人群或某些功能，虽在规模上远远小于以上两者，但也能稳固其用户并不断增长。

1. 视频社交

一些社交产品发力视频直播，取得佳绩，主要以陌陌和欢聚时代为代表。

陌陌主打陌生人社交，2014 年底在美国上市，从 2015 年开始盈利。据

① 《自媒体年入 117 亿　微博“赋能”构建新媒体生态闭环》，http：//tech. sina. com. cn/i/2016 - 10 - 25/doc - ifxwztrt0377201. shtml。

其2016年度财报，陌陌2016财年净营收为5.531亿美元，同比增长313%。2016年12月，陌陌月活跃用户数量（MAU）为8110万，创下其历史新高①。

借助LBS陌生人社交功能，陌陌在社交领域站稳了脚跟；但真正让陌陌爆发式发展的是视频直播。从2015年9月上线“陌陌现场”，2015年12月开通“红人直播”，到2016年4月全面开放“全民直播”，2016年9月增加短视频“时刻”功能，视频直播服务不断完善，在陌陌总营收中占比达79.15%，成为陌陌第一大收入引擎。

欢聚时代（YY.com）成立于2005年，凭借YY语音确立起社交领域地位。2016年11月，《财富》杂志发布了增长最快的100家公司，9家中国公司榜上有名，其中欢聚时代排在第23位②。

欢聚时代近两年的快速发展，也主要得力于直播，旗下有三款主力的直播产品，分别是综合内容直播产品“YY LIVE”，游戏直播产品“虎牙”，社交直播产品“ME直播”。欢聚时代一年在直播上的收入达到80亿元，净利润也超过15亿元。在2016年第三季度财报里，YY的月活达到1.514亿，另一款视频社交产品ME直播在APP排行榜中居第23位③。

2. 企业社交

企业社交是社交领域增长较快的一个新领域。企业社交有很明确的市场定位，即针对企业内部员工和商务人士，包括团队、部门和企业整体，为提高工作效率提供解决方案。企业社交是阿里进军社交领域的切入点。近年来，没有社交入口的阿里巴巴，不仅投资了陌陌、微博等社交产品，也不断试图推出自己的社交产品，多以失败告终，直到推出钉钉。

---

① 《陌陌2016年Q4财报发布　净利润9150万美元》，http：//dzb.fawan.com/html/2017-03/08/content_627724.htm。

② 《2015〈财富〉100家增长最快的公司排行榜》，http：//www.fortunechina.com/rankings/c/2015-08/20/content_245975.htm? id=mail。

③ 《欢聚时代财报：2016年Q4欢聚时代净利润8240万美元　同比增长59.3%》，http：//www.199it.com/archives/572827.html。

2015年2月，阿里面向企业级用户推出社交产品钉钉；2015年5月上线了钉钉2.0版本，推出C-Mail（钉邮）、C-Space（钉盘）、C-OA（钉应用）三大功能。2016年9月19日，推出钉钉3.0版本。钉钉团队将这个版本定义为“一个工作方式”（与微信的“一个生活方式”的口号相呼应）。钉钉创始人陈航宣布，截至2016年8月31日，已经有超过240万家企业组织选择钉钉[①]。

作为防御性产品，2016年4月，腾讯也推出了免费的企业微信1.0版[②]，定位是办公工具，目前来看，企业微信并没有特别出众的表现。此外，市场上还有很多专注企业的社交平台，如明道协作、今目标、纷享销客、泛微等，影响就更小了。

3. 其他小众、专业的垂直社交产品

还有一些功能定位非常明确的社交产品，如专为沟通买家和商户服务的阿里旺旺，主打短视频社交的美拍、秒拍，主打婚恋交友的58交友、世纪佳缘，以及主打职场社交的脉脉、领英等。它们的整体用户规模远不如QQ、微信、微博等综合社交产品，但在各自的专业领域中发展多年，都有比较稳定的规模和用户积累。

（四）PC时代社交产品的转型探索

人人网、百度贴吧、天涯社区、知乎、豆瓣等创立、发展于PC互联网时代的社交产品，具有相对稳定的用户群体和品牌地位。进入移动互联网时代，尽管这些产品也都推出了相应的APP，但由于未能及时推出契合移动互联网特性的产品，再加上微博、微信等移动社交产品分流了众多用户，曾经辉煌的老牌社交产品，普遍面临着用户流失、盈利萎缩的困境，目前都在探索转型之道。

---

① 《阿里钉钉推出3.0版本　完成9项重要功能更新》，http：//tech. sina. com. cn/i/2016 -09 -19/doc - ifxvyqwa3479706. shtml。

② 《企业微信正式发布　腾讯表示将不会收费》，http：//tech. sina. com. cn/i/2016 -04 -18/doc - ifxriqqx2901947. shtml。

1. 人人网：打造直播社交平台入口

人人网以“找到老同学，认识新朋友，了解校园新动态”为标榜，曾经是PC互联网时代最红火的社交网站（SNS网站）。2011年在纽交所上市，不到半年股价就开始缩水；再加上遭逢微博、微信的冲击，一路下跌。

病笃乱投医，人人网先后转型网络游戏、互联网金融等。2016年第二季度，人人网上线了人人APP，以此打造直播社交平台入口，号称“以高颜值抢占直播风口”。人人直播推动了人人网的互联网增值服务收入增长，据人人集团公布的2016年三季度财报①，广告和互联网增值服务营收为960万美元，同比增长31%，主要来源就是直播业务，这给人人网的转型带来一定的信心。但整体来看，人人网第三季度净亏损2280万美元。2016年9月，月独立登录用户为3500万，而上年同期月独立登录用户为4500万。人人网的转型之路仍然漫长。

2. 百度贴吧、天涯论坛的转型探索

百度贴吧是百度唯一的社交入口，是以兴趣为核心的社交产品，但一直没有可靠的变现渠道。2015年底，百度开放部分垂直类贴吧的管理权限，交给有意“合伙”的企业付费运营，遭人诟病，终于在2016年初因血友病吧被出卖事件引起广泛的批评，不得不宣布停止这种模式；不久后爆发的“魏则西事件”则将百度再次推上了风口浪尖，给百度公司带来巨大的负面影响。百度发布的2016年度财报显示，百度连续两个季度收入下降②。

天涯社区错失多次上市机会后，终于在2015年8月在新三板挂牌上市。但上市以后的近两年时间，天涯发展仍是波澜不惊，表现平平。截至2016年6月30日，天涯社区注册用户数超过1.15亿，日均UV1300万，同比增

① 《人人公司Q3财报：净营收1790万美元　同比增长102.8%》，http://www.donews.com/news/detail/1/2944712.html。

② 《百度2016年财年营收705亿　搜索业务“拖后腿”》，http://www.cb.com.cn/zjssb/2017_0225/1177808.html。

长8%，移动端用户流量占比接近60%[①]。2016年，天涯推出了“天涯号”，加入媒体平台的竞争。百度贴吧、天涯社区这类社交产品如何实现转型变现，仍待探索。

3. 知识分享社交应用的产品探索

老牌社交产品的移动转型比较有起色的是一些知识分享类的社交产品。

2016年4月1日，知乎上线新功能“值乎”。用户关注知乎公众号后，可以在微信朋友圈里分享自己的打码信息，其他人必须付费才能看到。付费后觉得满意钱就归作者，不满意钱就归知乎官方。5月14日，知乎又推出了实时问答产品“知乎 Live”。这被认为是体现知识服务趋势的产品[②]。

2016年5月15日，果壳网旗下产品“在行”在微信公众号上线了一款付费语音问答新产品“分答”。在分答上，用户自我介绍擅长领域，设置付费问答的价格，其他用户感兴趣，就可以付费向其提问。“分答”产品迅速蹿红，上线42天，累计超过1000万授权用户，产生50万个语音问答，总订单1800万元，日付款19万次，付费用户超过100万，复购率为43%[③]，但又迅速降温。

2015年底，罗振宇推出“得到”APP，倡导付费阅读，邀请“行业大家”专门生产优质内容。到2017年3月初，“得到”累计销售1440118份，其中除了651735份是每份1元，其余每份199元，总收入估计在1.57亿多元。他的“罗辑思维”公号也在2017年3月8日宣布并入“得到”平台，长视频改为8分钟以内的音频，且彻底放弃“得到”之外的音视频渠道[④]。

---

① 《天涯社区新三板融资难　历时近一年完成不足一半》，http：//www.wabei.cn/p/201702/1901589.html。

② 《知乎要变现，难不难?》，http：//finance.sina.com.cn/roll/2016-05-15/doc-ifxsehvu8962849.shtml。

③ 《分答上线42天获2500万美元投资　王思聪姬十三告诉你为什么》，http：//tech.sina.com.cn/i/2016-06-29/doc-ifxtmwei9518050.shtml。

④ 《“得到”的典型用户，是在不断提速的社会中，害怕被抛弃的知识阶层》，http：//chuansong.me/n/1649364744141。

一直以慢著称的豆瓣网，在 2014 年才上线一款综合的豆瓣 APP，整合了此前功能独立的多个豆瓣 APP，但这并未改变豆瓣的下行趋势。2017 年 3 月 7 日，豆瓣突然上线一款内容付费产品“豆瓣时间”，加入“得到”、“分答”、“值乎”、喜马拉雅以及各大媒体的内容付费业务的激烈竞争中[①]。效果如何，尚需时日观察。

二　2016年移动社交发展的特点

2016 年移动社交的发展，在整体格局相对稳定、创投热潮回落的大趋势下，也有一些值得一提的变化。主流社交产品发挥溢出效应，通过移动金融、移动政务、移动民生服务等深度融入社会生活。移动互联网新技术新应用的发展，新一代用户的进场，都对移动社交格局起到一定的调整作用，视频直播、内容创业热潮不可避免地影响移动社交产品的发展。

（一）社交领域创投热潮回落

2016 年，社交领域的创投热潮有所下降。据 IT 桔子的数据，自 2010 年 1 月至 2016 年 9 月，中国社交网络获得的投资笔数在 2014 年、2015 年达到高峰，在 2016 年呈现倍级落差。云投汇・云天使研究院根据网络公开数据，共搜集截至 2016 年 12 月的社交网络投资事件 98 起，数量远少于 2014 年、2015 年；兴趣社区、陌生人交友、商务社交是机构下注最多的三个方向。[②]

值得一提的是阿里在社交领域的努力。阿里先后推出多款社交产品，除了“钉钉”站稳了脚跟外，“淘江湖”“来往”都是失败的。支付宝也不断开发社交功能，2015 年推出“生活圈”，2016 年 11 月推出剑走偏锋的“校园日记”“白领日记”，引发监管部门的关注，2017 年初，支付宝宣布放弃

---

① 《豆瓣时间：一个和文艺青年一样不靠谱的内容付费产品》，http：//it. sohu. com/20170309/n482774058. shtml。

② 《2016 年社交网络行业投融资盘点：摆脱野蛮生长》，http：//www. jiemian. com/article/1035229. html。

社交尝试，专注于支付。

近两年，社交领域创业声势最大的当属“毒药”。前盛大文学 CEO 侯小强于 2015 年 5 月宣布再次创业，推出新项目“毒药”，目标是做“一款独立评价书和电影的 APP”；2016 年，“毒药”继续举办多次大造声势的活动，但其盈利前景仍然不明朗。

（二）主流社交产品全面进入“移动社交 +”时代

借“互联网 +”政策的“东风”，微信、QQ、微博等几家主流社交产品积极发展社会民生服务，更加融入现实生活。它们坐拥庞大的用户群体，积极拓展各类服务，移动支付、移动政务、移动民生服务，都有较大发展。

1. “移动社交 + 移动支付”

2014 年，微信以红包为切入点，发动突然袭击，打开移动支付市场的一个缺口。随后，QQ、微博、陌陌等纷纷跟进，社交产品大举侵入移动支付领域，大大降低了原先在移动支付领域一家独大的支付宝的优势，这个势头还在不断强化。从 2016 年第二季度开始，支付宝的市场份额下滑至 55.4%，第二名微信支付增长至 32.1%。另据中金公司基于支付清算协会数据测算，支付宝 2014 ~ 2016 年移动端平均复合增长率为 118.6%，而微信支付增速高达 326.9%①。移动社交产品以红包方式进入移动金融，不仅巩固了用户的黏着性，更深刻融入生活。

2. “移动社交 + 移动政务”

平台化的微信、微博已经成为信息分发的主渠道，任何一家传统媒体或自媒体均无法企及。平台化的微信、微博也成为政府开通在线政务、服务民生的新渠道。2016 年国务院办公厅发布文件《关于在政务公开工作中进一步做好政务舆情回应的通知》，把政务微博、政务微信和政府客户端作为政

---

① 《支付宝为何不做社交了？就像微信商业化会被骂一样》，http：//tech. 163. com/17/0308/05/CF00B55000097U7R. html。

务公开的标配。截至 2016 年 12 月，我国在线政务服务用户规模达到 2.39 亿，占总体网民的 32.7%[①]，其中，微信城市服务、政府微信公众号、政务微博等社交产品发挥了重要作用。

3. “移动社交 + 民生服务”

随着移动支付场景的不断完善及智能手机的不断普及，移动支付不断向平民化发展，越来越贴近老百姓日常生活。商场购物、交水电暖气费，甚至在路边小摊买菜都可以通过移动支付缴费。越来越多的人，出门不用带钱包，一部手机就够了。

随着民生服务领域的不断扩展，移动社交产品也进一步增强了用户黏性，像“红包”一类的产品，不仅改变了人们交际的习惯，甚至在一定程度上塑造了新民俗。这反过来也会更加稳固其用户基数，巩固现有社交产品的地位。

（三）用户代际更替影响产品格局和舆论生态

随着 95 后、00 后人群进入移动互联网，他们的行为习惯也影响到移动社交产品格局的变化。在很多 70 后、80 后人群被微信分流，许多人断言微博将一蹶不振的时候，微博却逆势增长，其关键就在于年轻群体的进场。被很多老用户放弃的 QQ，也由于大量年轻人的坚持不断焕发生机，因为年轻人希望有一个不同于父母辈的交流工具。微信越是广泛普及，QQ 对于他们的价值就越大，这也带动了 QQ 社区的爆发。

用户代际变化也加剧了老牌社交产品的衰落。近年来，尽管有很多 70 后、80 后人群仍然坚守论坛、BBS 类的产品，但新生代用户直奔移动社交而去，后继无人，未能及时转型的论坛、BBS 产品只能关闭大吉。根据《第 38 次中国互联网络发展状况统计报告》，自 2012 年以来，论坛使用率已经出现连续 4 年的负增长。

① 《中国在线政务服务用户规模达 2.39 亿　占总体网民三成多》，http：//www.chinanews.com/gn/2017/01 - 22/8132478.shtml。

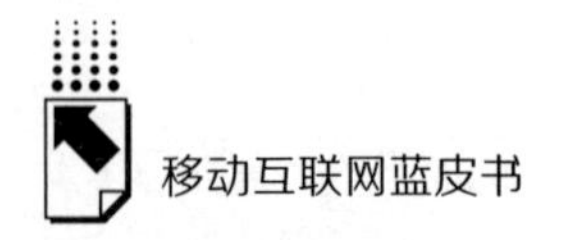

新生代网民正在逐步重塑社交网络舆论的基本形态，尤以微博最为突出。随着老用户的流失和大量新用户的加入，微博舆论场中网民的社会学结构有着显著的改变，表现为女性用户比例明显上升以及三、四线城市的用户比例猛增；微博新闻时政类话题的关注度有所下降，在微博平台阅读量最高的垂直领域中，“明星”明显超过“媒体”，紧随其后的三个领域分别是“时尚”“美女”“动漫”，微博的文娱色彩更趋浓厚①。

年轻人群体的崛起，也为新兴产品提供了目标用户，成为部分新兴产品的主打对象，如 2016 年 1 月在小米应用商店独家首发的兴趣社交媒体“盖范”（GetFun），就是一款面向年轻人的社交媒体 APP。专注年轻人群体，是社交创业的一个重要方向。

（四）视频直播和内容创业提升移动社交活跃度

2016 年被称为“移动直播元年”，中国的网络直播用户已经超过 3 亿，巨头携资本入场、相关企业接踵转型、几百家创业平台涌入。涉足网络直播的社交产品，也都分享了视频直播带来的红利。如微博公司，2016 年第三季度微博上视频日均播放量同比增长 740%，直播开播场次比前一季度增长 124%，而这两股力量是微博营收的重要推动力；陌陌公司凭借直播业务实现了营收的倍增；在转型路上徘徊不前的人人网也借助涉足直播，2016 年业绩有了一些亮色。

和移动直播一样刺激移动社交发展的，还有内容创业热潮。2016 年，互联网业界迎来的第一个“风口”就是内容创业。2016 年 3 月 27 日，罗辑思维、真格基金、光源资本和星图资本联合投资“Papi 酱”1200 万元，并很快成功收回了融资，成为内容创业时代的一个标志性事件。

内容创业大潮涌动，一个重要因素是社交网络在人们生活中占的比重越来越大。互联网造就了一个巨大的内容消费场，中国网民平均每天要在互联

---

① 《2016 年网络舆论格局呈现六大变化》，http://yuqing.people.com.cn/n1/2016/1222/c408999-28969312.html。

网上停留 3.78 个小时[①]，中国有 6.95 亿手机网民，他们每天在网上要花 26.3 亿个小时。人们在手机上消耗的时间越来越多，对内容的数量、质量要求自然也越来越高，对优质内容的需求自然更加强烈。

社交网络已成为人们最主要的阅读来源。社交产品积极参与内容竞争，也提高了自身的活跃度。微信公众号成为自媒体创业的重要平台，内容爆发既增加了用户数量也提升了用户黏性；QQ 兴趣部落专注于挖掘用户兴趣，带动 QQ 社区快速增长；微博等各家社交平台都加大了内容生产力度，推动网红、自媒体的发展，带来了社交网络平台的繁荣。

三　移动社交存在的问题

移动社交形成了庞大的网络社会，海量的人群、信息在此聚集、交汇，移动社交空间自然也就成为一个巨大名利场。作为现实社会的镜像反映，各种线下存在的问题也都以不同的形式在移动社交空间存在。

（一）信息数据造假

信息造假是网络空间的一个顽疾。在早期的互联网上，“没有人知道你是一条狗”，匿名性一直被认为是网络空间的一个特征。移动社交的发展改变了这个局面，因为移动平台主要是通过手机登录。2016 年，手机实名制获得了较为彻底的落实，同时国家网信办大力推动互联网企业履行网上信息管理主体责任活动，所有互联网平台都要进行实名制验证。

尽管如此，移动社交空间还是存在大量的信息造假现象。自 2016 年以来移动社交平台发生的信息造假有两类。一类是个体借助社交平台进行的造假。如 2016 年初的“知乎用户童瑶诈捐事件”，2016 年 11 月发生的“罗尔诈捐事件”，2017 年初发生的“凤姐《求祝福求鼓励》代笔事件”等。由于社交网络信息流通的便捷与丰富，这些事件往往被很快戳穿，特别是涉及

① CNNIC：《第 39 次中国互联网络发展状况统计报告》，2017 年 2 月。

金钱募捐、打赏的，“反转”的效率更高。而有的造假并不涉及金钱，如以真实为追求的问答社区知乎在2017年3月封禁了用户“海贼－王路飞”，该用户在知乎编造了200余条所谓“生活经历”，荒诞不经，有网友甚至调侃知乎的口号：“与世界分享你刚编的经历！”尽管此用户被永久封禁，但其在平台的长期存在也部分动摇了人们对平台的信心。

另一类是作为行业潜规则的普遍信息数据造假。随着微信公众号成为内容创业的一个重要基地，阅读数往往是投资的主要参考指标。2016年9月28日，微信刷量工具的短暂失效，暴露出一些公众号大号存在阅读数造假的问题。据清博大数据2016年9月29日发布的监测结果，“微信公号造假的数据规模在5%～10%之间，在下降幅度超50%的1400多个账号中，也验证了造假集中在少量账号”①。微博平台也存在花钱买粉丝、买阅读数的问题。

（二）有害信息传播

移动社交平台还存在传播有害信息的问题。2016年5月，百度贴吧因对信息安全管理不到位，涉枪涉爆、贩卖公民个人信息、淫秽色情等违法信息问题突出被公安部约谈，并被要求自清自查，限期整改。因整改不力，2017年1月、3月，百度先后被国家网信办、北京市网信办约谈②。这不仅给处于艰难转型的百度贴吧乃至百度公司都造成很大的影响，也从一个侧面说明了社交平台管理的难度。

此外，一直以来都有大V在微博、微信等社交平台上发布违法违规信息。2016年2月，国家互联网信息办公室责令新浪、腾讯等网站依法依规关闭任志强、孙海英等人的微博账号。

---

① 《微信公众号刷量背后，自媒体泡沫有多大?》，http：//business.sohu.com/20161002/n469546445.shtml。

② 《百度贴吧整改不力被约谈　存在严重违法和不良信息》，http：//tech.qq.com/a/20170313/005626.htm?qqcom_pgv_from=aio。

（三）个人信息泄露

随着全面实名制的落实，个人隐私保护的问题也越来越突出。QQ、微信、微博等社交平台应用不仅实现了实名制验证，还记录了大量关于用户身份属性、地理位置、账号信息、消费水平、兴趣爱好等的信息。随着跨平台授权的不断拓展，这些社交账号越来越多地成为新兴平台、应用的第三方验证、登录手段。

现在，大量的社会服务向“线上”迁移，电子政务、电子商务、个人理财、旅游预订、医疗健康、劳动就业、法律服务、日常家居等活动，都越来越多地通过网络进行，社会公众与网络空间的关系越来越密切，个人信息越来越多地被放到网络上。在强大的网络搜索和信息聚合面前，人们几乎就是在网上“裸奔”，信息泄露无处不在。据2016年南都调查报道，记者花700元就能买到同事的10项信息，包括开房记录、名下资产、乘坐航班、上网记录信息，甚至还能买到手机定位、手机通话记录等，非法的个人信息交易甚至形成了一个产业链。

（四）社会动员风险

社交网络是人际关系网络，天然具有很强的组织、动员功能，如“帝吧出征”事件所表现出来的，“帝吧”（全称“李毅贴吧”）是百度贴吧的一个主题吧，以90后为主体，拥有2071万粉丝，吧内累计发帖超过8亿①。“帝吧”网友经常集体抗议外企和明星的某些行为，善于在短时间内形成大规模的网络群体行动，号称“帝吧出征寸草不生”。2016年初，“帝吧”发起反“台独”的“出征”活动，自发组织去脸谱网上，与台湾网民进行交流，给他们讲大陆的真实情况和台湾历史，打击“台独”势力的嚣张气焰，开创了两岸民间交流的新渠道。不过，社交网络的这种组织动员能力始终存在被滥用的风险，特别是在当前网络形势下，需要始终予以高度关注。

---

① 《人民日报等官媒罕见点赞帝吧“出征”》，http：//www. anyv. net/index. php/article－157206。

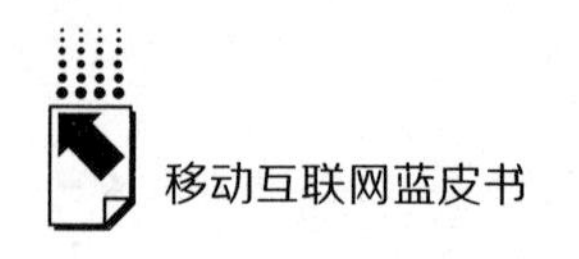

四　移动社交发展趋势

2016年以来，中国移动互联网的发展趋于平稳。业内普遍看法是，移动互联网野蛮生长的上半场结束了，开始进入下半场。移动社交平台自然也要面对下半场的问题：用户增量大幅减少，只能从现有用户群体获得自己的新用户，这就需要通过产品的提升，增强用户黏性，提高社交应用的打开率。这是每个社交平台都要面对的问题。

（一）主流社交平台的生态建设更加完善

构建自身完善、丰富的生态体系，是当前各大互联网企业的战略。对于微信、QQ、微博等主流社交产品来说，完善、丰富的生态系统建设，意味着要以开放、包容的态度创新，创造更具价值和影响力的生态体系，进一步发挥其巨大的用户和入口优势，进一步扩展“移动社交+”的覆盖领域，更多地承担社会生活和公共服务的功能。

对于主流社交产品来说，这不仅是借助服务社会巩固其用户黏性、提高其打开率所必需的，也是社交平台间竞争所必需的。在互联网领域，只有“巨无霸”才能生存。移动社交产品的功能必须不断丰富、综合，成为人们必不可少的基础性应用，才能有更多机会生存、发展。

（二）垂直领域是社交创业的主要机会

在腾讯系和微博两大综合类社交产品地位巩固、平台生态不断完善的情况下，社交产品的创业机会越发稀缺。未来几年，这种格局都不会改变。社交领域的创业只能发展细分市场，从巨头之间的空隙中找机会。即使是阿里，几次大规模争夺社交入口，都无功而返，直到推出主打职场的“钉钉”，才得到机会立足社交领域。又如前文提及的主打年轻人的“盖范”等垂直领域的社交产品，都是专注于某些领域或人群才得以立足。

综合类社交产品因其过于“综合”难免会有其薄弱之处，这为垂直社交产品的发展留下了空间。人口的代际更替，也会在一定程度上影响社交产品格局，为社交创业提供机会。今后一个时期内，社交产品的发展应更加精准化定位，针对特定兴趣、功能和人群，才有可能形成自己的稳固地位。

（三）内容是下一轮竞争的焦点

2016 年，内容成为互联网企业争夺的焦点，互联网发展正在经历一场“内容转向”。内容决定流量，流量带来广告，从而决定企业的价值。如百度，其竞价排名模式已经举步维艰，开始重提内容分发，企图从搜索框外获得更多的流量；UC 作为一个搜索工具，开始转型做内容，推出 UC 头条，倡导“连接全球的内容”。

社交产品得益于内容之处也不少，如前文所述的直播给微博、陌陌、人人等平台带来的可观利润。因而可以预见，在接下来的竞争中，内容的争夺会更激烈。

内容争夺有可能会从社交网络市场的外部改变产品的格局。“社交化”作为移动互联网的一个功能元素，越来越全面地融合到各类应用中。各种产品，如新闻客户端、媒体开放平台等，都会增强其社交功能。社交概念泛化，“无社交，不应用”。可以猜想，会不会有产品从内容出发，转型社交，成为社交领域的“黑马”？

（四）监管力度加大，运营商需要承担更多主体责任

2016 年以来，我国政府对移动互联网监管的力度不断加大。2016 年 4 月，习近平总书记在网络安全和信息化工作座谈会上强调“网上信息管理，网站应负主体责任，政府行政管理部门要加强监管”。国家网信办开展了推动互联网企业承担主体责任的活动，不断加强网络生态治理，如“涉少年儿童类 APP 集中整治”“搜索引擎环节专项整治”“违规微信公众账号专项整治”“网上生态类问题专项治理”等“清朗”系列专项行动。

随着监管力度不断加大，移动社交产品运营商应积极、主动承担更多主体责任。要加强网站从业人员的政治素质教育、培训，加强网站内容管理各项制度的落实，加强对网民的引导，切实承担起引导网民的职责，不断提升网民的媒介素养和参与公共讨论的能力。只有严格履行信息管理主体责任，维护好网络空间整体舆论生态，移动社交产品才能拥有更广阔的发展空间。

参考文献

李培林、陈光金、张翼：《社会蓝皮书：2017 年中国社会形势分析与预测》，社会科学文献出版社，2016。

中国互联网络信息中心：《第 39 次中国互联网络发展状况统计报告》，2017。

B.17
2016年视频直播发展探析

张意轩　王 威*

摘　要：自诞生至今，网络直播在秀场、泛娱乐、电商等多领域有着不俗表现。随着移动设备的普及和更稳定的网络环境，“随手播”“边走边播”成为可能。2016 年，在狂热资本支持下，网络直播发展迅猛，同时也暴露出刷单注水、平台管控等方面的问题。随着政策收紧、投资趋于理性，内容和渠道都不占优势的平台将在接下来的竞争中落败，直播也将迎来“工具化”的未来。

关键词：网络直播　秀场　泛娱乐　工具化

2016 年被称作“网络直播元年”“移动直播元年”。据不完全统计，到 2016 年 10 月，国内的移动直播平台数量扩张到 200 家以上。短时间内，网络直播的“火”，从传统的秀场直播、游戏直播蔓延到泛娱乐①、品牌营销、新闻事件等多个领域；主播们从狭小的直播间登上大雅之堂，成为各类产品发布会不可或缺的角色；不少媒体人、明星、大 V 等也纷纷加入直播的队伍。

直播爆发背后离不开资本的狂热，无论是 BAT 巨头，新浪、网易等平

---

* 张意轩，人民日报社新媒体中心主编，博士，长期跟踪 IT 互联网发展，关注新媒体变革；王威，人民日报社新媒体中心编辑。

① 泛娱乐概念诞生于 2011 年，最早由腾讯提出，其本质是网络游戏、影视、动漫、文学、音乐等多元文化娱乐业态的广泛互联与深度融合，业态之间自由连接，共融共生，形成网状价值链生态圈，并逐渐成为社会和资本关注的热点。

台，还是传统媒体都已找准切口，涉足移动直播领域。当然，这一趋势在2016年中也发生了新的变化，有的平台背靠大树，发展得风生水起；有的平台只能靠烧钱维持，最终被投资人抛弃。

一　前世今生：直播1.0到直播4.0

在传播领域，“直播”并不是个新词。在互联网兴起之前，大家对直播的认识主要是电视现场直播，与之相对的概念是录播。在PC时代，虽然“秀场”模式等已悄然兴起，但直播概念并未引起太多的行业关注。

时间跳转到2016年，这个年份被许多业内人士称作“网络直播元年”或“移动直播元年”。相应的数据佐证了这一热点。CNNIC第39次报告显示，2016年网络直播服务在资本的推动下持续发展。截至2016年12月，网络直播用户规模达到3.44亿，占网民总体的47.1%。其中，游戏直播的用户使用率增幅最高，半年增长3.5个百分点，演唱会直播、体育直播和真人聊天秀直播的使用率相对稳定。①

从业内较为普遍的观点看，目前直播行业正处在“网络直播3.0时代”向“4.0时代”过渡的阶段。

1. 直播1.0时代，网民主要集中在PC端

这一阶段，直播市场以PC秀场直播为主。自2005年起，国内视频直播鼻祖9158逐步从网络视频聊天室发展为以美女主播为核心的秀场，率先奠定用户基础。2010年，Youtube类视频网站“六间房”转型入局。2011年，语音聊天起家的YY进军秀场直播。至此，早期PC秀场直播三分天下的格局基本形成。随着秀场直播自身的发展演化，一套以签约主播为卖点、以虚拟打赏为主要盈利点的模式也逐步成熟。

2. 直播2.0时代的“明星”是游戏直播

得益于全球游戏市场规模的快速扩张，游戏直播在这一阶段异军突起，

---

① 中国互联网络信息中心：《第39次中国互联网络发展状况统计报告》，2017，第62页。

越来越多的游戏玩家在“玩游戏”之外养成了“看别人玩”和“看解说”的习惯。2014 年，Twitch. TV① 在海外已成为玩家最喜爱的平台之一，并被亚马逊全资收购。同年，在国内，YY 将游戏直播业务剥离，成立虎牙直播；同年，A 站“生放送”板块独立，成立斗鱼直播，与虎牙成为游戏直播最早进入者。2015 年，龙珠、熊猫等后来者通过抢占游戏赛事资源、挖人气主播等途径快速分割市场。

3. 直播3.0时代伴随着移动互联网的大规模爆发而到来

随着智能手机和无线网络的发展，移动直播摆脱了技术瓶颈，大幅降低直播门槛。而更稳定、普遍的 WiFi 和 4G 环境使“随手播”“边走边播”成为可能。

在这一阶段，国内的移动视频直播平台如雨后春笋般出现，仅到 2016 年上半年，市面上就有超过 200 款直播 APP，小型直播平台还在不停地上架、下架……与此同时，生活、美妆、搭配、旅行、体育、电商等多个垂直领域的直播开始发力，泛娱乐直播成为主流。其中，映客、花椒、一直播等直播平台后来居上，获得年轻人特别是网生一代的追捧。

随着大众对直播接受度的不断提高以及新技术的加入，直播向更多行业蔓延，并迈向充满丰富可能性的 4.0 时代。虚拟现实（VR）与视频直播的结合为赛事、演唱会等大场景直播提供了想象，而新闻媒体、各行业意见领袖的加速入场，则为 PGC② 直播攻下了一城又一城。

二　网络直播火爆的原因

传统的电视直播需要导演、导播、灯光、主持、摄像、音频等多个工

① 实时流媒体视频平台 Twitch. TV 的前身是知名视频网站 Justin. TV 的游戏板块。2011 年 6 月，Twitch 独立拆分，随后发展非常迅猛。根据其官方网站的最新介绍，每天大约有 1000 万访客聚集在 Twitch 观看并与 200 多万名主播一同谈论电子游戏。

② PGC（Professional Generated Content）指专业或专家生产内容，与移动互联网时代铺天盖地的 UGC（用户生产内容）形成对应。

种、多个机位的配合。如果说电视直播是直播中的“贵族”，那么“一人一机”就能进行的网络直播就是直播中的“草根”。当下，“草根”能比“贵族”风光更甚，有着多方面的原因。

首先，网络直播的进入几乎是没有门槛的，大部分平台只需注册账号就能申请直播。因此网络直播迅速流行并带来丰富的内容，甚至大有“全民直播”的趋势。它不仅是网生一代的权利，很多80后、70后甚至60后等参与进来，而明星、专业人士的参与则表明：电视里可以直播的，网络上同样可以。

其次，相比电视直播“你播我看”的模式，互联网时代的直播更注重参与性、实时互动性和社交性。以央视春节联欢晚会作为例子，在互联网普及之前，人们只能通过电视收看春晚，交流节目内容的对象也主要是家人。虽然全国有海量观众在同时收看，但这充其量只能是“共同见证”。到了网络时代，观众可以用电视收看春晚，也可以选择用手机、平板电脑收看；可以跟家人聊，也可以在微博、微信和各种网络社区上与更多人交流；除了交流，还可以参与直播中设置的摇红包等环节。这就从过去的“共同见证”转变为“共同参与”。

除此之外，技术的发展让网络直播水到渠成。而直播红火的背后，用户的心理需求与过去并没有太大的改变。

第一，直播带来愉悦感。网络直播与电视直播、PC直播并没有本质区别的一点在于，它依然是用户打发时间的工具，区别仅仅是形式而已。根据陌陌、映客等多家数据，直播的全天高峰期仍然是晚8点至10点的黄金时段，这一点与电视无异。

第二，直播带来陪伴与认同。网络直播的模式与过去的戏园、茶馆、夜总会有着不少相似之处：都是多名“消费者”对应一名或几名“表演者”；“平台”都具有社交属性，“消费者”都可以在其他人的“陪同”中获得集体参与感；“消费者”都能凭借“打赏”赢得“表演者”关注同时向其他“消费者”进行身份炫耀……唯一的不同，就是场所从线下搬到了线上。

第三，直播满足猎奇、窥伺的需求。在这一点上，网络直播与人类的八卦天性一拍即合，2016 年曝出的快手 APP 上的一些受到追捧的形式极端的直播案例，在一定程度上也是这一需求的反馈。

三　网络直播典型类型分析

当前，网络直播正展现出蓬勃发展的势头，并有着多种直播形态走向，其中有一些典型的直播类型及其发展走向值得关注。

1. 秀场直播：盈利依然强劲，转型迫在眉睫

秀场直播是最早流行起来的网络直播形式。在很多人眼里，秀场直播就是“浓妆艳抹”“网红脸”“唱唱歌聊聊天”“搔首弄姿”的统称，然而，秀场直播多年来开辟探索的模式在今天依然有重要意义。其中最重要的便是公会（家族）模式。

这一模式由语音时代的 YY 发扬光大并带入视频直播领域。公会是介于直播平台与主播间的一个新层级，承担着经纪、管理等多方面的功能。一方面，公会从主播赚得的打赏中收取提成；另一方面，公会可以动员力量宣传、捧热公会内的主播，实现双赢。雪球网的研究报告显示，传统秀场模式的平台主播按 6∶3∶1 分成①，正是这一模式支撑了秀场平台的可持续、高盈利发展。

此外，加入公会的主播之间还可以“抱团取暖”，一人结束直播后，可以将直播间内的用户推荐给公会内的另一名主播。主播之间还可以通过连线功能一起直播，打造出热闹的直播氛围。通过公会化的包装运作，还可能为主播带来直播外的收益，如植入广告、线下商业活动等。

移动化转型之后，秀场直播的融资能力相比游戏、泛娱乐直播逊色不少，但自身仍有巨大的盈利空间。2016 年，直播业务营收进入“10 亿俱乐部”的公司有四家：欢聚时代（虎牙、YY 的母公司）、天鸽互动（9158 的

---

① 转引自《从秀场到直播的背后：闷声发财的时代一去不复返》，Http：//www.techweb.com.cn/internet/2016-06-27/2351947.shtml。

母公司）、宋城演艺（六间房的母公司）以及陌陌。除了陌陌外，另外三家正是当年的“秀场三巨头”。不少人唱衰秀场的时候，数据却表明它们活得风生水起。对此，行业人士分析认为，秀场创造营收的模式是基于人性的。其逻辑在于，大部分用户为优质内容买单的额度是有限的，而为了虚荣心买单的额度是没有上限的。

然而，盈利不等于秀场的未来是一片坦途。相对低俗的内容意味着更容易受到政策管控；秀场直播同质化、可复制化程度越来越高，单个主播对用户的黏性就会变低；随着实时自动美颜技术的发展，颜值作为内容的壁垒也基本不存在，主播的辨识度将越来越低。对秀场直播而言，探索转型之路迫在眉睫。

2. 电商直播：既是直播类型也是消费场景

电商直播既是网络直播的一个垂直领域，又可以看作从直播平台延伸出来的消费场景。电商直播成立的前提，在于直播本身能够为电商平台带来流量和广告效应。

电商直播的核心是进行直播的 KOL（关键意见领袖，包括明星、网红、大 V 等）。KOL 不仅自带流量，对商品的推荐也会提高消费者购买的整体效率。2016 年，淘宝、天猫、蘑菇街、聚美优品等电商平台纷纷开通直播功能，抢占用户和流量。

2016 年 3 月，天猫直播功能正式上线，众多品牌纷纷邀请明星代言人开启直播。通过对比美宝莲官方数据可以发现：2015 年“双十一”，店内一天全部口红品牌卖出超 9000 支；而在 2016 年 4 月 14 日，AngelaBaby 在天猫进行了两小时直播，其间仅新产品就卖出上万支。过去电商网站使用“图片 + 文字 + 评价”的传统模式呈现商品，最终做决定的是买家；而网络电商直播则让买家，特别是粉丝群体沉浸其中，KOL 在很大程度上参与了购买决策。

与此同时，视频形式的电商直播变相增加了广告渠道，直播中大量可投放的内容元素都可以植入广告，如人物着装、桌面摆件、环境布置等。“阿里系”的优酷就将视频直播与购物场景打通，其直播业务在变现上就有了更多的想象空间。

然而，也有人认为，电商直播不过是变相的电视购物，明星和网红带来的粉丝也很难沉淀在电商平台。同时，观看直播确实要比浏览图文花费更多的时间。电商直播未来将如何提升整体效率而不是盲目入局，还值得深入思考。

3. VR 直播：下一个世代的直播

VR 直播是虚拟现实技术与直播的结合。与当下流行的视频直播形式不同，VR 直播需要使用 360 度全景拍摄设备，营造出具有环绕感、沉浸感的氛围，可以带给用户身临其境的效果，同时对直播设备的要求也相对更高。

除了临场感外，VR 直播的另一个优势在于，全景拍摄设备几乎可以捕捉到直播现场各个角度的景观，用户可以获取“无死角”的信息，并根据个人喜好选择上下左右调整观看角度。前景很美丽，但目前的全景拍摄设备很难为用户带来满意的体验。

2016 年，国内最大的 VR 直播事件当属腾讯平台对王菲演唱会的直播。针对这次 VR 直播，合作方数字王国使用了拥有 8 个摄像头的 ZUES 全景相机，支持 4K 视频直播，8K 全景缝合影像，75fps 高帧率。然而，王菲演唱会 VR 直播还是因画面差、延迟卡顿等情况遭到诟病。

画面差在很大程度上是因为带宽问题，大部分的网络环境并不能支持 4K 直播，更不要提 4K 的 VR 直播。另外，虽然有 4K 信号源，但绝大多数 VR 头显都没有 4K 屏幕，甚至绝大部分用户观看 VR 直播的设备是放进 VR 盒子眼镜中的手机，基本仅能支持 2K 解析。

一部分人专攻“高大上”的 VR 现场直播时，另一些人将 VR 技术同秀场直播等室内直播结合起来。过去由冷冰冰的屏幕将用户和主播分割开来的直播模式被打破，取而代之的是封闭视野中更加真实的现场感，以及随之而来的互动效果。

目前，微吼、花椒、暴风等多家平台都提供 VR 直播服务，正有越来越多的直播平台和 VR 平台进入这一模式。待技术、硬件方面进化到下一个世代时，VR 直播可能迎来一次爆发。

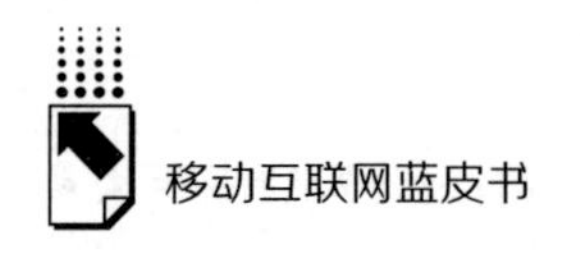

4. 非视频知识类直播：画风新奇、求简求专

在这个后来者跟风涌入视频直播的时代，也有不走寻常路的直播产品——知识类直播。“知乎 live” 和 “红豆 live” 等都是其中的佼佼者。

“知乎 live” 是知乎在知识变现领域的新尝试，live 以图文和实时语音作为主要形态，用户需要通过申请和审核，方能成为“分享者”；继而自主决定发起时间，在单独的 live 内围绕所擅长话题进行答疑、分享。“听众” 则需要通过购票获取参与资格，以 AMA（Ask me anything）的文字提问形式与嘉宾进行互动。

“红豆 live” 则是由微博控股的公司有信推出，产品定位是要为微博平台中大量的垂直领域大 V、知识网红提供全新的内容直播工具。同一直播背靠微博一样，红豆 live 也有着流量获取方面的巨大优势。

知乎 live 与红豆 live 都没有现场画面，表面上是将直播的“实时性” 削弱了，但是换来的是一定的内容壁垒，避免“知识变现” 异化成单纯出卖色相的“主播表演”。从风格上，知识类直播被称作直播界的一股“清流”；从未来发展上，知识类直播与教育、培训、会议、心理咨询等垂直领域都有不错的亲和力，悉心耕作的平台或能走出一条与众不同的道路。

5. 媒体直播：将与其他类型直播共生共荣

在众多直播领域中，后发制人的媒体直播有着不可取代性。在“内容为王” 一再重被提起、众多直播平台摸不清出路的时候，媒体直播逐渐走出一条思路清晰的发展道路。

2016 年两会期间，人民日报新媒体中心着力打造移动端直播，基本做到重要会议场场不落。这一年，新媒体中心紧跟热点、整合资源，直播范围不断拓展，既有“直击暴雨”“走近德国‘抗洪神器’” 这样的新闻事件直播；又有“功夫奶奶”“最勤奋装卸工” 这样的人物直播；也有“专家教你填志愿” 之类的生活服务直播，以及会议、活动直播。

与此同时，其他官方媒体和商业媒体也纷纷发力移动端直播。2016 年中，“阿尔法狗” 大战李世石，优酷、爱奇艺、腾讯等多个平台进行了直播；暴雨季节，一则“六千头猪被困洪水无法转移，老板落泪” 的新闻引发关注，随后安徽官媒与腾讯跟进事件，直播“抗洪救助”，峰值时期同时观看人数超过 300 万人。与秀场等直播形式中千篇一律的“网红脸”相比，媒体直播为用户带来了不同的清新体验。而在直播内容的策划选题方面，媒体，尤其是中央主流媒体有着得天独厚的优势。越来越多的媒体开始将移动端直播作为内容传播的重要平台，2017 年，媒体直播有望迎来一定范围的爆发。

值得留意的是，媒体直播携 PGC 内容强势杀入，并不意味着要与秀场、泛娱乐等直播形式一决高下。直播平台可以借助媒体的专业团队提升内容质量，媒体也可以通过直播平台的巨大流量获得传播效果，二者完全可以做到共生甚至共荣。2017 年 2 月，人民日报社新媒体中心发起的，与新浪微博、一直播合作的全国移动直播平台“人民直播”正式上线，为这类合作提供了典型案例。来自人民直播的数据显示，在 2017 年全国两会期间，人民日报客户端安排直播 58 场，总观看量 3350 万次；人民日报微博推出直播 37 场，总观看量超过 4125 万次；直播内容涵盖了总理记者会、部长通道等各个重要直播场次。这一成绩也显示出，在新兴的网络直播领域，传统主流媒体的天地同样广阔。

四　行业发展乱象存忧

当然，当下的网络直播行业并非繁花一片，与不断增加的入局者、快速跳动的用户数据相并行的，是各直播平台水平参差不齐的行业发展现状，和尚未剔除的乱象。这些乱象也成为网络直播行业发展必须要面对的隐忧。

1. 头部主播身价畸高，草根主播收入堪忧

自网络直播“火了”，不时会有“天价签约”“主播薪水超明星”这样的新闻出现。然而，头部主播与尾部主播收入差距之大，令人担忧。

头部主播身价目前已高到令人咂舌的程度。2016 年 2 月，虎牙直播以九位数天价签约“电竞第一女神”Miss，刷新行业签约纪录。同年 6 月，炉石夫妻档主播安德罗妮和萌太奇宣布脱离斗鱼，转战虎牙直播平台，传言二

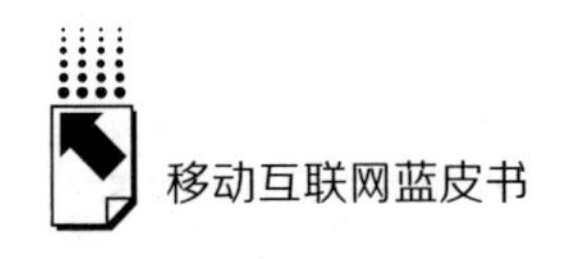

人签约费是“三年一个亿”。然而财报显示，2016年第一季度，虎牙直播全部营收仅为人民币1.177亿元。

与头部主播畸高的身价相比，绝大多数网络主播的收入并不高。58同城发布的基于18057名主播从业者调查得出的《网络主播生存现状调查报告》显示，每月直播15次以上的签约主播平均月收入为9975元。不同类型主播之间收入差距巨大，健身、教学类主播则平均只有2000～5000元的月收入。除此之外，为了直播可以顺利进行并达到理想效果，主播还要花不菲的费用用于购置设备、培训充电、置装以及整容、整形。

除此之外，直播平台还有着海量非签约主播。非签约主播原则上没有底薪，只能靠打赏提成，而知名度不足也让他（她）们很难从直播中赚得体面的收入。

2. 刷单、注水给投资人看

“刷单”在互联网电商、点评类O2O等领域存在已久，在直播行业也不是什么稀罕事。在淘宝网搜索“直播”“刷单”“刷人气”等关键词，可以搜出大量卖家，部分有着可观的成交量。

2016年4月，猎云网创始人靳继雷对直播平台刷单内幕的曝光可谓一次重大披露。根据他的说法，网红经纪公司大批量向直播平台充值，获得5折优惠。比如花2000万元充值4000万元，然后把4000万元虚拟货币都花在旗下网红账号，4000万元的收入同直播平台五五分成，自己又获利2000万元。这样，经纪公司捧红了网红，网红账号收获了大量流水，直播平台也获得了大量流水可以给VC一个体面数据，这个过程中谁也没有付出成本。

此外，还有用户透露，在一些直播平台，部分直播间在半夜直播时在线人数也会显示几十万甚至上百万，数据成疑。《电子竞技》微信公众号曾爆出过斗鱼直播人数的乌龙事件：原WE队员微笑在斗鱼平台直播时，其显示观看人数竟然超过“13亿”，这一令人啼笑皆非的事件从侧面反映出行业中存在的“注水”情况。《中国青年报》的《视频直播间里的真假粉丝游戏》一文则爆出“机器人粉丝”这一潜规则，真实用户进入直播间可能带进数十个机器人账户，离开时这些“僵尸粉”并不会离去。这种由机器制造的虚假繁荣对于直播行业而言，有百害而无一利。

3. 负面事件频出，平台管控成难题

作为新生行业，在政策出台之前，直播行业监管以平台、主播自律为主，但是效果有限。随着直播行业越来越多地受到公众关注，直播中出现的负面甚至恶性事件的影响也越来越大，甚至将行业引向错误的发展轨道。

网络直播具有实时性，一些直播平台对违法违规的内容查控、干预不力，甚至睁一只眼闭一只眼，对“打擦边球”的内容不去管控。更有甚者，一些主播假直播之名，背地提供陪酒、裸聊等色情交易。实名制出台前，负面新闻加身的主播遭封禁后还会“换个马甲”转战其他平台。斗鱼 TV 平台上“直播造人”事件的曝光将平台责任的问题推到公众视野，其负责人也被约谈。2016 年 11 月，直播并录制淫秽视频的女主播“雪梨枪”获刑 4 年，更是为直播平台敲响警钟。

通过加强技术手段和人工核查，直播中的色情问题尚有可能解决；欺骗、炒作等负面行为，则更难约束。2016 年 10 月，快手平台主播曝光自己和多名主播在凉山地区做“伪慈善”，引发舆论高度关注。11 月，酷似马云的“小马云”获得马云捐助后，引发多家直播平台跟风炒作，让人质疑商业化炒作的道德边界。作为新的行业和经济形态，如何对直播进行政策引导和管理，还需要不断探索。

五 “+直播”还是“直播+”：未来发展思路渐显

风口过后，网络直播行业的发展将会怎样？概括而言有以下三种趋势。

1. 政策收紧、分化加剧：直播行业几家欢乐几家愁

如果用“天价挖人”“资本狂欢”等关键词概括 2016 年直播的“上半场”，那么 2016 年下半年，特别是 9 月之后的网络直播可用“政策收紧”“资本退烧”来描述。

投资人转向理性与政策收紧之间不无关联。2016 年 9 月，广电总局下发《关于加强网络视听节目直播服务管理有关问题的通知》[1]；11 月，国家网信办发布了《互联网直播服务管理规定》，该规定主要实行“主播实名制登记”“黑名单制度”等强力措施，且对平台明确提出“双资质”要求；12 月，文化部印发《网络表演经营活动管理办法》，对网络表演单位、表演者和表演内容进行了进一步的细致规定。这一过程中，各部门的监管措施不断细化。

虽然当年“千团大战”后“哀鸿遍野”的场景尚未出现，但不可否认，网络直播行业分化已开始加剧。2016 年末 2017 年初时间节点上的最新实例，或许可以帮我们对直播的未来做出更精确的判断。

2017 年初，曾在天使轮获得 1250 万元融资、估值达 5 亿元的光圈直播被自家员工曝光欠薪、公司倒闭、创始人跑路。据悉，已有多家中小直播平台“悄悄死去”，或是转型去做短视频、寻找下一个风口。

与此同时，发力直播的陌陌交出了上市以来最抢眼的财报：2016 年第四季度净营收同比增长 524%，全财年净营收 5.531 亿美元。其中，直播营收占比为 79%。自上线直播以来，陌陌连续 5 季度盈利，也实现了上市以来的首个连续增长年。

不少处在困境中的直播平台状况都和光圈类似：融到一笔钱后，要么烧在了主播身上，要么是在活动宣传上，而没有在内容方面“练内功”，形成不可替代的优势。久而久之，老用户流失、新用户又获取不到，只能干等资金链断裂或者偷偷改换门面放弃直播业务。原因不难理解，在直播内容日渐同质化的情况下，人气主播越来越向实力雄厚的大平台聚集，高居打赏榜前列的头部主播主要分布在几大游戏直播平台和泛娱乐直播平台。小平台仅靠旗下的美女唱唱跳跳，偶尔请到二线网红、明星做一场活动，很难吸引并积攒有效的流量。仅靠打赏提成的营收完全不能填补高昂的带宽和运营成本，资金链断裂是早晚的事。

① 根据要求，直播平台运营需要获取《信息网络传播视听节目许可证》《网络文化经营许可证》“双证”。这将一部分没有资质的平台堵在了门外。

陌陌的情况从最开始就是光圈的反面。陌陌平台有着大量热衷和陌生人交友的用户，新开展的直播业务从来不愁流量。而直播功能对接了这些用户的需求，扩充了陌陌社交功能的边界，用户则回报以更高的黏性与付费比例。更有趣的是，陌陌的定位并不是一家直播公司，过去它以微信为竞争对手，今天的对标对象则是微博。这让不少直播平台感觉很难受：自己努力那么久，却被一个外行“截胡”了。

直播平台开始倒下，其他平台切入直播，高度概括了当前直播行业的洗牌现状。

2. 内容、渠道缺一不可，直播平台越发依赖导流

光圈的“死”与陌陌的“生”点出了当下直播行业的两大要点：内容和渠道。内容解决的是“从哪里来”的问题：我有没有好内容，谁给我提供好内容。而渠道解决的是“是谁”和“往哪里去”的问题：我是直播平台还是有着直播功能的其他平台，我的内容有没有人看、谁看、如何触及他们。

目前，网络直播的流量红利已消耗殆尽，总体用户数量增速放缓。直播平台如果没有拿得出手的内容，增加用户黏性的难度极大。好内容对垂直领域直播平台尤其重要，大体量也不是免死金牌：虎牙、斗鱼等大型游戏直播平台都曾经因竞争对手“挖人”陷入短期危机。原因不难理解，核心用户总是跟着主播走，而不是跟着平台走。

应对内容同质化、低质化，直播平台必须打出“组合拳”。市场饱和度越高的垂直领域（如游戏直播）竞争越激烈，内容同质化越严重，优质内容的获取成本就越高；后来者选择一些有前景、发热慢的垂直领域（如教育类直播）长期发力可能更有空间。同时，平台要做好 UGC 内容向“PGC + UGC”的升级，兼顾“草根”、追求“专业”。2016 年下半年，一些视频、直播平台陆续推出了综艺直播、活动直播的节目，强化了平台的用户黏度，扩展了广告推广盈利方式，可以说是 PGC 直播的有力探索。

内容固然重要，但对直播平台而言，如何借助高频渠道导流、降低内容分发成本，在接下来的一年里可能更为迫切。阿里旗下来疯直播总裁张宏涛就曾在采访中指出，直播是一个消耗流量的产品，而不是一个制造流量的产

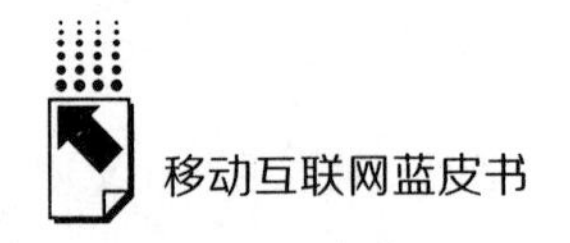

品。背靠流量巨头，拥有的优势是巨大的。

国外移动直播鼻祖 Meerkat 失去导流的“下场”是最好的提醒：在迅速扩张期，Meerkat 选择了与推特关联，也因此迅速获得海量用户。然而推特推出了自家的直播平台 Periscope 后，很快将 Meerkat 踢出了自己的社交图谱，这款红极一时的直播平台便很快走向没落。

视线回到国内。不同直播平台对导流的依存程度有所不同。游戏、美食、美妆等垂直领域直播黏度较高，单一类型平台对渠道的依赖度相对较低，掌握优质内容和头部主播，自然增长和留存的用户量就会很可观。相比之下，综合类别的泛娱乐直播平台虽然给用户提供了更多选择，但同时要面对低频、低黏性的劣势。在综合平台，甚至一线明星直播都面临着“第一场用户涌来看新鲜，第二场观众大量减少”的现实。如何导流是无法回避的问题。

据此可以判断：泛娱乐直播对高频入口导流的依赖在未来将只增不减，诸如拥有大量社交关系的陌陌直播、背靠新浪微博的一直播、腾讯游戏导流的企鹅电竞直播，在未来都有广阔的想象空间。单一类别垂直领域直播则应更注重打磨内容，靠口碑赢得用户。

3. 直播终将迎来“工具化”未来

短期来看，行业可能沿着两条路径发力：直播平台对接其他应用场景，发挥渠道优势，这种模式建立在平台化的基础之上，可以概括为“直播 +”；其他企业、平台接入直播，通过直播扩大影响、拓展自身业务的边界，这一模式更多地展示出了直播的工具化一面，可以称作“ + 直播”。

考虑到近年来团购网站、O2O 平台都经历过爆发 - 同质化 - 大面积死亡 - 巨头脱颖而出的过程，在绝大多数平台盈利模式不明晰的背景下，很难想象走平台化策略的直播企业能有几家走到最后，很可能行业要经历一次次“大浪淘沙”才能现出真金。

相比之下，充分利用直播工具化属性的“ + 直播”模式显然具有更多可能性。因为相比其他工具，直播有着与众不同的特点。

延长用户浏览时间。如在淘宝上看图文介绍，用户使用简单的滑屏操作就能完成浏览，而电商直播会吸引顾客观看商品的效果和使用过程；在线旅游平台展示某一条旅游线路，过去只能用攻略的方式来介绍，通过直播则能吸引用户花更多时间观看，提高购买率。

高效率连接消费者。每种形式的内容都存在生产者和消费者，但直播将生产者与消费者联系在一起，提高变现效率。“教育＋直播”把学生和老师拉到一起，就是付费教育；“电商＋直播”把卖家与买家打通，就是“边看边买”；“医疗＋直播”把医患连在一起，就是很好的互联网医疗。

依靠社交增加黏性。直播不但可以对接生产者与消费者，还可以将消费者群体关联起来，甚至形成社群。如在教育直播平台，学员可以向老师提问，也可以互相讨论、答疑。

长期来看，直播最终将迎来“工具化”的未来。有朝一日，人们极可能突然发现，直播已经像今天的文字、图片、H5、视频等工具一样，成为构建移动互联网的一项最平凡的“基础设施”。那时，直播可能不再局限于一个平台。“全民直播”也不再意味着要去做签约主播。任何人、任何企业都可以根据需求随时展开不同性质的直播。那时或许才是网络直播真正成熟的时候。

参考文献

《网络直播面临整体转型，如何摆脱“囚徒困境”?》，http：//www. entgroup. cn/report/f/3018153. shtml。

中国互联网络信息中心：《第 39 次中国互联网络发展状况统计报告》，2017。

杨子潇、彭胜君：《移动直播：浮沫之下，真金何在?》，杨子潇个人微信公众号“潇潇游语”。

郑岐：《泛娱乐直播行业分析报告》，http：//www. chanpin100. com/article/100900。

董毅智：《视频直播简史（一)》，http：//dongyizhi. baijia. baidu. com/article/496885。

B.18
2016年移动出行发展现状及趋势分析

郑春晖　侯长海*

摘　要：中国的移动出行市场正在快速发展。其中网约车市场经历了3年的野蛮生长，行业竞争已经稳定，并在政府的治理下开始走向规范。共享单车作为移动出行的新物种，解决了人们"最后一公里"的出行问题，对网约车市场形成了补充，并与其共同构建了城镇内移动出行的新局面。

关键词：移动出行　网约车　专车　拼车　共享单车

一　国内移动出行市场发展概况

（一）移动出行在整体打车市场中的占比

2016年7月，《关于深化改革推进出租汽车行业健康发展的指导意见》《网络预约出租汽车经营服务管理暂行办法》（以下分别简称《指导意见》《暂行办法》）对外公布，网约车在我国的合法地位自此得以明确。2016年11月1日《暂行办法》开始实施，满足条件的私家车将可按一定程序转化为网约车，加入专车运营行列。国内的移动出行行业飞速发展，逐渐成为当下国民日常出行的主要选择。根据图1中数据，当前移动出行市场已经占据

---

* 郑春晖，和煦智库首席分析师，主要致力于传统产业变革、移动互联网产业研究；侯长海，和煦智库高级分析师，主要研究方向为共享商业、移动互联网。

了国内整体打车市场的48.6%，而在2016年发布的蓝皮书中，这一数字是13.6%，一年间增长了35个百分点，这一占比仍有增长趋势。随着移动出行在三、四线城市的快速普及，预计2018年移动出行在整体打车市场中的占比将会首次超过传统出行。造成这一结果的原因，除了移动出行市场的快速扩张外，还包括传统打车市场的互联网化正在加深。传统的出租车主要是以路边揽客的方式运营，而利用网约车平台，出租车司机可以更容易发现离自己较近的乘客，越来越多的出租车司机加入移动出行市场的行列。

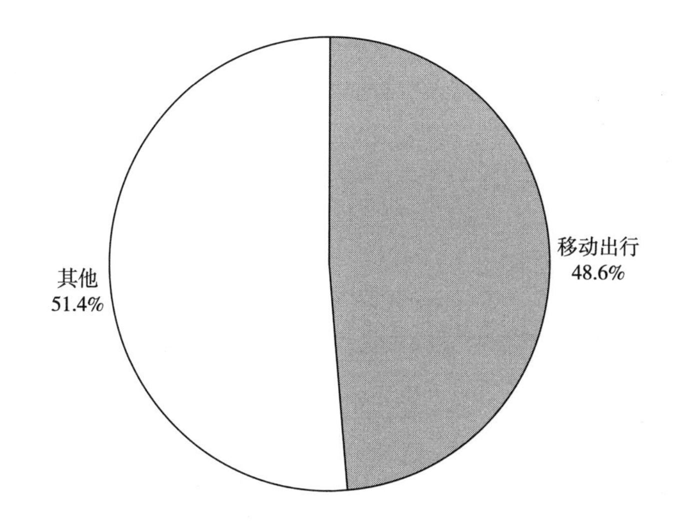

图1　移动出行市场占国内整体打车市场比重

资料来源：速途研究院。

（二）移动出行APP下载量排行

当前国内的移动出行市场已经趋于稳定。如图2所示，从移动端的APP下载量看，滴滴出行、快的打车、一号专车居前三位，Uber中国排在第七位，滴滴系的移动出行APP在国内市场形成了一家独大的局面。嘀嗒拼车的下载量排在第四位，成为国内专注共享拼车领域的唯一胜出者。专车方面，易到用车、神州专车在总下载量中排在第五、第六位，成为国内专车市场的代表企业。

值得一提的是，首汽约车成为国内移动出行市场新入局者，主要定位于中高端的专车出行。2015 年 9 月上线的首汽约车，已经跻身于国内主流的移动出行市场之列。作为首家国有性质的移动出行品牌，首汽约车在政策上有着顺势而为的优势。首汽约车在移动出行领域的发力，也意味着传统车企正在积极转型变革，未来国内的移动出行市场格局或有改写的可能。

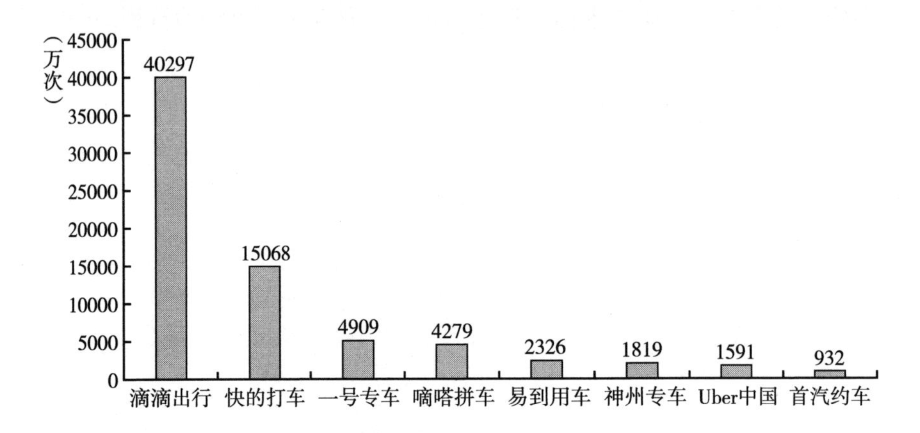

图 2　主流移动出行 APP 下载量排行

资料来源：速途研究院。

（三）移动出行 APP 综合评分排行

几款主流移动出行 APP 的综合评分排行，与下载量排行呈现出相反状况。从图 3 可以看出，首汽约车以 9.8 分的用户评分排在首位，而滴滴出行、快的打车则分别以 9.0 分、8.6 分排在最后两位。可以看出，相对于滴滴这种综合性的移动出行平台，专注在拼车、专车等细分市场的出行 APP 业务更加聚焦，往往能给用户带来更好的出行体验，也收获了更高的评价。值得欣慰的是，在本次统计的用户综合评分中，主流移动出行 APP 的平均分值突破了 9 分，说明一年来国内的移动出行服务正在不断完善，更加贴合用户习惯，在政府的推动下，行业逐渐变得规范化，用户差评率逐年下降。

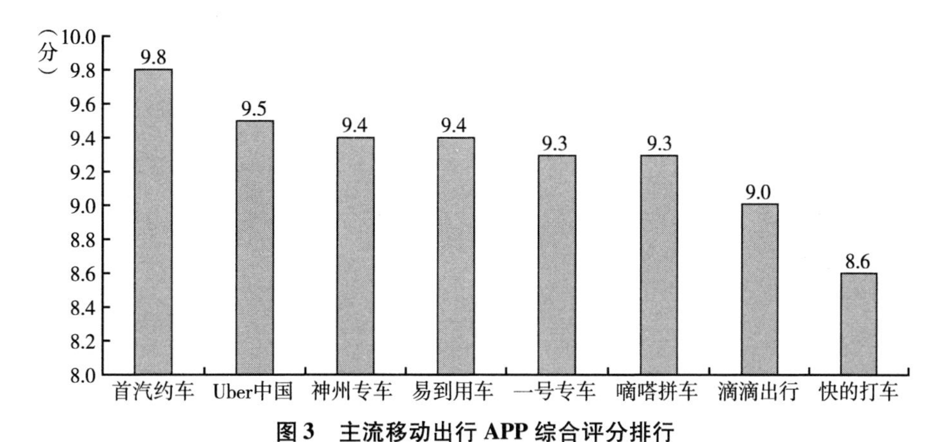

图3　主流移动出行APP综合评分排行

资料来源：速途研究院。

（四）移动出行用户规模走势

移动出行行业经过几年的快速发展，已经进入成熟阶段。从初期平台间“烧钱获客”的战争，到行业巨头的整合吞并，市场终于进入稳定期。在移动互联网普及的条件下，移动出行已经成为切实改变国民生活的出行方式。根据图4中的用户数据，中国的移动出行用户规模一直保持着稳定增长态势，2016年用户规模超过4亿人。预计2017年移动出行用户规模将会达到4.78亿人，2018年将接近6亿人。

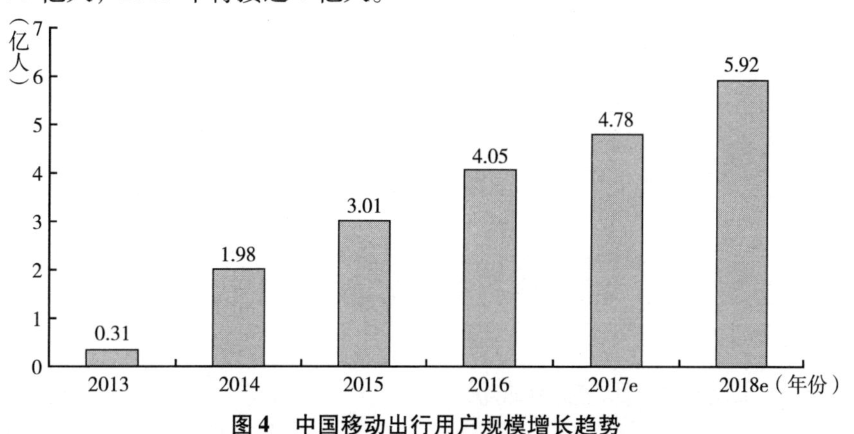

图4　中国移动出行用户规模增长趋势

资料来源：速途研究院。

（五）移动出行品牌市场分布

市场格局方面，移动出行市场在经历了两次大的合并事件后，用户对各大品牌的关注度已经稳定下来。图5的数据显示，滴滴快的受到的关注度仍旧最高，占比达到59.2%，Uber中国的关注度其次，为10.4%，其后分别是易道用车、神州专车、嘀嗒拼车，还有最近开始逐渐受到关注的首汽约车。

从当下用户对于移动出行品牌的关注度可以看出，中国的移动出行用户已经对自己常使用的移动出行应用产生了一定的忠诚度，也意味着平台间的厮杀逐渐放缓。

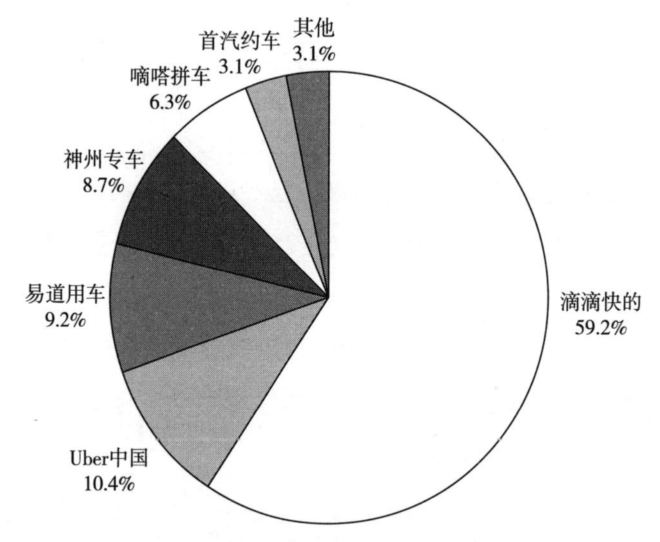

图5　主流移动出行品牌用户关注度占比

资料来源：速途研究院。

二　细分移动出行市场的发展状况

（一）出租车市场发展现状

随着智能手机的普及，人们的移动叫车、移动支付习惯也逐渐养成。越来越多的出租车司机配备了智能手机，告别了传统的街边拉客的形式，选择在网约车平台上接单。如图6所示，2015～2016年，中国的网络预约出租车的用户规模以及使用率有了显著增长。用户规模从2015年的1.59亿人增长到2016年的2.25亿人，使用率也从22.3%增长到30.7%。如果不考虑专车、拼车市场对出租车市场的分割，仅从平台作用来说，网约车平台在很大程度上提高了出租车的运营效率。

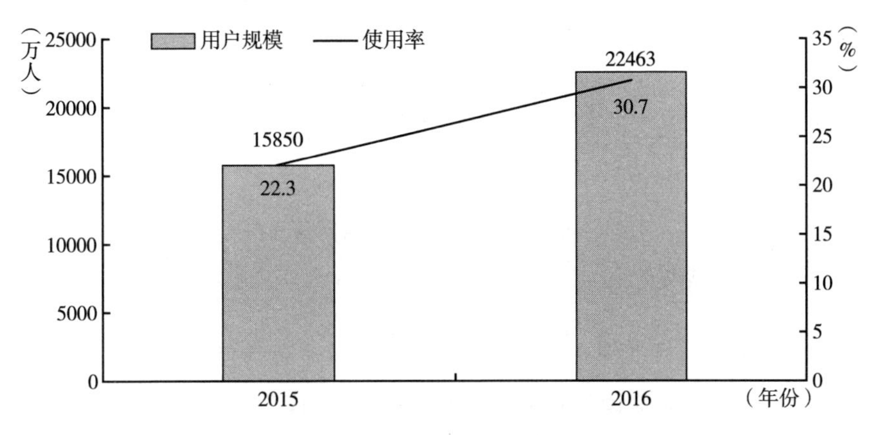

图6　网络预约出租车用户规模及使用率

资料来源：中国互联网络信息中心（CNNIC）。

（二）快车市场发展现状

快车作为大部分用户经常使用的网约车服务，其前身来源于专车的经济版，同时也是各大平台的主打业务。作为网约车平台提供的用车服务，快车和出租车相比，有着更优惠的价格，同时又像使用专车服务一般，配有专业的平台司机。图7的数据显示，24%的快车用户叫车的等待时间在5分钟以内；47.4%的快车用户等待时间在6～10分钟，这个区间的用户占比最高；此外，等待11～30分钟及30分钟以上的用户分别占25.3%和3.4%。

（三）拼车市场发展现状

和专车、快车相比，拼车出行则显得更为节约节能。作为共享经济的产

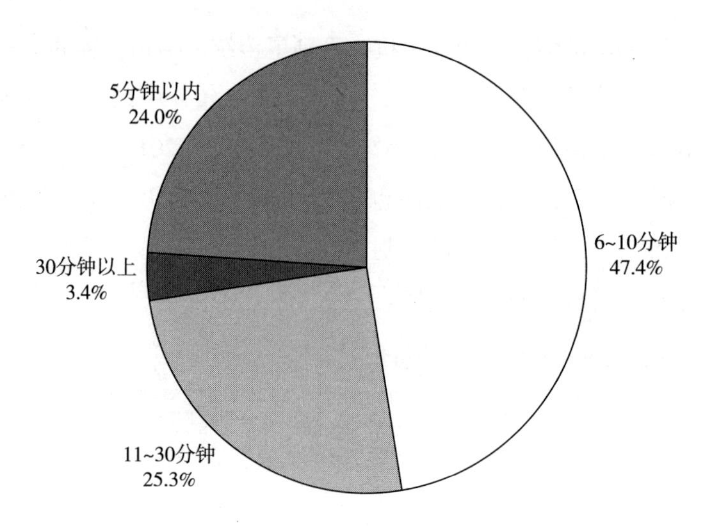

图 7　快车用户软件叫车等待时长分布

资料来源：艾瑞咨询。

物，乘坐顺风车出行的理念很快被大众所接受，尽管等待时间较长，但可以提前预约，对于乘客来说价格又相对便宜。同时顺风车的使用在一定程度上也减少了私家车的出行，有利于缓解交通拥堵、污染排放。如图 8 所示，55.7% 的用户主要在上下班通勤时使用顺风车服务，有固定的拼车路线。此外，临时出行、外出游玩等场景也是用户使用拼车的主要场景，分别占 43.4% 和 37.8%。

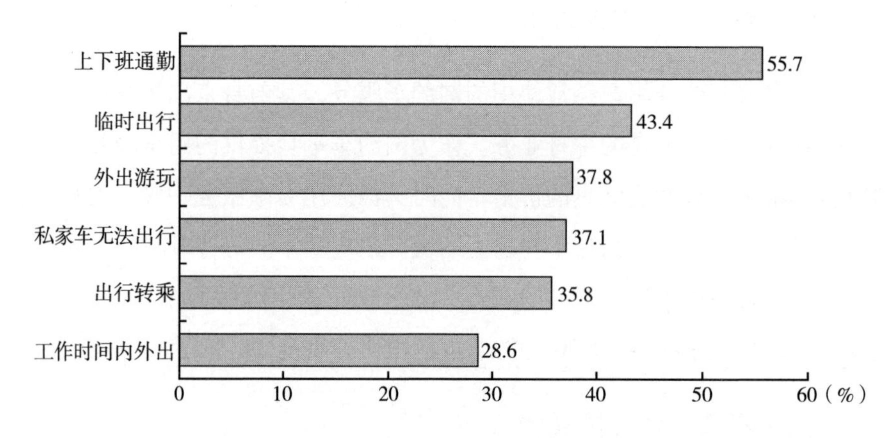

图 8　用户使用拼车服务的场景分布

资料来源：艾瑞咨询。

（四）专车市场发展现状

专车是典型的移动出行行业的产物，也是网约车市场的代表。精良的车型、专业的司机和服务配置彰显了专业的出行服务。根据图 9 的数据，用户对专车出行的消费区间主要集中在 15～50 元，其中每次乘车单价在 15～30 元的乘客占 37.1%，花费 31～50 元单价乘坐专车的乘客占 37.2%。单价消费 15 元以下的专车用户仅占 4.8%，不难看出专车用户还是整体倾向于高端。

专车市场也是政府管控的主要目标，2016 年，全国各地的网约车新政陆续实施，政府开始对专车市场进行规范，大量的非本地户籍车辆或其他不符合规定的车辆被禁止运营，一时间，市场上的专车数量明显减少。

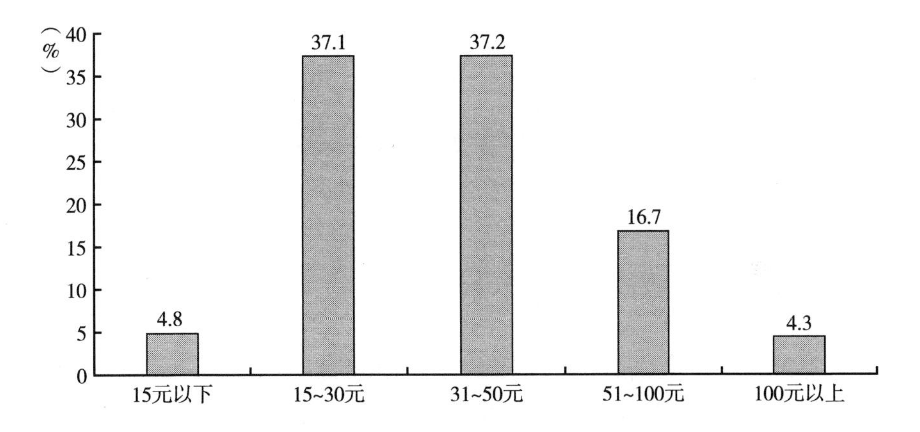

图 9　用户使用专车消费的单车金额分布

资料来源：艾瑞咨询。

三　移动出行平台溢价原因分析

（一）移动出行用户叫车溢价的场景分布

说到 2016 年的网约车市场，就不得不提及一个词：溢价。一方面，由于市场已经过了用户培育期，平台竞争也基本完成，用户从平台获取的补贴已经显著减少，平台需要获取赢利，因此用户感觉到了消费单价的增高。另一方面，由于各地网约车新政的陆续发布，非本地车辆大幅度减少，开始出现车辆供不应求的情况。如图 10 所示，紧急出行、出行高峰期以及深夜，是移动出行用户叫车溢价的主要场景，分别占 82.6%、68.7%、62.4%。

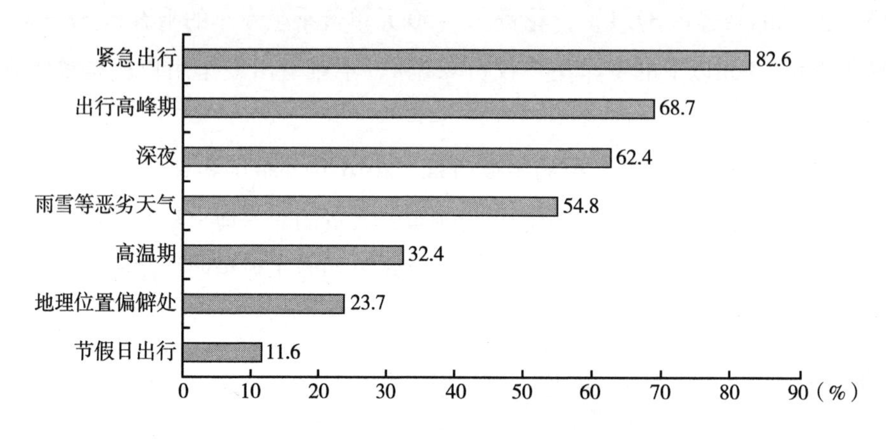

图 10　移动出行用户叫车溢价的场景分布

资料来源：艾媒咨询。

（二）恶劣天气下约车溢价倍数分布

恶劣天气是造成溢价的常见原因，在雨雪等恶劣天气下，人们不愿意步行或者乘坐公交地铁等公共交通工具，网约车的形式则相对方便，能够让用户尽享路途的安逸。因此，恶劣天气时也是用户约车的高峰期，经常会造成平台车辆供不应求的情况，溢价也就自然产生。根据图 11 的数据，通常恶劣天气造成的用户约车溢价，集中在 1.1～2 倍和 2.1～3 倍，分别占 44.1% 和 30.9%。

（三）用车高峰期约车溢价倍数分布

物以稀为贵，用车高峰期是造成用户约车溢价的最主要因素。包括平时的早晚高峰，以及周末、节假日的出行高峰等，往往人流聚集，在一个时间

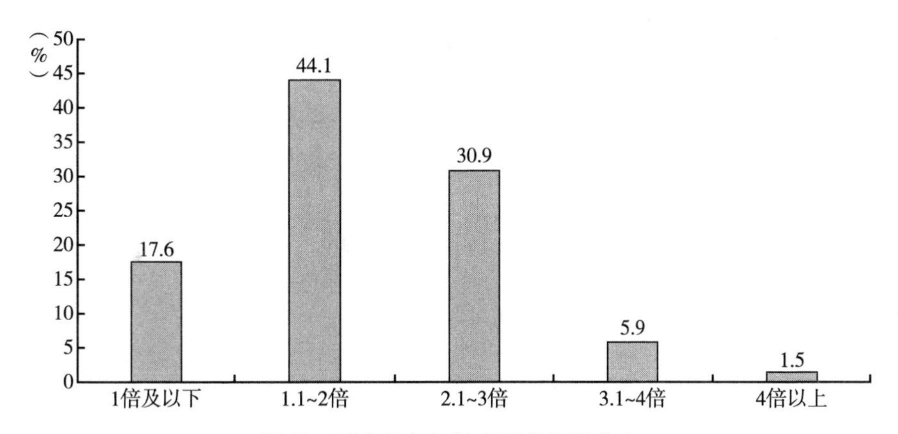

图11　恶劣天气下约车溢价倍数分布

资料来源：艾媒咨询。

段内，用车需求大幅增加。如图12所示，在用车高峰期用户的约车溢价倍数基本集中在1.1～2倍，达到总体的51.7%，溢价2.1～3倍的用户占比为25%，溢价3倍以上的用户则相对较少，说明在高峰时段的网约车溢价相对稳定。

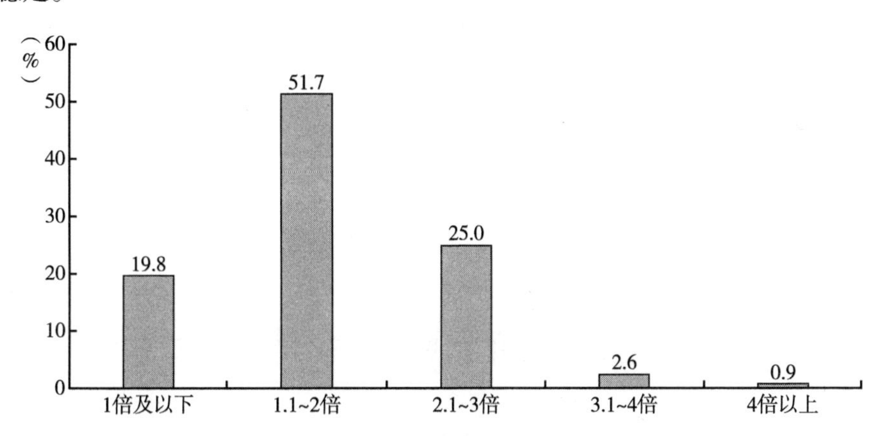

图12　用车高峰期约车溢价倍数分布

资料来源：艾媒咨询。

（四）移动出行用户对叫车溢价的接受范围

进入2016年以来，网约车不仅没有了往日的巨额补贴，并且溢价的情况也屡见不鲜。但毕竟网约车给用户带来了更加便捷、优质的出行服务，用户的移动出行习惯也已经养成，大部分用户对于网约车溢价的情况也表示理解。如图13所示，25.2%的用户愿意接受0.5倍以内的溢价，43.3%的用户可以接受0.5～1倍的溢价，22.7%的用户可以接受1.1～2倍的溢价。溢价两倍以上则普遍不被大部分用户所接受，另外，5.9%的用户不接受溢价。

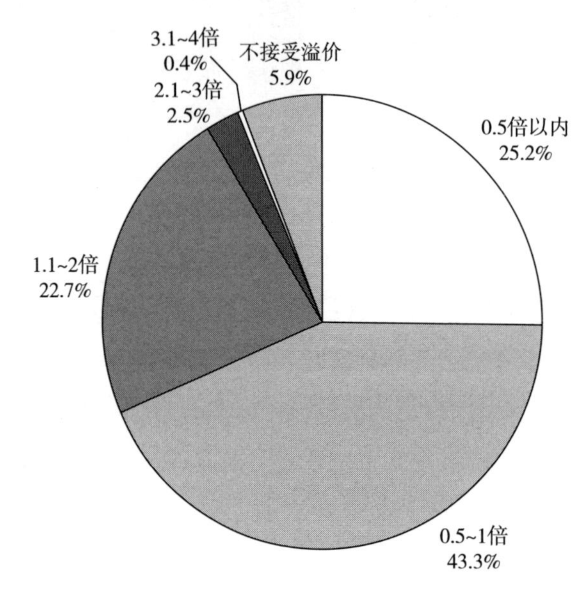

图13　移动出行用户对叫车溢价的接受范围占比

资料来源：艾媒咨询。

四　移动出行的新篇章——共享单车

（一）中国单车租赁市场规模及预测

共享单车是2016年开始被广泛认知的新行业，其以共享为主题，通过投放公共自行车的方式，对用户实行单车租赁，主要是为了解决一、二线城市用户“最后一公里”的交通问题，同样是作为移动出行的一部分，共享单车的出现给网约车市场提供了补充。

2016年共享单车市场经历了快速爆发阶段，各大单车平台屡屡斩获融资，行业战火一触即发。根据图14所示的数据，2016年中国的共享单车市场仅为0.49亿元，虽然行业获得了巨大融资，但市场还处在初级阶段。

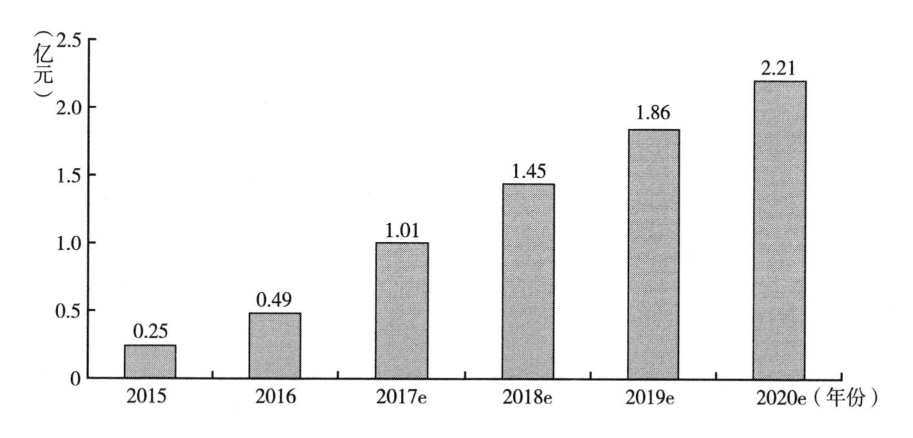

图14　中国共享单车市场规模及预测

资料来源：速途研究院。

（二）共享单车APP下载量排行

从当前的共享单车市场来看，大部分共享单车品牌投放量还很少，除非在其主要投放的城市，否则基本不为人所知。当然共享单车领域也有领先者，ofo和摩拜单车两家几乎在现阶段垄断了市场，不论是单车的大批量投放，还是融资，都在行业遥遥领先。如图15所示，从共享单车APP的下载量情况来看，摩拜单车的下载量达到366.49万次，ofo的下载量达到347.1万次，而排名第三的小蓝单车，下载量却只有10.85万次。

有人说今天的摩拜和ofo就如曾经的滴滴和快的一般，两家都有巨头支持，同样地不乏资金，专注于产品。投资方也颇耐人寻味，一面是腾讯、携程，一面有滴滴、小米科技，两者的市场第一之争可以被看作整个共享单车市场竞争的标志。但和网约车市场相比，今天的共享单车市场注定激不起太大的波澜，一方面由于共享单车目标用户较少，另一方面共享单车的客单价也相对较低，烧钱获利并不高。

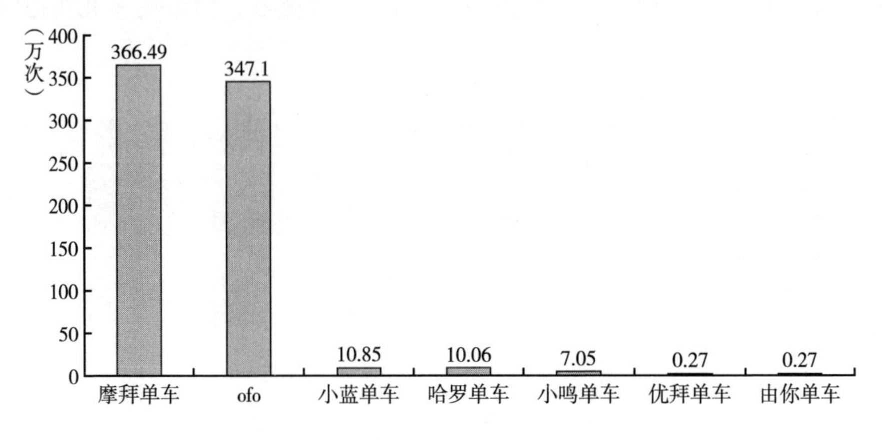

图 15　主流共享单车 APP 下载量排行

资料来源：速途研究院。

（三）共享单车用户各级城市分布

如图 16 所示，共享单车用户的各级城市分布状况，一、二线城市是共享单车用户的主要聚集地。从共享单车的城市投放量上看，一、二线城市集中了大量的学校、上班族，年轻人较多，是共享单车品牌首要攻克的地区。此外，发达城市的人口密度较大，致使平均到每辆单车的使用次数增加，更加有利于单车流动，让单车赢利的机会增加。但随着 2017 年共享单车市场爆发大战，越来越多的单车品牌开始发力，可以预见，一、二线城市的单车市场很快将走向饱和，下一轮的争夺战将会在三、四线城市展开，而且部分后进入市场的共享单车平台已经开始了“曲线救国”的战略，意图先从三、四线城市攻入市场。

（四）共享单车用户使用频率分布

共享单车从市场的大面积投放到被用户熟知，仅有一年时间。这种绿

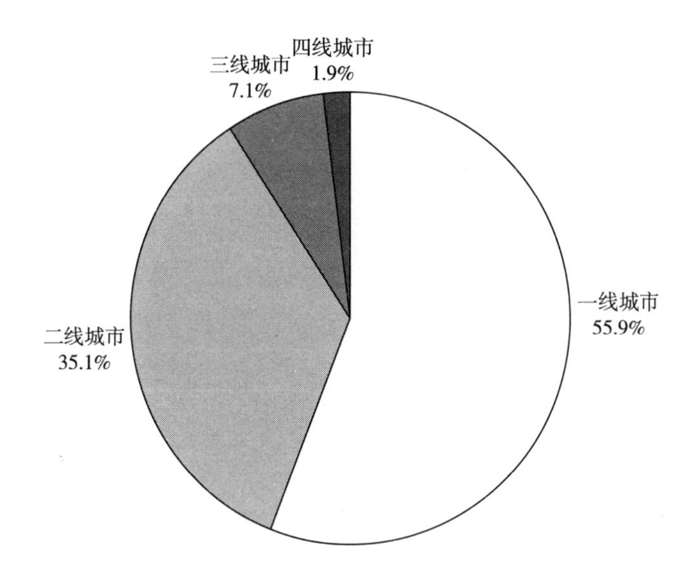

图 16 共享单车用户各级城市分布

资料来源：速途研究院。

色、便捷的出行方式很快获得了用户认同，大部分用户愿意尝试单车出行，但短时间内共享单车市场还没有培育出用户的使用习惯。图 17 数据显示，每天都使用共享单车的用户仅占 10.7%，大部分用户使用共享单车的频率为 3 ~5 天一次或 5 ~7 天一次，分别占 22.7% 和 29.2%。但随着共享单车市场的进一步爆发，城市单车的更大面积铺放，用户对于这种方便快捷低成本的出行方式将会比较容易形成习惯，预计 2017 年频率数据将会有较大改观。

（五）共享单车市场出现的问题

共享单车面临的最大问题是管理不规范，如图 18 所示。由于共享单车是以公共自行车的方式投放在街边，大量自行车长期处于无人看管的状态，大量用户在使用完单车后，随手放在一边，不仅阻碍了正常交通，而且给其他用户使用共享单车造成了很大不便。不仅如此，由于无人看管，共享单车甚至出现了车辆丢失、人为损坏、被私人占有等用户故意造成的问题。共享

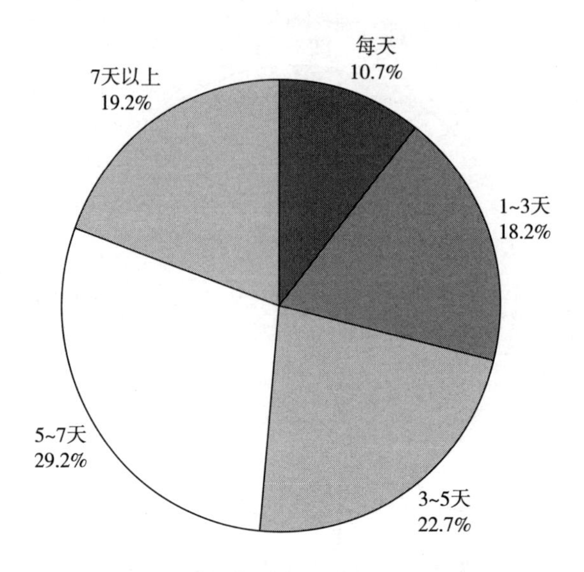

图 17　共享单车用户使用频率分布

资料来源：速途研究院。

单车平台正在加紧和政府部门联合，加快出台和完善共享单车的规范化章程，加快用户的诚信体系建设。

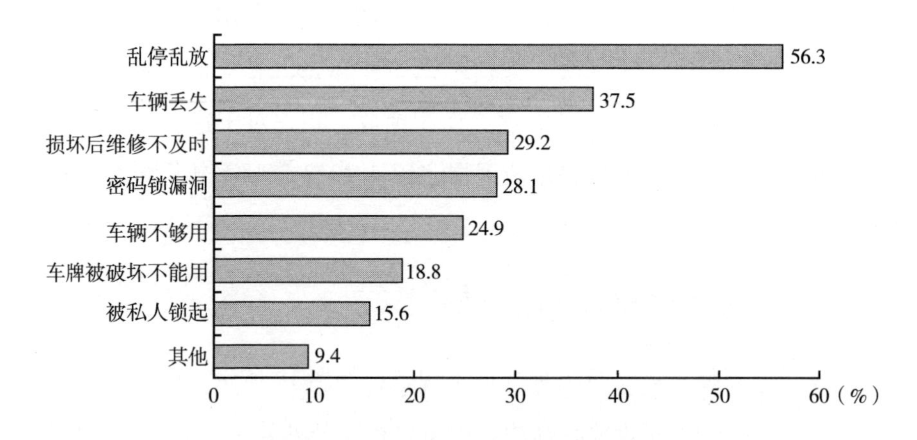

图 18　共享单车市场存在的主要问题

资料来源：速途研究院。

五　移动出行市场未来发展趋势

（一）移动出行在政策推动下的市场变化

1. 行业安全性、规范化程度的提升

移动出行市场在过去几年可以说是野蛮成长。大量资本的引入，巨额的用户补贴，平台竞争产生的各种优惠活动等，迅速帮助网约车市场积累了大量用户。然而在行业快速发展的同时，网约车市场也不可避免地出现各种问题。比如私家车参与到市场运营中产生的各种安全事故等，引发了政府的高度重视。作为出行行业，用户的生命、财产安全必须放到首位，因此从2015年开始，各地陆续开始颁发相关意见稿，截至2017年2月，全国已经有66个城市出台了网约车的细化措施。在政府和平台联动下，整个网约车市场朝着安全性、规范化发展。

2. 限制条件下平台车辆的减少

各地网约车新政最重要的一条，就是对网约车平台的运营车辆提出了严格要求，包括车辆的使用年限、车辆的牌照，甚至车主的户籍等都在规范之列。在重重限制条件下，全国各地的网约车平台运营车辆出现了不同程度的减少。2017年春节期间，全国一线城市都出现了“叫车难”的现象，令用户叫苦不已。和以往相比，用户通过平台叫车的等候时间也有一定增加，溢价情况也时有出现。显然，网约车数量的突然减少弱化了用户体验，用户间也出现了支持政策适当放宽、调节网约车供需平衡的声音。

3. 从用户补贴竞争转化为服务竞争

国内的网约车市场已经进入2.0时代，相比之前用户对于价格优惠的关心，现在用户开始将服务作为选择网约车的重要指标，补贴时代已经过去。2017年3月6日，北京、天津、上海、重庆、厦门、青岛、深圳、沈阳、长春、哈尔滨、南京、杭州、济南、武汉、成都、西安、昆明17个城市消协（消委会、消保委）及中国消费者报社联合发布了《网约车消费者情绪

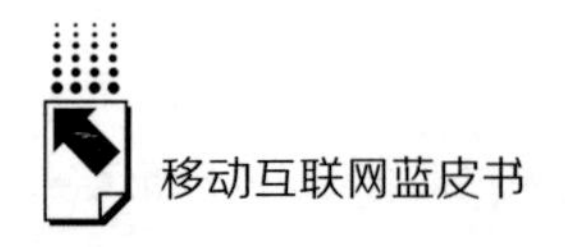

指数报告》。报告显示，在有关网约车的10251条信息中，有关服务的信息为4052条，有关价格的信息为2196条，有关安全的信息为1907条，服务信息的占比最大。提供更好的服务，才能在竞争中胜出，比如，运营人员素质的提升、导航系统的智能化提升以及运营车辆的增加等方面，提高服务质量将是未来网约车市场的主旋律。

（二）移动出行市场现阶段发展的行业壁垒

1. 用户从补贴到溢价，司机端获利减少

移动出行领域，网约车市场已经是一个成熟市场。成熟市场的标志，是行业已经走过了烧钱获取用户、培养用户习惯的阶段。超过4亿用户的网约车平台，已经开始追求盈利。

从2016年开始，很多用户、车主开始敏锐地感觉到，自己的成本在上升。对于用户来说，和过往相比，补贴越来越少直到没有补贴，甚至在高峰时段，随时都有溢价的可能，叫车成本大幅增加。对于车主来说，佣金、奖励有了明显减少，过去每月一两万元的日子一去不复返，导致一部分车主积极性开始降低，减少接单或者离开网约车平台。

2. 平台赢利模式单一，仍处于烧钱阶段

虽然网约车平台已经开始在司机端和用户端抽成，但这和之前巨大的烧钱补贴相比仍旧显得微不足道。在新政实施后，平台的网约车数量减少，更加不利于平台在佣金中抽成，当前的网约车平台仍旧处于亏损阶段。从现阶段看，中国的网约车市场正面临着用户不满、车主不快、平台不盈利的尴尬局面，已经导致一些人对网约车的热度开始下降。尽管之前给出了很多猜想，但盈利模式的探索仍旧是网约车市场面临的主要问题，行业内尚未出现有效可行的盈利模式。

（三）共享单车市场未来趋势

1. 安全和规范是当前亟须解决的主要问题

和网约车市场不同，共享单车行业规范化任重道远。毕竟网约车市场的管控主要来自平台，而共享单车市场则对用户要求更高。据不完全统计，共享单车当前的被损坏数量已经超过1万辆，其中大部分共享单车损坏来自不法分子。部分用户出于占便宜的心理，也在钻共享单车的漏洞。网上流传的一则“凭漏洞5秒解锁共享单车”的消息，受到了大家的普遍关注。而在一些QQ群里，出售共享单车密码的情形屡见不鲜。

针对规范问题，共享单车平台也正在加强管理。其中，ofo选择配合小区、街道、写字楼，规范单车停放区域。摩拜则是通过与政府及企事业单位合作，设立推荐停车点，并参与城市自行车停放区的设计规划。

2. 竞争即将爆发，盈利模式是主要关注点

到2017年初，国内共享单车平台已经有30家左右。从平台数量来看，市场已经趋向饱和，这也意味着行业入口已经关闭。大量的企业斩获融资后，也会在2017年加大单车投放，加速城市布局。可以预见，共享单车市场的大战将会一触即发，当前的几十家平台大部分将会被淘汰，预测市场最后剩余平台在10家左右。

至于盈利方面，如果仅靠共享单车的使用费来盈利，那么行业的盈利肯定遥遥无期。关于盈利，业内讨论最多的方向是金融，即利用用户使用单车的押金来赚取收益，也因此让共享单车行业里出现了非法集资的质疑。共享单车平台的盈利模式，未来很可能出现在广告和社交两个方面。

广告方面，当用户的骑行数据和地图结合，共享单车APP可以推断出每位用户的常去地点、行动路线，甚至估算出用户的收入水平，让用户画像更为清晰。这就为广告的精准投放提供了入口，企业可以有针对性地进行广告投放、品牌宣传，同时基于地理位置对用户进行线下的店铺推荐，帮助门店导流。社交方面，年轻人群是共享单车的主要用户群体，用户很容易通过单车结识骑友，找到和自己相同路线的用户，而共享单车APP本身就天然具备连接线上、线下的能力。平台可以主动发起社交活动，比如骑行、比赛等，配合APP建立起年轻人的社交网络。

3. 安全问题应引起重视

作为出行工具，共享单车的安全问题值得考虑。由于大量单车长期处于无人看管的状态，单车的日常损耗如果不能及时发现，很可能为骑乘者带来安全隐患，而且责任承担方面很难协调。除了用户的人身安全，更应该值得注意的是用户的数据安全。移动互联网时代，信息安全已经成为受关注的重点。可以想象，用户的身份、出行信息一旦泄露，将给用户造成巨大的安全和隐私隐患，这些信息一旦被不法分子利用，后果不堪设想。虽然当下尚无案件发生，但企业必须提升对用户信息的管理水平，将保护用户的信息安全作为重点。

参考文献

速途研究院：《2016 年中国移动出行市场报告》，2016 年 12 月，http：//www. sootoo. com/content/668646. shtml。

中国互联网络信息中心（CNNIC）：《第 37 次中国互联网络发展状况统计报告》，2016 年 1 月，http：//cnnic. cn/gywm/xwzx/rdxw/2015/201601/t20160122_ 53283. htm。

艾瑞咨询：《2016 年中国移动端出行服务市场研究报告》，2016 年 3 月，http：//www. 199it. com/archives/452810. html。

艾媒咨询：《2016 中国移动出行叫车软件溢价分析报告》，2016 年 8 月，http：//www. iimedia. cn/43884. html。

速途研究院：《2016 年中国共享单车市场报告》，2017 年 1 月 4 日，http：//www. vmeti. com/hlwxx/styjy/152178. html。

艾媒咨询：《2016 年中国单车租赁市场分析报告》，2016 年 10 月 18 日，http：//www. iimedia. cn/45424. html。

比达咨询：《2016 中国共享单车市场研究报告》，2017 年 2 月 8 日，http：//www. bigdata - research. cn/content/201702/383. html。

国务院办公厅：《关于深化改革推进出租汽车行业健康发展的指导意见》，2016 年 7 月 26 日，http：//www. gov. cn/zhengce/content/2016 - 07/28/content_ 5095567. htm。

北京、天津、上海、重庆、厦门、青岛、深圳、沈阳、长春、哈尔滨、南京、杭州、济南、武汉、成都、西安、昆明等 17 个城市消协（消委会、消保委）及中国消费者报社联合发布的《网约车消费者情绪指数报告》，2017 年 3 月 6 日，http：//www. chinadaily. com. cn/micro - reading/2017 - 03/06/content_ 28452180. htm。

B.19

通过技术与内容创新联结消费者：2016年移动营销发展分析

张 凌*

摘 要： 2016年，中国移动营销市场规模达到1500亿元，成为数字营销的重要组成部分。移动视频营销、移动社交营销都已形成较为成熟的模式，并且还在形式上不断创新。未来，移动营销的发展趋势包括内容营销、VR营销、营销自动化等。移动营销中通过反欺诈技术保障广告质量也将成为行业关注重点。

关键词： 移动营销 内容营销 营销自动化 反欺诈

一 移动营销的发展现状

在中国，移动营销自2013年进入规模化发展后，经历了持续数年的高速增长，到2016年，移动营销已经是一个规模达1500亿元的庞大市场。

（一）用户基础：突破10亿大关的月度活跃用户数

移动营销的发展，前提条件在于移动互联网用户基础。具体来说，包括用户数量、用户结构、用户使用的频率与时间。

---

* 张凌，精硕科技（AdMaster）思想领导力总监，拥有10年消费者洞察与互联网研究经验。

根据中国互联网络信息中心的研究[①]，到2016年12月，使用智能手机上网的中国移动互联网用户数量已经达到6.95亿人。在全国7.31亿互联网用户中，移动网民比例达到95.1%，早已超过使用个人电脑上网的网民比例，并且有超过1.7亿互联网用户是仅通过移动设备上网的。同时，新增的互联网用户也以移动上网用户为主。智能手机已经是中国用户上网的主导设备。据移动大数据服务商QuestMobile监测数据，到2016年底，中国移动互联网月度活跃用户（设备）数量已经突破了10亿大关。

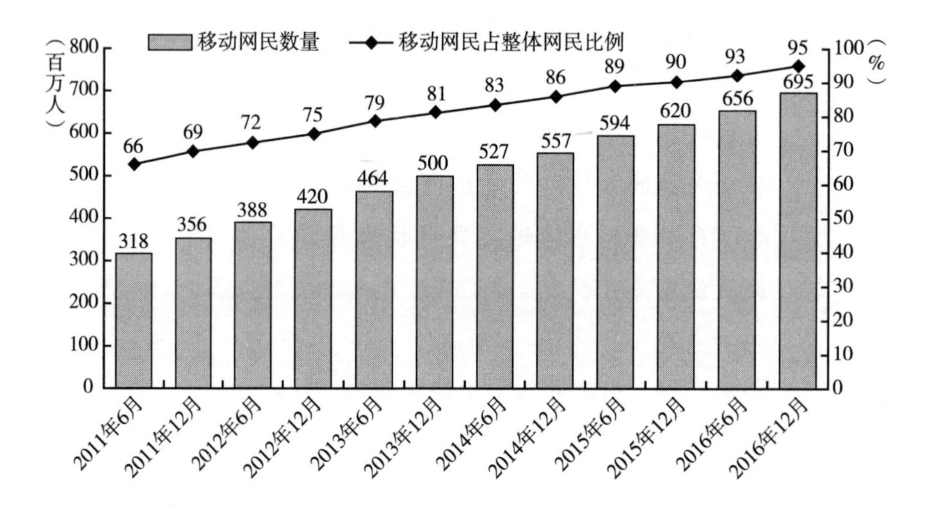

图1　中国移动网民数量及占整体网民的比例

资料来源：中国互联网络信息中心。

从智能手机的市场销售情况来看，2016年全年中国智能手机市场实现同比8.7%的出货量年度增长，OPPO、华为、vivo位列中国智能手机市场全年出货量前三，占市场份额近半[②]。这也从侧面证明，中国移动互联网市场，尤其是低线城市及农村区域市场，还处于增长阶段。除了智能手机，平板电脑、智能可穿戴设备、VR硬件等智能设备的兴起，也让广大用户能享

① 中国互联网络信息中心：《第39次中国互联网络发展状况统计报告》，2017年1月。

② IDC：《中国季度手机跟踪报告》，2017年2月。

受更便利、更新潮的移动互联网服务。据市场咨询机构 Verto Analytics 分析，中国网民平均每人拥有4.1台联网设备，接近美国的人均4.6台。

除了用户规模和上网设备数量的发展，用户使用移动互联网的时间也在增加。QuestMobile 的研究表明①，2016 年 12 月 iOS 系统手机移动应用使用时间比上年同期增长了 20%，Android 手机用户的使用时间增长幅度更高，为 34%。用户平均每天花在移动上网上的时间达到 2.7 小时，这个数值在 25 岁以下年轻用户中更高。时刻盯着手机的“低头族”在生活中已经随处可见。

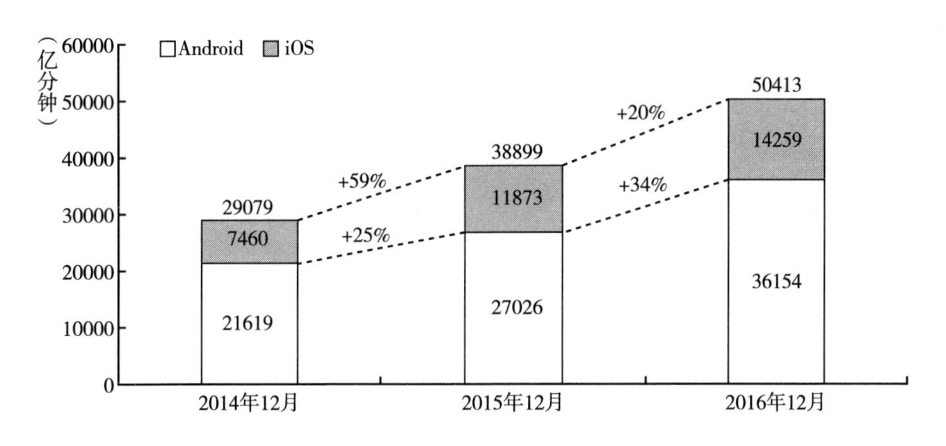

图2　中国移动 APP 使用时间趋势

资料来源：QuestMobile。

与此同时，移动网民的使用习惯也在发生变迁。随着移动互联网基础设施建设的发展、4G 网络的普及，网速和流量不再成为用户使用视频影音类应用的障碍。越来越多的用户已习惯用手机流量随时随地收看影视剧、综艺节目等。根据工信部官网发布的 2016 年通信运营业统计公报数据，2016 年中国移动互联网接入流量消费达 93.6 亿 G，同比增长 123.7%，比 2015 年提高 20.7 个百分点。全年月户均移动互联网接入流量达到 772M，同比增长

① QuestMobile：《2016 年度 APP 价值榜》，2017 年 1 月。

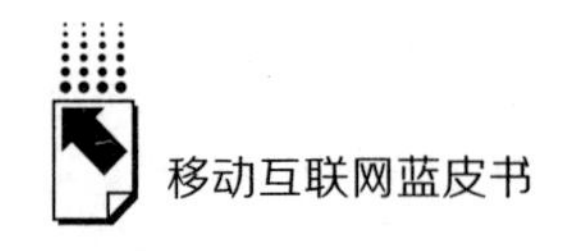

98.3%。其中，通过手机上网的流量达到84.2亿G，同比增长124.1%，在总流量中的比重达到90.0%。

（二）移动营销：数字营销的重头戏

作为移动营销的主体，广告主对于移动营销的关注与投入在2016年也迈向了全新的高度。

根据国际市场研究公司eMarketer估计①，2016年移动互联网广告全球市场规模将达到1000亿美元，占全球各类媒体广告市场规模的51%。到2019年，这一比例有望达到70%。移动互联网广告市场急剧扩张的动力正是源于全球最大的两个市场——美国市场和中国市场的发展。

精硕科技与长城会联合发布的《2016年中国广告主移动营销研究报告》② 显示，76%的品牌广告主认为移动营销在企业的数字营销策略中“非常重要”，而在2013年，这一比例仅有24%。在企业计划数字营销预算时，约有2/3的品牌广告主会为移动营销单独设立预算，独立的预算意味着品牌对移动营销的投入已经常态化和规模化。

2016年，几乎所有的品牌广告主都加大了对移动营销的投入力度。品牌广告主的移动营销投入比2015年平均增长16%。与此同时，企业对数字营销的整体投入增长率则平均只有12%，少数企业甚至没有增加2016年的数字营销预算。

移动营销在中国品牌广告主2016年度的数字营销预算中所占比重平均为37%，多数品牌将数字营销预算的30%~50%用于移动营销，也有接近两成的品牌对移动营销的投入超过PC端。

移动营销吸引的不仅是“高大上”的品牌广告主，以往受限于营销预算、在传统媒体上难觅踪影的中小企业、个人创业者对于移动营销的参与热情一

① *Mobile Ad Spend to Top $100 Billion Worldwide in 2016, 51% of Digital Market*, https://www.emarketer.com/Article/Mobile-Ad-Spend-Top-100-Billion-Worldwide-2016-51-of-Digital-Market/1012299.

② 精硕科技：《2016年中国广告主移动营销研究报告》，2016年5月。

点也不逊于大品牌，不少中小企业将移动端作为最重要的营销阵地。一方面，移动社交、移动电商、直播等创新应用和完备的移动生态为中小企业提供了更丰富、更具效率的营销选择；另一方面，移动媒体在商业化过程中采取的低门槛、SaaS（Soft ware - as - a - service，软件即服务）化的服务方式也为中小广告主提供了便利。以新浪微博为例，2016 年第三季度，新浪微博的中小企业和自助广告收入同比增幅达到 189%，广告主数量达到近 50 万个。

（三）移动 APP：发展两极化

当前的移动营销主要基于各类移动 APP 平台，因而移动 APP 的发展和创新也在很大程度上决定了移动营销的发展空间。2016 年中国移动应用市场的发展呈现两个明显趋势，第一是“超级”APP 的持续增长，第二是新生 APP 的发展乏力。

QuestMobile 数据显示，截至 2016 年 12 月，中国月度活跃用户（MAU）在 5000 万以上的 APP 为 66 个，MAU1000 万 ~5000 万的 APP 为 146 个。这些 MAU 在千万级的超级 APP 数量比 2015 年增长了 5.5%。以微信、手机 QQ、手机淘宝为代表的移动 APP 已经成为中国用户装机必备 APP，用户规模还在持续增长。

但是月度活跃用户规模在 100 万 ~1000 万的 APP 数量比 2015 年下降了 5.6%，月度活跃用户规模在 30 万 ~100 万的 APP 数量则比 2015 年下降了 10.9%。总体上，成规模的 APP 数量在 2015 年达到顶峰之后，已经开始出现下滑。一方面，移动互联网创业的热度比之前有一定下降，部分行业人士甚至认为创业窗口期已接近结束；另一方面，各个移动应用领域都已经基本形成了一个或数个领导者，新生 APP 要脱颖而出的难度加大，超级 APP 还在挤压中小 APP 的生存空间。

因此，对于移动营销来说，有价值的媒体平台在未来两三年可能会相对稳定，不会产生大量的新 APP 来分流广告主的预算。更多的关注和探索将会集中于如何在现有的移动 APP 生态内创造更新颖、更高效、用户体验更好的营销方式。

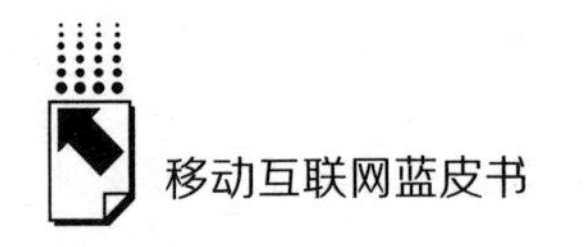

（四）移动营销产业链：技术、平台、数据方逐渐成熟

随着广告主的投入不断加大，营销技术、媒体平台、行业相关方的逐渐成熟，移动营销产业链也日趋完善。对于移动 APP 平台来说，2016 年也是商业化升级的一年，为了深入挖掘自身营销价值，各 APP 纷纷推出了更多、更丰富的推广资源。精准营销技术、多样化的定向数据和 SaaS 化的自助投放平台，都让移动营销变得更有吸引力。

以微信为例，在 2015 年初上线的微信朋友圈广告，最初投放门槛高达 500 万元，而 2016 年腾讯对广告销售策略进行了调整，将投放门槛大幅降低，并能针对多类受众对象精准投放，为不同规模、类型的企业和商户提供了有针对性的营销服务。

在营销技术和平台升级进化的同时，以往困扰广告主的移动营销效果数据不透明、没有统一的评估标准状况也已经得到了改善。在行业协会、媒体和数据技术公司的共同努力下，移动广告发布、广告监测等行业标准都已逐步建立，进入实践。

二　2016年移动营销发展特点

（一）移动视频营销发展：贴片广告再创新高，内容营销不断创新

作为广告主最早涉足、投入最大的移动营销形式之一，移动视频营销在 2016 年仍处于高速发展阶段。2016 年，移动视频广告流量再创新高，比 2015 年增长了 75%。在整体网络视频广告中，移动视频广告所占比例也从 2014 年初的 10.7% 上升到当前的接近 70%，成为视频营销的主要阵地。尽管智能电视端凭借大屏优势分流了部分网络视频流量，但目前来看，智能电视更多分流的是原来属于电脑端的视频广告份额，总体上，移动端作为网络视频主要营销平台的趋势没有改变。

贴片广告作为一种较为成熟的视频营销形式，在企业的营销策略中通常

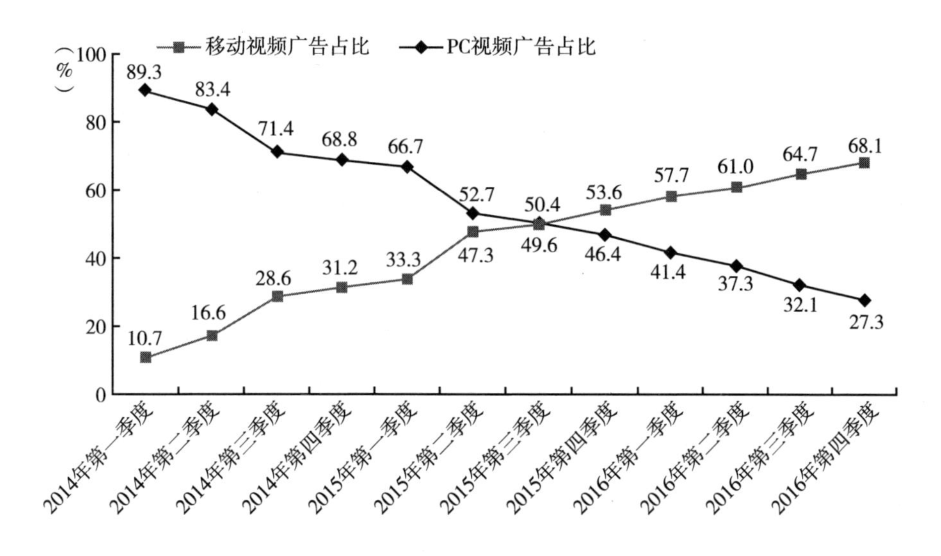

图3　2014～2016年中国视频广告流量结构

资料来源：精硕科技。

用于提升品牌认知，以到达率为主要考核指标。但随着贴片广告单价水涨船高，品牌为了提高营销互动的效率，在贴片广告投放策略上也有一定调整。目前行业主要在朝以下两个方向发展：首先是从以往基于在线收视率和广告到达率的品牌导向，进化到基于销售线索转化的效果导向，如O2O模式下的到店率等；其次，随着人均设备量的增加，传统基于“设备”的触达泡沫愈发凸显，与具有海量社交数据的平台（如腾讯、微博等）合作推出的基于“人”的“真人营销效果评估”（People-based Measurement Solution，PMS）成为新一代的广告效果评估解决方案，实现了数字广告目标受众触达的精准评估。

纵观2016年各大视频网站，寡头垄断的局面日益加剧，领头位置频繁易主，“大IP，强平台”成为年度主题。《青云志》《锦绣未央》《欢乐颂》《老九门》等大剧的播放量都刷新了历史纪录，《奇葩大会》《火星情报局》等网络综艺也都获得了很好的收视成绩。整体视频市场流量进一步向爱奇艺、腾讯等几个强势品牌集中，广告主的营销预算同样也在向强势视频平台集中。与此同时，随着各视频网站的会员持续增长，越来越多的用户选择付

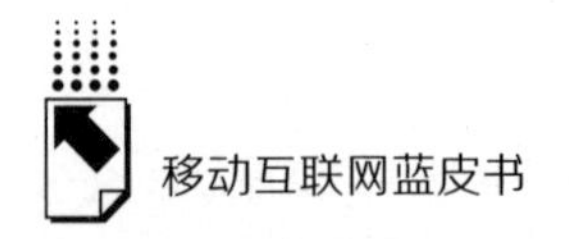

费不看广告之后，常规视频贴片广告也面临库存紧张的问题[①]。

一方面，常规视频贴片广告库存遇到瓶颈，视频网站有“开源”的需求；另一方面，广告主也希望营销活动能更好地与视频内容结合，获取更好的营销效果。在这一行业背景下，创新的视频广告形式如“原创贴”“创可贴”等应运而生，吸引了不少广告主的关注。

“原创贴”是爱奇艺首度在视频行业提出的广告产品概念，即在剧中插播一段由剧中人物角色基于IP剧情演绎的创意广告。这种广告形式在2016年的热播大剧《老九门》中首次出现，在剧中高潮部分插入“前方高能，正片来袭”“前方核能，这不是广告”“广告结束现在是正片时间”等趣味提示，让演员根据既有的剧情、角色、服饰及人物性格为各个项目不同的功能卖点做中插的演绎式广告。与传统的影视广告植入不同，这种广告形式会更明确地告知用户这是广告，但通过搞笑、自嘲的内容创意降低了用户的戒备和反感。这种广告形式推出之后，用户不仅没有投诉，反而认为这种广告形式新鲜有趣。这种广告形式受到了行业、用户的广泛好评（见图4）。

“创可贴”也是视频营销中结合视频内容深入互动的一种创新广告形式。具体来说，“创可贴”广告是在剧集情节进行的同时，产品卡牌会不时地出现在播放框中，除了呈现品牌的logo和产品形象，还会伴有与剧集情

① 视频贴片广告有资源库存的概念，例如，某APP每天有1亿次视频节目观看，每个节目之前可以播放3个贴片广告，贴片广告库存就是3亿。当广告主需求超过3亿，贴片广告库存就会不足。由于付费会员看视频是免广告的，APP的付费会员增加也会让广告库存减少。

图4　视频营销“原创贴”形式示例

资料来源：爱奇艺。

节高度相关的广告文案。在形式上，“创可贴”广告与流行的视频弹幕非常类似，在年轻观众中颇受好评。据某国产功能饮料品牌数据，通过“创可贴”等创新广告形式，该饮料2016年品牌知名度相较于上年至少提升50%，销量也提升了30%。与“原创贴”相比，“创可贴”与视频内容的结合可能没有那么紧密，但对于广告品牌来说投放更为灵活，因而也颇受欢迎（见图5）。

图5　视频营销“创可贴”形式示例

资料来源：爱奇艺。

2016 年的现象级网络综艺《火星情报局》也充分体现了视频营销与内容营销结合的趋势。不仅主持人和嘉宾在节目过程中随时会进行“花式口播”，而且节目也会以歌舞、相声等多元创意的综艺形式来演绎广告。凭借节目妙趣横生的创意广告形态，通过快节奏、有内涵、够趣味的内容，《火星情报局》改变了年轻受众以往对广告的刻板印象，也提高了他们对于品牌信息的接受度和兴趣。

（二）移动社交营销发展迅猛

1. 微博商业生态逐步成熟

在微信迅速成长为中国最大的移动社交平台后，微博曾一度面临着用户流失的巨大压力，但自 2015 年以后，随着微博的内容垂直化、区域下沉化的运营策略开始生效，微博平台也迎来了一轮复兴。截至 2016 年 12 月，微博月活跃用户达 3.13 亿，较上年同期增长 33%。在用户基础增长的同时，微博的商业化发展也同样红火，2016 年第三季度微博单季广告收入首次超过 10 亿元，达到 10.45 亿元，微博 2016 年第四季度广告营收进一步增长到

12.91 亿元，同比上涨 55%，其中来自移动端的比例达到 68%。

微博广告收入的增长与其商业生态的成熟密不可分。在微博发展的初期，品牌进行微博营销的形式以转发抽奖为主，形式较为单一，微博作为营销平台获得的收入也非常有限。到 2016 年，微博已经开发了多元化广告资源，包括以精准营销为目标的效果类广告、以社交网络为支撑的意见领袖（KOL）类广告和基于平台规模用户的展示类广告。除了广告资源，微博还为广告主提供了移动红包、卡券、众筹等活动产品，为广告主提供了丰富灵活的推广选择。

在微博的广告产品组合中，展示类广告主要包括移动端开机大图、页面旗帜广告等，与常规展示广告差别不大。明星 KOL 广告和效果类广告，包括粉丝头条、粉丝通等，则是微博营销的主要利器。

由于微博在信息生产上的网络优势，明星名人为使新闻获得更广泛传播，往往选择微博作为独家发布平台，并且把微博作为和粉丝互动的主要平台。明星名人可以在微博平台积攒人气，为自己“吸粉”，同时这些拥有大量粉丝的名人也是企业进行社交营销合作的首选。精硕科技曾针对上百个微博营销活动数据进行分析，发现明星名人的使用能大幅提升营销活动的互动量，有的案例互动量甚至达到普通推广的百倍。除了当红明星，一些垂直行业网红如美妆达人、汽车达人等也是品牌营销的常用合作资源。

微博的效果类广告通常以信息流的形式出现在用户的时间线上，基于用户属性和社交关系将信息精准地投放给目标人群。鉴于社交关系和兴趣匹配，这类广告往往能获得更好的互动效果。

另外，随着用户在微博观看短视频这一习惯的培育，微博视频广告的规模继续扩大，普及度继续提升，在 2016 年第三季度，微博视频广告收入占比超过 10%。视频广告在表现力和互动率上的优势，对品牌客户和中小客户都形成了巨大吸引力，尤其是以电商和内容为主的中小客户。在 2016 年三季度，在微博投放视频广告的中小客户数量接近 4000 家。

2. 微信营销重在公众号内容营销

微信平台在营销方面为广告主提供的媒介资源相对单一，主要包括朋友圈广告和在公众号文章下方的旗帜和文字链广告。这些广告都可以通过腾讯广点通系统进行自动投放。相对来说，现阶段企业在微信营销的重点更多也放在公众号内容营销上。2016 年，“咪蒙”“罗辑思维”“黎贝卡的异想世界”等微信大号引领了微信内容创业风潮，营销合作价格也从最初的数万元上涨到数十万元。微信公众号营销主要利用了意见领袖的流量优势和对粉丝的影响力，在近期还是以微信品牌营销为主要方式。

2017 年初，微信平台还推出了小程序功能，定位是微信平台下的轻量化应用。尽管目前微信小程序应用于营销的场景和机制还有待探索，但微信作为用户量最大、最活跃的移动社交平台，任何功能创新都会刺激营销人的无尽想象。

（三）移动营销年度热点：直播营销

直播毫无疑问是 2016 年移动互联网行业的最大热点。从 2016 年初开始，直播领域由于资本的涌入，突然成为行业风口浪尖，YY、映客等直播应用都突破了千万级月度活跃用户的体量。这样迅速蹿升、自带话题效应的现象级应用自然也吸引了营销者的目光，一些勇于创新的品牌立刻开始了直播营销的尝试。例如，戛纳电影节上，巴黎欧莱雅全程直播了巩俐、李宇春等代言人在戛纳现场的台前幕后，尤其是走红毯前的化妆阶段，自然介绍他们使用的各种欧莱雅产品。通过直播界面，用户可以直接点击进入欧莱雅电商店铺进行购买。也有不少品牌包括美宝莲、小米等以直播的方式进行新品发布。

在品牌纷纷试水直播营销之后，一种“直播 + 明星/网红 + 电商”的方式成为品牌普遍的选择。在 2016 年“双十一”网络购物节期间，天猫还尝试了“九牛与二虎”直播互动综艺，通过明星和网红同时进行直播商品推介并发放购物优惠券等方式，直接促进用户的在线消费。

直播营销由于受直播平台数据透明度限制，效果评估一直有所滞后。从实践效果来看，在直播平台开展的品牌营销活动往往受平台用户基础的限制，还需要品牌通过广告、社交等渠道导流，造成营销投入产出比下降。在未来趋势上，更多的直播营销可能会在电商平台和社交平台展开。

三　移动营销发展未来趋势

（一）内容为王：热度前所未有

从2016年初开始，“内容创业”一词就在互联网行业内不绝于耳。一边是各大媒体平台纷纷以补贴、分成等方式吸引内容创作者，另一边是广告主频频向内容创作者伸出橄榄枝，自媒体的商业合作价码水涨船高。加上资本的力量推波助澜，Papi酱、同道大叔等内容创业者获得融资的消息不断为内容创业领域注入更有力的兴奋剂。

内容创作大热首先是媒体平台间竞争深化的结果。移动媒体平台经历了两三年的跑马圈地式发展后，当前的竞争主要是运营方面的比拼。平台自身是无法创造流量的，如何留住用户、获取流量，内容是关键。吸引和扶持高质量的内容创作者合作，对于媒体平台方来说是低风险、高收益的策略。即便是一贯重视版权内容的视频媒体，在天价内容的压力下，也开始将目光转向了自制内容和自媒体内容。优酷自频道在2015年底上线了“新人计划”，希望在三年内扶持十万个视频内容创业者。爱奇艺在2016年底也宣布将联合资本方成立创投金额达10亿元的合伙人创投联盟。腾讯、百度、UC和今日头条等也纷纷投资数亿元成立内容扶持基金。在这种更深入的合作形态下，内容对于媒体来说不仅是简单的带来流量，营销价值也会得到更有效的发掘。

在广告主端，内容也受到了前所未有的重视。精硕科技《2017数字营销趋势报告》显示，72%的品牌主表示将在2018年增加社会化营销投入，其中63%的表示重点将是在网红、KOL的推广上。从广告主的角度看，与擅长产出内容的自媒体运营者合作，在传播触达的范围上可能无法与大众媒体媲美，但从内容的相关性、KOL对受众的影响力角度，常规的广告投放就远远不及内容营销了。广告主看到内容营销的转化效果后，纷纷加大了这一领域的投入。一些热门的微信公众号、头条号的广告报价已经超过50万元。

在2016年大热的直播还催化了“电商型网红”这一特殊的内容营销方式，该营销方式在美妆、服饰、个人护理领域使用尤其广泛，通常由播主通过直播来展示商品的功能特点、使用方式和使用效果，在直播过程中直接引导用户在线购买。在2016年的“双十一”网络购物节期间，天猫也制作了由明星和网红共同参与、以天猫商品推介为主要内容的系列综艺节目，探索了电商销售导向的内容营销方式。

2017年，内容营销仍会是移动营销的重头戏。在内容形式方面，图文形式的内容营销模式已较为成熟，短视频、视频直播、音频播客等形式将会是内容营销的创新重点。内容主题方面，星座、段子、娱乐、情感等大众化主题已经初具规模，垂直化、专业化内容很可能成为下一个掘金之地。美妆、母婴、个人护理类内容已经和品牌开始了大量营销合作尝试，健康、教育、宠物等细分领域也都极具潜力。

（二）自动化：技术和数据推动移动营销自动化

从程序化购买的广告投放方式诞生开始，数字营销就不断加速走在营销自动化的高速公路上。随着移动互联网的发展，媒体碎片化、受众使用场景和时间的碎片化趋势已经不可逆转，传统媒体时代人工的、滞后的营销工作方式势必要随趋势而变，而营销技术的发展和大数据的积累让广告主进行高效精准的自动化营销的诉求得到满足。

移动营销的自动化首先包括营销工作各流程中都有自动化的工具进行支持。从媒介选择、媒介组合、投放预估到资源采购、创意管理、投放上线以及投放后的数据监测、评估优化，这些过程都已经有了相应的工具产品。并且，经过媒体和技术公司的数据对接，这些工具的整合程度也在不断提高，营销人员将可以一站式完成营销活动的管理和执行。

另外，大数据的积累也大大提升了移动营销的效率和精准度。在用户授权的前提下，大数据公司可以根据用户的行为轨迹，估计用户的兴趣爱好、生活形态和消费需求，识别用户场景，从而有针对性地向用户推送高相关性的营销信息，实现用户体验和营销效果的双赢。例如，一个餐饮类商户，可以在午餐、晚餐时间段，向进入所在商圈地理范围的用户推送一条就餐优惠信息。AdServing 等营销自动化工具还能够实现广告展示频次控制、创意轮播、个性化创意展示等功能，这些都提升了营销预算的投入产出比。

（三）虚拟现实（VR）技术的应用

从 2016 年初开始，众多广告主和行业人士就对 VR 营销寄予了厚望。尽管 VR 设备的普及情况可能不如此前行业预期的那样乐观，但 VR 能带给用户浸入式体验以及真实临场感，仍然是移动营销未来发展的重要趋势之一。

目前已有不少国际知名品牌在 VR 营销上进行了成功的探索。例如，奥迪在 2016 年 6 月 18 日的莫斯科车展上以 VR 形式首次展示了新一代 Q7。百名嘉宾同时佩戴头戴式显示装置，置身于虚拟互动环境中，模拟了 Q7 的行驶体验，感受奥迪的魅力与风范。著名汽车品牌丰田、沃尔沃和现代等也有虚拟现实驾驶模拟等尝试。VR 营销对旅游行业、服装行业和美妆行业也都具有独特的吸引力。

目前受 VR 设备渗透率不高、VR 内容制作难度大等因素的制约，VR 营销在国内还没有遍地开花。但当用户基础达到一定临界点时，VR 营销很可能带来一轮移动营销的全新升级。

（四）移动营销质量令人关注，广告反欺诈技术成为关键

行业进步的同时也需要时常反思。随着宝洁等国际广告主近期的发声，互联网流量质量和广告的可见度再次成为行业热议的话题。过去几年，异常流量比例的持续上升，非人流量对广告主广告投放的影响日益增加。具有异常流量前置甄别能力，已成为媒介投放质量的关键保障。

论及广告效果，广告的可见性是前提。而随着 PC 端流量向移动端的倾斜，移动端的曝光是否可见问题浮上水面。据精硕科技统计，2016 年上半年，移动端虚假广告流量接近所有广告流量的两成。具体来说，虚假广告流量包括机器人虚假流量（Non-Human Traffic）、内容投偏、素材未展示、虚

假销售线索、多次激活/重复转化和设备刷量等。传统的JS代码技术已不再适用于移动端，通过SDK采集的方法已成为国际通行的解决方案。国内相关解决方案的推进，迫在眉睫。

参考文献

工业和信息化部：《2016年通信运营业统计公报》，2017年1月。

精硕科技：《2017数字营销趋势报告》，2017年1月。

精硕科技：《广告反欺诈白皮书》，2016年8月。

B.20

移动学习：在线教育的新态势

李　彬*

摘　要：移动教育技术的革新创造了新的教育理念和教育模式。随着在线教育逐渐被大众认可，移动教育被广泛运用于多个教育细分领域。现有的移动教育用户、市场规模、从业企业，未来几年都将呈现出爆发式增长的趋势。未来，现有的人工智能教育、可穿戴教育、VR与AR教育等移动教育新产品都会逐渐成熟，同时，新的教育技术诞生也将带来新的移动教育产品，移动教育将成为在线教育的新模式。

关键词：移动教育　碎片化学习　翻转课堂

近年来，移动互联网技术的发展改变了人们原有的生产生活方式，让网络随时随地触手可及。据中国互联网络信息中心数据统计，截至2016年12月，中国手机网民已达6.95亿人，网民中使用手机上网人群的占比由2015年的90.1%提升至95.1%，[①] 更多的人享受着移动互联网给生活带来的便捷与乐趣。社交、购物、出行、娱乐等，人们生活的方方面面都因移动互联网而改变。当移动互联网遇上教育，传统的教育也面临着一次前所未有的变革。

---

* 李彬，睿泰教育研究院助理研究员，主要研究方向为数字教育和数字出版，包括政策导向、技术应用、资本运作、版权交易、大型企业市场动态等。

① CNNIC：《第39次中国互联网络发展状况统计报告》，2017年1月。

在国际互联网刚起步的时候，互联网的种子就已经在教育领域生根发芽。移动互联网的出现，让更多的学习者有机会接入互联网教育的世界。随着新的教育理念和教育科技的到来，在移动互联网下诞生了新的教学模式——翻转课堂①、在线题库、在线答疑、在线辅导等，这些模式成为过去几年教育领域的热点，同时也催生了行业内一批优质的移动互联网教育项目。过去一年，一些炙手可热的移动教育项目已经由资本竞争过渡到盈利模式的竞争，直播教学成为变现盈利的竞争焦点。除此之外，双师课堂②、人工智能教育、虚拟现实等新技术成为过去一年互联网教育领域讨论的焦点。未来，随着教育科技的不断成熟和新科技的出现，移动教育领域也将迎来新的变化。

一 移动学习概论

1. 移动教育的定义

移动教育并不是近年来出现的新事物，早在塞班功能机的时代，就有一些学习软件出现，为移动教学打下基础。只是由于当时的网络环境和技术限制，手机上的学习体验效果并不好，移动学习软件的用户群体规模很小。随着移动互联网的到来，新媒体展示技术和交互技术带来良好的学习体验，移动教育才逐渐得到广大学习者的认可。

移动教育由“移动”和“教育”两个关键词组成。基于“移动”二字，人们对移动教育有两种理解，一种是在移动环境下实施的教育行为，另一种是在移动学习工具上实施的教育行为。目前更多的业内人士倾向于后者。

在移动互联网背景下，我们将移动教育定义为基于手机、平板、学习机、可穿戴设备等移动电子通信设备所实施的数字化、网络化教学活动。

① 翻转课堂指教育教学中将传统的以老师为主体的课堂变革为以学生为主体的课堂。

② 双师课堂指两位教师线上线下结合的教学方式，授课老师通过互联网远程授课，辅导老师负责教室现场管理和课后测评跟踪。

2. 移动教育的特征和优势

移动教育基于移动智能终端展开。移动设备具备位置、方向、平衡、压力等各种传感技术的优势，赋予了移动教育丰富多彩的人机交互方式。寓教于乐是一种高效的学习方式，基于移动终端的教育游戏，让移动教育具有了娱乐化的特征。与此同时，图像识别、语音识别、语音测评等人工智能技术在移动设备上的应用，创造出了拍照搜题、语音翻译、口语测评等新型有效的移动学习方式，赋予了移动教育智能化的特征。随着移动互联网深入大众生活，人们每天需要处理的信息和事务非常多，网络学习生活的注意力也越来越分散。此时，基于移动终端的碎片化学习成为必要，短小精悍的微课程成为移动教育必需的优质内容。

学习者知识记忆属性和网络生活习惯的变化，使移动教育具有了碎片化的特征。

相较于传统的教学模式，移动教育在应用中也具有三大优势。由于移动教育行为是基于移动终端设备展开的，在设备的携带、应用的安装、内容的开启上非常方便和快捷，因而移动教育具有便捷性的优势。移动学习终端相较于传统的书本及 PC 机又小巧灵活许多，同时在移动终端上加载的学习文件也比 PC 机要小得多，因而移动教育具有微型性的优势。加载于移动终端上的教育软件，可以根据学习者兴趣或需要，定期向用户推送有价值的内容。相较于 PC 机浏览器关闭后就无响应的特性，移动教育对于学习者而言具有主动性的优势。

3. 移动教育的应用范围

移动教育的出现给传统的教学、辅导活动注入了新的活力，也让更多的老师、学生、家长有兴趣、有意愿、有动力参与进来，体验移动互联网给他们的教学、学习、监督带来的惊喜。

互联网改变了人们的生产生活方式，同时也催生了新的教育理念。随着互联网教育逐渐被社会大众认可，校园内的教师开始尝试使用移动终端来完成教学，越来越多的学习者也愿意使用移动智能终端来接受教育。如今，移动教育已被广泛应用于学前教育、基础教育、高等教育、职业教育、终生教育等各个细分领域，以下是移动教育四个典型的应用范围。

（1）家庭亲子辅导

家庭消费升级，家长将更多的精力和金钱用于孩子的教育身上。幼儿网络学习的主动性和持续性不强，家长的陪伴学习非常必要。普通家长一来工作繁忙，不具备长时间陪伴孩子学习的条件；二来普遍欠缺教育孩子的基础能力，辅导孩子学习成为他们的难题。在此情形下，一个能让学生和家长高度参与并形成良好互动的亲子辅导网络课程成为刚需。在家庭生活环境下，基于移动终端，随时随地可进行的亲子辅导成为较受欢迎的家庭学习方式。如市面上有一款儿童有声读物应用——口袋故事，可提供包括语文、科普、国学等在内的各种类型的音频故事内容。父母可以选择孩子喜欢的故事，睡前放给孩子听，一方面哄孩子入睡，另一方面让孩子在故事中学习。类似的还有宝宝巴士、小伴龙、悟空识字等移动应用，都是辅导孩子学习的优秀产品。

（2）基础教育教学

随着国家教育主管部门认识到互联网教育的优越性，全国各地开始探索和实践网络化的教学活动、教育管理、教育科研模式。教学中，教师开始使用手机、平板开展教学，学生同步使用手机、平板等进行学习，其中平板电脑成为开展翻转课堂教学的必备产品。教学之外，家校互动 APP 成为学校和家庭之间信息交流的桥梁，手机成为老师教学管理、家长获取学校和孩子信息的必不可少的产品。

在基础教育领域，教学管理环节的家校互动产品是最早被广泛使用的移动教育产品。如蜻蜓校信，一方面作为老师和家长互动交流的工具，另一方面也提供了许多优质的教育内容，2014 年，蜻蜓校信一经推出就迅速占领了华南地区市场，后来阿里巴巴也推出家校互动产品——阿里师生，目前被北京地区很多学校采用。此外，全通教育、拓维教育、焦点教育等很多教育信息化企业都推出了自己的家校互动产品。在课后辅导学习的环节，各类移动教育应用非常多。如学生在线写作业的平台“一起作业网”，学生拍照答疑的产品“学霸君”，动漫微课移动学习产品“洋葱数学”等。

（3）考试培训学习

考试是国内各级社会组织发现和录用人才的通用解决方案，不论是学校录取优秀的学生，还是政府和企业录用优秀的人才，考试已经成为社会初级阶层晋升的必经途径。基础教育阶段，家长期望孩子通过课外辅导培训提升成绩，继而考取更好的高级学校。渴望赴海外留学的学生，也需要通过各种留学考试才有机会进入目标学校。高等教育阶段，期望获得更高学历的学生需要通过考研、考博等升学考试。职业教育阶段，大学毕业生需要考取各类职业资格证书从而获得进入优秀企业工作的机会。期望进入政府工作的人，也需要通过公务员考试的准入门槛。考试培训已成为中国学生和年轻一族的刚需，便捷、智能的移动终端成为他们常用的学习设备，移动教育学习是他们喜好的学习方式。

考试培训的种类繁多，相应的移动教育产品也非常多。如驾照考试上的题库产品——驾考宝典，已经成为数亿人都使用过的驾考移动应用。公务员考试上，移动应用腰果公考，提供了丰富的题库和课程。会计考试上，正保远程教育也推出了移动在线课堂产品——会计移动课堂。而大学英语四六级考试的移动应用也非常多，如有道四六级、备考族、四六级万题库等。此外，其他的考试培训领域，对应的移动教育产品也非常多。

（4）知识技能提升

知识是人类的精神食粮，技能是解决工作和生活问题的必备手段。大千世界下各色人群，都不断地在获取更多的知识来满足自己的精神需求。人们需要学习更多的技能去解决工作生活中的难题，同时也可以提升自己的价值。知识与技能无处不在，也无穷无尽，兴趣决定着需要。目前手机已经几乎普及到人手一部，越来越多的人通过移动设备获得感兴趣的知识，学习必备的技能。

知识技能的概念非常宽泛，知识文化浩如烟海且无穷无尽，工作生活技能也是多如牛毛。知识的学习可以是搜狐新闻 APP，也可以是知识分享社区知乎 APP。技能的学习可以是秋叶 PPT 的公众号，也可以是一个学习穿衣搭配的穿衣助手。知识技能无处不在，相关应用场景下的 APP 也不断推出。

4. 移动教育的主要产品类型

移动教育的出现为现代化的教学、辅导、考试等过程提供了极大的便利，新的教育技术创造了新的教育模式，也给学习者带来了学习上的惊喜。随着教育技术的不断变革，新型的移动教育科技产品层出不穷。

在软件方面，查询翻译和记忆背诵类的 APP 是人们最熟知的移动教育产品，基于语言学习的查询、翻译、背诵等需要而开发的教育软件，打开了最早的移动教育市场。近年来，随着教育技术的突飞猛进，在线题库、在线答疑、在线测评等产品开始出现，给学生的自学、训练、考试提供了极大的帮助，这三类产品也在学生的课外学习中发挥着越来越重要的作用。此外，课程资源类和教育游戏类的产品也逐渐成为学生必备的移动学习产品，短小精悍的课程资源提升了学生的学习效率，寓教于乐的教育游戏让孩子在快乐中学习。在校园内，家校互动和教学管理类的 APP 也成为老师教学与管理的必备应用，这两类校内的移动教育产品也为老师、学生、家长三方的互动交流搭建了和谐美好的桥梁。

在硬件方面，学习机和点读机是 21 世纪初炙手可热的移动教育产品，市场的大量需求也成就了步步高、好记星、诺亚舟等多家教育电子生产商。随着移动互联网的兴起，移动教育大行其道，这些教育电子厂商也开始推陈出新，学生手机、学生平板、学生电脑开始成为主流的移动学习硬件产品。物联网的出现带来了可穿戴的智能化产品，一些企业也开始顺势推出可穿戴类的教育产品。在几年前的政策趋势下，电子书包、翻转课堂开始在体制内的学校广受关注，在探索与实践中，平板电脑成为老师和学生课堂必备的学习硬件。2016 年，双师课堂成为体制内外教育热议的新话题，许多知名的教育科技企业开始利用双师课堂为偏远地区的学生输送大城市的优质教育资源，平板电脑和答题器成为双师课堂中的必备产品。

二　移动教育市场的发展现状

移动教育的兴起，创造出了新的教育思维和教育模式，让无数学子仅通过移动设备就可以随时随地获取优质的教育资源。政府和社会大众认可移动教育带来的优越，让更多的学生从移动教育中获益。政策的支持和大众的认可也刺激了移动教育市场的快速成长，各类移动教育产品如雨后春笋般遍地生根，大量的互联网和教育企业推出自己的移动教育 APP。同时，市场的良好态势吸引了大批的创业者和投资者加入移动教育的市场角逐，移动教育市场呈现出一片繁荣兴盛的景象。

1. 移动教育用户与市场规模

移动教育产品遍布各个教育细分领域，中国移动教育潜在用户既包括 2 亿中小学生，3000 多万大学生，1000 多万老师，也包括 4 亿家长及数亿的职场人士和自由人。据艾瑞咨询数据统计，截至 2016 年 12 月 31 日，目前中国的移动教育用户为 3.32 亿人，增长率为 33.3%。预计 2017 年将达到 3.94 亿人（见图 1）。

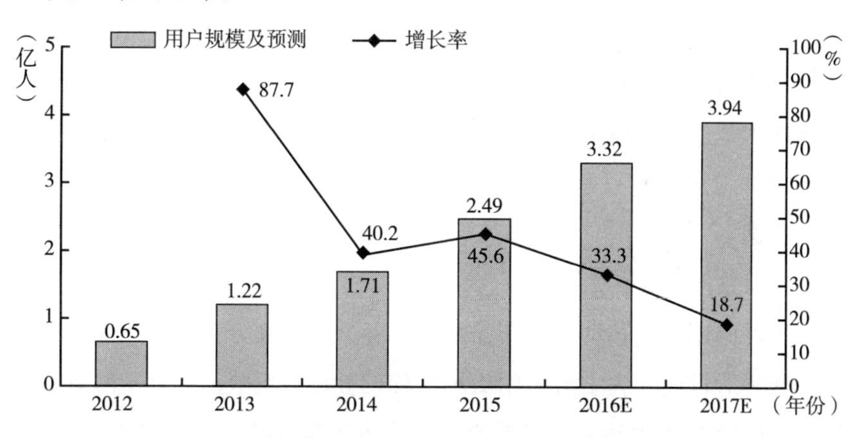

图 1　2012～2017 年中国移动教育用户规模及预测和增长率

移动教育现在已有数亿用户，且未来发展空间巨大。在庞大的用户支撑下，移动教育创造的市场规模也非常庞大。移动教育市场包含了体制内和体制外两个市场。在体制内，政策的支持让越来越多的移动教育产品开始进入校园，每年也有超过千亿元的教育经费投入教育信息化。在体制外，一些移动教育产品在资本的助力下不断跑马圈地，培养了海量的用户，也创造了数十亿元的市场规模（见图 2）。

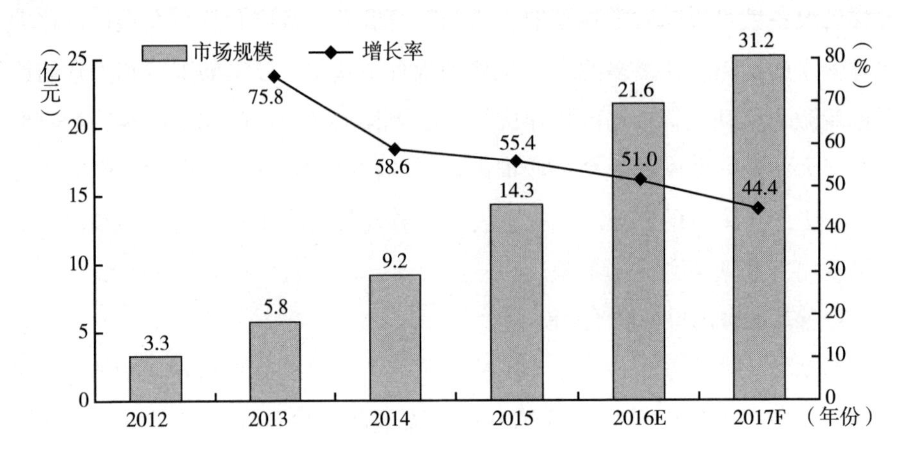

图 2　移动学习市场规模与增长率

据艾瑞咨询数据，过去几年移动教育市场规模每年的增长率都超过 50%，2016 年的移动教育市场规模超过 20 亿元，预计 2017 年的移动教育市场规模将超过 30 亿元。虽然移动教育兴起时间不长，多数移动教育应用尚未形成良好的盈利模式。但通过这些数据可以看出，综合数以千计的移动教育应用和数百家的移动教育硬件厂商，整个移动教育市场的空间依旧非常大。

2. 移动教育应用与设备

在软件应用上，移动教育产品覆盖了各个教育细分领域，产品类型丰富多彩。通过对目前几大主流应用市场的移动教育应用数据统计了解到，每个应用市场的教育 APP 数量都达数百个，多者更是达数千个（见表 1）。

表 1　主流应用市场教育 APP 数量

单位：个

应用市场教育 APP	数量
应用宝	858
豌豆荚	1008
360 手机助手	2450
百度手机助手	1023

综合考量各大市场的教育 APP 数量，目前我国移动教育应用数量应在 3000 个以上，随着移动教育的不断发展成熟，未来三年的移动教育应用必然超过 5000 个。

早期的移动教育设备主要是电子词典、学习机、点读机等教育电子产品。而当前的移动教育设备则是随处可见的智能手机、平板电脑。而专属的移动教育设备则包含电子书包、答题器、学生手机、学生平板、智能笔、可穿戴教育产品等。

通过对 3.32 亿个移动教育用户估算，当前中国泛移动教育设备应当超过 4 亿台。而据一些主流教育电子产品厂商数据，它们每年的教育电子产品销量为数十万台，如此估测，目前中国专属移动教育设备数量应该在 1000 万台以上（见图 3）。

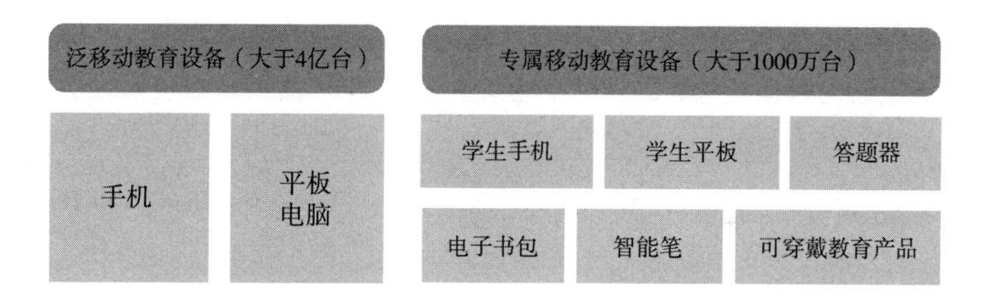

图 3　泛移动教育设备和专属移动教育设备情况

3. 移动教育企业与资本市场

在教育电子产品时代，教育电子厂商就有数百家。而据互联网教育研究院的数据统计，目前的教育电子厂商仍超过 500 家。在新技术的激励下，更是不断有高新科技企业推出了智能笔、可穿戴教育产品等，随着物联网和移动互联网的迅猛发展，未来生产移动教育硬件产品的企业将超过 1000 家。

近年来，移动教育完成了从教育电子时代到移动智能时代的飞跃。随着移动教育的快速崛起，不断有新的企业推出移动教育应用，在线教育企业在移动端的覆盖率也超过 80%。据互联网教育研究院统计，2016 年在线教育

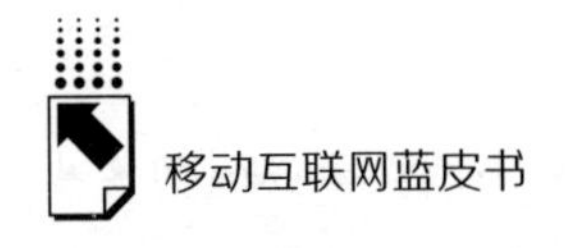

企业超过5500家，如果按80%的移动端覆盖率计算，2016年中国移动教育软件企业超过4400家（见图4）。

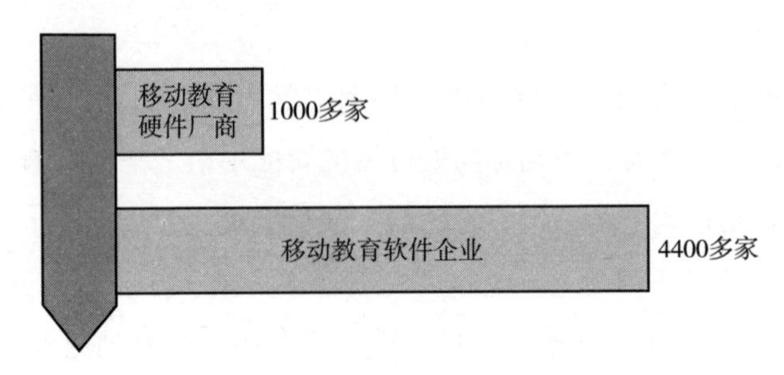

图4　2016年中国移动教育硬件厂商和软件企业

互联网教育市场的火热态势，吸引了大量的资本进入这个市场。虽然风险资本并不注重标的企业产品是否覆盖移动端，但我们仍可从互联网教育B2C市场的移动端高覆盖率上粗略估测移动教育的资本市场规模。据互联网教育研究院的数据统计，2016年，互联网教育B2C的风险投资事件为205起，投资金额为101.62亿元（见图5）。

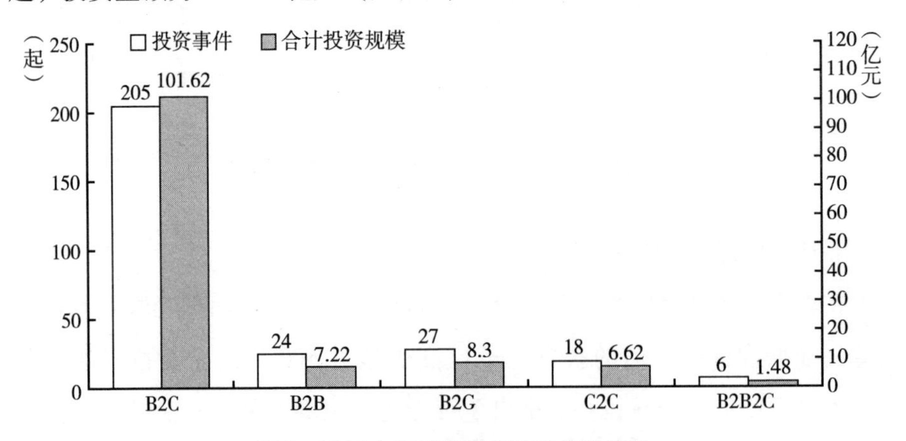

图5　2016年互联网教育风险投资情况

资料来源：互联网教育研究院行业研究中心。

在移动互联网时代，B2C教育市场对移动端的覆盖率应当是非常高的。如此看来，2016年，移动互联网教育市场的风险投资事件应当在百起以上，投资规模也有数十亿元之多。

三　移动教育未来发展趋势

1. 移动教育成为在线教育新模式

经过过去五年的发展，在中国，在线教育已成为最流行的学习方式。在移动设备逐渐普及到人手一部的移动互联网时代，数亿人都在通过移动智能终端接受着包括泛学习在内的各种在线教育。学校开始使用平板电脑教学，使用手机 APP 参与教学管理，学生开始使用移动设备进行课外作业与自学，家长开始通过移动设备辅助孩子学习并与学校建立紧密的联系。更多的成人也在通过移动设备在地铁、汽车、餐厅、咖啡厅等各种场景下进行广泛的在线学习。在线教育已深入各个教育细分领域，基于便捷、微型、主动等相比于 PC 端的优越性，移动教育将成为在线教育新模式。

虽然目前中国的移动终端用户趋于饱和，但移动教育用户的发展空间仍非常大。目前，中国的互联网教育尚处于发展阶段，用户和客户的认可度和消费观念还在不断培育过程中。基础教育体制内的互联网教育刚开始实践，能够使用移动终端获取教育资源的学生仍只有少数，未来几年移动教育用户还会持续高速增长。随着互联网教育市场不断成熟，各企业的商业模式也会逐渐形成，未来几年的移动教育市场规模也会持续增长。

2. 可穿戴移动产品开始普及，人工智能产品逐渐成熟

可穿戴智能产品是在 2013 ~ 2014 年兴起，通用的可穿戴智能产品为运动健康类产品。在教育上，一款儿童安全定位手表一经推出就受到市场热烈追捧。基于定位功能，儿童安全定位手机和家教互动 APP 的结合，成为学校教育管理的可靠产品。2016 年，儿童电话手表品牌开始与新东方等教育机构展开合作，在手表上学英语成为最新奇的英语学习方式。未来基于手表、学生卡等可穿戴的教育产品将开始普及。最近一年，随着国际高科技企业在智能眼镜、VR 头盔、无线手套、传感衣服等可穿戴技术上的探索，未来可用于教育的可穿戴产品远超出我们的想象。

2016 年，人工智能成为科技圈热议的焦点。年初人工智能程序 AlphaGo

在人机大战中击败世界围棋冠军李世石，年末 AlphaGo 又以 Master 为名，在与中、日、韩的数十位围棋高手对决中连胜 60 局未尝一败。AlphaGo 不可思议的智慧给人类极大震撼，许多人对人工智能给予了无尽的幻想。至于教育，初级人工智能技术下的拍照搜题、口语测评产品广受学生欢迎，而中级人工智能的自适应学习产品正在被行业内教育科技企业不断地探索和完善中。自适应学习产品被认为是最高效的在线学习方式，未来基于移动设备逐渐成熟的人工智能教育产品也会给学生带来妙不可言的惊喜！

3. 新理念、新技术催生新的移动教育产品出现

科技互联网日新月异，新的互联网思维和学习者行为习惯将催生新的教育理念，新的教育技术革新也会推出新的教育产品。过去几年，从在线题库到在线答疑到在线辅导，再到如今的在线直播、人工智能学习，移动教育产品一直在不断革新，未来也应当是如此。目前，基于物联网、大数据、云计算、虚拟现实、增强现实、人工智能等高新科技的移动教育产品还只是处于萌芽阶段。未来，随着这些技术的成熟和新技术的诞生，移动教育产品的可想象空间非常大。

参考文献

吕森林：《中国在线教育产业蓝皮书》，北京大学出版社，2015。

艾瑞咨询：《2015～2016 年中国移动教育市场研究报告》，2016。

专 题 篇

Special Reports

B.21

2016年中国媒体融合传播发展报告

高春梅　潘宇峰　齐思慧*

摘　要：　2016年，媒体融合传播进一步推进。传统传播渠道式微，但传统媒体内容影响力不容小觑；PC端呈现弱化趋势，移动端成媒体融合传播的主战场。传统媒体应从以下三个方面入手提升融合传播力：推进媒体深度融合，提高融媒体内容生产力；强化互联网思维，打造生态级应用平台；跟踪传播技术前沿，拓展新兴传播渠道。

关键词：　传统媒体　融合传播　内容　渠道

* 高春梅，人民网研究院研究员，博士，主要从事网络传播、移动传播研究；潘宇峰，人民网舆情监测室副秘书长，首席数据分析师，主要研究方向为网络舆情、新媒体传播、大数据分析；齐思慧，人民网新媒体智库研究员，人民网舆情监测室主任分析师，主要从事网络舆情研究。

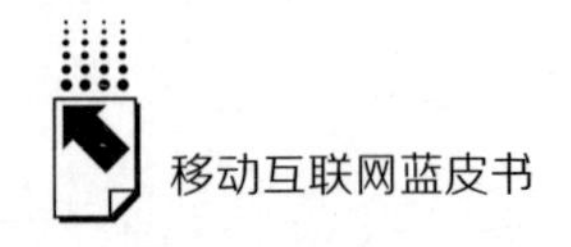

互联网特别是移动互联网的快速发展，给媒体传播格局和社会舆论格局带来深刻变革，传统媒体面临着前所未有的机遇与挑战。推动传统媒体与新兴媒体融合发展，不仅是巩固宣传思想文化阵地、壮大主流思想舆论的重要战略举措，而且是传统媒体在新的技术环境和社会环境下求生存谋发展的必由之路。只有加快媒体深度融合，充分运用新技术新应用创新媒体传播方式，传统媒体才能够在新的形势下提高传播力、影响力、公信力和发展实力，占领信息传播制高点。

一　媒体融合传播力及其评价标准

近年来，面对传播格局的深刻变革，传统媒体贯彻落实党中央的重大战略部署，结合自身资源情况，在内容、渠道、平台、管理、经营等方面不断摸索，积极探索融合发展之路，努力将传播力、影响力拓展到更加广泛的空间，从而提高自身实力，更好地发挥舆论导向作用。

融合传播力是指在融合发展过程中，传统媒体通过全媒体渠道传播传统媒体内容，最大限度地触达用户的能力。融合传播力是衡量媒体融合水平的基础性指标。提高融合传播力是媒体提升舆论引导能力、增强发展实力的基础，没有强大的融合传播力，舆论引导力和发展实力便无从谈起。

为了考察媒体融合传播的总体情况，人民网研究院设计了一套媒体融合传播指数指标体系。在指标设定上，综合考虑各类不同传播渠道的传播力及具体可操作性，设定传统终端（报刊、广播电台、电视台，下同）、网站、微博、微信、客户端（含入驻聚合类客户端和媒体自有 APP，下同）五个维度的一级指标，以及相应的近 30 个二级指标进行评估。在一级指标权重设定上，根据 2015 年报纸、杂志、广播电台、电视台、互联网、移动互联网等不同类别媒介的用户到达率及用户使用时长两个维度（各占 50%）进行综合计算，得出相应权重。报刊媒体融合传播指数指标体系中，传统终端、互联网、移动互联网占比分别为 13%、37%、50%；

广播媒体融合传播指数指标体系中，广播电台、互联网、移动互联网占比分别为10%、30%、60%；电视媒体融合传播指数指标体系中，电视台、互联网、移动互联网占比分别为40%、25%、35%。在此权重设置下，根据微博、微信、客户端对于报刊、广播电台、电视台的重要性程度不同，在不同类别的媒体中，微博、微信、客户端所占的权重有所差异。

在二级指标中，传统终端主要考察报刊发行量、报道量、被转载量，广播电台收听率，电视台收视率等指标。网站主要考察传统媒体官方网站的报道量、传统媒体及其官方网站（报刊不包含传统媒体）传播内容在互联网上被转载的数量。微博主要考察粉丝数、发博数、转评赞数等指标。微信主要考察阅读数、点赞数等指标。入驻第三方客户端分为入驻聚合类客户端、视频客户端和广播客户端，主要考察入驻的客户端数量、订阅用户量、推送文章数、阅读数、点播数、转评赞数等指标；媒体自有客户端主要考察入驻APP商店数量、下载量（排名）、搜索量、评论量、媒体曝光量、网民提及量等指标。

报告选取382家报纸、140家杂志、37家电视台和250家广播电台作为评估对象，分别采集这些媒体的发行量、视听率数据，[①]考察它们在PC端互联网上的传播情况，并抓取上述媒体主办的1304个新浪微博账号、1167个腾讯微信公众号，和与之相关联的五家聚合类客户端、五家视频客户端、六家音频客户端以及各媒体自有客户端的相关数据，测算出各媒体的融合传播指数，[②]在此基础上对国内媒体融合传播发展水平和特点进行评析。

---

① 视听率数据由中国广视索福瑞媒介研究有限责任公司（CSM）提供，统计时间段为2016年1~10月。

② 网站及移动端数据采集由人民网舆情监测室、人民在线完成，并得到今日头条、一点资讯的相关数据支持，数据统计时段为2016年1月1日至11月15日。

五家聚合类客户端分别为：今日头条、一点资讯、企鹅媒体平台、搜狐新闻、网易新闻。

五家视频客户端分别为：爱奇艺、搜狐视频、乐视、腾讯视频、芒果TV。

六家音频客户端分别为：喜马拉雅、蜻蜓FM、龙卷风收音机、荔枝FM、考拉FM、优听Radio。

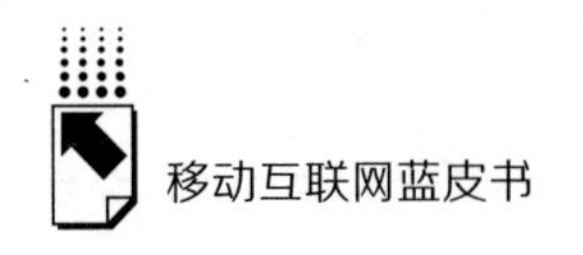

二　2016年中国媒体融合传播总体状况

（一）央媒走在媒体融合传播前列，多种终端形态齐发力

2016年，《人民日报》、中央人民广播电台、中央电视台等央媒走在融合传播的前列。《人民日报》《环球时报》《参考消息》位列报纸融合传播力榜单前三；中央人民广播电台中国之声、经济之声、音乐之声三个频率位列广播媒体融合传播力榜单前三；中央电视台位列电视媒体融合传播力榜单之首。央媒在终端数量（包括媒体及其下属机构所有终端出口的总量）、终端质量以及多样性等方面表现突出，在传统媒体融合传播方面走在前列。

以《人民日报》为例，在评估的382家报纸中，《人民日报》在报纸（包含发行量、发文量、被转载量）、网站、微博、微信、入驻聚合客户端及自有客户端五个一级指标的得分均高于其他媒体。中央电视台除入驻聚合客户端这一指标的得分稍低于浙江电视台外，其他各项一级指标的得分均高于其他各家电视台。截至2016年底，《人民日报》旗下的人民网传播覆盖超过1.3亿人，人民日报客户端用户自主下载量达到1.54亿次，人民日报法人微博在人民网、新浪网、腾讯网三大平台上的粉丝总数超过8900万人，微信订阅量超过840万。[①] 通过加快新媒体领域布局，央媒引领媒体融合发展，融合传播力得到增强，新型主流媒体正在形成。

（二）京、广、浙、沪发展势头迅猛，中西部取得可喜进展

总体上看，经济发展水平较高的北京、广东、浙江、上海融合传播力领先于其他地区，构成媒体融合传播的第一梯队。北京是我国的政治、经济、文化中心，汇聚了多家媒体，融合传播水平相对更为突出，以包揽报纸百强

① 汪晓东、曹树林、于洋：《深度融合构筑媒体新版图》，《人民日报》2017年1月5日。

榜25%、杂志百强榜53%、广播电台百强榜11%的巨大优势占据媒体融合传播的领先地位。江苏、山东、河南、四川紧随其后，构成媒体融合传播的第二梯队。值得一提的是，除四川外，西部地区其他省份媒体也取得了可喜进展，甘肃、宁夏、内蒙古、新疆等省份媒体跻身报纸、杂志、广播融合传播百强榜，媒体融合传播的进程加快。

（三）传统传播渠道式微，传统媒体内容影响力不容小觑

伴随着互联网的快速发展，用户获取信息的渠道和方式发生了重大改变，各类报纸的零售总量与订阅量都出现了明显下滑，停刊与休刊成为报纸行业的新态势；从各家电视台的收视情况看，传统电视终端的传播力不容乐观。从统计时段（2016年1月1日至10月31日）的数据来看，37家电视台中，中央电视台的收视率最高，全天收视人口超过4200万人，其他电视台的全天收视人口均在千万人以下，近半数电视台全天收视人口不足百万人（见图1）。

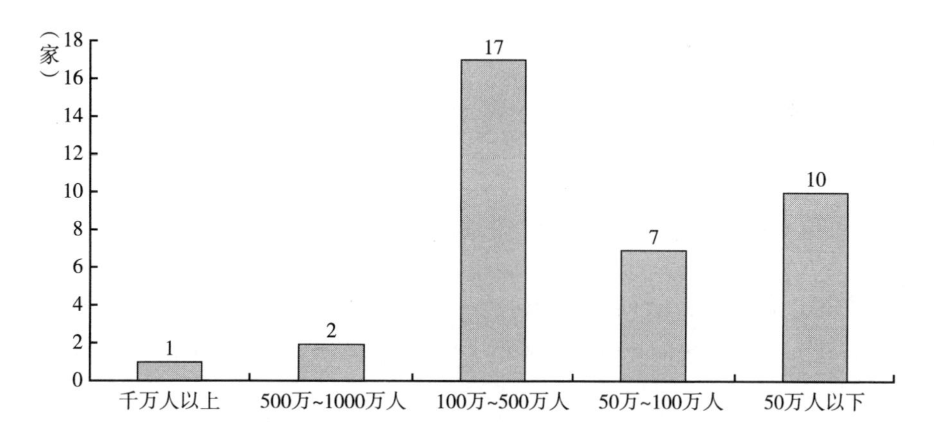

图1　电视台收视人口量级分布情况

虽然传统传播渠道衰落的趋势明显，但传统媒体在网络上的传播力和影响力不容小觑。以报纸为例，在统计时段内（2016年1月1日至11月15日），融合传播百强报纸尽管在发文量上与报纸网站存在很大差距，但其被

转载量（1157万次）却是报纸网站内容被转载量（855万次）的1.35倍（见图2）。虽然电视终端的收视人口在下降，但电视台生产的电视节目内容在网上获得了广泛传播，目前依然是电视媒体融合传播的最强竞争力所在，特别是一些电视台录制的综艺类节目，如《奔跑吧兄弟》《最强大脑》《快乐大本营》等在网上深受欢迎。这说明传统媒体在优质原创内容生产上有很大的优势，虽然报纸的发行量、电视的收视率远不及网络覆盖用户广泛，但传统媒体的内容优势可以借助网络转化为传播优势。

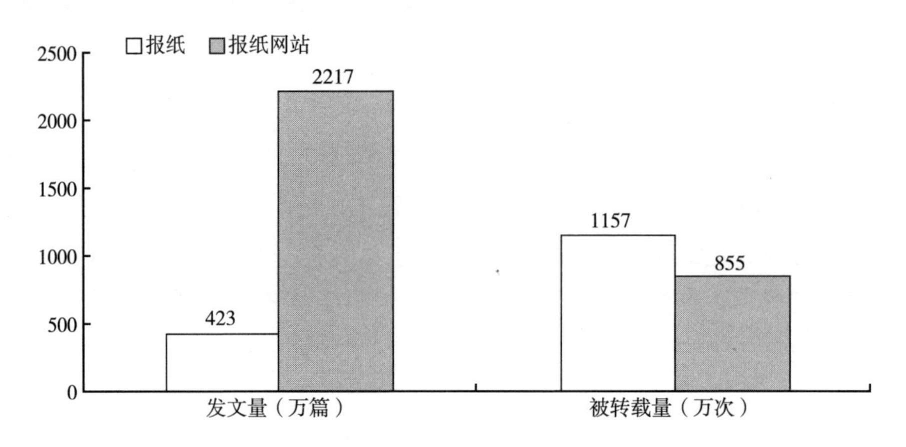

图2　百强报纸及其网站发文量及被转载量情况

（四）PC端呈现弱化趋势，移动端成媒体融合传播的主战场

当前，我国已进入移动互联网时代。截至2016年12月，中国网民规模达7.31亿人，其中手机网民规模达6.95亿人，网民中使用手机上网的比例高达95.1%。[①]《2016年中国互联网新闻市场研究报告》显示，最近半年，62.9%的网民只用手机浏览新闻，而只用台式电脑/笔记本浏览新闻的仅占9.3%，[②] 移

① 中国互联网络信息中心：《第39次中国互联网络发展状况统计报告》http：//www.cnnic.net.cn/hlwfzyj/hlwxzbg/hlwtjbg/201701/P020170123364672657408.pdf。

② 中国互联网络信息中心：《2016年中国互联网新闻市场研究报告》，http：//www.cnnic.net.cn/hlwfzyj/hlwxzbg/mtbg/201701/P020170112309068736023.pdf。

动端成为用户获取信息的重要渠道。传统媒体纷纷在移动端发力，进驻微博、微信、聚合类客户端平台，或者自办客户端，移动端成为媒体融合传播的主战场。

综合融合传播百强报纸、百强广播电台和电视台 TOP30 的情况看，各家媒体均在移动端积极布局。“两微一端”中，微博和微信的使用率不相上下，微信的开通率稍高于微博。在融合传播百强报纸中，两微账号开通率均为 100%，融合传播百强广播电台和电视台 30 强的两微账号开通率也都超过 90%，仅有少数几家媒体尚未开通微博或微信账号。从客户端的使用情况看，基于低成本和便利性等因素，媒体对第三方客户端的使用率要高于自办客户端的比例。百强报纸中，99% 的入驻聚合类客户端，自有客户端创办率为 93%。广播电台和电视台更加青睐入驻音/视频客户端，入驻率为 100%，相比而言，创办自有客户端的比例较低（见表 1）。虽然程度各有不同，但总体来看，面对移动互联网的快速发展和用户向移动端的快速转移，传统媒体纷纷在移动端开疆拓土，力争将传播力影响力拓展到移动空间。

表 1　各类媒体移动传播渠道占有情况

单位：%

媒体类型	微博	微信	入驻聚合类客户端	入驻音/视频客户端	自有客户端
报纸 TOP100	100	100	99	—	93
杂志 TOP100	97	97	79	—	92
广播电台 TOP100	92	99	65	100	25
电视台 TOP30	100	97	100	100	67

（五）媒体自有客户端成融合传播发力点，两极分化严重

与微博、微信、聚合类客户端等第三方平台不同，自有客户端作为传统媒体自主掌控的移动传播渠道，是传统媒体抢占移动互联网入口、沉淀用户的重要平台，一些传统媒体先后推出自己的客户端，自有客户端成为媒体融

合传播的发力点。

截至2016年11月15日，融合传播百强报纸和百强杂志的自有客户端创办率均超过90%。百强报纸中90家报纸自有安卓客户端，在十家安卓商店①的平均下载量为269.2万次，较2015年大为提升，但从这些客户端下载情况来看，两极分化现象严重，其中下载量过亿次的只有人民日报安卓客户端一家，《光明日报》《南方都市报》《东方早报》的安卓客户端下载量超过千万次，除此之外，安卓客户端下载量在百万次与千万次之间的报纸有14家，90家报纸中近七成的安卓客户端下载量不足10万次（见图3），报纸自有客户端的传播力和影响力亟待提升。2016年，电视台自有APP数量增多，TOP30中创办率为67%，各家电视台客户端在十家安卓应用商店的平均下载量超过4285万次，其中湖南电视台安卓客户端的下载总量超过5亿次，中央电视台安卓客户端的下载总量超过1.6亿次，有的电视台安卓客户端的下载量不足百万次，两极分化现象也比较明显。

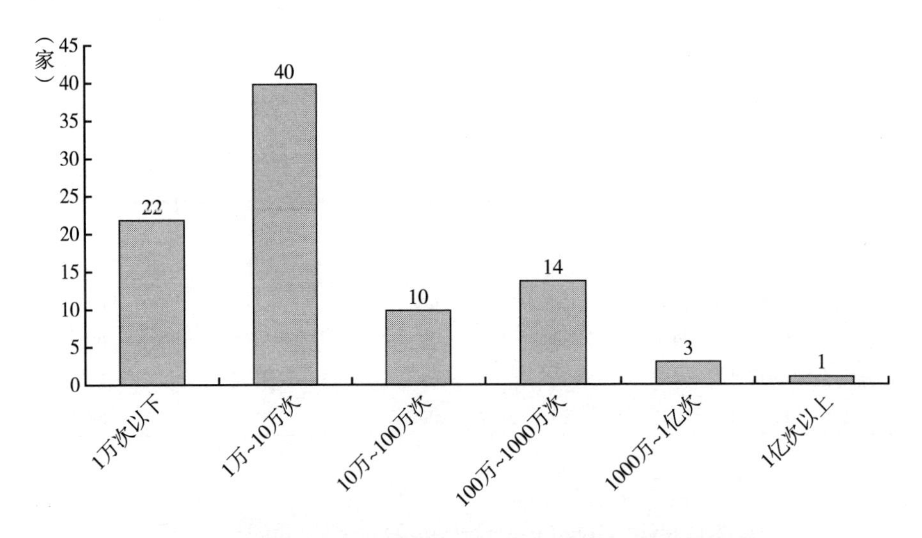

图3　百强报纸自有客户端在十家安卓应用商店的下载情况

① 本报告统计的十家安卓应用商店分别为：百度手机助手、360手机助手、华为市场、安卓市场、安智市场、应用宝、豌豆荚、魅族市场、联想市场、91助手。

三　不同类型媒体融合传播的差异化特征

（一）报纸：融合传播度高，但尚有待挖掘的潜力

在报纸、广播、电视三种媒体形态中，报纸作为受互联网冲击最强烈的媒体类型，迫于生存压力，面向互联网领域进行网络传播的探索最早，运用各种新的信息传播渠道进行传播的积极性和紧迫性也更高。从各个渠道来看，百强报纸全部入驻微博微信平台，入驻聚合新闻客户端、创办自有客户端的比重也均超过 90%（见图 4）。从报纸媒体对各个渠道的占有情况来看，报纸的融合传播度较高，特别是在自办客户端的力度方面，远大于广播媒体和电视媒体。

值得注意的是，报刊媒体融合传播指数指标体系中没有设定入驻音/视频客户端的评估指标，一则由于报刊本身制作音/视频的内容不多，有的报纸依托网站在做，但是还没有形成规模，再则入驻音/视频客户端的报刊确实也不多。这从一个侧面反映出纸媒在融合传播中还有很大的潜力待挖掘。在融合传播的环境下，报纸媒体要进一步打破传播形态的局限，通过音频、视频等多元化的呈现形式，融合多种传播形态，进行更为多元化的传播。

（二）广播：自办客户端占比最低，入驻音频客户端和微信成为主渠道

从数据统计来看，相比报纸、电视而言，广播频率的自有客户端创办率最低。广播电台主要通过入驻音频客户端和入驻微信平台拓展传播渠道，放大传播声量。

在广播媒体融合传播百强榜中，仅有 1/4 的广播频率创办了自有客户端，远远低于报纸媒体 93%、电视媒体 67% 的创办率。25 个广播频率自有客户端平均仅入驻了 5 个应用商店，覆盖面相对较窄。从统计数据来

看，在十家安卓应用商店中，仅“鲸彩”客户端（山东经济广播电台FM98.6）下载量超过千万次，其他24家广播频率创办的客户端下载量均不足百万次，16家下载量不足十万次，广播电台自有客户端的传播力有限。相比自有客户端而言，入驻音频客户端及微信平台成为广播电台融合传播的重要渠道。融合传播力百强的广播频率在六个音频客户端中的平均入驻量为3家，排名第一的中央人民广播电台中国之声则入驻全部6家音频客户端。其中，优听Radio入驻率为91%，喜马拉雅FM入驻率为85%，龙卷风FM入驻率为62%。平均每个广播频率在音频客户端中的订阅用户数为2204人，平均播放量则高达47.6万次，平均每个订阅用户的播放量为216次。

在微信平台上，广播媒体的表现更为优异。2016年1月1日至11月15日，百强广播频率的微信账号覆盖率达到99%，平均每个账号发布文章2078篇，其中头条文章426篇，约占总量的20.5%。平均每个微信账号的阅读总量超过2000万次，头条文章阅读量为787万次，影响力较强。“FM93交通之声”“杭州交通918”“河北交通广播”“新疆949交通广播”四个微信公众号的微信阅读总量过亿次，31个广播微信公众号阅读总量为千万级，47个为百万级，仅18家广播频率的微信公众号阅读总量未超过百万次。

（三）电视：除网络传播外，视频客户端、“双微”驱动电视媒体融合传播力提升

在确保电视台节目原创生产力的基础上，除了基于PC互联网的电视节目的传播外，视频客户端和“双微”成为助推电视媒体融合传播力提升的重要因素，也是各大电视台提升融合传播力的重要途径。

从各大电视台对客户端渠道的使用情况来看，第三方视频客户端成为电视节目传播的重要渠道。从各家电视台节目入驻视频客户端的播放总量来看，浙江电视台电视节目在第三方视频客户端平台上以114亿次的播放量高居首位，上海电视台与湖南电视台则以44亿次、36亿次排在第二、第三

位，第三方视频客户端的传播力非常可观。

另外，依托微博在话题讨论热度、评论交流热度上的优越性，以及微信平台中朋友圈推送信息的情感信任度，“双微”平台在进行节目推广、增强用户的情感黏性和忠诚度方面具有其他平台不可比拟的优势。大部分电视台都积极借助“双微”平台进行推广和互动，并达到了良好的传播效果。中央电视台、湖南电视台、江苏电视台、河南电视台、浙江电视台“双微”传播表现突出，中央电视台仅“央视新闻”的微博粉丝量就达到近4000万人，其微信公众号平均每篇文章的阅读量达到17183次，最高单篇阅读量则高达66万次。

四　媒体融合传播存在的问题

（一）融媒体内容生产力不足：现象级产品不多，生产力有待提升

优质内容是媒体的立身之本。媒体融合发展，首先要遵循新闻传播规律和新媒体发展规律，提升融媒体内容生产力，这也是提升媒体融合传播力的基础。2016年，一些媒体积极研究和把握新媒体传播规律，积极探索媒体前沿技术，创新表达方式，将内容思想性和传播形态创新相结合，融媒体内容生产力不断增强，涌现出一些全网走红的现象级产品。如人民日报客户端推出的融媒体产品“总书记的元宵节问候”，新华社制作的庆祝建党95周年微电影《红色气质》，全网浏览量均突破2亿人次。

但从总体上看，现象级的融媒体产品数量不多，融媒体内容生产力还有很大的提升空间。首先受体制机制等因素影响，一些媒体的融合发展尚未得到实质性推进，导致内部的融媒体内容生产流程不畅，尚未形成整合内部优质资源持续进行融媒体内容生产的体制机制，影响了融媒体内容生产力的提升。其次，一些传统媒体对新媒体的传播规律把握不够，仅仅把新媒体当成内容推送的平台，这些传统媒体只做内容的搬运工，将其自身的内容平移到新媒体上，忽略了现代信息传播移动化、社交化、视频化、互动化、定制化

的趋势，导致内容传播力不足。另外，尽管很多媒体在新技术的使用上积极探索，努力运用新的传播技术探索新形式的内容产品，如无人机、VR/AR等，但这些新技术和新闻内容生产的融合度还不够高，生产的内容产品往往叫好不叫座，较少产生广泛的社会影响。新技术如何与新闻内容生产有效契合，满足用户需求尚待深入研究。

（二）已有传播渠道建设不足：客户端影响力不足，微博渠道传播效果不佳

中宣部部长刘奇葆在推进媒体深度融合工作座谈会上的讲话指出：目前来看，新闻客户端功能比较完备、信息容量大、方便易用，传统媒体需要关注新闻客户端发展，推动移动媒体建设，形成载体多样、渠道丰富、覆盖广泛的移动传播矩阵。① 从各类媒体融合发展的情况来看，目前，各大媒体都在移动端发力，“两微一端”成为媒体融合发展的标配，自有客户端建设力度加大，数量增多，但从总体上看，媒体自有客户端影响力不足，对微博的使用情况欠佳。

近年来，虽然传统媒体在自有客户端建设上不断发力，也出现了类似人民日报、澎湃新闻、央视新闻、芒果 TV 等具有较大影响力的客户端，但总体来看，传统媒体自有客户端的下载量不高，整体影响力不足。在统计的十家安卓应用商店中，融合传播力百强报纸创办的客户端的用户评论量平均仅为 32.97 次，超出 30% 的报纸客户端没有评论量，APP 平均评分仅 1.93 分（满分为 5 分），平均得分在 3 分以上的报纸客户端仅有 33 个，在社交媒体中平均被网民提及的次数也只有 5.07 次；而苹果应用商店的情况也大致相同。可见报纸媒体自有客户端的移动传播效果和影响力并没有完全显现，用户的好评度不高。从新闻资讯类客户端整体生态来看，绝大部分市场份额被商业新闻客户端占据，主流媒体新闻客户端难以与之抗衡。艾媒咨询发布的《2016Q4 中国手机新闻客户端市场研究报告》显示，从新闻客户端的活跃

① 刘奇葆：《推进媒体深度融合　打造新型主流媒体》，《人民日报》2017 年 1 月 11 日。

用户分布来看，在排名 TOP10 的客户端中，腾讯新闻、今日头条等排名位于前列的新闻客户端优势明显，TOP10 中的八个席位被商业新闻客户端占据，主流媒体创办的新闻客户端仅有人民日报和澎湃新闻上榜，且排在最后两位。

除自有客户端外，主流媒体对微博渠道的使用效果也有待提升。以报纸微博为例，在统计时段内（2016 年 1 月 1 日至 11 月 15 日），融合传播百强报纸中，绝大多数媒体微博的平均评论数不足 10 条，转发数与点赞数不足百条。融合传播百强广播电台的原创微博数、微博原创率、平均转评赞等单项数据也同样显示出其在微博平台的运营状况不佳，百强广播电台官方微博发布的原创内容，平均评论数仅为 5.15 次，平均转发 8.94 次，平均点赞 9.65 次。

（三）新兴传播渠道拓展不足：结合新兴渠道特点进行传播的能力待提升

传统主流媒体在拓展传播渠道的过程中，除了已有渠道的影响力不足之外，还存在新兴渠道拓展不力的问题。2016 年媒体融合传播指数指标体系中，没有考察除传统终端、网站、“两微一端”之外的其他传播渠道，从目前传统主流媒体渠道拓展的实际情况来看，传统主流媒体对 2016 年新兴的热门传播渠道如直播平台、问答平台等渠道拓展不足。

以网络直播为例，2016 年，网络直播兴起，受到网民特别是年轻人的追捧。CNNIC 发布的《第 39 次中国互联网络发展状况统计报告》显示，截至 2016 年底，网络直播用户规模达到 3.44 亿人次，占网民总体的 47.1%。斗鱼直播、哔哩哔哩直播（B 站）等直播平台异常火爆。2017 年 2 月，《人民日报》联合新浪微博和一直播共同发起全国移动直播平台“人民直播”，已有 102 家机构入驻。但总体上看，主流媒体对直播平台的利用不足，还需要结合直播平台的特点及用户接受习惯进行有针对性地传播。如何利用好问答平台，满足用户对权威信息的需求，有针对性地进行权威信息传播和舆论引导，同样值得研究。

五　提升媒体融合传播力的对策建议

（一）推进媒体深度融合，提高融媒体内容生产力

优质的融媒体内容产品是提升融合传播力的源头活水。提升融合传播力，需要媒体具有持续生产优质融媒体内容产品的能力。提高融媒体内容生产力，首先需要推进媒体深度融合，打破媒体内部各部门之间的壁垒，重塑内部组织架构和内容生产流程，盘活存量，将采编力量集中到融媒体内容生产上来，并在绩效考核、薪资待遇等方面做出调整，通过体制机制创新鼓励采编人员多生产融媒体内容产品。其次，要积极把握新兴媒体传播规律和用户使用习惯，结合移动互联网互动化、视频化、社交化的趋势，针对微博、微信、客户端等平台的特点，有针对性地生产内容，避免只做传统媒体内容的搬运工。另外，还要深入研究新兴传播技术的特点，如 VR/AR 等，将表现形式和新闻内容有机结合，多打造引爆全网的现象级融媒体产品，有效提升融媒体内容生产力。

（二）强化互联网思维，打造生态级应用平台

移动互联网的快速发展，为满足用户对内容的多样化、个性化需求提供了条件。而单靠一家媒体生产的内容很难满足用户的多元化需求，只有通过聚合，才能获得足够多的新闻资讯来满足用户需求。此外，海量信息资源如何与个性化信息需求相匹配，以实现有效率的传播非常关键，表现为“算法”的人工智能是最有效的工具。

艾媒咨询数据显示，2016 年移动资讯用户在获取信息时更倾向于选择个性化推荐，占比达到 38.3%。[①] 近两年来，一批具有内容聚合能力和精准

① 艾媒咨询：《2016～2017 中国移动资讯市场研究报告》，http://www.iimedia.cn/48828.html。

分发能力的互联网平台迅速发展起来。在中国、美国、日本、印度、德国、法国、英国7个互联网发展领先的国家，聚合类新闻客户端在TOP10中平均占据5席，聚合新闻加有效分发是目前新闻资讯类客户端的领先主流形态。[①] 传统媒体做大做强新闻客户端，需要遵循互联网规律和用户接收习惯，通过汇聚PGC（专业生产内容）、UGC（用户生产内容）内容资源，强化技术手段，针对用户需求进行精准化推送和有效分发，甚至还可以连接政务服务，在此基础上将新闻客户端打造成连接内容生产者、政府部门、用户、商家等多方的生态级应用平台，带动多方共赢，形成良性循环，最终成为移动互联网入口平台。除此之外，面对新闻客户端领域的激烈竞争，传统媒体新闻客户端还可以在垂直化、分众化上下功夫，实现对特定群体或特定领域的深度挖掘。

（三）跟踪传播技术前沿，拓展新兴传播渠道

用户在哪里，宣传报道的触角就要伸向哪里，宣传思想工作的着力点和落脚点就要放在哪里。传播技术发展进无止境，随着传播技术的快速发展，新的传播渠道、传播手段日新月异，用户接收信息的途径和习惯也在不断改变。提升融合传播力，要求传统媒体除了利用好已有的传播渠道外，还要紧跟传播技术前沿，勇于创新、勇于变革，不断拓展新兴传播渠道，利用好汇集广大用户的最新渠道和平台。需要注意的是，拓展新兴传播渠道不是目的，最重要的是要研究新兴传播渠道的特点，结合传播内容不断创新传播方式，实现传播效果的最大化，切实提高融合传播力，进而提升媒体的影响力和引导力。

参考文献

崔保国：《中国传媒产业发展报告（2016）》，社会科学文献出版社，2016。

---

① 宋建武：《以“互联网+”推动媒体深度融合》，http：//media. people. com. cn/n1/2017/0117/c40606-29028420. html。

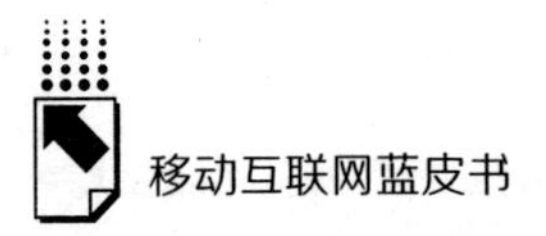

李康乐：《走出融合中的“迷思”》，《人民日报》2017 年 2 月 19 日。

王钦：《于无声处听有声——2015 年广播收听市场概况》，http：//www.csm.com.cn/Content/2016/12-01/1845502650.html。

封翔：《媒体融合进程中的电视力量——2015 年电视收视市场回顾》，http：//www.dooland.com/magazine/article_ 852550.html。

B.22 我国媒体移动对外传播的现状与展望

单成彪　刘　扬*

摘　要：　移动互联网的发展为中国对外传播带来了机遇与挑战。我国主流媒体顺应移动化发展趋势，加强境内、海外第三方平台利用和自身移动传播渠道搭建，在对外传播上取得了突破与进展。面对亟待破解的问题，应继续强化用户思维，深化传播效果，优化创新机制。

关键词：　主流媒体　移动互联网　对外传播

一　移动互联网改变对外传播格局

移动互联网不仅改变了互联网的形态，也深深影响了国际传播格局。全球网络流量和用户使用习惯都趋向移动化发展。2016 年 10 月，独立网络分析公司 StatCounter 的数据显示，世界范围内移动端网络流量首次超过桌面电脑，① 手机用户达到37.9 亿人，相当于全球人口的51%。② 在欧美发达国家和地区，移动端早已成为人们从网上获取国内外新闻资讯的重要设备。市场调查公司 ComScore 经对比研究发现，2016 年美国人手机使用时长较2013 年

---

* 单成彪，人民网副总编辑；刘扬，博士，人民网研究院研究员。

① StatCounter：Mobile and Tablet Internet Usage Exceeds Desktop for First Time Worldwide，http：//gs. statcounter. com/press/mobile - and - tablet - internet - usage - exceeds - desktop - for - first - time - worldwide，2016 年 11 月 1 日。

② 《We Are Social：2016 年全球互联网、社交媒体、移动设备普及情况报告》，中文互联网数据资讯中心，http：//www. 199it. com/archives/437192. html，2016 年 12 月 18 日。

增长了99%，桌面电脑使用时长则减少8%，手机已被默认为首选上网终端。2017年初，市场研究机构Flurry发布的报告显示，2016年第四季度美国人每天在移动终端上所花费的时间平均达5小时，超出一半（51%）的时间用在了新闻、社交和娱乐应用上，花在移动应用上的时间同比增长69%。[①] 用户向移动端的迁移特别突出地表现在新闻领域。2015年初，美国皮尤研究中心就发现，美国50大新闻网站中，39家网站的移动访问者数量高于桌面访问者数量。又如，英国2017年初公布的全民阅读调查（NRS）数据显示，英国已经有超过一半的报纸读者仅通过手机阅读报纸内容。[②]

移动互联网带来网络应用的三个显著趋势——社交化、视频化和智能化。在社交化方面，社交平台与移动互联网应用同步发展，成为全球趋势。2016年美国媒体现状报告显示，其所调查的40家媒体网站全部开设了脸谱（Facebook）、推特（Twitter）、优兔（Youtube）账号，还有36家设立了Instgram账号[③]。移动互联网上，社交渠道成为媒体的标准配备。在视频化方面，移动应用和社交分享更倾向于直观、有趣、可视化的内容。随着网络带宽与传输速度的改善以及上网资费的下降，短片与直播成为重要的网络内容形式，视频内容早已占移动互联网一半流量[④]。社交分享，以“病毒式”传播方式，极大地加速了视频的传播。思科公司预计，到2018年，美国互联网总流量中将有84%的来自视频内容。[⑤] 在智能化方面，移动互联网基于

---

① Sarah Perez：U. S. Consumers Now Spend 5 Hours Per Day on Mobile Devices，TechCrunch，https：//techcrunch. com/2017/03/03/u - s - consumers - now - spend - 5 - hours - per - day - on - mobile - devices/，2017年3月3日。

② NRS：More than Half of The Sun's National Readership is Mobile - only，Journalism，https：//www. journalism. co. uk/news/nrs - more - than - half - of - the - sun - s - national - readership - is - mobile - only/s2/a700481/，2017年3月1日。

③ Kristine Lu & Jesse Holcomb，：Digital News Audience：Fact Sheet，From the State of News Media，http：//www. journalism. org/2016/06/15/digital - news - audience - fact - sheet/，2016年6月15日。

④ 《报告称视频内容已占移动互联网一半流量》，腾讯科技，http：//tech. qq. com/a/20120226/000053. htm，2012年2月26日。

⑤ 《思科：预计2018年美国网络视频流量占比高达84%》，中文互联网数据资讯中心，http：//www. 199it. com/archives/239160. html，2014年6月11日。

位置的服务（LBS）、“网随人走”的特征提供了丰富的用户行为和习惯数据，可穿戴设备等智能设备推动物联网的发展，形成越来越多可以进行相关分析的大数据。在大数据和云计算基础之上，人工智能进入快速发展期，智能翻译、智能写作、智能推荐等都成为改变人们传播方式，乃至社会生活的重要因素。

移动互联网引发的全球传播格局和网络传播趋势转变，给中国的对外传播带来了发展的广阔空间。多元的技术、多样的形式、直达用户的路径、获取真实反馈的渠道，对外传播史无前例地获得了低成本、高效率、大范围的传输条件，赢得了“弯道超车”、改变“西强我弱”的机会。

中国媒体，尤其是对外传播机构，积极调整以顺应移动互联网给对外传播带来的各种变化。为反映各媒体在此方面所做的努力，本文在对人民网、中国网、“第六声”（the sixth tone）等网站和中央电视台相关负责人以及专家的重点访谈基础上，通过实际观察，对各媒体移动对外传播情况进行了研究。

二　媒体利用移动互联网创新对外传播

2000 年，人民网通过日本镜像站与当地电信运营商的合作，在日本实现了手机网上新闻发布，成为人民网乃至中国媒体进行移动对外传播的起点。在移动互联时代全面开启后，中国各新闻网站，充分发挥新技术和新应用带来的新优势。2008 年 2 月，《中国日报》双语手机报彩信版上线，每天早晚两次发送英汉对照的国内外新闻以及语言学习等内容，读者遍及中国内地、中国香港及新加坡。同年 5 月，全国首家英文手机杂志《北京周报》问世。[①] 从 2009 年至 2011 年，《中国日报》在苹果商店不断推出面向 iOS 智能手机或平板电脑的新闻应用，如《中国日报新闻》《中国日报视频》《中国日报精选》、*The China Daily iPaper*、*Touch China* 等，形成了较完善的

① 吴奇志：《国际传播的“移动战略”初见端倪》，《对外传播》2009 年第 2 期。

移动端产品线。[1] 2010 年，人民网日本株式会社与日本两大电信运营商展开合作，正式在日本发行人民网中、日文手机报。[2] 2011 年 5 月，人民网中文、英文、日文、西班牙语、俄文、法文、阿拉伯语七大语种的新闻阅读客户端在苹果应用商店全部上线。中国媒体在移动平台上的对外传播逐步发展起来，主要体现在渠道拓展和内容创新两个方面。

（一）利用移动端不断拓展对外传播渠道

1. 利用境内第三方平台推广内容

截至 2016 年 12 月，微信公众号的总数已超过 1200 万个。[3] 2016 年底，微信与 WeChat 合并月活跃账户数达到 8.89 亿人次，其海外用户早已破亿。[4] 因此，微信公众号成为各媒体利用移动互联网扩大用户范围、加强与各国人士互动、优化对外传播效果的重要渠道。根据 2014 年时的研究，《中国日报》、中国日报网、中国国际广播电台、人民网、《中国》杂志、《环球时报》、东方网等媒体所设公众号就覆盖了 12 种语言。[5] 本研究利用“清博大数据”对 2017 年 2 月我国主流媒体所办的 30 个对外传播公众号进行了统计，列出文章平均阅读率前十名的公号（见表 1）。与 2015 年同期进行比较，可以发现，在平均阅读数上，除“CRI 俄语广播”外，其他公众号都有不同程度的增长；在平均点赞数上，各公众号都有较大增长。

2. 利用海外第三方平台树立品牌

各媒体还利用国外的脸谱、推特、优兔、Line、Instagram、VK 等社交

---

① 闵大洪：《新终端　新传播——智能手机、平板电脑时代的传播》，人民网，http：//media. people. com. cn/GB/14298818. html，2011 年 4 月 1 日。

② 《人民网手机报在日发行　中国信息便于“掌”握》，人民网，http：//media. people. com. cn/GB/40606/12029158. html，2010 年 7 月 1 日。

③ 艾媒：《2016 年 APP 与微信公众号市场研究报告》，艾媒网，http：//www. iimedia. cn/46539. html，2016 年 11 月 29 日。

④ 崔亮亮：《腾讯微信用户 8.89 亿超中移动　广告业务成新增长极》，通信产业网，http：//www. ccidcom. com/hulianwang/20170326/Qk3ScfH99ZAGRzwNM14rkdkbvhzgk. html，2017 年 3 月 26 日。

⑤ 刘扬、刘慧：《对外传播媒体微信公众号发展状况初探》，《对外传播》2015 年第 7 期。

表 1　主流媒体所办对外传播公众号前十名

单位：万次

公众号	平均阅读数（2017 年）	平均阅读数（2015 年）	平均点赞数（2017 年）	平均点赞数（2015 年）
中国日报网双语新闻	38677	14293	404	75
CHINADAILY	4956	1283	42	8
环球时报英文版	1531	191	16	4
人民网日文版	1432	1088	11	8
CRI 日语频道	1054	288	25	4
CRI 意大利语	886	515	8	5
CRI 俄语广播	747	782	9	6
人民网德语视界	687	404	9	3
CRI spanish	565	399	265	10
CRI 菲律宾	530	106	209	2

资料来源："清博大数据 - 清博指数"，2017 年数据为当年 2 月时数据，2015 年数据为当年 2 月时数据。依据 2017 年 2 月平均阅读数从高到低进行排列。

平台进行对外传播。多数用户都是在移动端使用这些平台，如，脸谱在 2017 年 1 月所发布财报显示，其用户中超过八成仅通过移动端进行访问，脸谱也成为 2016 年美国最受欢迎的移动应用。[①] 本研究在 2017 年 3 月特选取了《人民日报》、新华社、中央电视台、《中国日报》四家主要媒体在脸谱和推特上的英文账号进行分析。脸谱上，本研究发现较之 2013 年 6 月，各账号在粉丝数量上都有巨大的增长（见表 2）。同样的情况也发生在推特上，而且相较于四年前，各媒体在推特上的账号都进行了整合与重新命名，只能将其在 2017 年被关注最多的账号与 2013 年时进行比较（见表 3）。数字增长的背后是各个账号运作的成熟，例如，人民网在海外社交媒体平台上初步形成"2 + 4"的传播格局，在主打脸谱和推特两大平台的同时，强化在俄国 VK、日本 Line、美国 Youtube 和 Instagram 上的外文信息发布。由此

① 《超八成用户仅通过移动端访问 Facebook》，Jquery 中文网，http：//www. 4cy. com. cn/jquery/2017/03/07/566. html，2017 年 3 月 7 日。

可见，各媒体都在积极运用新兴网络技术，通过海外社交媒体账号拓宽对外传播渠道，置身于全球化的坐标中，让每一条博文都充满分量。①

表 2　中国四个主流媒体在脸谱上的获赞数

单位：万次

脸谱账号	赞数(2017 年)	赞数(2013 年)
CGTN(前 CCTV NEWS)	4649.60	0.70
People's Daily	3374.37	5.38
Xinhua News Agency	1672.09	0.50
ChinaDaily(前 China Daily USA)	1119.52	19.13

注：2017 年数据是截至 2017 年 3 月 13 日时情况，2013 年数据是截至当年 6 月 28 日时情况。依据 2017 年 2 月获赞数从高到低进行排列。

表 3　中国四个主流媒体在推特上的关注数

单位：万次

推特账号	赞数(2017 年)	赞数(2013 年)
新华社	801.00	0.31
人民日报	305.00	0.03
CGTN	221.00	0.57
中国日报	68.70	21.25

注：2017 年数据是截至 2017 年 3 月 13 日时情况，2013 年数据是截至当年 6 月 28 日时情况。依据 2017 年 2 月关注数从高到低进行排列。

3. 自建渠道提供综合信息服务

除利用第三方平台在移动端拓展外，中国各主要媒体还积极搭建自己的移动传播渠道，做法主要有两种，一是开发多语种移动新闻客户端；二是建设外文手机网站。

2014 年 12 月，新华网推出“新华炫闻”英文版移动客户端。为扩大其影响，发挥新华网多语种优势，在此基础上，2016 年 12 月，新华网又推出西班牙语、法文、德文、俄文的多语种版“新华炫闻”客户端，重点面向

① 单成彪、刘扬：《顺应网络发展趋势，创新对外传播布局》，《青年记者》2016 年 10 月。

国外用户发布集图、文、视频、轻应用等于一体的中国新闻资讯。2016 年 9 月，中国网也推出了包含中文、英文、法文等 9 个语种在内的新闻客户端，向世界讲述中国故事。在 2016 年最后一天正式开播的中国环球电视网（CGTN）也对中央电视台的各个外文新闻客户端进行了整合，推出了全新的以地图为界面、以地理位置为新闻索引的全新客户端。为了追求本土化，还有媒体在境外开始开发和运作新闻客户端，如 2017 年 1 月，上海东方网股份有限公司和美国格律文化传媒集团合作，在美国洛杉矶上线了新媒体平台“美国头条”客户端，以期打造华文新闻聚合类产品。①

新闻客户端在对外传播上的优势非常明显，例如，更加适于移动条件下应用，内容展示精美，功能完备多样，加密传输安全，便于与用户进行互动、获取用户数据、实施垂直化推送。但是，客户端也面对诸如运营成本高、维系用户难度大等挑战。为此，一些媒体“反其道而行”，开始发展手机网站。如 2014 年 6 月起，人民网集中精力建设手机网站，至 2016 年，人民网九个外文语种的手机网站均已上线，应用 Html5 等技术，同样可以在网页上实现客户端的展现方式与主要功能。此外，一些地方新建网络媒体，在起步阶段也都选择以手机网站作为移动端传播的主要方式，例如，2016 年 4 月上线的英文网站“第六声”就采用终端自适应网页设计，同时满足用户在移动端和桌面电脑上的使用需求。

在资金、技术和人力许可的条件下，各媒体都希望能够同时开发客户端和移动网站。“第六声”负责人就表示，网站将在 2017 年时推出新闻客户端。人民网海外传播部门也在思考跳出新闻信息传播，开发更有服务针对性的客户端。

（二）发挥移动优势加强内容创新

对外传播所做的是说明道理、赢取理解和支持的工作，努力成为增信释

① 《“美国头条”APP 在洛杉矶上线》，中国新闻网，http：//www. chinanews. com/it/2017/01-22/8132423. shtml，2017 年 1 月 22 日。

疑、凝心聚力的桥梁纽带，要想方设法在话语体系以及文化模式中寻求契合。所以，优质内容对于对外传播是核心价值所在。利用移动互联网提供的丰富表达手段，各媒体都在对外传播内容创新上发力。

1. 围绕重大主题唤起情感共鸣

向境外受众进行重大主题传播要面临两个挑战，一是能看懂，二是感兴趣。在2016年杭州G20峰会期间，中央电视台充分发挥移动新媒体优势，推出《G20 360°》《立体G20》《G20观察》等适于移动端观看、社交媒体传播的视频产品，使用虚拟现实等手段对G20峰会进行了多角度的全面报道，并在脸谱、优兔和新闻客户端三大平台上实现24小时直播，用直观的视频手段，讲述全球用户都能明白的故事，创新了内容表达形式，提升了影响力。在2016年习近平主席访美并出席联合国系列峰会前，《人民日报》制作了*Who is Xi Dada*？短视频，在三分半的时间里，让外国留学生用自己的语言讲述了他们所知道的习近平，配以中英字幕。该视频在海内外得到广泛传播。

在看懂的基础上，要让海外用户发生兴趣，一是使用有冲击力的表达手段，二是在故事与用户生活间建立起联系。2016年是红军长征胜利80周年。各主要网站不仅做好国内围绕长征胜利纪念和弘扬长征精神的宣传报道，而且致力于面向海外用户讲述长征故事、长征精神。如何在80年前中国工农红军的壮举与当下海外用户间建立联系。中国日报网特别策划了四名外籍记者重走红军长征路线的活动，亲身行走唤起了外国朋友与中国民众共同的情怀。这些外籍记者的描述，再经过报纸网站、移动新媒体的立体传播，更易引发海外用户的兴趣与共鸣。“第六声”为了吸引海外用户对杭州G20峰会的关注，以每个人生活都不可缺少的餐饮为切入点，走近为峰会筹备国宴的厨师，讲述他们的个人故事，介绍中华种类丰富的美食，创造吸引境外人士关注的入口。

2. 针对热点讲明中国主张

对外传播肩负着营造有利于我国发展的国际舆论环境重任。既然是双向交流，必然会有观点的交锋，在移动互联网时代仍是如此。中国与国际社会正处于转型碰撞期、特殊敏感期、危险高发期，矛盾时有出现。媒体要对歪曲中国事实、丑化中国形象的事情做出澄清和反击。2016 年，在“南海仲裁案”上，中国媒体支持政府“不接受、不参与、不承认”的立场，《人民日报》利用法人微博账号在“最终裁决”出台前后推出名为《中国一点都不能少》的包含南海诸岛的中国地图，形象直观地重申了我国在领土问题上的合理主张，一图胜却千言。该图后被人民网在境外各社交媒体账号中转发，形成了较大影响。中国网围绕“南海仲裁案”制作了一期《中国三分钟》视频节目，主持人用英文讲明了中国领土主张的理由和原则，并在脸谱、推特、优兔和移动端传播，受到境内外大量关注。

3. 推动文化交流互鉴

在第二届世界互联网大会上，习近平主席提出：“互联网是传播人类优秀文化、弘扬正能量的重要载体。中国愿通过互联网架设国际交流桥梁，推动世界优秀文化交流互鉴，推动各国人民情感交流、心灵沟通。”[①]

个人化渠道是进行文化交流的最佳方式。“讲述我们的日常，讲述我们的生活和人生，讲述中国人所有的爱和情感”才能让英语世界对中国产生兴趣、赢得共鸣。[②] 为此，各个媒体都尽力利用移动互联网推动文化间交流。中国日报网推出了视频栏目——《别叫我老外》，每周介绍一位在中国求学、工作、生活的外籍人士，将他们的梦想与中国绑定，在国内外社交平台与视频平台进行推送，使老百姓的视角和故事成为中外沟通的桥梁，已积累了 300 多期节目。在澎湃网推出的四集微纪录片系列——《中国实验室》的基础上，“第六声”为其添加英文字幕，进行对外传播，客观真实地介绍了中国在科技领域所取得的进展及其不同于西方的发展道路，塑造了科技创新永不停息的中国形象。

---

① 《习近平在第二届世界互联网大会开幕式上的讲话》（全文），新华网，http：//news.xinhuanet.com/world/2015－12/16/c_1117481089.htm，2015 年 12 月 16 日。

② 邱兵：《The boxer－拳击手》，澎湃，https：//www.zhihu.com/question/42262196，2016 年 4 月 10 日。

（三）移动优先强化对外传播融合发展

2017年1月，中宣部部长刘奇葆出席推进媒体深度融合工作座谈会，强调要在推进媒体深度融合中，确立移动优先战略，创新移动新闻产品，打造移动传播矩阵。因此，移动对外传播既事关我国媒体国际传播能力的提升，也事关我国对外传播媒体的融合发展。因此，在推动移动对外传播进程中，各个媒体已经在采编流程、组织机制、传播技术、服务内容上采取了许多新措施、新做法，与融合发展的方向相一致。

1. 采编流程重组

为了适应新媒体发展趋势，各个媒体都在打破原有的采编流程，实施媒体融合战略。《中国日报》一直推进全媒体统一策划，搭建了三级策划体系，将报纸、网站、移动新媒体、社交网络和遍布全球五个中心的采编体系打通，协同联动。[①] 中国日报网还成立了由部门骨干组成的新媒体实验室，这里产生的任何新点子，只要经评估委员会评估认为有价值，都可以被列为创新产品进行测试。人民网、中国网在2014年便成立了专门运营海外社交媒体的团队，发挥总协调作用，可以参与各语种频道从选题策划到推广的各个环节。“第六声”也专门设立了海外社交媒体运作团队，一方面负责把“第六声”原创内容通过社交渠道推出去，另一方面则根据脸谱、推特等社交平台需要定制一些内容，会参与从选题到推广的各个环节。

2. 推进机制改革

与采编流程变化相适应的是机制上的变革。为了适应移动互联网和社交媒体平台“24×7”的不间断运作模式，中国日报网实行了“跟着太阳走”的编辑部工作模式，在纽约、伦敦、北京、香港四地间采取网络编辑部接力工作的模式。[②] 同时，自2011年起，《中国日报》启动全媒体综合业务平台

---

① 赵宁、鲁烨：《当媒体融合遇上大数据——走访中国日报社新媒体实验室》，《中国传媒科技》2014年第1期。

② 《韩蕾：在联接中外沟通世界中找准坐标定位》，人民网，http://media.people.com.cn/n1/2016/1215/c120837-28952350.html，2016年12月15日。

建设，采用轮岗的方式，鼓励报纸编辑记者到网站、视频、移动客户端等部门交流，熟悉业务，提升能力。对外传播不借助本土渠道难以取得落地效果，为此，人民网在海外本土化网站运作经验的基础上，结合移动互联网传播要求，打造了一批优质的移动媒体外宣产品，如《香港微视》《微视澳洲》等，不仅有口碑和美誉度，还形成了品牌效应，创新了推广模式。

3. 实现技术突破

移动化趋势加速了各媒体的技术进化。为适应四地编辑部接力运作模式，《中国日报》引进了 EidosMethode 系统，全面支持北京与各地机构间的协同联动，实现多个媒体平台统一策划、内容统一生产和数据统一管理。2016 年 10 月，《中国日报》亚太分社多媒体部还走在人工智能新闻应用的前沿，实现了世界首例人工智能视频采访，让根据真人制作的虚拟视像即时回答全球受众的提问。[①] 中国网则在直播技术上发力，自 2016 年初开始，尝试着在故宫、北京动物园和香山进行了三次直播，中国网的技术能力、专业水平都在此过程中得以提升。无独有偶，2016 年 12 月，人民网澳洲公司对博鳌亚洲论坛墨尔本会议开幕式进行了长达一个小时的手机视频直播。在此基础上，2017 年 2 月，作为 2017 "中澳旅游年" 的官方战略合作媒体，人民网又在悉尼歌剧院举办的 "中澳旅游年" 开幕式上进行了长达一个半小时的手机移动直播，让澳大利亚主流媒体记者羡慕不已。

4. 扩展服务领域

借助移动互联网，媒体也从内容领域逐步向服务领域拓展。中国网在移动端开发了 "礼拜助手"，利用智能手机中的定位模块，通过对用户所在位置太阳与地面角度的计算，每日自动提醒伊斯兰教信众在全球各地进行礼拜。虽然这款应用并没有主打内容，但经过近三年发展，已经获得 50 多万的用户，其中八成以上都是国外用户，通过在移动端提供服务，中国网在后台与用户建立了联系和互动渠道。人民网南非分公司在发行中英文手机报的

---

① 李剑诸：《中国日报实现世界首例人工智能视频采访》，中国日报网，http：//cn. chinadaily. com. cn/2016 - 10/04/content_ 26970683. htm，2016 年 10 月 4 日。

基础上，开设了畅游南非网站及手机 APP，运营“平安南非”微信公众号和海外社交媒体账号，在提供新闻的同时也为国内外用户提供有关中国和南非的信息服务。

三　媒体利用移动互联网开展对外传播的问题及展望

移动互联网为各个媒体创新对外传播形式、扩展对外传播范围、提升对外传播效果提供了条件，但是也带来了挑战，一些问题亟待破解。首先，移动对外传播参与主体多元，多种传播形式综合在一起，宏观上看是国际传播、大众传播，微观上看是人际传播、群体传播，尽管访谈中很多媒体负责人都提到在利用大数据等技术进行用户行为与偏好的分析，但中国媒体为海外用户提供个性化、垂直化信息尚未成为普遍现象，多数情况下还是从事一对多的大众传播，并未完全发挥移动传播带来的优势。

其次，在个人化、社交化传播平台上，我国对外传播延续着传统媒体时代的格局。媒体作为主体在全球社交平台上与个人或组织设立的账号进行交流或舆论对冲时，身份不对等，即便有好的产品、好的效果，也会被认为是凭借国家或媒体之力而取得的。同时，受国外意识形态偏向的影响，我国媒体推出的内容也很难形成“病毒式”传播，在全球化、移动化环境下，难以形成高效传播。

再次，我国媒体尚未建立和掌握规模庞大的移动和社交传播平台，在利用第三方平台上存在无话语权等问题。例如，访谈中有媒体反映在第三方平台上发布信息经常遭到过滤和审查，与聚合类移动客户端合作中，以极低的条件把内容交给对方，既未带回流量也很难得到有价值的用户数据。此外，面对国外大型互联网公司推出的集纳式新闻平台（如脸谱的“即时文汇”）和直播平台（如 Periscope 和 Live），我国媒体在考虑进驻，但是对其规则还了解不多，无法改变受制于人的被动情况。

最后，目前我国对外传播媒体在体制、机制上还存在一些与移动传播不相匹配之处，亟待改进完善。例如，国外社交媒体平台发布注重时效性，但媒体利用社交媒体账号所发布内容与其在其他渠道上发布内容有同等分量，在此情况下，如何平衡发布及时与内容安全之间的关系值得思考。直播在境内境外逐渐成为新闻呈现的主要方式，如何在有“防火墙”的条件下保证码流顺利传输成为一些媒体思考的问题。传统互联网时代，传播效果往往通过发送 Cookie 来统计特定 IP 地址的访问情况，但是在移动互联网上，媒体在借助第三方平台的传播和加密传播的情况下，难以直接获取用户访问情况数据，需要建立新的效果评价体系。移动互联网传播改变了编辑室中采编人员和技术人员的比例，也打破了严格按照内容形态划分部门的组织形式，在此条件下，新型考核与激励体系也有待建立。

面对移动互联网带来的机遇与挑战，做好对外传播需要不断挖掘和理解海外用户的思维习惯和文化心理、深化对外传播效果、革新内容生产技术与体制机制。[①]

一是强化用户思维。移动互联网提供了与境外用户最直接联系的渠道，对外传播应充分发挥这一优势。媒体要从精英视角走向草根视角，利用移动技术了解传播对象的习惯和需求，调配好国内国外两种资源，积极回应海外用户关切热点，针对他们的需求，制定个性化、垂直化传播策略，将事关国家利益的宏大主题装入贴近个人的“草根”框架，用他们乐于接受的方式、易于理解的语言，讲述好中国故事，传播好中国声音。

二是深化传播效果。移动互联网提供了形态丰富的传播手段和极大的延展空间，对外传播理应有超出到达率的更高目标和追求。媒体不仅要在“观点入脑”上多下功夫，顺应公民外交发展趋势，以更加个人化、平等化的方式与海外用户交流，统筹国内与国外传播工作，搭建增信释疑、凝心聚力的桥梁纽带，而且要在“情感入心”上多做工作，以文化先行求同存异，以情感代入塑造价值认同，用更加灵活的方式逐步获取全球主流话语权。

三是优化创新机制。针对移动传播特点，加强对境外平台游戏规则研

① 《第六届北京全球移动互联网大会聚焦“下一个 50 亿”》，中国网，http：//news. china. com. cn/2014 -05/07/content_ 32314870. htm，2014 年 5 月 7 日。

究，以创新性应用获取话语权，建立起全球化内容生产组织方式，统筹调配各种可以利用的资源。技术是推动移动互联网发展的重要力量，我国媒体应围绕人工智能等影响移动互联网发展的关键性、前瞻性技术进行布局，安全而高效地将新技术和新应用引入对外传播。调整用人机制，进行长远规划，聚集一批适应移动互联网条件下对外传播所需的高、精、专、博人才。

参考书目

姜加林、于运全编《世界新格局与中国国际传播》，外文出版社，2013。

王东迎：《中国网络媒体对外传播研究》，中国书籍出版社，2011。

胡正荣、李继东、姬德强：《中国国际传播发展报告（2016）》，社会科学文献出版社，2016。

B.23
智慧城市：移动互联网时代的公共服务新探索

张 毅　王清霖*

摘　要：　以互联网为代表的信息通信技术的融合与发展，加速了服务范式的创新转变，公共服务相应升级为移动公共服务。大数据和移动互联网令移动公共服务得到进一步完善，使其升级为智慧城市建设。现阶段中国智慧城市的试点范围已覆盖全国，但全国城市的整体智慧化程度仍然偏低。各地的智慧城市发展水平参差不齐，企业发挥自有优势参与智慧城市建设方兴未艾。

关键词：　公共服务　移动互联网　智慧城市　创新治理　大数据

2016 年，中国互联网的网络规模、网络用户、网络交易额等多项指标均保持全球第一，中国依然稳居互联网第一大国的地位。尤其，互联网信息技术的发展、智能设备和移动终端的广泛普及，令互联网移动应用在连接、智能、普惠等方面的优势愈发突显，以互联网为代表的信息技术发展，不仅深刻改变了人们的生产和生活方式，同时也成为国家治理体系和治理能力最直观的集中体现之一，有力地推动着公共服务的创新。

* 张毅，艾媒咨询创始人，中国科协第九届全国代表，人民日报社高级顾问，广东省互联网协会副会长，中山大学和暨南大学创业学院导师、广东财经大学客座教授；王清霖，艾媒咨询高级分析师，主要研究方向为新媒体传播、政务服务和网络舆情。

一　移动互联网时代：移动公共服务成为可能

1. 移动公共服务建设的时代背景与阶段成果

十八大以来，习近平总书记高度重视网络信息技术自主创新工作，并多次在主持实施网络强国战略的集体学习时强调，要“加快用网络信息技术推进社会治理，加快提升我国对网络空间的国际话语权和规则制定权，朝着建设网络强国目标不懈努力”。以习近平为组长的中央网络安全和信息化领导小组，提出了加快信息基础设施演进升级、实现核心技术系统性突破、推进信息服务惠及全民、扩大社会参与等重大部署和决策，这些部署和决策是促进人民群众更有效地生产生活、提高经济社会发展速度的基础，也是各级党政机关依托移动互联网加强电子政务建设的政策保障。尤其是移动互联网的发展，令社会治理模式从单向管理向双向互动转变。政府不再通过单纯的监管模式进行社会治理，而是完善国家电子政务顶层设计，推动公共信息资源和政府数据向社会开放，提高信息公开的主动性和公共服务的水平，使社会治理采取社会协同的治理形式。

2016 年，各级政府在保障数据安全和个人隐私的前提下，注重数据集中和共享，加快构建一体化在线服务平台，分级分类推进移动公共服务，利用互联网思维推进“技术融合、业务融合、数据融合，实现跨层级、跨地域、跨系统、跨部门、跨业务的协同管理和服务”，[①] 加快推进医疗、社保、就业、教育、旅游、交通等方面在“互联网 + 政务服务”方面的应用，促进基本公共服务在城市和相对偏远地区实现均等化。

2. 2016年移动公共服务情况概述

移动互联网作为公共服务的新手段，早已蔚为潮流，美国、欧盟等国家和地区先后将数据开放纳入国家发展战略。2013 年 5 月 9 日时任美国总统奥巴马签发的政府信息通用标准，要求公开更多可机器读取的数据，以进一

① 《习近平：不断提高对网络舆论引导能力》，新华社，2016 年 10 月 9 日。

步推动“互联网+公务服务”的多场景应用。美国的NASA（美国国家航空航天局）等各政府和公共部门为积极打造移动互联网时代的公共服务，不断推出各领域的移动应用程序。

相较于其他国家政府部门对大数据和移动互联网的敏锐嗅觉，中国政府和公共部门对于移动互联网反应相对滞后。“全球开放数据指数”（Global Open Data Index）发布的最新报告显示，参与排名的122个国家中，中国因未开放地图信息、政府数据库以及其他部分信息，仅排名第97。[①] 尽管近十年来中国政府一直在努力推动政府信息的开发利用，但主要是通过合作出售等形式与企业机构对接利用数据，因此在移动应用程序中，公共服务性质的应用程序屈指可数。并且，在公共服务性质的应用程序中，诸如空气质量、食品安全、交通出行、政务服务等程序，还是由商业公司推出的。

由于现阶段政府公共服务尚未有明确衡量标准，所以，从政府到知名学府都在推动政府公共服务能力不断提高，试图推进政府公共服务能力形成一套可以自我完善的体系。2016年中山大学城市治理与公共服务学科团队发布《城市政府能力蓝皮书（2016）》，该书通过城市需求识别能力、服务供给能力和学习成长能力的综合测评和比较，对中国城市政府公共服务能力进行评估，最终以杭州、南京、北京、广州、深圳排名最高，即这五个城市的公共服务能力最好。同期，上海交通大学通过对中国35个主要城市进行居民调查而发布的《中国城市公共服务满意度调查》报告指出，宁波、青岛、杭州、成都、上海、深圳、南京、合肥、北京和昆明分数最高，为全国“公共服务整体满意度”十佳城市（见图1）。

根据第三方大数据监测机构艾媒咨询的数据监测，2016年的政务服务各细分项中，文体活动的满意度最高，其次为医疗卫生，社会治安位居第三，此后依次为基层组织服务、基础教育、法律服务、社会保障、生态和环境、食品药品安全。就2016年的政府公共服务执行满意度来看，城市居民的总体满意度高于农村居民，城市居民对政府提供的基层组织服务、文体活

---

① Global Open Data Index，http：//index. okfn. org/place/.

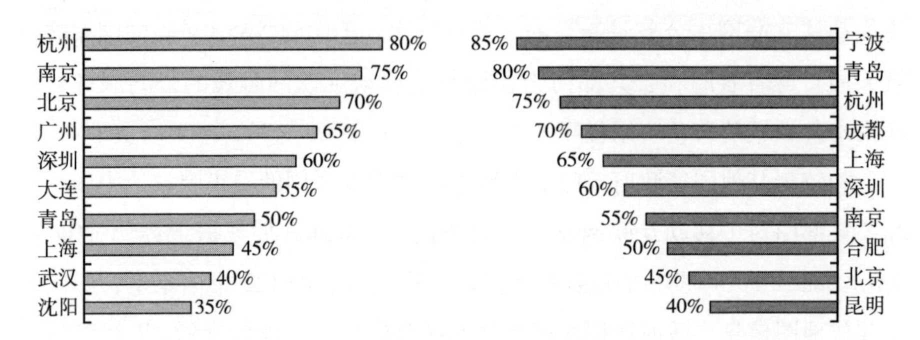

图 1　2016 年城市政府公共服务能力前 10 名城市及居民满意度前 10 名城市

动、法律服务认可度较高，而农村居民则更满意文体活动、医疗卫生和社会治安三方面的服务（见图 2）。

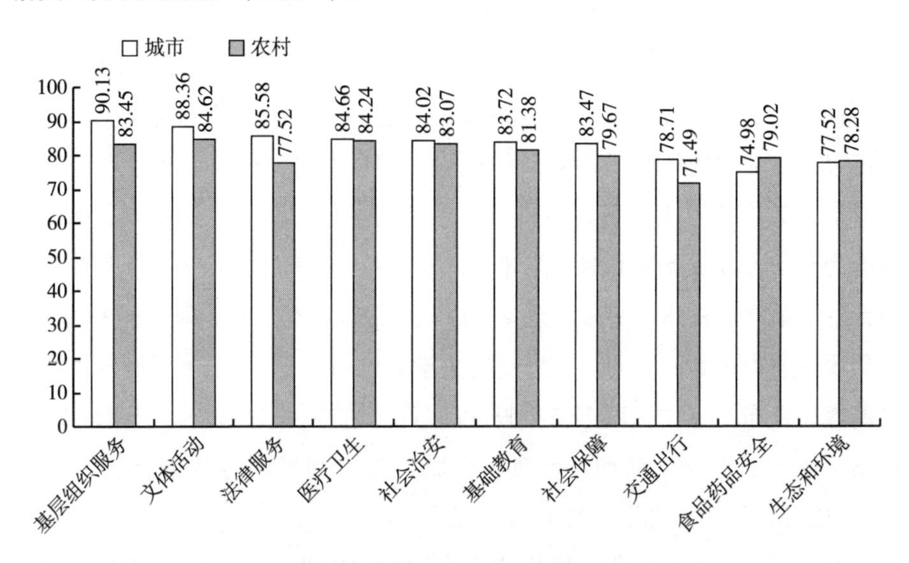

图 2　2016 年城市公共服务满意度

二　移动公共服务的发展

1. 从管理到治理：移动公共服务发展过程中政府角色的变化

改革开放以来，中国国家治理体系中的治理对象和治理主体发生了深刻变化，党的十八届三中全会提出，要完善和发展中国特色社会主义制度、推进国家治理体系和治理能力现代化，以适应国家现代化总进程。在信息时代的大背景下，政府与公民对公共生活合作管理的新型治理模式正逐渐成为主流，政府公共管理最新的角色定位，是以更少的统治实现更多的治理，这广泛地涉及行使公共权力、履行公共责任、完善公共服务、实现公共利益等多个方面内容。

信息技术实现的时间和空间障碍被进一步打破，使移动公共服务为民主管理提供了更加方便、快捷的方式。移动公共服务是在信息技术带来全新社会境况的大环境下，政府如何通过再造和转型建立与时俱进的适应信息社会需要的新的政府治理典范的问题。中山大学2016年最新的政务报告显示，2015年政府网站数量达5.79万个，其中42%的网站有移动手机版；并且，逾70个大中城市推行316个政务APP，其中综合类APP有59个，占18.7%，其他APP分别属于交通（23.1%）、社保（10.4%）、旅游（10.4%）、公共安全（5.4%）和城管服务（5.1%）等方面。

显然，电子政务观念正在形成，移动公共服务正逐渐由以政府为中心的政务管理转变为以公民为中心的政务管理。这种移动电子政务的全新行政管理模式，重新定义了政府与公民的关系，政府更加强调用户导向，其行为模式由管理为主向服务为主转化，利益模式由自我利益向社会利益转化。移动公共服务的便捷、公开、交互等特性增强了政府的回应能力，这种回应令传播效果被前所未有地放大，大大提高了人们的政治参与积极性，最终实现了公民政治参与能力的大大增强。公民直接面向事务，重新定位政府与公民的关系。以公民为中心的行政职能定位，还意味着地域和群体的进一步组合，打破传统的工作流程和行政组织，跨部门、跨地区的合作被提上日程。

然而，2016年中山大学的调研报告显示，政务APP的总下载量为2476.9万次，不足微信、支付宝等商业APP的1/10，渗透率相对较低，还有极大的提升空间。

2. 智慧城市：公共服务的探索升级

根据联合国发布的最新报告和数据，现阶段城市居民已占全球总人口的54%且仍保持扩张态势。① 人口持续增加、经济发展等带来的快速城市化过程中一系列经济和社会问题，传统方式难以解决。为应对环境与社会可持续发展等问题，智慧治理与智慧增长等议题开始受到关注。在新的互联网信息技术支撑、知识创新社会环境下形成智慧城市是传统城市可持续创新实现的演进。智慧城市是信息化城市发展的高级形态。世界各地资讯已被纳入城市发展和管理的核心考量指标，智慧城市成为世界各国的建设热潮。

（1）智慧城市建设的推进

智慧城市的理念一经提出便得到广泛认可，1990 年国外已有学者开始关注智慧城市的研究，形成了对智慧城市基本理论、基本架构和技术体系等领域的研究成果，并且应用于实际建设中。2008 年 IBM 提出“智慧城市”（Smart City）的概念，探讨如何通过以人为本的理念优化城市功能。2009 年美国政府开始推行“智慧地球”（Smart Earth）战略，希望能建构一个有“更透彻感知”（instrumented）、“更全面互联互通”（interconnected）和“更深入智能化”（intelligent）的地球。②

“万物联网”这一概念一经提出，迅速在全球范围内攻城略地：2009 年，IBM 帮助日本知名公司在澳大利亚地区成功实现协作营销，并帮助斯里兰卡第三大电信公司实现低成本的协作办公；2010 年，基于这一概念美国密苏里州的灾难响应系统做出相应变更，并且美国互助保险运营商简化了与代理商的协作流程，实现智慧办公；2011 年，加拿大的麦克玛斯特大学打造了加拿大首批校园智慧节能建筑，荷兰阿姆斯特丹史基浦机场也积极部署智慧行李管理系统……

---

① 于文轩、许成委：《中国智慧城市建设的技术理性与政治理性——基于 147 个城市的实证分析》，《公共管理学报》2016 年第 4 期。

② “更透彻感知”是指，将各种应用科技嵌入现有的汽车、家电、公路等基础设施，令物质世界数据化；“更全面互联互通”是指，实现“互联网 + 物联网”；“更深入智能化”是指，通过云计算、超级计算机等技术和先进系统，对海量数据进行分析，以提供更正确的行动决策方案。

同样，欧盟也在2011年推行“智慧城市和社区开拓计划”（Smart Cities & Communities Initiative），首先从交通和能源两大领域展开并逐步扩散至其他领域。在技术和观念的双重激励下，东方国家也开始了智慧城市的进程，如新加坡的“智慧国2015”、韩国的“智能首尔2015”等战略。

中国政府高度重视并积极开展智慧城市的工作，各部委陆续发布关于引领智慧城市有序发展的配套政策。2015年智慧城市被写入政府工作报告，意味着智慧城市已上升为国家战略，智慧城市建设成为重要的政治使命。为促进城市化的进一步发展，各地政府积极采取措施推进智慧城市的建设，2016年全国逾500个城市提出或在建智慧城市投资规模逾5000亿元，推进智慧城市的试点工作。[①] 2016年9月，银川市发布《银川市智慧城市建设促进条例》，这是全国第一部涉及智慧城市建设的地方性法规；随后，2016年11月，济宁市也发布了《济宁市智慧城市促进条例（草案）（征求意见稿）》。

智慧城市是一种整合性的创新治理模式，其核心是以人为本，强调用户参与、社会参与的开放创新空间构建。然而智慧城市作为一种新兴建设方略，尚未有统一的评判标准，根据对现阶段我国智慧城市的学术研究总结可知，智慧城市建设是智慧经济、智慧人口、智慧治理、智慧移动、智慧环境和智慧生活几项要素共同驱动的结果（见表1），需要政府相关部门通力合作。国务院从普适性的角度提出战略性发展举措，同时，各部委结合自身业务出台政策推进“互联网+”与各领域融合，支持发展智慧城市。在这一过程中，国家发改委着眼于推进城镇化发展，住建部侧重城市规划、市政基础设施建设及城市运行，而工信部发挥信息化建设主管部门的优势，着重从信息技术支撑角度推进智慧城市建设。[②]

（2）智慧城市发展水平参差不齐

2016年，根据对全国201个样本城市的智慧基础设施、智慧治理、智

① 《2017年全国智慧城市将超500个》，《经济参考报》2016年12月2日。

② 于文轩、许成委：《中国智慧城市建设的技术理性与政治理性——基于147个城市的实证分析》，《公共管理学报》2016年第4期。

表1　智慧城市发展内涵

内涵维度	具体涵盖
智慧经济 （竞争力）	创新精神、城市形象、生产力水平、劳动力市场、国际嵌入、转型能力
智慧人口 （社会与人力资本）	人才素质、社会与种族、适应力、创造性、思想开放度、公共生活参与
智慧治理 （公民参与）	参与政策制定、公共与社会服务、透明治理、政治战略与愿景
智慧移动 （交通与信息通信技术）	无障碍环境、国内与国际可达性、信息通信技术设施完备性、可持续的创新安全交通体系
智慧环境 （自然资源）	自然条件、污染情况、环境保护、可持续发展资源管理能力、水质条件、物产情况
智慧生活 （生活质量）	卫生环境、文化设施、个人安全、住房质量、教育条件、社会凝聚力

慧民生、智慧经济、智慧人群以及保障体系六大方面进行研究，中国社会科学院信息化研究中心发布了《中国智慧城市发展水平评估报告》。报告显示，中国的智慧城市发展水平呈离散型分布，2016年，深圳、上海、杭州、北京、无锡、广州、宁波、佛山、厦门和苏州排名前10；其中，得分最高的深圳得分80.57分，而得分最低的城市林芝仅有22.48分。

从服务维度看，保障体系是现阶段智慧城市建设服务最完善的，得分最高；其次，智慧基础设施和智慧治理建设也相对较好；而智慧经济与智慧民生两个指标的得分明显偏低。

从地区分布看，智慧城市的发展与城市本身的发展水平相对一致，呈阶梯状。其中，华东与华南的沿海发达地区平均得分明显高于全国平均水平；东北、华北、华中、西南中部城市的发展水平较接近，与全国平均水平相当；而西北地区的智慧城市总体得分较低。

总体而言，现阶段中国智慧城市的试点范围已覆盖全国，各城市的智慧城市发展水平符合正态分布趋势，即得分极高和得分极低的城市都相对较少。尽管华东、华南等沿海发达地区的智慧城市发展水平较高，但全国城市的整体智慧化程度仍然偏低，尤其要加强对智慧经济与智慧民生的布局建设。

（3）企业发挥自有优势参与智慧城市建设

智慧城市的建构包括基础层、支撑层、信息层、服务层四个方面：“宽带中国”战略的落实，为智慧城市的实现提供了基础；支持层由法律、法规等政策保障作为基础；信息层是基于物联网、云计算等移动信息应用技术，全面感知、互联、普适计算与融合应用；而服务层则着眼于技术迭代，力图保障信息安全体系。但政府方面的支撑更多的是对基础层和支撑层的服务，智慧城市直面用户的信息层与服务层，需要企业参与完成。

从2014年开始，阿里巴巴和腾讯就各自悄然布局智慧城市业务，从各自擅长的方面出发，通过不同路径完成智慧城市布局。2015年4月阿里巴巴集合了旗下众多业务线共同出拳，推出“智慧城市”的一站式解决方案：蚂蚁金服做金融支付、阿里云做大数据和云计算、支付宝和手机淘宝部署“城市服务”入口，通过全渠道布局及时解决用户需求。2015年10月，腾讯随即发布其智慧城市服务战略，发挥其微信优势，连接更多的服务和合作，从重庆出发向全国扩展，将信息孤岛构建为智慧城市生态。在互联网巨头强势进入智慧城市建设后，其他企业也效仿跟随智慧城市的发展，方兴未艾。

根据支付宝在2016年公布的最新数据，其实名用户超过4.5亿人次，提供的政务服务覆盖31个省份，涉及城市347个。其中，东部发达沿海地区城市有96个，中部地区城市83个，西部地区城市132个。提供的政务服务类型涵盖社保、交通、警务、民政、气象、税务、旅游7大类（见表2）。

在支付宝提供的各项政务服务中，2016年度以警务、社保、交通服务应用的流量占比最高，即其应用者相对最多（见图3）。[①] 以广州为例，2016年的警务服务中以违章查询（4131万人次）、违章提醒（2238万人次）和缴纳罚款（1899万人次）使用最多。交通服务方面，逾2126万人曾使用支

① 中山大学政治与公共事务管理学院：《“互联网+政务”报告——移动政务的现状与未来》，http://sog.sysu.edu.cn/sites/sog2.sysu.edu.cn/files/_hu_lian_wang_zheng_wu_bao_gao_ding_gao_2.pdf。

表 2　支付宝提供的政务服务

类别	服务数量(个)	具体服务内容
社保	16	生育保险查询、养老保险查询、医疗保险查询、消费提醒、绑卡消费、医保查询、失业保险查询、工伤保险查询、考试报名、社保卡挂失、社保卡办理、预约、缴费、全民参保登记、公积金查询、公积金业务办理
交通	15	地铁票购买、ETC 办理、ETC 充值、交通卡充值、实时路况、公交查询、拥堵路况提醒、路况直播、线路查询、驾照业务、驾考报名、车辆年检、小客车摇号、机场服务、高速路况
警务	10	交罚缴纳、一键挪车、在线学习、在线销分、快撤理赔、一键报警、出入境查询、交通违章查询、交通违章提醒、港澳通行证续签
民政	7	身份证补办、结婚预约登记、法律援助、公证服务、民意资讯、房地产服务、新生儿同名查询
气象	3	灾难预警、空气水质查询、本地天气
税务	3	发票验真、发票中奖、个税查询
旅游	2	旅游投诉、旅游线路查询

付宝购买地铁票，超过 7211 万人使用公交卡充值服务，以及 10 万多的用户使用 ETC 办理服务。

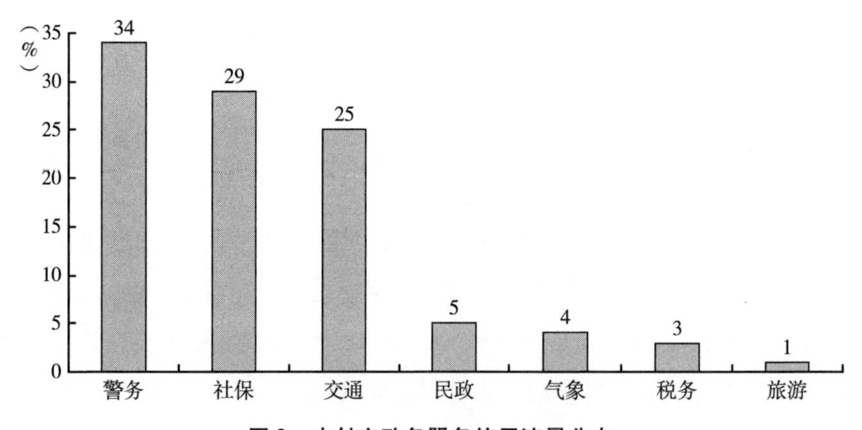

图 3　支付宝政务服务使用流量分布

三　智慧城市存在的问题与发展路径

智慧城市是解决现阶段经济增长放缓、经济模式转型等问题的有效方式，通过引入新的政绩和经济增长点，改变传统地方政府的 GDP 竞争模式。作为城市规划师和管理者的“良药”，智慧城市得到了中央政府提供的强有力的政策引导、制度和财务支持，然而受限于各地的实力、地域差异，目前各地智慧城市发展仍相当不均衡。因此，将智慧城市视为一项政府创新，从这个角度理解中国智慧城市建设和发展的逻辑和动力机制，不仅有重大的理论意义，对未来中国智慧城市的发展也有重大的实践意义。

1. 智慧城市建设存在的问题

部分地方政府或部门对智慧城市建设目标和路径认识不足，其管理者缺乏对智慧城市的深层思考与理解，致使顶层设计不清晰、发展路径整体性不足，这些是智慧城市建设中存在的不容忽视的问题。

（1）法律保障不明确

数据是智慧城市建设的基石，也是智慧城市实现持续发展的关键要素，但智慧城市需要极为庞大的跨部门数据，现阶段我国尚未制定相关标准和法律法规。信息资源不开放成为阻碍资源整合的最大障碍，要加强行政体制改革，才有可能破除行业藩篱，打破信息垄断。

（2）基础配套不完备

智慧城市运行需要配套的基础设施，而我国现阶段东西部发展不均、城市与农村发展差异大，部分地区的基础设施建设水平有待提升。并且，市政基础设施未进行智能化升级改造，大多城市的信息技术仍以碎片化的形态存在于各个产业、领域，不同部门各自为政、重复建设普遍，基础设施建设无法真正满足智慧城市建设的需要，相关细分领域的规模效应无法展现，在一定程度上影响了智慧城市的整体推进。

（3）数据信息不安全

一方面，本土智慧城市建设的相关供应商实力不足，尤其是核心关键技术、应用服务仍然掌握在国外高技术公司手中，信息处理根本无法自行掌控，重要信息系统和个人信息容易受到威胁。

另一方面，很多地方缺乏网络和信息安全保障制度，信息安全突发事件的协同响应能力不足，一旦有问题出现，无法及时调动所有相关部门协同处理把影响降至最低。

2. 智慧城市发展路径的探索建议

我国现阶段的智慧城市建设尚处于探索阶段，缺乏成熟经验，需要国家强化顶层设计规范，整体推动建设进程。因此，可以在城市相关发展规划、政策性文件、建设现状和需求的基础上，按照现状调研、问题分析、规划实施三个初始步骤进行顶层设计。

（1）以人为本：促进公共服务管理的智慧化转型

在管理模式上，积极顺应发展形势需要，协调有力的推进机制，完善制度规范，建立科学的绩效评价体系，注重共享、协同、互通、互联，引导和促进移动公共服务全面适应国家治理现代化需要。将移动公共服务从粗放式、分散化发展转向低成本、集约化、整体化的可持续发展。在共享协同前提下统筹部署应用系统，用一体化的公共服务促进跨部门、跨区域的信息互通、网络互联、资源共享。多渠道探索政府部门与民营企业合作，提高移动公共服务项目管理的信息化、公开化、规范化水平，实现政府服务的智慧化转型。

（2）“互联网＋”：发展以“两化”深度融合为核心的智慧产业

在智慧产业建设上，要深度融合信息化和工业化（合称“两化”），通过高层次、深度结合的服务模式进行智慧城市建设。发展以“两化”为模式的智慧城市服务，充分利用“互联网＋”新思维，促进经济发展模式由劳动、资源密集型向知识、技术密集型转变，提高知识与信息资源对经济发展的贡献率。在持续推进本地传统优势产业的互联网融合发展进程中，加快促进中小微企业创业创新，培育众创、众包、众扶、众筹等新型模式，加快发展分享经济，激发创新创业活力。

（3）自主创新：完善智慧城市的安全保障体系

树立全面的网络安全观，重视自主创新的内在驱动力，大力发展民族品牌，增强安全可控的信息技术产品和服务供给能力。突破核心技术设备瓶颈，及时发现网络中的特殊事件，提高预警能力。建立安全技术和产业生态链，加快党政军和重要领域安全应用部署，推进重要领域实现自主安全可控，统筹构建国家统一的立体电子政务安全保障体系。

参考文献

刘新萍、李重照、邓峰：《国际移动公共服务研究综述》，《电子政务》2014 年第 11 期。

巫细波、杨再高：《智慧城市理念与未来城市发展》，《城市发展研究》2010 年第 11 期。

宋刚、邬伦：《创新 2.0 视野下的智慧城市》，《城市发展研究》2012 年第 9 期。

钟文清、陈凯渝、姜宁：《基于移动公共服务平台的视频云服务层设计》，《移动通信》2016 年第 12 期。

辜胜阻、杨建武、刘江日：《当前我国智慧城市建设中的问题与对策》，《中国软科学》2013 年第 1 期。

程大章、沈晔：《智慧城市的规划设计——规划内容》，《智能建筑与城市信息》2013 年第 8 期。

B.24
区块链与价值互联网建设

周 平 唐晓丹*

摘 要： 移动互联网的出现推动了信息互联网向价值互联网的发展。区块链在提供基础设施、扩大用户规模、降低社会交易成本等方面对价值互联网建设有重要作用。结合对区块链应用现状的分析，建议在区块链产业未来发展中，注重与其他信息技术的融合，优先发展成熟领域应用，并加快建设发展生态。

关键词： 区块链 价值互联网 应用模式

一 价值互联网的概念与发展态势

（一）价值互联网的概念

价值互联网是一个新兴的概念，是在信息互联网成熟之后，特别是在移动互联网普及后出现的一种高级的互联网形式。价值互联网的核心特征是实现资金、合约、数字化资产等价值的互联互通。正如信息互联网时代实现了信息互联互通状态，在价值互联网时代，人们将能够在互联网上像传递信息一样方便快捷、安全可靠、低成本地传递价值。严格来讲，价值互联网与信息互联网之间并不是更替的关系，价值互联网是在信息互联网基础上增加了价值属性，从而逐渐形成实现信息传递和价值传递的新型互联网。

---

* 周平，中国电子技术标准化研究院主任，高级工程师，主要研究方向为信息技术及标准化；唐晓丹，中国电子技术标准化研究院工程师，理学博士，主要研究方向为区块链。

（二）价值互联网的发展历程和最新态势

以区块链的出现为分界，价值互联网的发展可分为两个阶段。

1. 初步发展阶段

广义上讲，价值互联网的雏形可以追溯到20世纪90年代，美国安全第一网络银行（SFNB）在1996年开始提供网上金融服务，中国在1998年也有了第一笔网络支付。其后，很多金融机构借助互联网技术来拓展支付业务，市场上出现了第三方支付、大数据金融、网络金融门户等模式，以互联网金融为代表的价值互联网相关产业不断发展，价值互联网特征逐渐显现。尤其是2010年以来，随着互联网金融呈现爆发式增长，价值互联互通的范围不断扩大，程度逐渐提高，价值互联网的功能有了初步发展。

2. 全网发展阶段

区块链的出现，为价值互联网带来了新的发展空间，触发了一个新的发展阶段。可以说，在区块链出现之前，价值互联网处于一个非常初级的发展阶段，基本上是以一些中介化机构为中心的碎片化发展模式。而区块链具有去中心化、透明可信、自组织等特征，使其应用更容易扩散为全球范围内的无地域的应用，为价值互联网注入了新的内涵。区块链应用的逐渐发展将推进形成规模化的、真正意义上的价值互联网。

二　区块链的概念与发展动态

（一）区块链的概念

区块链是一种在对等网络环境下，通过透明和可信规则，构建不可伪造、不可篡改和可追溯的块链式数据结构，实现和管理事务处理[①]的模式。区块链是分布式数据存储、传输、加密等计算机技术在互联网时代组合创新

① 事务处理包括但不限于可信数据的产生、存取和使用等。

的应用模式，具有分布式对等、数据块链式、不可伪造和防篡改、透明可信、高可靠性等特征，被视作大型机、PC、互联网之后计算模式上的又一次颠覆创新，正在推动信息互联网向价值互联网转变，有望改变财税金融、贸易流通、生产制造、社会管理等人类社会活动形态。

区块链的技术起源可以追溯到2008年，化名为“中本聪”（Satoshi Nakamoto）的学者发表了论文《比特币：一种点对点电子现金系统》，该论文主要描述了比特币的构建原理，随后，比特币获得了大规模应用，其背后的技术应用模式，综合了加密技术、共识算法、隐私保护等技术，逐渐被人合称为区块链。人们渐渐开拓这种技术应用模式在数字货币之外领域的应用。

区块链本身是集成多种信息技术的综合应用，同时，区块链产业与新一代信息技术的各个分支也有着千丝万缕的联系，如图1所示。从国内外发展趋势和区块链技术发展路径来看，新一代信息技术为区块链技术和应用提供了基础设施支撑，例如，云计算可以为区块链提供部署基础设施；物联网为

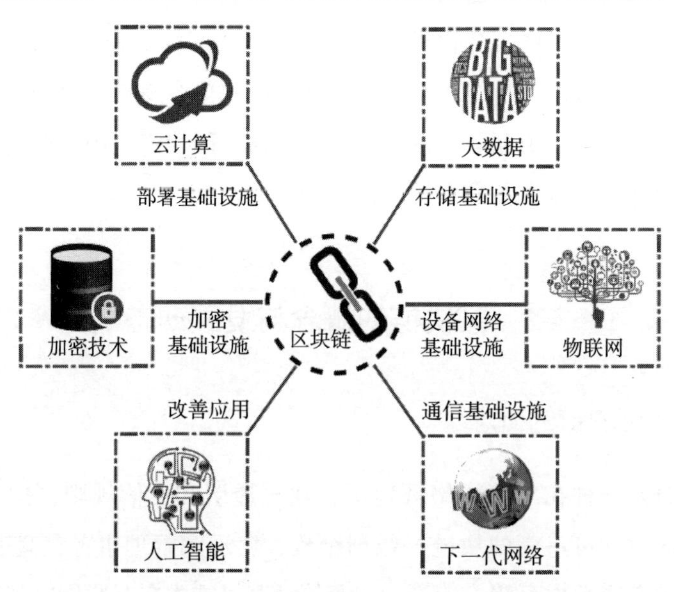

图1　区块链与新一代信息技术

资料来源：《中国区块链技术和应用发展白皮书（2016）》。

区块链提供设备网络基础设施；以 5G 网络为代表的下一代网络很可能会成为未来大规模区块链应用的通信基础设施。未来，随着下一代通信网络和移动互联网的发展，区块链的应用环境将获得极大改善，其性能也将得到提升，其应用范围也将扩大。

（二）区块链的典型应用场景

区块链的应用将有利于建立更有效的信任机制、优化业务协作机制和流程、降低资产交易和事务处理成本、提高事务处理的透明性和安全可靠性，带来多方面的价值。在数字货币领域的应用获得成功之后，其应用经验正逐步转移到金融领域，在其他诸如通信、域名管理、公证、供应链服务、医疗等领域也已有小规模应用或解决方案，未来还可能扩张到任何需要记录和协调决策的工商业和社会活动领域。目前，区块链的应用已从单一的数字货币应用，如比特币，延伸到经济社会的各个领域，已在金融服务、供应链管理、文化娱乐、智能制造、社会公益、教育就业等各种场景中应用，如图 2 所示。

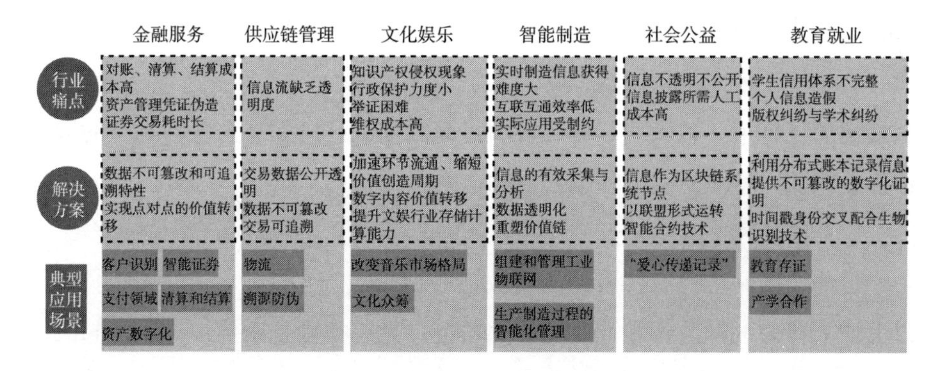

图 2　区块链应用场景

例如，在金融服务领域，针对对账、清算、结算成本高，资产管理凭证伪造，证券交易耗时长等行业痛点，区块链可以凭借数据不可篡改和可追溯特性，实现点对点的价值转移，在客户识别、智能证券、支付领域、清算和结算、资产数字化等场景有很大应用前景。在供应链管理领域，区块链技术作为一种大规模的协作工具，在物流、溯源防伪等场景具有很大的应用价值。区块链应用于社会公益，可以通过高度透明性提高慈善机构的公信力，并能利用智能合约，使公益行为完全遵从预先设定的条件，更加客观、透明、可信，杜绝过程中的造假行为。

（三）总体发展现状

目前，区块链技术和产业发展已经显示出以分布式账本为主要特征的区块链1.0、以可编程资产为主要特征的区块链2.0和以可编程合约为主要特征的区块链3.0三个阶段的发展趋势，并且形成了公有链、联盟链和专有链三种类型。这三种类型是根据应用场景和设计体系的不同进行划分的。

公有链是指任意区块链服务客户均可使用，任意节点均可接入，所有接入节点均可参与共识和读写数据的一类区块链。

联盟链是指仅由一组具有利益相关的特定区块链服务客户使用，仅有授权节点可接入，接入节点可按规则参与共识和读写数据的一类区块链。

专有链是指仅由单个区块链服务客户使用，仅有授权的该客户节点可接入，接入节点可按规则参与共识和读写数据的一类区块链部署模型。

自比特币投入应用以来，参与者数量不断增加，区块链产业持续壮大，从最初的比特币、以太坊等公有链项目开源社区，已发展出各种类型的区块链产业联盟、骨干企业、初创公司和金融机构。

1. 开源社区

目前，国际上具有代表性的区块链开源项目有两类：一类是以比特币、以太坊为代表的源自技术社区的开源项目；另一类则是由传统企业发起的区块链开源项目，最具有代表性的是Linux基金会发起的超级账本（Hyperledger）项目。国内方面，目前还没有自主的开源社区。

2. 产业联盟

国际上有专注于金融领域的R3区块链联盟。国内方面，近两年相关产业不断成立区块链产业联盟，例如，分布式总账基础协议联盟（简称“Chinaledger”）、金融区块链合作联盟（简称“金链盟”）、中国区块链技术和产业发展论坛（简称“CBD-Forum”）等。

3. 骨干企业

目前，国内外互联网、IT 等领域的大量企业开始涉足区块链行业，着手研发或推出从基础设施到应用案例的一系列解决方案，国际上以 IBM、英特尔和微软为代表。国内也已经初步发展形成了一批区块链骨干企业，例如，万向控股旗下的万向区块链实验室设立专门基金，用于区块链领域的风险投资，在全球范围内已投资了 30 余家区块链初创公司，累计金额超过 3000 万美元。[①] 蚂蚁金服在以公益为代表的普惠金融场景中利用区块链解决信任缺失的问题。万达网络科技积极加入国际区块链开源联盟，专注推动国内开源区块链技术发展，研发安全可控的自主区块链平台，同时将区块链技术融入智慧生活、物流网等领域。基于联盟链技术，腾讯微众银行已上线试运营了银行间联合贷款清算平台。[②]

4. 初创公司

近几年，国际上区块链领域的初创公司如雨后春笋般涌现，将区块链技术应用到包括金融与非金融在内的多个领域中。其中，金融领域包含支付汇款、智能债券、资产发行与交易后清结算等应用。非金融领域包括数字存证、物联网、供应链、医疗、公益、文化娱乐等应用。此外，国际上还出现了一些为区块链开发者提供开发平台的技术型公司。国内的区块链初创公司越来越多地投入数字货币以外的应用领域，如数字存证、支付、供应链、公益、房产等。

5. 金融机构

自 2015 年以来，全球主流金融机构纷纷开始布局区块链，以高盛、摩根大通、瑞银集团为代表的银行业巨头分别成立各自的区块链实验室、发布区块链研究报告或申请区块链专利，并参与投资区块链初创公司。国内的平

---

① 柒月：《围绕区块链较为完善的技术架构是否能形成发展生态?》，共享财经，http：//www. gongxiangcj. com/show－22－2487－1. html，2016 年 11 月 7 日。

② 《微众银行将区块链技术用于贷款场景》，搜狐网，http：//mt. sohu. com/d20161124/119799912_ 481676. shtml，2016 年 11 月 24 日。

安银行、中国邮政储蓄银行等金融机构也在区块链领域积极布局。

总的来说，国际上由相互依赖的供应商、投资机构、社会组织和其他利益相关者组成的区块链发展生态已经形成。而国内由于起步稍晚、部分技术落后等现实原因，目前在开源社区等方面还落后于国际领先水平，发展生态有待完善。

三　区块链对推动价值互联网建设的作用

（一）区块链应用模式与价值互联网建设的关系

区块链在广泛的应用场景下，演变出多种类型的产品和服务，这些产品和服务在公开程度、功能、层级等方面存在异同。区块链应用模式是指特定区块链应用为用户提供什么服务（特定目标和功能框架）、如何提供服务（服务提供的方式以及实现这种方式的方案）的概念模型。

我们通过梳理和比较区块链应用的产品和服务，总结了区块链应用的模式，主要有存储模式、传递模式和智能服务模式三大类，如图3所示。这些模式之间相互存在关联关系，例如，传递模式其实是以存储为基础的，但如果某种应用实现的核心功能是基于传递的，就需要将其归为传递模式。平台模式也可能是对其他各种应用模式的组合。实际上，大部分区块链的应用并非单一的模式，而是多种模式的组合。

存储模式可分为信息存储模式和价值存储模式，传递模式可分为信息传递模式和价值传递模式，智能服务模式可分为智能管理模式和平台模式（即多服务集成）。信息存储模式主要是指传统意义上的信息存储，主要利用区块链分布式存储、防篡改等优点。例如，Blockcast项目，作为开源的、在比特币区块链系统中的简单数据存储项目，只能存储少量数据，其特点是数据永远不会被删除。医疗领域的应用也主要体现这一模式，利用区块链进行病历资料和基因图谱的保存等。价值存储模式包括公共记录和所有权证明等形式，区块链具有可信、可追溯的特点，可作为可靠的数据库来记录各种

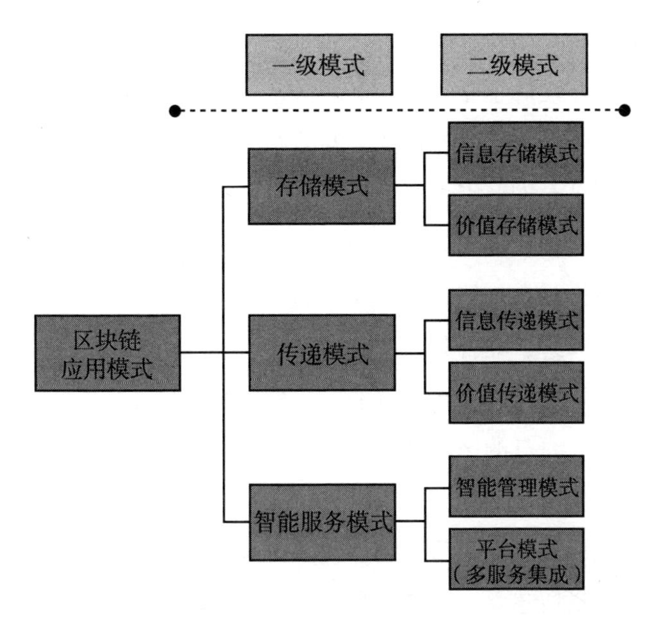

图3　区块链应用模式分类

价值类信息，如身份认证信息，并且方便对这些价值信息进行访问和管理。Everledger 在区块链上记录了钻石证书和交易信息，用于防止欺诈。区块链的开源可共享特点适合用于所有权证明，如用于真实性验证、股权交易以及更多的应用。例如，Ascribe 将艺术品数字化，通过区块链声明所有权。小蚁系统计划应用区块链来登记公司股权，使其成为合法记载股东和股权的场所。洪都拉斯的房产登记已经开始利用基于区块链技术的 Factom 实施。

信息传递模式利用了区块链的分布式存储和加密传输的特点，在通信领域已有应用。例如，Bitmessage 是利用区块链进行通信的系统，当发送邮件时，信息会发送给网络中所有节点，但是只有有私钥的节点才能打开信息，其好处是可以确保对方收到信息，同时还能提高信息传输的安全性，使信息的传输路径无法被跟踪。价值传递可以说是区块链的核心创新和突破。价值传递模式在数字货币支付、清算和结算、证券、数字资产化等领域都有体现。例如，比特币通过分布式存储、加密传输和共识算法等机制，实现在区块链网络上的交易等活动，实现价值的安全可靠的传递（实际上比特币的

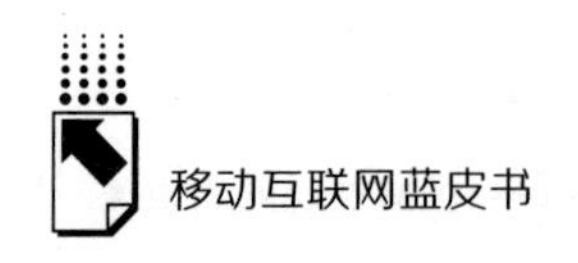

运转不仅仅体现信息传递这一种模式）。

智能服务模式实际上是通过在区块链基础上开发出智能合约而实现各种自动化服务，首先是智能服务模式。在分布式维护原则和算法共识机制的支持下，区块链保证全网节点可以自动安全地交换数据，建立起多点信息交互中的信任机制，例如，IBM 计划利用区块链技术，通过分布式云网络的形式让物联网中的每个设备都能自我管理、智能交互。ShoCard 公司则致力于研究合同的智能化管理，在各条款得到满足后，合同可自动进行处理。[①] 多服务集成的平台模式是指基于区块链的应用程序开发与运行平台，在这一模式下的企业通过建立自己的区块链系统，或者借助已有的公有链系统，进行多种服务的开发和集成。例如，以太坊公司提供自己创建的公开链和定制化的联盟链、私有链，通过以太币盈利，其 Frontier 平台面向高级开发者，为匿名投票、金融交易所建立、众筹、合同管理、知识产权注册等领域的应用程序提供平台。除以太坊外，还有 Counterparty（基于比特币区块链系统的服务平台）、Eris（智能合同技术的应用开发与运行平台）、微软 Azure（提供区块链即服务平台 BaaS）等。

在区块链应用模式中，价值存储模式的大规模应用，有望建立价值互联网的信息基础和信任基础，价值传递模式能够为价值互联网提供一种无中介的点对点的透明可信的价值互联网的基础价值传输协议，而智能服务模式则可以在智能合约等方面构建价值互联网的上层智能化应用。

（二）区块链对推动价值互联网建设的作用

区块链基于分布式网络，使用块链式的数据存储结构实现数据的不可篡改，应用加密算法保证数据安全可靠，利用共识算法保证网络公平性，利用时间戳技术实现数据的可追溯性。区块链通过构建新型的社会信任机制和高度普适性的价值存储和价值传递的应用模式的不断推广，正逐渐引发价值转

---

① 侯本旗、赵飞：《比特币之后，“区块链”是个什么“鬼”?》，《21 世纪经济报道》2015 年 11 月 10 日。

移方式的根本性转变，以及社会协作方式的深入变革，对价值互联网的建设意义重大。

一是为价值互联网提供基础设施，通过身份认证、隐私保护、基础价值传输协议等功能，推动形成价值互联网的信任基础和信息传递机制。

二是区块链的应用带来价值互联网门槛的降低，能够将更多用户纳入价值互联网系统，可以有效扩大价值互联网的规模并提高其价值。[①] 例如，区块链有潜力推动普惠金融进程，将更多落后地区的居民纳入金融体系，从而进一步提高价值互联网的价值。

三是区块链通过去中介化等方式，可以有效降低社会交易成本，促进价值互联网形成。例如，区块链有望应用在全球范围内的小额跨境汇款场景中，从而省去数百亿美元的手续费。

四　区块链推动价值互联网建设的思考和建议

尽管发展前景广阔，现阶段区块链还处于发展的初级阶段，仍存在很多问题和挑战：一是区块链在很多领域的应用需要颠覆现有业务体系，应用的置换成本和风险较大，存在应用场景选择难和应用落地难的问题；二是部分应用在推广过程中给现有监管体系带来一定冲击，在很多领域还在逐步摸索与现有监管体系融合发展的路径；除此之外，国际上多种技术并驾齐驱，应用开发缺乏标准化引导，并且国内技术和产业发展生态还亟待完善。另外，价值互联网也还处于刚刚开始形成的阶段，其发展完善必将是一个长期而复杂的过程。基于以上思考，我们提出加快推动区块链技术和产业发展从而促进价值互联网建设的几点建议。

（一）注重与新一代信息技术的融合发展

区块链与新一代信息技术之间关系紧密。因此，在区块链产业发展过程

① 梅特卡夫（Metcalfe）定律指出，网络的有用性（价值）随着用户数量的平方数增加而增加。

中，应注重利用大数据、云计算、物联网、加密技术、人工智能和新一代移动通信网络等新一代信息技术，通过多种方式的技术和产业合作，实现相互支撑、相互促进和融合发展。区块链与新一代信息技术的深入结合，将有助于为价值互联网建设提供更加成熟有效的技术实现手段。

（二）选择应用价值大、应用技术成熟的领域优先发展

区块链在当前发展阶段的一个突出问题是缺乏成功的应用，尤其是在数字货币之外的领域。尽管区块链被预言在很多领域都有重要价值，但由于技术不成熟、现有系统的短期置换成本高以及不适合现有监管机制等，真正的成功应用阻碍重重。建议在区块链产业发展初期，通过深入研究，选择应用价值大以及应用技术成熟的领域优先发展，并逐步探索更多成功的商业模式。

（三）建设国内区块链发展生态，加强合作共赢

区块链技术本身具有开放性，从国际区块链产业发展情况来看，联盟化或完全开放的合作对于区块链应用十分重要。针对目前国内区块链发展生态不完善的现状，建议通过建设自主开源社区、开展基础和核心标准的研制等方式，加强产业力量之间的联合发展，形成合作共赢的发展生态。

参考文献

邹均、张海宁、唐屹等：《区块链技术指南》，机械工业出版社，2016。

〔加〕唐塔普斯科特、〔加〕亚力克斯·塔普斯科特著《区块链革命：比特币底层技术如何改变货币、商业和世界》，凯尔、孙铭、周沁园译，中信出版社，2016。

〔美〕阿尔文德·纳拉亚南、约什·贝努、〔美〕爱德华·费尔顿等：《区块链 技术驱动金融：数字货币与智能合约技术》，林华、王勇、帅初等译，中信出版社，2016。

B.25
2016年我国移动网络空间安全防御能力分析

毕海滨　林雁飞*

摘　要：　移动网络空间安全已经成为新时期网络空间安全的热点，但分析移动网络空间安全形势，从整体上研究其防御能力体系构建依然鲜有人涉足。本文分析了2016年我国移动网络空间的安全形势，从法律规范、行政监管、技术保障三个层面介绍了安全防御能力建设的新进展，指出了覆盖待扩大、功能待完善、整合待加强等问题，提出了我国移动网络空间安全防御能力建设应加强统筹规划、完善法律标准、坚持急用先上、整合各方资源的建议。

关键词：　移动网络空间　安全防御　智能终端

移动社交、出行和支付激发了移动网络空间的急速膨胀。截至2016年12月，我国手机网民达6.95亿人①，移动互联网应用超过887万款②。随着我国智能终端的普及、上网渠道的扩展、网络应用的丰富，移动网络空间日益形成完整的生态，方便了群众生产生活，促进了"大众创业、万众创

* 毕海滨，公安部网络安全保卫局互联网安全管理处副处长，主要研究方向为互联网安全管理；林雁飞，广东省公安厅网警总队管理监察科科长，主要研究方向为网络安全管理、网络安全法。

① 中国互联网络信息中心：《第39次中国互联网络发展状况统计报告》，2017年1月22日。

② 中国信息通信研究院：《互联网发展趋势报告（2017）》，2017年1月。

新”。与此同时，移动网络空间也面临网络攻击、数据泄露、网络钓鱼、信息诈骗、盗费窃取信息等问题，给群众切身利益、公共秩序、国家安全造成不容忽视的影响。为了有效应对移动网络空间的安全威胁，国家有关部门与社会各界协力打造和不断完善防范、监测、处置、打击四位一体的安全防御体系，保障了移动网络运行的平稳可控，本文就2016年我国移动网络空间防御能力建设情况进行分析。

一 我国移动网络空间安全形势不容乐观

移动网络空间的环境更为开放，智能终端伴随用户在不同的使用场景中切换，对用户具有更强黏附性和权益相关性。智能终端受限于处理能力，难以安装复杂的安全技术系统，安全防护能力相对薄弱，容易成为整个网络空间安全的软肋和短板，成为不法分子和敌对势力入侵破坏和扩散风险的中转站及跳板。尤其是近年来，4G和WiFi提供了泛在的上网条件，移动应用提供了“360度”服务，满足网民的社交活动、衣食住行、公共服务等需要。不法分子和敌对势力也借机窃取各类信息、危害网络安全、牟取非法利益，移动网络空间安全形势日趋复杂严峻。

（一）安全隐患较为突出

移动网络空间的主要节点包括移动智能终端、上网场所、基站等通信设施，均不同程度地存在安全风险。360互联网安全中心经对70万个安卓手机用户进行检测发现，仅有0.01%的手机没有安全漏洞。严重漏洞、高危漏洞影响的设备比例分别为95.5%和99.5%，存在远程攻击、权限提升、信息泄露漏洞的设备比例分别达99.5%、97.7%、97.6%。[①] 公共WiFi具有安全风险的占比为10.06%，其中高风险的比例为0.06%。[②] 这些风险如

① 360互联网安全中心：《2016年中国安卓系统安全性生态环境研究》，2017年1月10日。

② 腾讯WiFi管家：《公共WiFi安全报告》，2016年10月。

WiFi 假冒基础电信运营单位和知名路由器的默认热点，引诱用户使用，窃取用户个人信息和网银账号密码等。由于手机通信 2G 协议中，手机端不对基站进行鉴权，为不法分子架设伪基站发送短信息提供了机会。从 360 手机卫士 2016 年第三季度拦截的各类垃圾短信息看，伪基站短信占 2%。[①] 360 手机卫士在 2016 年 3 月平均每天拦截伪基站短信息 358.8 万条，其中广告推销类短信占 41.3%，违法信息类短信占 33.8%，诈骗短信息占 24%，其中诈骗短信中，身份冒充类的占 93.8%。从收到伪基站短信息的用户看，89.4% 的为中国移动用户，9.5% 的为中国联通用户，1.1% 的为中国电信用户。[②]

（二）违法犯罪活动猖獗

不法分子利用移动网络空间的安全隐患，通过电话、短信、钓鱼网站、恶意程序、移动应用等形式实施各类违法犯罪。2016 年，360 互联网安全中心监测到全国感染恶意程序的安卓智能手机共 1.08 亿台。由 360 互联网安全中心和腾讯安全共监测到安卓智能手机用户标识的诈骗短信 6.1 亿条，诈骗电话 48.9 亿次。[③] 2016 年第三季度 360 互联网安全中心拦截钓鱼网站 3.9 亿次，其中 9.5% 是网站被黑之后用来钓鱼，其余均是不法分子自建的。[④] 阿里巴巴安全部经对 16 个行业分别提取 15 个热门应用共计 240 个应用进行仿冒分析，发现 83% 的应用存在仿冒，平均每个应用的仿冒量达 34 个，而 57% 的仿冒应用具有流氓行为、恶意扣费、短信劫持或隐私窃取等恶意行为。[⑤]

（三）潜藏国家安全隐忧

我国移动网络空间中的软件和硬件设备的核心技术仍严重依赖外国企业。从操作系统看，2016 年安装谷歌研发的安卓系统的手机占我国手机出

---

① 360 手机卫士和 360 互联网安全中心：《2016 年第三季度中国手机安全状况报告》，2016 年 10 月。

② 360 互联网安全中心：《2016 中国伪基站短信研究报告》，2016 年 4 月。

③ 中国互联网络信息中心：《第 39 次中国互联网络发展状况统计报告》，2017 年 1 月 22 日。

④ 360 手机卫士和 360 互联网安全中心：《2016 年第三季度中国手机安全状况报告》，2016 年 10 月。

⑤ 阿里巴巴安全部和中国信息通信研究院：《2016 中国互联网仿冒态势分析报告》，2016 年 9 月。

货量的81%。[①] 从芯片看，高通生产的芯片在我国手机芯片中占57.41%。[②] 从整机看，苹果手机在我国销售量中的占比为10.4%，排名第5，[③] 但在2016年3~12月我国4001元以上高端机型中仍排名第一。[④] 据2013年英国《卫报》和美国《华盛顿邮报》报道，美国中央情报局前雇员斯诺登披露的文件指出，美国政府实施"棱镜"计划，通过与一些本国科技公司密切合作，使情报人员能够进入服务器，针对在美国以外使用相关公司服务的人员以及与国外人士通信的美国公民，收集电子邮件、即时通信、视频、照片、存储数据、语音聊天、文字传输、视频会议、登记时间和社交资料等信息。[⑤] 我国移动网络空间对美国科技公司的技术依赖，无疑为美国利用技术优势对我国实施渗透、窃密、破坏活动提供了方便之门，给国家安全和信息主权带来严峻的挑战。2016年8月，自称"影子经纪人"的黑客组织声称入侵了"方程式"黑客组织（据卡巴斯基等推测，"方程式"黑客组织与美国国家安全局关系密切），窃取其所使用的工具集，并免费公开60%，对剩余40%公开拍卖。这些工具集主要是防火墙后门控制、"零日漏洞"利用等相关攻击工具，其中，一些文件名和文件夹的关键词与斯诺登曝光的美国国家安全局实施网络攻击的内部资料相符。[⑥]

二 我国移动网络空间安全防御能力建设进展

移动网络空间作为国家网络空间的重要组成部分，随着骨干网扩容、数

---

① 中国信息通信研究院：《2016年12月国内手机市场运行分析报告》，2017年1月。

② 彭丰运：《国产手机芯片与外国手机芯片的优劣势都在哪?》，腾讯科技，http://tech.qq.com/a/20170224/012032.htm，2017年2月24日。

③ 《Conterpoint：2016年中国最畅销机型排行榜 苹果权排第二》，中文互联网数据资讯中心，www.199it.com/archives/561256.html，2017年1月30日。

④ 谭乔：《华为销量占比总体第一 成2016年发布手机最多厂商》，运营商世界网，http://www.telworld.com.cn/show-list-5475.html，2017年1月24日。

⑤ 棱镜计划，百度百科，baike.sogou.com/v60770023.htm。

⑥ 《方程式黑客组织工具集遭泄露事件分析》，推酷网，www.tuicool.com/articles/i2MVBr，2016年9月7日。

据储存云化、智能终端运算能力提升以及应用服务种类日益丰富，在社会生产生活中扮演着越来越重要的角色。为了保障移动网络空间安全，严防违法犯罪分子和敌对势力传播违法信息、传播恶意程序、实施攻击破坏、窃取敏感数据、开展网络诈骗、盗取用户资费和从事其他危害行为，在中央网络安全与信息化领导小组的领导下，公安、工信和网信部门各司其职，统筹发展和安全、开放和自主、管理和服务，将法律规范、行政监管、技术保障相结合，针对移动网络空间安全风险，不断完善防范、监测、处置、打击相结合的综合防御体系。

（一）法律标准逐步出台，提供坚实法制支撑

2016 年 11 月 7 日《中华人民共和国网络安全法》（以下简称《网络安全法》）出台，规定了网络实名、等级保护和关键信息基础设施保护、内容安全和应用安全管理、个人信息保护、网络产品和服务安全管理、危害行为规制、监测通报和应急处置、案件和事件报告、未成年人网络权益保护、社会自律、网络安全支持和促进等制度，为移动网络空间安全防御能力建设提供了较为系统的法律支撑。2016 年 12 月 20 日最高人民法院、最高人民检察院、公安部《关于办理电信网络诈骗等刑事案件适用法律若干问题的意见》出台，明确了对电信网络诈骗及相关上下游犯罪的定罪量刑标准。2016 年 11 月 11 日《中华人民共和国无线电管理条例》的修订，加重了对伪基站的设置、使用行为的处罚，将罚款额度提升到 20 万～50 万元。

2016 年 6 月 28 日，国家互联网信息办公室出台了《移动互联网应用程序信息服务规定》，2016 年 12 月 24 日，工业和信息化部出台了《移动智能终端应用软件预置和分发管理暂行规定》，围绕移动应用安全，对终端设备的生产企业和销售渠道，应用软件的提供者、运营者、开发者以及应用商店，代收费企业的安全责任进行了明确，规定了应用分类、网络实名、上线审核、跟踪监测、举报投诉等要求，为移动应用的事前、事中、事后的行业监管提供了较为细致的依据。

国家互联网信息办公室、工业和信息化部、公安部大力推动移动网络空

间相关标准的制订，2016 年以来，多个标准陆续成稿并对外征求意见。如《信息安全技术　网络安全等级保护基本要求　第 3 部分：移动互联网安全扩展要求》对移动终端、移动应用和无线网络在物理和环境安全、网络和通信安全、设计和计算安全、应用和数据安全四个技术层面的等级保护要求进行规范。《信息安全技术　移动智能终端应用软件安全技术要求和测试评价方法》《信息安全技术　移动智能终端安全保护技术要求》《信息安全技术　移动智能终端操作系统安全测试评价方法》《信息安全技术　移动智能终端数据存储安全技术要求与测试评价方法》《信息安全技术　移动互联网第三方应用服务器安全技术要求》，从终端、应用、操作系统、数据存储、服务器等方面细化并明确了技术要求。

（二）监管执法力度加大，强力治理网络乱象

2016 年，我国以防范和打击诈骗等新型违法犯罪为契机，针对移动网络空间的各项重点综合治理措施逐步推出和落地，尤其是最高人民法院、最高人民检察院、公安部、工业和信息化部、中国人民银行、中国银行业监督管理委员会联合发布《关于防范和打击电信网络诈骗的通告》，将各地区、各部门、国有电信企业、银行和支付机构防范、打击、整治电信网络诈骗问题的责任纳入社会治安综合治理“一票否决”项目，显示了国家强力整治网络乱象的决心。

针对通信链，要求电信企业严格落实电话用户真实身份信息登记制度，确保 2016 年底前达到 100%。开展一证多卡用户清理，要求同一用户在同一企业办理的电话卡达到 5 张的不得开办新卡。严禁违法网络改号电话的运行和经营，加大虚拟主叫电话的拦截力度，清理和规范语音专线、“400”、商务总机、一号通等电话业务。针对工具链，要求各单位加强木马病毒信息的监控、封堵和删除，依法关停有关网站和账号。针对数据链，严厉打击泄露和买卖个人信息的违法犯罪。针对资金链，要求各商业银行严格落实同一客户在同一商业银行开立借记卡原则上不得超过 4 张等规定，严格落实银行账号和支付账号开设限制措施，对租售账户的相关单位和个人以及诈骗账户

采取处置措施，要求个人通过银行自助柜员机非同名转账须24小时后到账。截至2016年底，累计关停违规语音专线3.1万条，关停违规“400号码”76.4万个。涉案号码逐月下降，其中“400”涉案号码由年初700余个下降至11月的38个。[①] 2016年1～11月，全国共破获各类电信网络诈骗案件9.3万起，查处违法犯罪人员5.2万人，打掉一批境外犯罪窝点。[②]

（三）技术体系初具规模，打防管控能力提升

为加强移动网络空间安全风险的防范、监测、处置和查处，除了传统的专业安全产品和技术企业外，在商业利益驱动下，各大电信运营单位和网络服务平台在提供丰富的应用的同时，也自发提供了一定程度的安全保障服务，与公安和工信部门推动建设的各类安全管理系统形成相互补充的移动网络空间安全防御技术体系。

在终端方面，中国移动等基础运营单位、“BAT”（百度、阿里巴巴、腾讯）三大互联网企业、360等安全企业以及华为等主流手机厂商等公司，为网民提供免费安全防护产品，具有查杀病毒木马、标明恶意应用、诈骗号码提醒、识别伪基站等防护功能。截至2015年12月，国内手机安全软件覆盖率为72.6%。[③]

在场所方面，公安部自2015年以来督促提供WiFi上网服务的场所依照《互联网安全保护技术措施规定》落实安全措施。腾讯、平安等公司与提供WiFi上网服务的场所、电信运营单位合作，形成相对集中的WiFi上网入口。而一些安全防护软件配备了对“钓鱼WiFi”的监测、标注和提示功能，挤压了“钓鱼WiFi”的生存空间，提升了移动上网入口的安全性。

在基站等通信设施方面，基础电信运营单位以及腾讯、360等公司发挥自身的技术资源优势，加强对伪基站的监测分析，为公安机关、无线电

① 《诈骗电话举报数量大幅下降》，《人民日报》2017年1月19日。

② 《2016年度十大法治新闻》，《法制日报》2017年1月13日。

③ 中国互联网络信息中心：《2015年中国手机网民安全状况报告》，2016年9月。

管理部门开展伪基站治理提供了大量线索，协助破获多起案件。中国移动等基础电信运营单位在公安机关和工信部门的指导下，发挥骨干网资源优势，加强对手机病毒的监测，逐步实施对诈骗号码、钓鱼网站的监测拦截技术措施。

在应用方面，公安部网络安全保卫局依托广东、天津两大移动互联网安全监测中心，通过技术平台和工作机制相结合的方式，开始建立延伸到国内主要移动应用发布平台的工作渠道，通报和处置移动应用近4000款，国内有10多家发布平台因安全问题突出而关闭。工业和信息化部通报移动应用发布平台下架了1753个改号软件①，检测发现了124款不良移动应用②。各大移动应用发布平台在公安部、工信部等有关部门的大力推动下，完善对移动应用的实名登记、上线审核、日常监测功能，提升对恶意行为和违法内容的发现能力。

2016年，我国移动网络空间防御能力建设在防范和打击新型网络违法犯罪的强大声势中取得了新的突破。然而，移动网络空间生态不断扩大规模，不法分子不断变换手法，敌对势力无孔不入。在双方攻防较量中，我国移动网络空间防御能力建设仍暴露了一些问题。

一是覆盖面待扩大。从终端看，我国智能终端免费安全防护系统众多，但仍有部分网民由于安全意识薄弱，未安装安全防护系统。从上网场所看，一方面，督促提供WiFi上网服务的场所落实安全措施任重道远；另一方面，仅有部分安全防护系统具有“钓鱼WiFi”监测提示功能，效果还有待进一步检验，对“钓鱼WiFi”的监测提示技术还需要进一步推广和完善。从通信设施看，对骨干网的安全监测由于需要投入大量的资源，做到全网覆盖还需要加大推进力度。从应用看，除少部分企业外，其余大部分发布平台还不具备对移动应用的深度检测技术手段。一些关键信息基础设

---

① 工信部部长苗圩：《打击电信网络诈骗　下架改号软件1700余个》，新华网，http://news.xinhuanet.com/2017-03/05/c_1120571019.htm，2017年3月5日。

② 对《工业和信息化部关于电信服务质量的通告》（2016年第2号、第3号、第4号以及2017年第1号）披露的数据进行统计所得。

施在运用移动应用提供服务时，由于未全面开展安全检测而出现了漏洞，出现信息泄露。

二是功能待完善。运用大数据和云计算等技术服务安全防御工作是当今世界网络技术发展潮流。然而，如何科学地设计模型，提升对移动网络空间安全风险的感知、分析、应对水平，还有待不断积累经验和加大投入，尤其是对移动应用的批量高速检测，加密应用的分析，安全漏洞的挖掘，新型病毒木马、APT（高级持续性威胁）攻击的监测发现，DoS（拒绝服务）攻击的联动处置是制约我国移动网络空间防御能力的重要瓶颈。

三是整合待加强。移动网络空间高度开放，用户大部分为个人，运营主体众多，监管主体涉及多个部门。各单位在开展移动网络空间的运营、使用、管理过程中，都形成自成体系的工作机制和技术系统，沉淀了各具特色的数据资源和威胁情报。但由于缺乏权威高效的协作机制，国内以各大网络平台和安全企业为中心自发组成多个联盟，服务于各自主导的网络生态圈，技术系统和数据资源无法充分共享，难以形成协同优势，影响了我国移动网络空间防御能力的整体提升，导致一些网络安全威胁虽然发现了但未及时报告、深度研判、快速处置和有力打击，客观上延长了其存续为害的时间。

三　加强我国移动网络空间安全防御能力的建议

移动网络空间作为对接“民生”与“国计”的关键领域，因其“小而美”的丰富性、“船小好掉头”的灵活性以及“春雨润无声”的浸透力，是国家推动“互联网+”战略的重要支点之一。2017年初，中共中央办公厅、国务院办公厅《关于促进移动互联网健康有序发展的意见》（以下简称《意见》）对防范移动互联网安全风险、增强网络安全防御能力做出了全面部署。下一步，应结合《网络安全法》和《意见》的贯彻落实，“牢固树立正确的网络安全观和动态、综合防护理念，坚持以安全保发展、以发展保安全”，全面提升移动网络空间安全防御能力。

（一）加强战略统筹，科学规划设计

移动网络空间线路开放、节点复杂、应用丰富、主体多元、风险点多。相关部门必须在中央网络安全与信息化领导小组的领导下，适应移动网络空间特点，针对参与主体、关键节点、供应链条、生命周期、安全风险等要素，进一步加强安全防御能力建设的总体规划和科学统筹，实现安全与应用由异步到同步、安全意识由自发到自觉、安全体系由凌散到周密的转变。

1. 加强固网与移动网的统筹

原有我国的安全防御能力建设主要以固网为出发点建设，而现在的网络空间日益发展成以移动网络空间为主体，必须深入研究后者带来的新问题、新风险和新挑战，在与固网融合的基础上，完善配套的组织架构、制度架构、技术架构。

2. 加强应用与安全的统筹

各行业、各领域和各单位适应“互联网+”的浪潮，积极向移动网络空间扩展，必须严格履行应用规划、设计、建设、维护同步落实安全措施的责任。尤其是党政部门和关键信息基础设施运营单位，推出移动应用必须严格落实先检测后上线的要求，防止带病运行。

3. 加强政府与社会的统筹

在制订国家移动网络空间安全防御能力规划时，应当充分考虑社会主体的能力与需求，发挥骨干网络平台的技术和资源优势，促进政企融合、军地融合、军民融合。加强政府相关部门与各大网络平台和技术企业的对话交流，引导其在业务运营中同步落实安全要求，自觉承担作为安全防御体系一环的主体责任。

（二）完善法律制度，健全标准体系

发挥法律和标准的指引、约束、强制、制裁作用，为移动网络空间安全防御能力建设提供更为坚实的制度保障。结合《网络安全法》的宣传、贯彻，出台配套行政法规和规章，进一步明确移动网络空间安全防御能力建设相关执法主体和工作程序，落实相关部门监督检查和行政执法的责任。出台个人信息和敏感数据跨境流动审查和网络设备、服务国家安全审查相关条件和程序，提升在移动网络空间维护数据主权和国家安全的能力。抓好《最高人民法院、最高人民检察院关于办理危害计算机信息系统安全刑事案件应用法律若干问题的解释》第十条①的落实，出台司法解释，明确“国家事务、国防建设、尖端科学技术领域的计算机信息系统”“专门用于侵入、非法控制计算机信息系统的程序、工具”“计算机病毒等破坏性程序”的认定标准和程序，为打击移动网络空间犯罪行为提供更有力的指引。围绕移动网络空间安全防御能力建设，查找空白和不足，补齐标准体系的短板，例如，要尽快出台移动应用安全保护系列标准，为移动应用及发布平台管理提供依据，明确移动应用发布平台安全要求，移动应用的安全检测程序、检测工具和第三方检测机构的条件；明确各类移动应用采集、处理个人信息的要求，杜绝移动应用对个人信息滥采滥用的问题。

（三）坚持急用先上，解决突出问题

移动网络空间安全防御能力建设是一项浩大而复杂的系统工程，应当在整体规划的基础上，坚持问题导向，急用先上。如针对信息诈骗及上下游新型网络违法犯罪高发的问题，抓紧实施有针对性的防控措施。落实各运营单位主体责任以及各地区和各部门的管理、打击、整治责任，明确进度要求，加强督办通报。完善对诈骗号码、钓鱼网站、恶意程序、病毒木马的多节点监测、通报、提示和拦截技术措施，打掉一批犯罪团伙，切断

① 《最高人民法院、最高人民检察院关于办理危害计算机信息系统安全刑事案件应用法律若干问题的解释》第十条规定，对于是否属于刑法第二百八十五条、第二百八十六条规定的“国家事务、国防建设、尖端科学技术领域的计算机信息系统”“专门用于侵入、非法控制计算机信息系统的程序、工具”“计算机病毒等破坏性程序”难以确定的，应当委托省级以上负责计算机信息系统安全保护管理工作的部门检验。

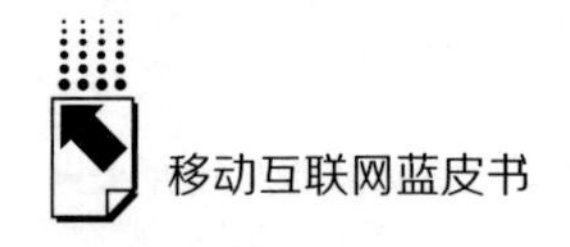

黑色产业链条，挂牌整治案件高发地区，在短期内遏制高发势头。针对一些不法分子和敌对势力利用加密应用传播煽动危害国家安全、宣扬恐怖主义和极端主义以及扰乱社会秩序的文章、书籍、音视频节目的问题，加强监测处置和侦查打击。针对党政部门和要害单位使用的智能终端容易泄密的问题，加强自主可控智能终端的推广配备，严防境内外敌对势力渗透窃密。

（四）打破资源壁垒，促进能力输出

移动网络空间的数据资源散落在各个主体，要最大限度地发挥效用，必须加强资源整合。2016 年 12 月，腾讯公司董事会主席兼首席执行官马化腾在“守护者反电信网络诈骗联合大会”上公开建议由国家牵头搭建具有公信力的第三方平台，将各方数据放在其中进行处理。[①] 建议抓住当前国家强力防范和打击电信网络新型违法犯罪的契机，发挥国务院打击治理电信网络新型违法犯罪工作部际联席会议的作用，推动设立国家网络犯罪防治情报中心，负责汇集各部门、各企业包括移动网络空间安全基础资料和安全风险等数据。运用大数据技术加强综合分析，根据密级和敏感程度，依据各部门和各企业的责任分工主动推送共享，以实现对网络安全风险的全面感知、智能分析、高效拦截和有力打击，形成防范、监测、处置、打击的闭环。

另外，我国网络空间经过多年发展，诞生了一批骨干的网络平台和安全企业，它们积累了丰富的经过实践检验的安全经验和安全能力，应积极推动这些企业加强对所在网络生态以及广大网络运营单位和用户的安全能力输出，提供安全防护、安全检测、安全监测、应急处置等服务，一方面以此提升我国移动网络空间的整体安全水平，另一方面形成新的信息化发展的推动力，真正实现社会共治、秩序共享。

---

① 《马化腾：打击网络诈骗只靠一家企业是不够的》，搜狐网，http：//it. sohu. com/20161216/n476022982. shtml，2016 年 12 月 16 日。

参考文献

杨林、于全：《动态赋能网络空间防御——新科研项目的技术成果》，人民邮电出版社，2016。

姚淑萍、彭武、吴丹：《网络安全预警防御技术》，国防工业出版社，2015。

李兴新等：《移动互联网时代的智能终端安全——从终端到云端 从硬件到软件的系统了解互联网时代的安全》，人民邮电出版社，2016。

B.26
2016年媒体开放平台发展研究

高春梅*

摘　要：　今日头条引领媒体开放平台发展，互联网企业成为主力军，传统媒体创办的媒体开放平台实力相对薄弱。做大做强媒体开放平台，需要围绕内容生产、内容分发、商业变现三个核心环节，搭建全方位的服务型生态体系，建设良好的内容生态，突出平台特色，实现差异化发展。

关键词：　媒体开放平台　内容生产　内容分发　商业变现

2016年，移动互联网领域的内容战硝烟弥漫，BAT不惜重金投入，把内容生态作为战略重点进行布局，各大互联网公司也纷纷在媒体开放平台建设上加大投入，一些具有主流媒体背景的新媒体也开通媒体开放平台，拉拢媒体/自媒体进驻，入驻账号大多以“某某号”（如头条号、一点号、网易号等）为名。各大平台对内容资源的争夺加剧，内容成为移动互联网争夺的重要资源。

一　媒体开放平台的兴起动因

媒体开放平台是指面向媒体、自媒体、企业、政府机构及其他组织开放注册，供其入驻并上传内容，依托大数据技术，在对内容和用户进行精准化

* 高春梅，人民网研究院研究员，博士，主要研究方向为网络传播、移动传播。

匹配的基础上进行内容分发，借此连接内容生产者、用户、广告方、投资者等多方主体，实现多方主体利益共赢的平台。

媒体开放平台的特点体现在如下几个方面：一是开放入驻，运营方可借助媒体开放平台汇聚大量 PGC（专业生产内容）、UGC（用户生产内容）资源，以满足用户长尾需求，吸引用户关注；二是基于大数据对用户进行画像，对内容进行精准化推荐和分众化传播；三是出口多元，立体传播，运营方将汇聚的内容资源通过旗下的渠道进行尽可能广泛地传播；四是探索商业化运营，给入驻者提供通过内容生产获益的机会。

成功的媒体开放平台包含以下三个核心要素：一是便于内容生产者撰稿、编辑的内容生产系统，二是基于大数据的内容精准推送系统，三是多元化可持续的商业变现模式。2016 年，各大互联网企业掀起建设媒体开放平台的热潮，主要基于以下几个方面原因。

（一）互联网激活个体的内容生产力

首先，互联网带来生产工具的下放，内容（包括视频）生产的门槛降低，内容生产不再是专业机构、专业人士才能从事的具有较强专业性的活动。其次，互联网去中心化的特点，使传播渠道不仅仅垄断在传统媒体手中，个人操控社会传播资源的能力被激活，这提高了公众的生产积极性。很多用户愿意利用业余时间进行内容生产，甚至有的组成内容生产团队，专职从事内容生产。大量自媒体崛起，成为媒体生态中的重要组成部分，UGC 成为互联网包括移动互联网上重要的内容来源。这是各大互联网公司搭建媒体开放平台的基本前提。

（二）优质内容资源不足和用户多元化个性化需求存在矛盾

互联网为内容传播提供了无限的空间，用户的多元化个性化需求得到释放，个人湮没的信息需求与偏好被激活。传统媒体在内容生产过程中，一般针对用户的普遍需求进行内容生产，往往无暇顾及长尾的小众化内容；而互联网时代，长尾之上曾被大众流行挤压和忽略的个性化内容凸现出来，多元化个性化垂直化内容有庞大的市场需求，而依靠专业媒体机构生产内容，远远无法满足用户的信息需求。优质内容资源不足和用户多元化个性化需求之间的矛盾，使互联网企业将目光投向包括传统媒体、自媒体、政府机构等在内的所有具有内容生产能力的机构或个体。

（三）内容成为移动互联网上重要的流量入口

随着移动互联网用户红利的逐渐消退，“内容成为重要流量入口”已经成为业界的共识。不论互联网还是移动互联网，内容对用户来说都是刚需。对于移动互联网平台和应用来说，用户注意力所带来的用户使用时间的增加，可以转换为相应的经济收益。创作优质的、独特的内容可以帮助渠道产生、激发、吸引流量，成为移动互联网平台增强用户黏性、进行流量变现的重要手段。因此，互联网企业对内容资源的争夺愈演愈烈，其根本目的在于争夺流量入口，进而在此基础上实现商业变现。

（四）平台模式是适合互联网特性的重要商业模式

平台商业模式指连接两个（或更多）特定群体，为他们提供互动机制，满足所有群体的需求，并从中赢利的商业模式。[①] 为了适应技术的发展给媒体行业带来的巨大变革，互联网企业纷纷把自己的产品打造成开放平台。媒体开放平台的特点是通过释放渠道平台的内容入驻方式，一方面，吸引愿意进行内容生产的作者进驻，为平台贡献内容；另一方面，平台尝试依托内容生产者提供的丰富而优质的内容资源吸引用户，并吸引广告主、投资方甚至商家等。平台连接的任意一方的成长都会带动另一方的成长，依托平台建立起的良好的生态系统，可实现多方共赢。

---

① 陈威如、余卓轩：《平台战略——正在席卷全球的商业模式变革》，中信出版社，2013，第7页。

二　2016年媒体开放平台发展的现状与特点

（一）媒体开放平台的发展现状

1. 内容领域争夺白热化，媒体开放平台蜂起

2016 年是内容领域争夺空前激烈的一年。BAT 悉数入局，打造媒体开放平台。2016 年 3 月 1 日，腾讯推出鼓励媒体/自媒体的“芒种计划”，媒体开放平台更名为企鹅媒体平台；5 月 10 日，阿里旗下坐拥 5 亿用户流量的 UC 浏览器推出自媒体服务平台 UC 订阅号，8 月“UC 订阅号”更名为“UC 云观·媒体服务平台”；6 月 8 日，百度正式推出内容平台——百度百家号，9 月 28 日面向所有用户开放注册，为内容创作者提供内容发布、内容变现和粉丝管理服务。

除 BAT 之外，网易、360 分别推出网易号媒体开放平台和众媒号。凤凰网旗下的凤凰自媒体、一点资讯自媒体平台分别更名为“凤凰号”和“一点号”。凤凰号深耕高质量内容领域，实现优质文章在凤凰新闻客户端、凤凰网、手机凤凰网、凤凰视频客户端等渠道的有效分发；一点号发力内容平台建设，更好地服务自媒体人。2016 年下半年，两个平台实现双向打通。加之头条号、搜狐公众平台等媒体开放平台，互联网公司对内容争夺的激烈程度前所未有。

传统主流媒体创办的新媒体也加入内容争夺战中，试水媒体开放平台建设。北京时间（由北京电视台和 360 共同创办）推出的时间号是传统媒体创办的第一个媒体开放平台。封面新闻面向 80 后、90 后作者和读者，推出封面号。九派新闻推出的九派号面向媒体、自媒体、企业、政府机构开放注册，作者可发表文章、视频、图文、段子等多种形态的内容，平台借助大数据技术和九派旗下的产品矩阵进行内容传播。传统主流媒体开始借助 UGC 内容，丰富自身内容生态（见表 1）。2017 年 2 月，人民日报社创办的全国移动直播平台（人民直播）正式上线，百余家媒体机构、政府机构、知名自媒体、文体名人等首批加入。传统媒体在这一领域的探索仍在继续。

表1　2016 年国内主要媒体开放平台一览

单位：个

平台名称	创办主体	创办时间	入驻数量
头条号	今日头条	2014 年	44 万(2016 年底)
搜狐公众平台	搜狐	2014 年	—
一点号	一点资讯	2016 年春节前后由"一点资讯自媒体平台"更名而来	15 万(2017 年 2 月中旬)
企鹅媒体平台	腾讯	2016 年 3 月 1 日	20 万(2017 年 2 月底)
时间号	北京时间	2016 年 4 月 12 日	—
网易号媒体开放平台	网易	2016 年 4 月 19 日	15 万(2016 年底)
新浪看点平台	新浪	2016 年 6 月	—
凤凰号媒体开放平台	凤凰新媒体	2016 年 8 月 3 日由"凤凰自媒体"更名而来	10 万(2017 年 2 月中旬)
UC 云观	阿里巴巴	2016 年 8 月	—
封面号	封面新闻	2016 年 8 月 25 日	—
众媒号	360	2016 年 8 月	—
九派号	九派新闻	2016 年 9 月 23 日正式上线	—
百度百家号	百度	2016 年 6 月 8 日发布内测,9 月 28 日开放注册	10.5 万(2016 年 10 月 13 日)
天涯号	天涯社区	2016 年 12 月 13 日正式上线	—

注："—"表示该项没有查询到公开发布数据。

资料来源：根据各平台公开发布的数据整理而成。

2. 加大扶持力度，对优质内容的争夺加剧

伴随媒体开放平台的兴起，各大互联网公司在争夺优质内容上不惜血本，重金投入，鼓励并扶持自媒体创作者在各自平台上生产优质原创内容。今日头条继 2015 年推出"千人万元"计划，2016 年又将扶持重点转向短视频，出资 10 亿元扶持短视频创作者。腾讯则推出"芒种计划"，拿出 2 亿元补贴坚守原创、深耕优质内容的媒体/自媒体，并承诺平台上媒体/自媒体在文章页面上的所有广告收入 100% 归其所有。UC 推出"W + 量子"计划，一方面，投入 10 亿元重金扶持优秀的内容创作者，另一方面，各项运营指标优良的自媒体创作者将优先获得广告赋能邀请，四星、五星账户将分别享受 2 倍和 3 倍广告分成。百度百家号则承诺 2017 年给予入驻者 100 亿元广告分成。其他媒体开放平台也推出各种扶持计划，鼓励优质内容生产（见表2）。

表2　2016年各大平台扶持自媒体情况

平台名称	计划名称	提出时间	扶持力度
头条号	千人万元计划	2015年9月	一年内确保头条号平台至少有1000个头条号创作者，单月至少获得1万元保底收入
	10亿元扶持短视频作者	2016年9月	一年内将拿出至少10亿元，分给头条号上的短视频创作者
企鹅媒体平台	芒种计划1.0	2016年3月	给予坚守原创、深耕优质内容的媒体/自媒体全年共计2亿元的补贴；其在文章页面上的所有广告收入100%归其所有
	芒种计划2.0	2017年2月	投入12亿元供给内容创作者，其中包括10亿元的现金补贴和首期2亿元的内容投资资金
UC云观	W+量子计划	2016年11月	投入10亿元，重金扶持优秀的UC订阅号内容创作者；各项运营指标优良的订阅号作者，将优先获得广告赋能邀请，四星、五星订阅号分别享受2倍和3倍广告分成收益
百度百家	百亿分成计划	2016年11月	2017年将累计面向内容生产者分成100亿元，所有个人和机构内容生产者都可以入驻百家号，参与百亿元分润
一点号	点金计划	2016年8月	入驻的自媒体申请加入"点金计划"开通收益功能，可获得收益。在"一点不留"（所有内文页广告收益全部返还内容生产者）策略上额外增加一系列月度扶植计划
网易号	亿元奖励计划	2016年5月	基于账号成长体系而建立的账号奖励激励计划，通过账号星级体现出不同的账号权益和收益
新浪看点	千万红利共享计划	2016年9月	打造新浪看点百强榜、新浪看点娱乐圈风云榜、新浪看点汽车成长价值榜，优质自媒体可获得奖金
九派号	π计划	2017年2月	参照发文量、阅读量、转发量、点赞量等各项指标每月推出时政、休闲、人文、生活四大榜单，综合做成总榜，对排名前50的作者给予300~2000元不等的奖励

资料来源：根据网络公开资料整理。

（二）发展特点

1. 总体格局：媒体开放平台格局初现

从目前媒体开放平台的总体格局来看，今日头条引领媒体开放平台发展，以 BAT 为代表的互联网企业成为主力军，传统主流媒体试水媒体开放平台建设，实力相对薄弱。

对于入驻者而言，完善的内容生产系统、强大的内容推广能力和商业变现能力是媒体开放平台的关键。就内容生产系统而言，目前媒体开放平台基本都能满足内容生产者的图文及视频发布需求，内容推广能力和商业变现能力更为重要。今日头条拥有海量的用户基础和牢固的使用黏性，截至 2016 年 10 月底，今日头条已经累计有 6.6 亿的激活用户，1.4 亿活跃用户，每天每位用户使用 76 分钟，且今日头条以个性化推荐见长，这就使头条号平台在内容曝光度上赢得用户青睐，加之广告、赞赏、补贴等变现方式，上线两年多来，头条号入驻数量 44 万个，[①] 每日新进内容 20 万篇，每天阅读总量 22.5 亿次，[②] 成为媒体开放平台领域的领先者。

商业网站成为媒体开放平台建设的主体。BAT 凭借强大的资源优势向今日头条发起挑战。根据腾讯官方公布的数据，截至 2016 年 11 月，已有 18.3 万个自媒体入驻企鹅号，平均每天能生产 14.3 万篇文章和 4.6 万个视频。前 10 位的平均广告分成收入达到 1.9 万元，补贴收入 3.4 万元。[③] 百家号上线 50 天时，共有 56267 个账号入驻，单个账号累计最高收入超 7.2 万元，单个账号最高月收入达 4 万元。[④] 据公开数据，2016 年 11 月底，UC 订

---

① 《今日头条 12 月的大数据出来了，给自媒体人暗示着什么?》，http：//www.360doc.com/content/17/0125/07/7863900_ 624653682.shtml。

② 《今日头条首次公布图集数据：头条号图集每日阅读达 2.5 亿》，http：//www.techweb.com.cn/it/2017-01-08/2468900.shtml。

③ 俞斯译：《移动红利终结，为什么阿里百度猎豹纷纷押注内容?》，http：//tech.qq.com/a/20170120/002234.htm? qqcom_ pgv_ from = aio。

④ 《百度百家号宣布 2017 年给内容分成 100 亿　发布百度写作大脑》，http：//tech.sina.com.cn/i/2016-11-24/doc-ifxyawmn9951081.shtml。

阅号已有过8万的入驻量，其中18家的阅读量超过1亿次。[①] 除此之外，一点号和凤凰号打通而成的“凤凰一点通”平台，已经有超过25万的入驻量，日发文总数超过20万篇。

相比而言，传统主流媒体创办的媒体开放平台无论在内容推广渠道上，还是变现方式上，都相对较为薄弱。北京时间、封面新闻、九派新闻都是传统主流媒体近两年创办的新媒体，在流量上难以和今日头条以及上述商业网站相抗衡；在变现方式上，主要以奖励为主，还未开通广告等变现方式；在扶持力度上也不及商业网站。

2. 发展路径：差异化发展态势显现

随着媒体开放平台竞争的日趋激烈，平台的差异化越来越重要，如果没有自身优势和特点，很容易被淹没在众多平台中并逐渐被边缘化。2016年，一些商业网站及传统主流媒体的新媒体在创办媒体开放平台的过程中，呈现出差异化发展的态势。以网易号媒体开放平台为例，在自媒体同类平台群雄争霸的局面下，“网易号”以自媒体直播以及扶持本地化自媒体的形式切入自媒体圈，构建本地城市新闻直播新生态，让人足不出户看到新闻现场。新浪看点平台依托新浪在体育、娱乐、汽车等垂直领域的强势地位，扶持娱乐、体育、汽车领域自媒体账号，对上述三个领域的优秀自媒体进行奖励扶持，力图通过差异化竞争夺得一席之地。封面号则延续了封面传媒的定位，把主要的目标作者和读者都集中在80后、90后等年轻人身上，目的在于为年轻用户提供更多个性化原创内容，满足年轻人对内容多元化的需求。

3. 商业变现：有的尚未形成闭环

总体上说，目前媒体开放平台的商业变现多通过流量补贴、广告分成、打赏等方式实现。一些媒体开放平台拓展商业变现方式，力争为入驻平台的内容生产者提供多元化的变现渠道，形成了“内容生产-内容分发-商业变现”的完整闭环。2016年，京东和今日头条达成全面战略合作，推出

---

① 《UC宣布订阅号入驻量已达8万　将投10亿元鼓励创作者》，http://www.chinaz.com/news/2016/1201/621471.shtml。

“京条计划”，双方将共同开展基于兴趣阅读的电商合作，通过导购、分佣等模式，帮助更多的头条号变现，并为今日头条的创作者、用户以及广告商三方提供共赢的机会。但一些媒体开放平台仍以奖励和补贴作为内容生产者获利的单一途径，还没有形成完整的商业闭环，如果不尽快推出可持续的变现方式，从长远来看将导致内容生产者流失，进而导致用户减少、平台盈利能力下降，影响平台良性生态的形成。

三　媒体开放平台发展前景

媒体开放平台是服务平台，只有做好服务，建立良好生态，使内容生产者、用户、广告商等都能够从中获益，维护平台的良性运转，平台自身才能够发展壮大。做强做大媒体开放平台，需要围绕内容生产、内容分发、商业变现三个核心环节，搭建全方位的服务型生态体系。打造良好的内容生态，为内容生产者提供更好的服务，才能够吸引更多的用户和广告主，实现平台的良性运转。

1. 吸引内容生产者，全面辅助内容生产是基础

一项对自媒体从业人员生存状况的调查显示，46.1%的自媒体人认为最烦恼的是持续产出高质量内容。① 未来媒体开放平台的竞争，首先是服务水平的竞争，好的媒体开放平台首先要为内容创作者生产内容提供便利，并帮助他们明确自身定位，契合平台特点进行内容创作。

一是要不断完善后台系统，优化内容生产者体验。目前各大平台的后台系统基本上能够满足内容生产者上传图文、视频的需求。面对视频化的趋势，短视频和直播成为深受用户欢迎的传播形态，也成为内容生产者应该努力开拓的方向，各大平台要不断努力，为内容生产者提供便利。2017 年 2 月，一点资讯、凤凰网宣布将与视觉中国、秒拍、小咖秀、一直播、美摄等

① 艾媒咨询：《2017 年中国自媒体从业人员生存状况调查报告》，http://www.iimedia.cn/48685.html。

平台达成战略合作，实现产品后台的全面打通，免费向头部自媒体人开放图片、视频、音乐素材等内容资源，帮助自媒体创造更精彩的内容；同时，平台打通后，内容生产者可以直接在一点资讯平台使用美摄的剪辑技术进行短视频编辑，通过美摄剪辑的短视频也可一键分享至一点号、凤凰号平台，大大降低了内容生产者生产制作短视频的门槛。

二是在自媒体数量激增的情况下，帮助内容生产者明确自身定位，实现差异化发展。媒体开放平台应强化数据分析，帮助内容创作者更好地了解平台特征、粉丝特点及自身创作内容的传播情况，帮助内容创作者不断调整自身，明确定位，制定适合自己和平台特性的发展路线。2016 年 11 月，百度百家号首次公布了“百度写作大脑”的核心能力，除机器人写作外，百度写作大脑将会根据后台监测到的内容稀缺标签，提供给作者参考，指导作者进行内容创作，避免扎堆生产同质化内容。

2. 激发内容生产者，多渠道精准化推送是关键

内容能够在多大程度上触达目标用户，是内容生产者选取平台时考察的重要指标，因此，吸引内容生产者入驻平台，激发他们生产更多内容，需要平台不断拓展传播渠道，提高内容推送的精准度，以实现内容价值最大化。

首先，媒体开放平台要在整合打通内部渠道上下功夫，将内部渠道资源整合起来进行内容分发，还可以尝试通过合作拓展外部渠道。如一点号与凤凰号实现双向打通，入驻自媒体作者可以拥有更高的曝光机会并获得更大的用户流量。其次，多种渠道传输是增加流量的前提和基础，但渠道多元不等于有效到达，平台要生存壮大，还要提升大数据能力，对海量内容和用户行为数据进行有效整合和深度挖掘，优化算法推荐机制，确保内容的精准化推送和有效到达。今日头条和京东进行战略合作，从一定意义上说也有充实用户数据库，以便更好地实现内容精准推广的考量。另外，社交是媒体开放平台目前尚未触及的领域，除了内容精准推送外，触达用户、沉淀粉丝也是内容生产者的关注点，有助于内容创作者拓展盈利模式。以今日头条为例，普通用户无法在今日头条上直接看到自己订阅的头条号内容，导致头条号作者和用户之间不容易互动，头条号作者很少主动吸粉，为了弥补平台的社交缺

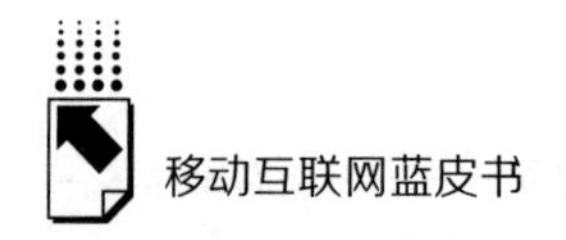

陷，今日头条推出“粉丝必见”功能，只要头条号作者使用了这一功能，24小时内粉丝登录就会在首页看到内容生产者推送的内容，头条号作者与粉丝基本无法互动的状况得到改观。

3. 留住内容生产者，创新多元化变现模式是核心

内容变现是大多数内容创作者面临的现实问题，也是平台长远发展需要解决的重要问题。艾媒咨询（iiMedia Research）数据显示，2016年，超过七成自媒体人月营收在5000元以下，仅一成自媒体人月营收超过1万元。[①] 平台对接资本，创新多元化变现模式是平台留住内容创作者并实现良性运转需要解决的核心问题。

从目前的情况来看，自媒体人的主要收入来源为流量及其他流量分成和软文广告收入。虽然几大媒体开放平台都推出奖励计划来重金奖励内容创作者，但现金奖励也主要集中在优质内容创作者身上，能够获得奖励的毕竟是少数。补贴战略只是平台发展初级阶段吸引用户的一种手段，一旦用户规模超过临界容量，靠补贴就无法实现平台发展。关键要提升平台自身造血功能，让平台生态圈自行维持运转。这就要求平台要在补贴及流量、广告的基础上，创新多元化的变现模式，让更多中部和长尾内容生产者受益，实现平台良性运转。一些媒体开放平台在尝试拓宽变现渠道，如UC订阅号推出“商品推广”功能，打通淘宝、天猫及阿里巴巴商品资源，以卡片形式将商品信息生成在文章中，媒体主将获得70%交易佣金分成；头条号创作者可借助京条计划，利用京东所开放的产品体系，嵌入自己擅长描述的商品，在广告之外利用商品完成多一轮变现。这种尝试为内容创作者提供了更多变现可能。如何进一步创新变现模式，还需要平台深入探索。

4. 鼓励优质内容生产，打造良好内容生态是难点

良好的内容生态是平台良性发展的保障。目前，自媒体生态规则不健全，缺少把关人，容易出现谣言、不实信息、低俗内容等问题；由于开放平

① 艾媒咨询：《2017年中国自媒体从业人员生存状况调查报告》，http：//www.iimedia.cn/48685.html。

台内容推送大多采用算法推荐机制，内容热度越高，平台推荐力度越大，标题党、涉黄新闻等博取眼球、耸人听闻的内容大量出现；原创保护不到位，侵权现象泛滥，调查显示，近六成自媒体作者曾遭遇过内容侵权，抄袭成风导致劣币驱逐良币现象；除此之外，软文在媒体开放平台上也不鲜见。上述现象严重影响了平台内容生态，导致平台价值下降，破坏力不容小觑。

鼓励优质内容生产，打造良好内容生态事关平台健康发展。首先，要强化内容审核机制，在人员配备上增加内容审核人员，加强审核队伍建设，机器审核和人工把关并举，尽量减少谣言、虚假信息、低俗内容等不良信息传播。其次，要创新内容分发机制，机器筛选和人工审核相结合，优化算法推荐机制，加入用户评价指标，对用户评价较低的内容不予推荐，使一些严肃、优质的内容能够到达更多目标用户手中。最后，要健全原创保护机制。目前，头条号、企鹅号、网易号都开通了原创保护功能，一点号、UC 云观开启了原创保护功能内部测试。头条号还开通了“全网维权”功能，截至2016 年 12 月，头条号共为 5070 个签约维权账号的原创内容提供侵权监测和维权服务。[①] 企鹅媒体平台也表示将开放全网维权功能，通过站内外维权、状态实时跟踪和第三方平台接入等方式保护原创。同时，企鹅媒体平台还联合微信进行了视频领域防止抄袭的尝试，通过算法找到抄袭的人。[②] 各平台为鼓励原创，给予原创内容更高的回报。保护版权就是保护优秀内容创作者原创的动力，也是保护平台健康发展，这就需要各个平台建立健全原创保护机制，切实维护原创内容生产者的权益。

5. 突出平台特色，实现差异化发展是趋势

媒体开放平台已经成为竞争激烈的红海。对于媒体开放平台而言，优质原创内容固然重要，而优质原创的“独家”内容更为重要。由于目前各自媒体平台不限制一稿多投，内容生产者往往开通多个媒体开放平台账号，同

---

① 《今日头条 12 月的大数据出来了，给自媒体人暗示着什么?》，http：//www.360doc.com/content/17/0125/07/7863900_ 624653682.sh。

② 《腾讯芒种计划 2.0 多项举措助创作者展露锋芒》，http：//www.ce.cn/yd/gd/201703/01/t20170301_ 20639047.shtml。

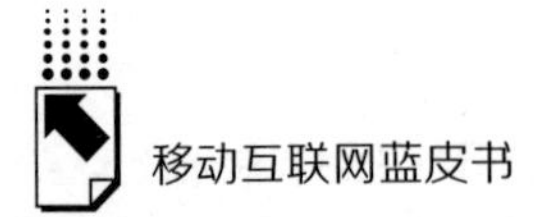

样的内容在多个平台上进行分发，“脚踏多只船”成为普遍现象，造成各个平台内容同质化，很难形成各自特色。同时，在网络效应下，平台往往出现规模收益递增现象，强者可以掌控全局，赢者通吃，而弱者只能瓜分残羹。在这种情况下，媒体开放平台需要突出平台特色，谋求差异化发展路线，使内容生产者和平台保持黏性，避免在激烈的竞争中被淘汰出局。

媒体开放平台可以尝试从自身定位入手，根据自己的用户特征和定位建立平台独特的内容定位，把一个或几个重点的垂直领域做强，形成平台自身的鲜明特色。媒体开放平台也可探索改变平台与内容生产者的合作模式，从对内容生产者进行流量和资金扶持的弱关系，逐步定向升级为专业内容共建和技术平台扶持的强关系，增强平台黏性。① 另外，媒体开放平台可探索与内容生产者签订独家供稿合约，为独家内容提供更高的回报。

参考文献

徐达内：《内容创业者之春正在到来》，《中国广告》2016 年第 4 期。

王卉、张文飞、胡娟：《从今日头条的突破性创新看移动互联网时代内容产业的发展趋势》，《科技与出版》2016 年第 6 期。

俞斯译：《移动红利终结，为什么阿里百度猎豹纷纷押注内容?》，http：//tech. qq. com/a/20170120/002234. htm。

---

① 《腾讯网总编辑李方：自媒体内容创业即将进入分化与洗牌期》，http：//sanwen. net/a/wavarqo. html。

B.27

移动互联条件下人工智能在中国快速发展与广泛应用

王献昌*

摘　要：　在移动互联网、大数据和云计算的支撑下，伴随着各种前端智能硬件、软件的不断进步，垂直领域的人工智能应用，又称弱人工智能，迎来爆发式增长，深入我们生活的方方面面。人工智能将迈进强人工智能发展阶段，成为国家创新创业的核心驱动力。

关键词：　移动互联网　弱人工智能　强人工智能

对于有着60多年历史的人工智能学科来说，2016年是其发展具有历史意义的一年，被学术界、工业界视为人工智能的“第三个春天”①。2016年3月，美国谷歌（Google）公司旗下的英国DeepMind公司研究开发的人工智能程序——“阿尔法狗”（AlphaGo）以4胜1负的总比分碾轧人类顶尖围棋棋手、韩国职业九段选手李世石。计算机围棋程序战胜人类选手是过去几十年间人工智能界追求的目标之一，此番压倒性的胜利被视作人工智能取得突破的重要里程碑。

人工智能科学从它诞生的第一天起，就有着明确的目标，要将智能赋予

---

* 王献昌，吉林大学教授，博士生导师，成都凯斯人工智能研究院院长。

① “第三个春天”是相对于人工智能的“两次寒冬”而言，“两次寒冬”即1974～1980年、1987～1993年，英美政府都曾大幅减少对人工智能的拨款。

机器。历史上，人工智能被分为强人工智能（或通用人工智能）和弱人工智能（或前端智能）。[①] 从弱人工智能的角度讲，人工智能的研究目标是通过赋予机器某些智能，实现人工机器在智力上对人类的替代或扩展，比如，早期计算机的出现就是将人类的计算能力赋予机器。因此，最早人工智能是作为计算机科学的一个分支出现的。但随着研究领域的拓宽，人工智能越来越突破计算机科学和应用的范围，向认知学、自然语言理解、视觉科学、智能材料、控制科学、神经网络、机器学习、自动推理、机器人等方面扩展，逐渐发展为一门新兴的交叉和前沿学科。

强人工智能又称为“通用人工智能”。从强人工智能的角度看，尽管2016年在最具智能挑战的围棋方面，机器智能战胜了人类智力，但要全面地让机器挑战人类智力、实现强人工智能的终极目标仍然路途遥远，按照发明家和未来学家库兹韦尔（Ray Kurzweil）最乐观的看法，也需要20年的时间才能迎来人类智能技术的奇点，即强人工智能时代的到来。[②] 人类看似最简单的认知能力，如环境认知、基本常识知识的推理等，对于人工智能仍然是极大的挑战。如何让机器学会学习，在开放环境下做到环境感知、环境认知、学习并做决策、与人类或其他机器人进行互动、自动完成任务，仍然是人工智能未来的重大科学问题和应用挑战。

今天，人工智能在社会上产生巨大的影响，并能被普通大众知晓的主要原因，还是其在弱人工智能方面取得的巨大成果，比如在工业机器人、汽车自动驾驶、智能手机、移动互联网下的各种智能应用方面的成功。基于移动互联网智能应用的普及，依赖于更快的移动网络通信能力、计算能力，各种智能硬件（如更便宜的集成电路陀螺仪，基于GPS的位置定位服务等）和各种智能软件与算法（如人脸识别、手纹识别、语音理解、虹膜识别、视觉处理、动态目标识别、决策支持与自动规划等）快速进步，人工智能实

---

① 本文不讨论强人工智能之后出现的超人工智能（Artificial Super Intelligence）。如需了解超人工智能可见工业和信息化部、国家发展和改革委、财政部《机器人产业发展规划（2016～2020）》，工信部联规（2016）109号。

② 〔美〕库兹韦尔：《奇点临近》，李庆城、董振华、田源译，机械工业出版社，2011。

现了商业化和普及化。

在我国，2016 年见证了许多以移动互联网为基础、以智能穿戴特别是智能手机为手段、以共享经济应用为特征的实时资源共享服务。这种以移动计算为支撑，以交互方便、高度实时、付费简单安全等为特色的智能应用，可被概括为“人工智能 + X”的新技术应用模式。其典型应用包括电商、微商、网约车、智能电车、自动驾驶汽车、智能扫地机、网上支付、网上购物、远程诊断等，改变着我国普通百姓的生活、消费模式。

一　移动互联网与人工智能对传统产业的影响

基于移动互联网，人工智能在传统产业转型中能发挥关键作用，更好地实现传统产业在基于移动互联基础上智能化价值的提升和转型。各国都对人工智能予以高度重视，甚至将人工智能发展上升为国家战略。2016 年，美国白宫发布了两份纲领性文件——《为未来人工智能做好准备》和《国家人工智能研究与发展策略规划》，明确提出美国未来人工智能的发展纲要。我国在 2015 年底就由国家发展和改革委员会、科技部、工业和信息化部、中央网信办四部门联合发布了《“互联网 +”人工智能三年行动实施方案》，明确提出要依托互联网平台提供人工智能公共创新服务，加快人工智能核心技术突破，促进人工智能在智能家居、智能终端、智能汽车、机器人等领域的推广应用。[①]

伴随着基于移动互联网的智能终端设备（特别是智能手机）的普及，传统产业将围绕智能化发生变革。国际知名调查公司 IHS 的报告显示，2016 年，智能移动装备在我国出现了空前的爆发，智能可穿戴设备销售量突破 7500 万只。[②] 对于移动设备中最主要的智能手机，全球的智能手机保有量达

① 《“互联网 +”人工智能三年行动实施方案》，国家发改委网站，2016 年 5 月 18 日，http：//www. sdpc. gov. cn/zcfb/zcfbtz/201605/W020160523579429905981. pdf。

② 唐山雨晨：《2016 年中国智能可穿戴设备九大趋势预测》，百度百家，2016 年 3 月 23 日，http：//kejilaping. baijia. baidu. com/article/374038。

到40亿台。中国本土的移动手机全球销售量达到7亿台，其中华为手机以总数1.39亿台的销售量遥遥领先。智能手机是人工智能与人们日常生活关联的中枢，其主要作用已经从满足通话需求变成各种智能移动应用，成为人类的移动生活、学习的助手，如与智能手机搭配使用的智能手环，实现与手机的互动，显示手机信息而不需要拿出手机来阅读；还被赋予更多的功能，如监控心脏健康、记录走路步数等。

传统日用产品加入移动互联和人工智能元素，实现升级换代。移动互联网技术提供了方便的产品远程设置，可进行远程数据采集和控制，实现监控和信息的实时分享。人工智能技术或算法有效地实现了产品功能的智能化提升，简便了产品的人机交互，例如，智能门锁通过手印识别、密码设定，甚至动态的远程设定来方便、快捷地搭建安全、可靠的家庭门禁系统，不仅方便了主人的进出，而且通过移动远程设置临时密码也可方便保洁人员等家庭以外人员的按需进入。又如，智能床垫通过植入的各种传感设备，可以监控使用者的睡眠质量、心跳指数等，了解其身体健康状况，有效地推进了健康产业的智能化发展。再如，智能电动车在传统自行车基础上加入智能元素，转变为单轮或双轮的电动智能平衡车，提升轻量化、精确平衡能力和操控能力，解决城市交通中的“最后一公里”难题。

随着智能产品的普及，人们在生活中将不再局限于孤立地使用各种智能产品的层面。今后智能门锁、智能厨具、智能电视、智能家具（如智能马桶、智能床垫等）、智能穿戴设备等将在生活中普及，各种智能设备之间的数据传输、交互控制将成为未来发展趋势，智能装备之间的自动连接和进一步的智能集中或分布控制，将实现不同设备之间的价值最大化和生活便捷化。

二　移动互联网与人工智能对生活方式的影响

在移动互联网大潮中，以智能连接为基础的社交和服务等智能化应用，对社会生活产生了巨大影响甚至革命性变革。从生物神经网络层面上讲，神经元之间的连接（和触发强度）构成了生物智能行为的基础。在人工智能领域，人工神经网络理论和技术（特别是最近十多年发展的深度学习）、针对复杂开放系统的认知行为和决策行为、图形识别等都取得了巨大突破。虽然深度学习目前仍属于前端智能的范畴，但其在工业界的应用前景一片光明，谷歌的 DeepMind 公司甚至提出了基于深度学习的强人工智能之路。

从某种意义上讲，人类社会文明进步的基本特征就是其社会连接关系的不断进步。不同的连接构成了个人在社会生活中的地位和活动范围。移动互联网在带来信息和知识传播扁平化以及各种智能化实时连接服务的同时，在垂直领域也将人们连接起来。这种连接的广度与深度的变革，将进一步激发群体智能化的潜力，将我们这个时代人们的社会活动推上新的台阶。我们的时代将最大限度地超越地理、时间的限制，让生活的深度、宽度在虚拟空间和真实空间中都得到极大的扩展。

1. 移动互联网和智能时代到来，促使人们的生活环境发生了质的变化

我们的生活环境跟过去有着本质的差别。在移动互联时代，很多原来必须在特定物理地点的服务活动都可以在线上和移动中实现。比如，传统的线下工作都可以在移动中实现，如机票、火车票、酒店、门票、网上购物等的预定，很多工作都可以在家里或移动中完成。

在居住环境方面，未来智能家居的相互连接将极大地提升智能家庭生活的质量。移动互联网条件下，众多的智能硬件、软件将集成到新的智能中心，集中、有效地管理智能家居，从而真正迎来家庭智能中心的时代。

在出行方面，基于位置定位服务（LBS）的技术将移动中的需求方和服务方进行实时对接，智能化的资源匹配，推动了网络约车等移动智能应用的发展，解决了传统出租行业因垄断带来的连接弊端。在“最后一公里”方面，智能电动车的精准控制、一键启动、速度控制、智能防盗、自动充电、轻量化等，将加快替换自行车，解决人们短距离代步的诉求。

智慧城市也伴随着大数据、移动互联的进步而获得进步。城市的公共服务、安全保障也将发生转变，城市管理将逐步往智慧城市方向发展。其中公共服务如智能交通、智能市政服务、智能就医、智能安居小区、公共区域的安全保障等将优先得到发展。

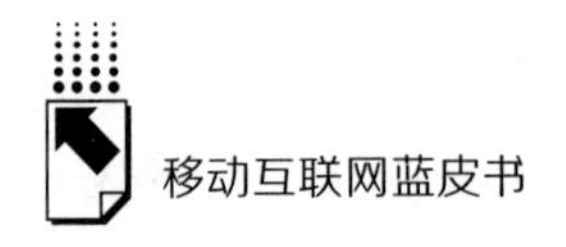

传统媒体和新媒体在服务大众方面也将发生深刻变化。未来以满足个人兴趣的定制型传媒服务将越来越流行。随着智能和移动技术的发展，精准定位个人的信息需求将得到发展。个人在不同时间、地点和环境而带来的个性信息需求，在媒体服务方面将变得越来越重要。

智能辅助教育也开始走进中小学传统教室，包括电子书包等学习方式也将进一步推动移动智能教学渗透到课上、课下。辅助教育平台更好地实现学生、老师、家长的有效互动，将会有效地解除传统校园普适教育的限制，实现对儿童教育的有效跟踪、调整，提供更个性化的服务。

2. 移动互联与人工智能技术的结合也带来了共享经济的发展

共享经济将极大提升、改善我们的生活质量和便捷性，使绿色生活成为可能。伴随智能产业的壮大，共享单车已经逐步普及，共享经济支撑下的智慧旅游（家庭式、结伙式）将越来越发达，人们的出行、消费将变得非常舒适和惬意。随着我们国家进入老年社会，养老产业也将以智慧养老的新型模式进入。养老产业的核心价值就是老人的监控、护理、出游，远程医疗、日常照看、跟家人的远程交互等方面都将引入智能化、共享养老的元素。伴随全国人员的流动，地方政府的各种服务支持也将扩展到移动服务、异地共享服务方面，如异地结算社保、异地医疗等。不久的将来，随着智能化应用的成熟、共享经济盈利模式和经营模式的成熟，越来越多的共享经济新模式将走进生活，让生活变得更加便捷、经济。

3. 移动互联与人工智能的结合将极大地重构我们的社会关系

社会关系将进一步趋向碎片化、扁平化。随着智能手机的普及，2016 年，我国社交软件持续渗透到各个年龄层。数以千计的社交 APP，从不同的功能维度在细分市场得到了较大的发展。借助这些社交 APP，通过智能算法，可以清晰知道并及时有效地满足用户的需求。突破地理区域、社会角色（地位、级层）限制的智能化社交软件的发展，导致社会文化生活发生显著的变革，人际关系呈现扁平化、碎片化的趋势。同时，高铁迅猛发展带来的城际生活的一体化、便捷化、城镇化，将成为不可逆转的趋势，所以国家特大中心城市带动的城市群也将得到发展。在“一带一路”战略影响下，基于移动互联和人与人之间的智能连接和应用，这种更加自由和自我满足的社交和文化的多元化、社交的碎片化的影响，将渗透到“一带一路”沿线国家。

三　移动互联网与人工智能对机器人产业的影响

2016年4月，我国工信部、国家发展和改革委员会和财政部联合发布《机器人产业发展规划（2016～2020）》，明确指出要实现机器人关键零部件和高端产品的重大突破，实现机器人质量可靠性、市场占有率和龙头企业竞争力的大幅提升，以企业为主体，产学研用协同创新，打造机器人全产业链竞争能力，形成具有中国特色的机器人产业体系，为制造强国建设打下坚实基础。[①]

2016年初，从央视春晚的机器人舞蹈到杭州机器人爬楼，智能机器人频频亮相。虽然这一技术应用还面临着人机交互和智能化程度不高的瓶颈，2016年仍然被视为我国智能机器人发展“元年”，主要源于大众对智能机器人的认知普及和国家对智能机器人发展的高度重视，视其为建设未来制造强国的核心竞争力。

智能机器人将以不同的形态走进人们的生活，逐渐成为消费级产品走入普通家庭，影响我们每个人的日常生活。机器人可分为工业机器人和服务机器人（含特种服务机器人）。工业机器人的发展历史比较悠久，在国外的机械化流水线、大型自动化工厂中发展较成熟。我国在工业机器人的应用方面的后发优势，源自制造业的大国地位和制造业面临“机器换人”的发展需求。

2016年，受工业转型升级的驱动，在政策扶持、资本进入和企业投入的共同作用下，中国工业机器人市场迎来一轮蓬勃发展期。人力密集型的制造业面临“机器换人”的转型。以东莞为例，2016年，传统制造业经历了要么关闭、要么转型实现“机器换人”的产业变革。截至2016年，我国已连续三年成为全球工业机器人最大的消费市场。国内机器人市场存在巨大发

---

① 《工业和信息化部　发展改革委　财政部关于印发〈机器人产业发展规划（2016～2020年）〉的通知》，工信部网站，2016年3月21日，http：//www.miit.gov.cn/n1146285/n1146352/n3054355/n3057585/n3057591/c4746611/content.html。

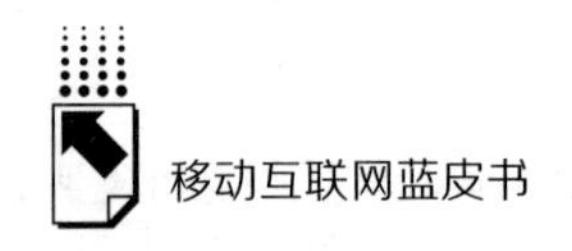

展上升空间。按照《中国制造 2025》的规划，在 2020 年、2025 年和 2030 年三个时间节点，我国工业机器人销量将分别达到 15 万台、26 万台和 40 万台。[①] 规划特别提出，“针对信息物理系统网络研发及应用需求，组织开发智能控制系统、工业应用软件、故障诊断软件和相关工具、传感和通信系统协议，实现人、设备与产品的实时联通、精确识别、有效交互与智能控制”。[②]

服务机器人、特种服务机器人的发展仍然处于在特殊领域推广的阶段。市场化的服务机器人仍然以特种服务机器人为主，比如自动驾驶、手术机器人、扫地机器人、老人或幼儿陪伴机器人、反恐防暴机器人等。

2016 年 10 月，国际机器人联盟（IFR）发布的数据显示，截至 2015 年底，全球个人、家用服务机器人销量约为 540 万台，较 2014 年增长 16%；销售额约为 10 亿美元，基本与 2014 年持平。其中，家庭作业机器人（主要包括吸尘机器人、除草机器人、窗户清洗机器人等）的销量约为 370 万台，比 2014 年增长 11%；娱乐休闲机器人（主要包括玩具机器人、教育与训练机器人、娱乐用途机器人等）销量约为 170 万台，较 2014 年增长 29%。“十三五”期间，我国的机器人密度[③]将从现在的 36 台提升到 150 台。[④]

服务机器人的智能化取决于其环境认知能力、人机交互能力、自主决策能力和行为规划能力等。其中，环境认知能力主要包括对所在位置、环境、变化等的认知能力，为更高级的人机交互、机机交互（指服务机器人的集群协同能力）提供基本支持。自主决策能力主要包括在认知能力下的任务决策和完成能力。

4G 开启了移动互联网的新时代，5G 移动互联网将以全新的网络速度、无缝的网络连接，推动各个垂直行业的深度、广泛融合，实现真正意义上的万物互联。移动互联是人工智能与各国垂直行业的融合基础，更先进的人机

① 《中国连续 3 年成世界最大工业机器人市场》，新华网，2016 年 10 月 24 日。

② 《国务院关于印发〈中国制造 2025〉的通知》，中国政府网，2015 年 5 月 8 日，http://www.gov.cn/zhengce/content/2015－05/19/content_9784.htm。

③ 机器人密度指每一万个工人中所拥有机器人的数量。

④ 赛迪研究院装备工业研究所：《中国机器人产业发展白皮书》，2016。

交互方式、更强大的人工智能技术将得到指数级别的发展，呈现出未来学家库兹韦尔所预示的“奇点效应”。人机交互背后所需要的核心智能技术，如语音理解、行为理解（眼球的运动、姿态的意义等）将在移动互联和云计算下得到有效的解决。人机对话将首先得到大面积应用，手机助手将逐渐以语音为主要手段。在移动互联的搜索领域，传统的文字搜索也将被更多的搜索方式所丰富，如人脸搜索、图片搜索、视频搜索等。这不仅需要人工智能的图形处理、深度学习等技术的必要支持，大数据、云端技术、新一代移动互联技术的支撑也将起到不可或缺的作用。

伴随着人机交互的发展，前端智能也将在新一代移动互联网下得到爆发式发展。未来万物连接的标准和技术将实现不同的前端智能间有效连接，构成前端智能的群体协同能力。在服务机器人领域，基于多智能传感设备的多信息融合和环境感知将为服务机器人的自主决策提供支持。未来，如何有效地整合图形、声音、各种感知设备，将成为服务机器人能够实现机器人环境感知和人机交互的关键技术。特别是利用便宜、可靠的传感设备提升服务机器人智能化的能力，更是实现服务机器人市场化的关键。

从广义上讲，智能机器人也包括诸如无人机、各种水下无人潜航器（UAV）等产品。美国军方对特种用途服务机器人（又称为无人系统）的研究开发投入比较大。相对于民用的服务机器人，军方的技术积累和原型产出要高于民事应用，如由美国国防高级研究计划局（Defense Advanced Research Projects Agency，简称 DARPA）支持波士顿动力公司研究开发的“机器大狗”，其对环境的认知能力和行为规划能力已经进入军队列装测试试验阶段。在民用方面，人工智能加移动互联网将得到广泛应用的领域是自动汽车驾驶领域，即智能汽车机器人。目前，智能机器人的功能已基本覆盖了自主驾驶的智能化需求。

四　移动互联网条件下人工智能发展趋势

移动互联网极大地解放了传统互联网的制约，将人们带入“移动互联网+”时代。与生物技术、纳米技术并列为未来三大核心技术的人工智能技术，在未来将成为人类科技发展核心支柱，会给每一个行业和领域带来指数级的提升作用。[①] “移动互联网+”今后将逐步被“人工智能+”所取代，开启智能技术引领社会进步的阶段。未来移动互联将作为成熟的基础支撑技术进一步在智能时代发挥基础作用，而人工智能技术将引领科技创新和社会变革。

“人工智能+”时代的到来首先意味着弱人工智能在各个垂直领域的广泛应用。基于移动互联网、大数据和云计算的各种智能应用将惠及从幼儿到老人的各个年龄阶层和各个不同的行业，会让我们生活的吃、穿、住、行等各个方面都变得极大便捷。语音理解和基于其上的人机交互也将取得突破，并改变当前以键盘、鼠标为主的人机交互模式。人脸识别和视觉识别将更加成熟并将应用到很多领域。

其次，伴随移动互联技术和云计算、大数据的进步，弱人工智能应用间的连接将在人工智能的第二阶段得到广泛普及。这个时候，各个成熟的前端智能设备和软件汇合起来，在迈向万物互联的基础上，实现各个智能体之间的有效互动和智能交互的有效提升。人类生活将迈入一个自动化程度得到充分解放的时代。智能行为不仅仅表现在各个个体上，也表现在整体社会环境中。随着技术和应用的爆发，人类将迎来人工智能第三阶段，那就是强人工智能时代。

当前，强人工智能的研究仍在逐步探索中。创造性智能则是更高层次的人工智能，要求人工智能具有类似于人类的顿悟、灵感等超强能力。强人工智能将首先在涉及国家或行业的核心需求方面得到部分解决，如自动驾驶、特殊环境下的自主机器人等。更智能化的、半自主或能在特定场景下完成特定作业的自主系统，如用于危险环境的自主机器人（救人、反恐防暴等）、大型城市的自主警察、战场上的协助或自主无人机、机器战士等，其集群能力将不断得到提升。

---

① 〔美〕库兹韦尔：《奇点临近》，李庆城、董振华、田源译，机械工业出版社，2011。

在智能机器人通过智能制造提升生产率的同时，其负面效应——引发失业潮也引人关注。2016 年，世界经济论坛（WEF）在有关第四次工业革命预测的报告中指出，到 2020 年，因人工智能等技术被采用，全球 500 多万人将失业。[①] 美国政府所发布的《人工智能白皮书》也做出预测，未来10～20 年，将有 9% ～47% 的工作受到威胁。[②] 但实际情况可能相反，因为，随着机器智能的普及并渗透到生活的方方面面，围绕智能时代的服务业也将得到更大的发展，新的服务岗位将会出现，新经济和新技术的就业岗位将填补甚至超越流失的传统、低端的制造业岗位。

根据 Forrester 的一份报告，2017 年，人工智能领域的投资将同比增长 300% 以上。[③] 人工智能将在技术上更迅猛发展，智能语音、智能图像、自然语言处理、深度学习等技术越来越成熟，并像空气和水一样会逐步渗透到日常生活中。基于移动互联网、大数据和云计算的人工智能，将深远影响到全球不同科技领域创新，刺激科技市场不断革新，改善个人、企业与机器交互方式，提升人们的生活质量和生产效率，引领整个人类的生活迈进智能化时代。

参考文献

〔美〕库兹韦尔：《奇点临近》，李庆城、董振华、田源译，机械工业出版社，2011。

赛迪研究院装备工业研究所：《中国机器人产业发展白皮书》，2016。

〔英〕索恩：《奇点来临》，赵俐译，人民邮电出版社，2016。

〔美〕约瑟夫·巴科恩、大卫·汉森、阿迪·马罗姆：《机器人革命：即将到来的机器人时代》，潘俊译，机械工业出版社，2015。

---

① 《第四次工业革命到来　超过 500 万人面临失业》，新华网，2016 年 1 月 20 日，http：//news. xinhuanet. com/world/2016 －01/20/c_ 128646680. htm。

② 美国国家科学技术委员会：《美国国家人工智能研究和发展战略计划》，2016。

③ 《Forrester 预测：2017 年人工智能投资将增长 300%》，央广网，2016 年 11 月 2 日，http：//tech. cnr. cn/techgd/20161102/t20161102_ 523238350. shtml。

附　　录

Appendix

B.28
2016年中国移动互联网大事记

1.《互联网新闻信息服务管理规定（修订征求意见稿）》发布

1月11日，国务院法制办发布国家互联网信息办公室修订的《互联网新闻信息服务管理规定（征求意见稿）》，向社会公开征求意见。

征求意见稿将新媒体纳入管理范畴，规定通过应用程序、论坛、博客、微博客、即时通信工具、搜索引擎等提供新闻相关服务的，也应当取得互联网新闻信息服务许可。

2.《网络出版服务管理规定》公布

2月4日，国家新闻出版广电总局、工业和信息化部公布《网络出版服务管理规定》，自3月10日起施行。根据规定，开设微博、微信公众号等所谓“自媒体”的个人或者机构，按照现行标准属于信息内容的创作者或生产者，无须纳入许可管理，但微博、微信等网络平台服务单位需要纳入管理。

3. 习近平总书记调研三大央媒，强调新媒体也要讲导向

2月19日，习近平总书记到人民日报社、新华社、中央电视台进行实地调研，同日主持召开党的新闻舆论工作座谈会并发表重要讲话。习近平指出，党和政府主办的媒体必须姓党，要坚持正确舆论导向。他强调，不仅各级党报党刊、电台电视台要讲导向，都市类报刊、新媒体也要讲导向。

4. 移动支付告别免费时代，第三方支付优势渐弱

3月1日，微信支付开始对转账功能停止收取手续费，对提现功能开始收取手续费；10月12日，支付宝开始对个人用户超出免费额度的提现收费。移动支付告别免费时代，同时银行业也采取措施，降低手续费。银行与第三方支付的优势差异正在被扭转，在转账和提现等方面，第三方支付的优势渐弱。

5. 互联网企业停止免费网盘服务

从3月开始，多家网盘服务提供商停止免费网盘服务，包括115网盘、UC网盘、新浪微盘、迅雷快盘、华为网盘、腾讯微云、360云盘、乐视云盘、三星云等企业先后发布声明，停止免费服务。在停止免费服务后，部分网盘提供商继续开通或重新开通收费服务项目。

6. 中国移动阅读市场规模首破百亿元

3月15日，易观智库发布了《中国移动阅读市场季度监测报告》。数据显示，2015全年中国移动阅读市场规模达到101亿元，同比增长14.3%。在移动阅读整体市场中，掌阅、QQ阅读、塔读文学的市场份额位居前三。

7. 多部门加强网络直播监管

2016年4月，文化部查处斗鱼、熊猫TV等多家网络直播平台。4月13日，北京互联网文化协会颁布《北京网络直播行业自律公约》；9月9日，新闻出版广电总局下发《关于加强网络视听节目直播服务管理有关问题的通知》；11月4日，国家网信办发布了《互联网直播服务管理规定》，实行“主播实名制登记”“黑名单制度”等强力措施，且明确提出了“双资质”的要求；12月12日，文化部印发《网络表演经营活动管理办法》，对网络表演单位、表演者和表演内容进行了进一步的细致规定。一系列规章的出台对以移动端为主的网络直播起到了积极的规范作用。

8. 新版人民日报客户端上线

6月20日，新版人民日报客户端正式上线。新版客户端搭建起了自有视频直播系统，推出了智能语音播报功能，还对原有政务功能进行了优化。

人民日报客户端上线两年来，累计下载量已突破1.3亿次，先后推出问政、政务发布、政务服务等平台，被称为“为老百姓办事的客户端”。

9.《移动互联网应用程序信息服务管理规定》颁布施行

6月28日，国家网信办发布《移动互联网应用程序信息服务管理规定》。规定提出，移动互联网应用程序（APP）提供者应当严格落实信息安全管理责任，履行“六项义务”，互联网应用商店服务提供者应当对应用程序提供者履行四项管理责任。规定自2016年8月1日起施行。

10. 人民网新三网上线

6月28日，在中国共产党成立95周年来临之际，人民网、中国共产党新闻网、手机人民网改版上线仪式在京举行。人民网三网新版首页于7月1日零时同步推出。

手机人民网新版全面加大了人民日报及其子报刊、新媒体重要内容的二次传播，通过自动适配技术，实现与PC端、官方微博、微信更高效对接，并开设政务服务和便民服务平台。

11. 网络支付实名制正式施行

7月1日，央行公布的《非银行支付机构网络支付业务管理办法》正式施行。根据办法要求，移动支付平台支付宝和微信逐步对未进行实名认证的用户支付行为做出限制，禁止部分地区未认证用户进行转账，并引导客户在平台上进行实名信息认证。

12. 国家网信办严禁社交平台内容直接作为新闻报道刊发

7月3日，国家网信办印发《关于进一步加强管理制止虚假新闻的通知》，要求加大力度整治网络虚假新闻。通知特别强调，严禁盲目追求时效，未经核实将社交工具等网络平台上的内容直接作为新闻报道刊发。

13.《中国移动互联网发展报告（2016）》出版

7月6日，《中国移动互联网发展报告（2016）》发布会暨移动互联网发展圆桌论坛在京举行，这是人民网连续推出的第5本移动互联网蓝皮书。

报告指出，中国移动互联网发展进入转型期，已从高速发展转向稳健前行，从粗放扩张转向深耕细作，从业务改造转向模式创新，从要素整合转向平台融合。

14. 国内手机应用分发市场格局调整

7月5日，阿里移动全资收购豌豆荚应用分发业务，豌豆荚将与阿里移动旗下的UC、高德地图、神马搜索、PP助手等组成阿里移动业务布局。国内Android手机应用分发市场形成“3BAT（360、百度、阿里、腾讯）+手机厂商应用商店（小米、魅族、华为等）”的格局。

15. 网约车取得合法地位，各地政策趋向严格

7月28日，交通运输部联合公安部等七部门公布《关于深化改革推进出租汽车行业健康发展的指导意见》和《网络预约出租汽车经营服务管理暂行办法》。新规给予网约车合法身份，将网约车车辆登记为“预约出租客运”，明确私家车符合条件可转化为网约车运营。

新规自11月1日起实施。10月初，北、上、广、深等多地城市发布了相应的网约车管理细则，多数对网约车进行了较为严格的限制。

16. 滴滴出行与优步中国合并

8月1日，滴滴出行正式宣布与Uber全球达成战略协议，滴滴出行将收购优步中国的品牌、业务、数据等全部资产，在中国大陆运营。

根据双方签署的战略协议，滴滴和Uber全球将相互持股，成为对方的少数股权股东。滴滴出行创始人兼董事长程维加入Uber全球董事会，Uber创始人Travis Kalanick也将加入滴滴出行董事会。

17.《互联网广告管理暂行办法》实施

9月1日，国家工商总局颁布的《互联网广告管理暂行办法》正式实施。办法明确界定了互联网广告，要求互联网广告应当具有可识别性，显著位置标明“广告”；付费搜索广告应当与自然搜索结果明显区分；互联网页面弹窗广告要能一键关闭；网红、明星的微博、微信等自媒体发布商业广告，也要显著标明“广告”。

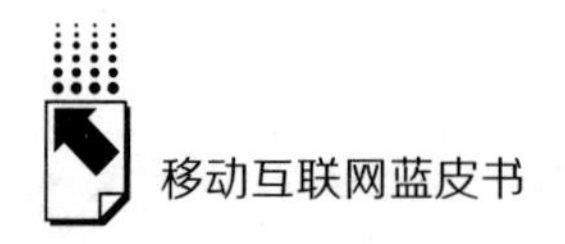

18. 共享单车项目热度提升

9 月 1 日，“摩拜单车”进驻北京，此前摩拜单车在上海地区投放已超过 1 万余辆。10 月 10 日，一直以校园共享单车作为定位的共享单车项目“ofo”宣布完成 1.3 亿美元 C 轮融资，宣布进入城市运营，首先在上海和北京开始试运营。

2016 年下半年以来，共享单车的资本热度提升，投融资节奏和资金额度都屡创新高。除以上两家，还有骑呗、小鸣单车、小蓝单车、优拜单车、哈罗单车等项目参与竞争，有地方政府也试水这一领域，如北京市海淀区政府 11 月初推出了“智享自行车项目”。

19. 校园贷乱象频发，遭遇“急刹车”

10 月 11 日，校园网贷平台“我来贷”宣布关闭学生贷款申请通道，从 10 月 16 日起，正式关闭已授信用户的提款服务。

2016 年下半年以来，多家校园贷平台曝出“暴力催收”“裸条贷款”等相关负面新闻，教育部和银监会加大监管力度。受此影响，“趣店（原趣分期）”“名校贷”“优分期”“分期乐”等多家校园贷平台宣布关闭或转型，“野蛮生长”的校园贷遭遇“急刹车”。

20. 分发平台繁荣引发内容创业热潮

2016 年，各大网站掀起了智能分发平台的建设热潮。BAT、五大门户网站，百度、360 搜索，以及一些新闻网站、地方网站，都发布了各自的自媒体智能分发平台。同时，各大网站、平台等对内容的争夺越来越激烈，“内容创业”成为蔚然洪流。

21. 移动医疗增长放缓

10 月 10 日，成立十周年的好大夫在线被曝出大规模裁员。此前，就医 160、寻医问药网等多家移动医疗已被曝裁员。

2016 年，移动医疗行业进入增长缓慢期，多家移动医疗企业相继转型互联网医院。不过，互联网医院更多为慢性病复诊，初诊与重大疾病的复诊依然存在难点；与这些企业达成协议、建立互联网医院的多数为偏远地区的乡镇级医院。

22. 互联网金融专项整治加速推进

10 月 13 日，国务院办公厅公布《互联网金融风险专项整治工作实施方案》，对互联网金融风险专项整治工作进行了全面部署安排；“一行三会”也下发了所分管互联网金融行业的专项整治的细则方案，其中涉及 P2P、股权众筹、第三方支付、跨界资管和互联网保险，对互联网金融行业整治实现全覆盖。

23. 微博微信等网络社交平台开展视听服务需取得资质

2016 年 11 月，国家新闻出版广电总局发布《关于加强微博、微信等网络社交平台传播视听节目管理的通知》，要求利用微博、微信等各类社交应用开展互联网视听服务的网络平台，应当取得《信息网络传播视听节目许可证》等法律法规规定的相关资质，微博、微信等网络社交平台不得转发网民上传的自制时政类视听新闻节目。

24. 人民网研究院发布媒体融合传播指数报告

12 月 15 日，人民网总编辑、人民网研究院院长余清楚在首届全国党报网站高峰论坛上发布《2016 媒体融合传播指数报告》，这是人民网研究院首次发布媒体融合传播指数报告。报告指出，移动端成为媒体融合传播的主战场，媒体自有移动客户端成融合传播发力点。

25. 预装软件不可卸载将被罚

12 月 16 日，工业和信息化部印发《移动智能终端应用软件预置和分发管理暂行规定》，明确“除基本功能软件外的移动智能终端应用软件可卸载”，该规定将从 2017 年 7 月 1 日起实施。这意味着手机预装软件可卸载已经成为对手机厂商的基本要求，如果不遵循此要求，将会受到行政处罚。

26. 我国4G 用户突破7亿

12 月 26 日，全国工业和信息化工作会议宣布，2016 年提速降费工作取得新的重要进展：完成投资超过 4300 亿元，全国所有地市基本建成光网城市，光纤宽带用户占比达到 72%，4G 用户突破 7 亿户；全国固定宽带平均接入速率达到 2015 年底的 2 倍，固定宽带单位带宽资费和移动流量平均资费水平进一步下降。

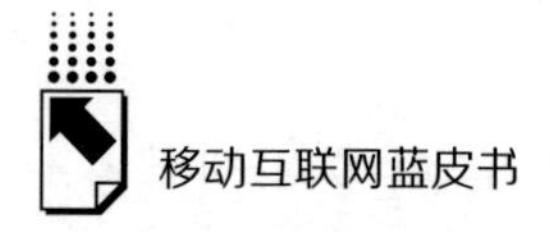

27. 我国手机网民规模持续提升

中国互联网络信息中心（CNNIC）的《第 39 次中国互联网络发展状况统计报告》显示，截至 2016 年 12 月，我国网民规模达 7.31 亿，手机网民规模达 6.95 亿，占比达 95.1%，增长率连续 3 年超过 10%。而台式电脑、笔记本电脑的使用率均出现下降，手机不断挤占其他个人上网设备的使用。

Abstract

Annual Report on China's Mobile Internet Development (2017) is a collective effort by the researchers and experts from the Institute of People's Daily Online, as well as other research branches of government, industry and academia. It is a comprehensive review of the development of China's mobile internet in 2016. It sums up the characteristics, the emphasis and the highlights. It is also a collection of relevant research results.

The report is divided into five major sections: General Report, Overall Reports, Sector Reports, Market Reports and Special Reports. The General Report points out that China's mobile internet entered a steady development period with a slowdown in the industry growth, an increase in the contribution rate to economic growth, the new values of new applications and industry formats, deep adjustment of the industry and a return to rationality and the achievement of enterprises' overseas layout. China's mobile internet has extended to the rural area and deeply integrated with the real economy, conforming to the trends of platform, ecology, intelligence and internationalization.

The Overall Reports discusses the issues, contents, ideas and approaches of mobile internet governance, raises suggestions to enhance the China's power of discourse on the international cyberspace governance, reviews the policies and regulations in 2016 related to the governance of mobile internet and the new features of mobile communication and agenda setting, analyzes new platforms and approaches of social governance on mobile internet in China, depicts the expansion of connection between human and objects and its meanings, forecasts a "everything is medium" future where the forms of connection between individuals will become richer and transform into productivity.

The Sector Reports explores the progress of China's mobile internet critical technology innovation, the development of broadband wireless mobile communication, the acceleration of China's economic transformation and upgrading by the mobile internet industry and the development status and trends of mobile applications, mobile intelligent terminals and intelligent hardware industry.

The Market Reports analyzes on the development of mobile ecommerce, mobile travel, virtual reality, mobile finance, mobile reading, mobile social network, online live, mobile marketing and mobile learning markets in 2016.

The Special Reports focuses on China's media-integrated communication, mobile international communication, smart city as a new exploration of public service, blockchain and the construction of internet of value, China's mobile security and defense capabilities, media open platforms building and the application of AI in mobile internet.

The Appendix lists the memorable events of China's mobile Internet in 2016.

Contents

I General Report

Abstract: China's mobile internet has entered a steady growth in 2016, accompanied by the slowdown in the industry growth and the increase of contribution rate to economic growth. New applications and new formats are constantly emerging. Meanwhile, the process of legalization and standardization is speeding up, mobile internet industry is adjusting by gradually returning to reason. Enterprises are accelerating independent innovation in order to build the core technology, by turning to overseas markets to create benefits. While personal vitality is stimulated, some problems in management are to be solved urgently. China mobile internet will expand to the countryside, deeply integrated with the real economy, and present development trends as follows: platform, ecology, intelligence and internationalization

Keywords: Mobile Internet; Smooth Development; Economic Contribution Rate; Trend

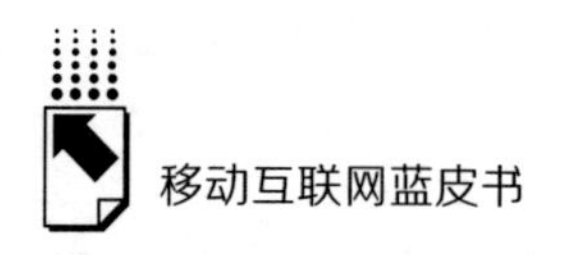

Ⅱ Overall Reports

B. 2 The Expansion of "Connection" and Its Implications in the Mobile Internet Era

Peng Lan / 026

Abstract: Connection is a nature of internet and in the mobile time all kinds of connections are upgrading. The developments of human-computer interaction technology optimize the connections between human and terminals. The content recommendation algorithms lead to accurate and personalized connections between human and content, but they may also result in information cocoons. The connection means between individuals are becoming richer, and these would be new fountain of productive power in content production or commercial model. There will be some new connections between human and objects which may improve the degree of people's quantification and contribute to the future change of media, and all objects will be media in the future. VR/AR creates new models of connection between human and circumstance, and VR/AR news may reconstructs the relationship between audience and news spots.

Keywords: Mobile Internet; Connection; IoT; Algorithm; VR/AR

B. 3 Analysis of China's Policy and Regulation on Mobile Internet

Zheng Ning / 048

Abstract: Improving internet security and informatization is the major aim of China's internet governance. In 2016, China vigorously enhanced the construction of network power. The legislation of cyber security achieved an important progress, strengthening the regulation of online information and of specific areas in network information content. "Internet + Government" continued to develop in depth. In the future, China still needs to enhance the legality, democracy and science of the mobile internet legislation, to change the regulatory procedures and the ways, to strengthen the multi-stakeholder governance, playing the roles of judicial institutions and ADR.

Keywords: Mobile Internet; Policies and Regulations; Network Governance; Cyber Security

Abstract: As a critical part of the cyberspace, the enhancement of mobile internet governance becomes important. This article discusses the topics of mobile internet governance such as the issues, principles and approaches, clarifying the concepts and logics about mobile internet governance, and to give some suggestions on strengthening China's discourse power in international cyberspace governance.

Keywords: Mobile Internet; International Governance; Discourse Power

Abstract: In 2016, the mobile networks and applications played a key role in the formation and fermentation of public opinion in China. Both Weibo and WeChat attracted more users. The value of public opinion on mobile networks as well as the diversity of news APPs increased. The mobile live video streaming started to bloom, and the "peripheral zone" of online public opinion, such as Q & A applications, caused wider concern. The public opinion dissemination and agenda setting showed new features. The words related to the mobile networks governance such as "regulation and governance of internet in accordance with the law", "online mass line", "government response to public opinion online", "spreading positive energy" became popular.

Keywords: Mobile Live Video; Agenda Setting; Online Mass Line; Government Response to Public Opinion Online

B. 6 Mobile Internet to Promote Social Collaborative Governance

Huang He and Wang Fangfei / 091

Abstract: Mobile internet has offered an emerging platform where new methods can be applied in social governance vigorously. It is unprecedented that every member of the society can participate in the social governance. In recent years, government governance gradually modernized. WeChat, Weibo and kinds of mobile applications have become the new platforms of social collaborative governance. The social circle culture has also promoted the autonomous development of the society. However, in this process, the technology introduced in various of problems of social governance, demanding government ministries to solve. .

Keywords: Mobile Internet; Social Governance; Collaborative Governance

Ⅲ Industry Reports

B. 7 Innovation of the Mobile Internet Critical Technologies in China

Zhou Lan / 105

Abstract: Over the past decade, as the most innovative and fastest growing area of ICT, mobile internet promotes the development of technologies such as mobile chips, mobile operating systems and mobile sensors etc. The mobile internet in China has reached the international advanced level. Following the development of the mobile internet, the evolution of the artificial intelligence poses both opportunity and challenge to China. It is very important to strengthen the innovation of critical technologies in order to enhance competitiveness.

Keywords: Mobile Internet; Mobile Chip; Operating System; Mobile Sensor

Abstract: In 2016, China's 4G broadband mobile communications networks and services maintained a rapid growth. LTE network was evolving to LTE-A / LTE-A Pro. 4G users and mobile data traffic kept a high speed growth. Mobile communication technology ushered in a comprehensive development. NB-IoT application was becoming a new hotspot of the wireless industry. 5G standardization and technical testing was in full swing. LTE technology was gradually applied to the broadband wireless private network. The unlicensed spectrum technology became a new direction of evolution. The intensified competition among the telecom operators accelerated their upgrading transformation and made them actively deal with the increasingly severe network security problems.

Keywords: 4G; NB-IoT; 5G; Wireless Private Network; Unlicensed Spectrum

Abstract: The innovation of mobile internet is unprecedentedly vigorous. New business applications and terminal products keep emerging. Mobile internet gradually becomes the major force to cultivate emerging industries and the powerful driver of supply and demand, by accelerating the process which transforms consumption link into production link, virtual economy into real economy. We need to grasp the contribution, characteristics and problems of the development of information consumption, to promote the healthy development of mobile internet innovation, and to strengthen its supporting role to economic growth.

Keywords: Mobile Internet; Economic Development; Economy Transition

B. 10 Status and Trends of China Mobile Application in 2016

Abstract: China's mobile application market is enormous in scale, with a steady increase in mobile users, playing a leading role in the global mobile application market. The super applications keep adding new functions covering various aspects of people's daily life. The main purposes of mobile applications usages in China include getting information, carrying on social activities and watching videos. Light applications and mini programs diversify the mobile distribution channels and forms. The internet giants and mobile phone manufacturers jointly changed the pattern of mobile application distribution market. China's mobile application industry cofnforms to the trends of intelligent, global, vertical development.

Keywords: Mobile Internet; Mobile Application; Application Store

B. 11 Status and Prospect of Intelligent Mobile Terminal Industry in China

Abstract: In 2016, China's mobile phone market maintained a rapid growth and completed the transition to 4G. The domestic brands rose sharply. The intelligence and networking of smart vehicle terminal has become the mainstream of the market. There are trials and concern for many new technologies, but the market breaking point has not arrived yet. The future of wearable devices depends on the technical development such as artificial intelligence, flexible cell and new types of sensors.

Keywords: Intelligent Mobile Terminals; Smart Phone; Smart Vehicle Terminals; Wearable Devices

Ⅳ Market Reports

Abstract: In 2016, China's mobile e-commerce market developed rapidly. Its concentration was intensified. The cross-border e-commerce, direct e-commerce and rural e-commerce have become the major trends of future development. The VR shopping and the mobile social networking e-commerce are on the upgrade. The malignant competition, sale of counterfeit and substandard goods and logistics problems are the areas of weakness restricting the development of mobile e-commerce. It is urgent to promote technology innovation and pilot application of mobile e-commerce and to improve the mobile e-commerce market supervision system.

Keywords: Mobile E-commerce; Cross-border E-commerce; Live E-commerce

Abstract: Virtual reality has experienced an alarming improvement because of the rapid development of computer science and technology, which plays an increasingly important role in the media value as well. Especially, with the everaccelerated updating of Virtual reality application, the wide spread of virtual reality technology has opened up possibilities in all for all aspects of human life, such as news media, tourism, entertainments, sports and so forth. Moreover, as the sixth communication modality following the newspaper, radio, television, Internet, mobile Internet, the technology of virtual reality is defined as a new transmission way of media. The creation of virtual reality content should have real immersive, highly flexible freedom and more rich interactivity. The threshold of mobile VR is low, which give mobile VR big advantage in competition with other high-end VR helmet. Its business models mainly include the VR advertisement, VR live and scenario experience.

Keywords: Virtual Reality; New Media; The Sixth Media; Human-computer Interaction

B. 14 Analysis of China's Mobile Finance Development in 2016

Abstract: Mobile finance is becoming the main customers' entry in the financial industry. In the future, financial payment will most likely happen in the mobile circumstances. Mobile finance is entering a phase of stock management instead of a simply high-speed development, forming the new competitive advantages by providing differentiated service and user experience. Technology and data will become the foundation of products and services innovation. In term of industry threshold, the number of users, not the business model, will play an important role.

Keywords: Mobile Finance; Entry of Customer; Stock Management; Payment Scenario; Intelligent Recommendation

B. 15 Report on the Mobile Reading Industry Development in China

Yang Yun / 228

Abstract: In 2016, the mobile reading sector kept its rapid development, becoming a main way of reading, increasing size of mobile readers and the ratio of paid original contents, establishing the IP and pan-entertainment operation, popularizing the fragmented reading and audio reading. Obviously, the capital operation played a more and more important role in mobile reading industry.

Keywords: Mobile Reading; IP Operation; Fragmented Reading

B. 16 Analysis of China's Mobile Social Network Development in 2016

Zhang Chungui / 249

Abstract: In 2016, the whole structure of China's mobile social network was relatively stable. The venture capital boom fell. The major social applications kept spreading with the development of mobile payments, mobile government and mobile-based livelihood services. It brought some changes to the mobile social networks as the new technologies, new applications and new generation of users involved in. With slowdown in the user number increase, the mobile social network products enter the era of stock management. The social network service providers should not only enhance the products' experience and users' stickiness, but also assume more responsibility, strengthening the platform ecological construction.

Keywords: Mobile Social Network; Video Social Network; WeChat; QQ; Weibo

B. 17 Analysis of Online Live Development in 2016

Zhang Yixuan and Wang Wei / 267

Abstract: Since its birth, online live has developed very well in the perspectives of live show, pan entertainment, e-commerce. With wider diffusion of mobile devices and more stable network, live could be carried out everywhere. In 2016, the investors' favor spurred a rapid growth of the live industry and generated some problems as well, such as fake live views and lack of supervision. Due to the tightening policies and more rational investment, live platforms without superiorities in content and channel could meet their failure. Live will enter a stage of instrumentalization.

Keywords: Online Live; Live Show; Pan Entertainment; Instrumentalization

B. 18 Status and Trends of Mobile Travel in China

Zheng Chunhui and Hou Changhai / 282

Abstract: The mobile travel market in China is developing rapidly. After having been grown widely for 3 years, the online car-hailing competition is stabilized. As a new species of the mobile travel, the bike-sharing can solve the problem of "the last mile of travel". Its born is the supplement to the online car-hailing market which can also work together for the new situation of the towns in mobile travel.

Keywords: Mobile Travel; Online Ride-hailing; Chauffeured Car Hailing; Car-pooling; Bike-sharing

B. 19 Connection with Consumers via Technology and Content Innovation: China's Mobile Marketing in 2016

Zhang Ling / 301

Abstract: China's mobile marketing market had achieved 150 billion RMB and become the most important part of digital marketing in 2016. Mature practice mechanism as well as ad format innovation had been developed in mobile video marketing and mobile social marketing. Content marketing, VR marketing and marketing automation will be trends of mobile marketing in the near future. Anti-fraud at the same time will be concern of all the mobile marketers.

Keywords: Mobile Marketing; Content marketing; Marketing Automation; Anti-fraud

Abstract: The innovation of mobile learning technology has created a series of new educational ideas and educational models. As online education is gradually recognized by the public, mobile education will be widely used in a number of educational segments. The next few years, the existing mobile education users, market size and practitioners will show a trend of explosive growth. In the future, new products such as artificial education, wearable education, VR and AR education will mature, and new educational technology will bring new mobile education products in the future. Mobile education will become the new normal of online education.

Keywords: Mobile Education; Fragmented Learning; Filpped Classroom

V Special Reports

Abstract: In 2016, China's traditional media outlets declined, but the influence of their contents should not be underestimated. Their popularity on PC was weakening, while their integration on the mobile terminals became the focus.

The traditional media should promote the integrated communication in three aspects: to enhance the in-depth integration and the convergence in productivity, to strengthen the internet thinking and ecological application platform building and to focus on the technology trends and the new outlets development.

Keywords: Traditional Media; Convergence of Communication; Content; Outlet

B. 22 Status and Prospect of China's Mobile International Communication

Shan Chengbiao and Liu Yang / 345

Abstract: The development of mobile internet brings opportunities and challenges for China's International communication. The major China's media conform to the mobile trend, employing domestic and oversea mobile and social platforms, constructing their own mobile communication channels, achieving breakthrough and progress in international communication. Ffacing the problems concerning user, technology and mechanism, China's media are aiming higher, thinking wider and doing better on the international communication on the mobile internet.

Keywords: Mainstream Media; Mobile Internet; International Communication

B. 23 Smart City: A New Exploration of Public Service

Zhang Yi and Wang Qinglin / 359

Abstract: Internet, the integration and development of information and communication technology (ICT), is accelerating the innovation and transformation of the service paradigms, which has been and still altering the lifestyles, the social organization and social formation. In corresponding, numbers of follow-on problems emerge in the process of urbanization. To solve these problems, the concept of smart city, upgrade by online public service, has been put forward. The smart city construction makes full use of the big data, which could realize urban innovation management effectively.

Keywords: Public Service; Mobile Internet; Smart City; Innovation Management; Big Data

B. 24 Blockchain and Construction of Internet of Value

Zhou Ping and Tang Xiaodan / 372

Abstract: The mobile internet triggers the development of internet of value. Blockchain technology plays a key role in this process in various perspectives, such as providing infrastructure, improving user size, reducing social transaction costs. Based on the analysis of the application status of blockchain, several suggestions in technology, application, and industrial ecology are proposed to accelerate developing of blockchain industry and promote construction of the internet of value.

Keywords: Blockchain; Internet of Value; Application Modes

B. 25 Analysis of China's Mobile Security and Defense Capabilities in 2016

Bi Haibin and Lin Yanfei / 383

Abstract: The security of mobile networks has become a focus in recent years. However, the analysis on the security situation as well as the defense capabilities system construction in mobile networks is still a newborn research area in China. This article analyzes the mobile security situation of China in 2016, and illustrates the latest progress and problems of the defense capabilities building from the perspective of legal norms, administrative supervision and technical support.

Finally, this article gives some suggestions on defense capabilities building, including strengthening the overall planning, improving the legal standards and integration of all resources.

Keywords: Mobile Networks; Security and Defense; Intelligent Terminal

B. 26 Report on the Development of Media Open Platforms in 2016

Gao Chunmei / 396

Abstract: The internet companies, such as Toutiao, took a leading position in running the media open platform. The traditional media relatively fell behind. Focusing on the content production, content distribution, and commercial realization, a larger and stronger media open platform should possess a full range of ecological service system and good content ecology, achieving professional and differential developments.

Keywords: Media Open Platform; Content Production; Content Distribution; Commercial Realization

B. 27 Rapid Development and Extensive Application of AI in Mobile Internet in China

Wang Xianchang / 409

Abstract: With the development of the mobile internet, big data and cloud computing, a variety of intelligent hardware, software development, application of AI in kinds of vertical field (also called top-down AI) ushered in an explosive growth of AI. AI will be everywhere, in all aspects of our lives. AI will become the core driver of national innovation and entrepreneurship.

Keywords: Mobile Internet; Top-down AI; Bottom-up AI

Ⅵ Appendix

权威报告·热点资讯·特色资源

皮书数据库

ANNUAL REPORT(YEARBOOK) DATABASE

当代中国与世界发展高端智库平台

所获荣誉

- 2016年，入选“国家‘十三五’电子出版物出版规划骨干工程”
- 2015年，荣获“搜索中国正能量 点赞2015”“创新中国科技创新奖”
- 2013年，荣获“中国出版政府奖·网络出版物奖”提名奖
- 连续多年荣获中国数字出版博览会“数字出版·优秀品牌”奖

成为会员

通过网址www.pishu.com.cn或使用手机扫描二维码进入皮书数据库网站，进行手机号码验证或邮箱验证即可成为皮书数据库会员（建议通过手机号码快速验证注册）。

会员福利

- 使用手机号码首次注册会员可直接获得100元体验金，不需充值即可购买和查看数据库内容（仅限使用手机号码快速注册）。
- 已注册用户购书后可免费获赠100元皮书数据库充值卡。刮开充值卡涂层获取充值密码，登录并进入“会员中心”—“在线充值”—“充值卡充值”，充值成功后即可购买和查看数据库内容。

社会科学文献出版社 皮书系列
SOCIAL SCIENCES ACADEMIC PRESS (CHINA)
卡号：267897653141
密码：

数据库服务热线：400-008-6695
数据库服务QQ：2475522410
数据库服务邮箱：database@ssap.cn
图书销售热线：010-59367070/7028
图书服务QQ：1265056568
图书服务邮箱：duzhe@ssap.cn

子库介绍
Sub-Database Introduction

中国经济发展数据库

涵盖宏观经济、农业经济、工业经济、产业经济、财政金融、交通旅游、商业贸易、劳动经济、企业经济、房地产经济、城市经济、区域经济等领域，为用户实时了解经济运行态势、 把握经济发展规律、 洞察经济形势、 做出经济决策提供参考和依据。

中国社会发展数据库

全面整合国内外有关中国社会发展的统计数据、 深度分析报告、 专家解读和热点资讯构建而成的专业学术数据库。涉及宗教、社会、人口、政治、外交、法律、文化、教育、体育、文学艺术、医药卫生、资源环境等多个领域。

中国行业发展数据库

以中国国民经济行业分类为依据，跟踪分析国民经济各行业市场运行状况和政策导向，提供行业发展最前沿的资讯，为用户投资、从业及各种经济决策提供理论基础和实践指导。内容涵盖农业，能源与矿产业，交通运输业，制造业，金融业，房地产业，租赁和商务服务业，科学研究，环境和公共设施管理，居民服务业，教育，卫生和社会保障，文化、体育和娱乐业等 100 余个行业。

中国区域发展数据库

对特定区域内的经济、社会、文化、法治、资源环境等领域的现状与发展情况进行分析和预测。涵盖中部、西部、东北、西北等地区，长三角、珠三角、黄三角、京津冀、环渤海、合肥经济圈、长株潭城市群、关中—天水经济区、海峡经济区等区域经济体和城市圈，北京、上海、浙江、河南、陕西等 34 个省份及中国台湾地区 。

中国文化传媒数据库

包括文化事业、文化产业、宗教、群众文化、图书馆事业、博物馆事业、档案事业、语言文字、文学、历史地理、新闻传播、广播电视、出版事业、艺术、电影、娱乐等多个子库。

世界经济与国际关系数据库

以皮书系列中涉及世界经济与国际关系的研究成果为基础，全面整合国内外有关世界经济与国际关系的统计数据、深度分析报告、专家解读和热点资讯构建而成的专业学术数据库。包括世界经济、国际政治、世界文化与科技、全球性问题、国际组织与国际法、区域研究等多个子库。

法律声明

“皮书系列”（含蓝皮书、绿皮书、黄皮书）之品牌由社会科学文献出版社最早使用并持续至今，现已被中国图书市场所熟知。“皮书系列”的LOGO（ ）与“经济蓝皮书”“社会蓝皮书”均已在中华人民共和国国家工商行政管理总局商标局登记注册。“皮书系列”图书的注册商标专用权及封面设计、版式设计的著作权均为社会科学文献出版社所有。未经社会科学文献出版社书面授权许可，任何使用与“皮书系列”图书注册商标、封面设计、版式设计相同或者近似的文字、图形或其组合的行为均系侵权行为。

经作者授权，本书的专有出版权及信息网络传播权为社会科学文献出版社享有。未经社会科学文献出版社书面授权许可，任何就本书内容的复制、发行或以数字形式进行网络传播的行为均系侵权行为。

社会科学文献出版社将通过法律途径追究上述侵权行为的法律责任，维护自身合法权益。

欢迎社会各界人士对侵犯社会科学文献出版社上述权利的侵权行为进行举报。电话：010－59367121，电子邮箱：fawubu@ssap.cn。

社会科学文献出版社

社长致辞

2017年正值皮书品牌专业化二十周年之际，世界每天都在发生着让人眼花缭乱的变化，而唯一不变的，是面向未来无数的可能性。作为个体，如何获取专业信息以备不时之需？作为行政主体或企事业主体，如何提高决策的科学性让这个世界变得更好而不是更糟？原创、实证、专业、前沿、及时、持续，这是1997年“皮书系列”品牌创立的初衷。

1997～2017，从最初一个出版社的学术产品名称到媒体和公众使用频率极高的热点词语，从专业术语到大众话语，从官方文件到独特的出版型态，作为重要的智库成果，“皮书”始终致力于成为海量信息时代的信息过滤器，成为经济社会发展的记录仪，成为政策制定、评估、调整的智力源，社会科学研究的资料集成库。“皮书”的概念不断延展，“皮书”的种类更加丰富，“皮书”的功能日渐完善。

1997～2017，皮书及皮书数据库已成为中国新型智库建设不可或缺的抓手与平台，成为政府、企业和各类社会组织决策的利器，成为人文社科研究最基本的资料库，成为世界系统完整及时认知当代中国的窗口和通道！“皮书”所具有的凝聚力正在形成一种无形的力量，吸引着社会各界关注中国的发展，参与中国的发展。

二十年的“皮书”正值青春，愿每一位皮书人付出的年华与智慧不辜负这个时代！

社会科学文献出版社社长
中国社会学会秘书长

[签名]

2016年11月

社会科学文献出版社简介

社会科学文献出版社成立于1985年，是直属于中国社会科学院的人文社会科学学术出版机构。成立以来，社科文献出版社依托于中国社会科学院和国内外人文社会科学界丰厚的学术出版和专家学者资源，始终坚持“创社科经典，出传世文献”的出版理念、“权威、前沿、原创”的产品定位以及学术成果和智库成果出版的专业化、数字化、国际化、市场化的经营道路。

社科文献出版社是中国新闻出版业转型与文化体制改革的先行者。积极探索文化体制改革的先进方向和现代企业经营决策机制，社科文献出版社先后荣获“全国文化体制改革工作先进单位”、中国出版政府奖·先进出版单位奖，中国社会科学院先进集体、全国科普工作先进集体等荣誉称号。多人次荣获“第十届韬奋出版奖”“全国新闻出版行业领军人才”“数字出版先进人物”“北京市新闻出版广电行业领军人才”等称号。

社科文献出版社是中国人文社会科学学术出版的大社名社，也是以皮书为代表的智库成果出版的专业强社。年出版图书2000余种，其中皮书350余种，出版新书字数5.5亿字，承印与发行中国社科院院属期刊72种，先后创立了皮书系列、列国志、中国史话、社科文献学术译库、社科文献学术文库、甲骨文书系等一大批既有学术影响又有市场价值的品牌，确立了在社会学、近代史、苏东问题研究等专业学科及领域出版的领先地位。图书多次荣获中国出版政府奖、“三个一百”原创图书出版工程、“五个‘一’工程奖”、“大众喜爱的50种图书”等奖项，在中央国家机关“强素质·做表率”读书活动中，入选图书品种数位居各大出版社之首。

社科文献出版社是中国学术出版规范与标准的倡议者与制定者，代表全国50多家出版社发起实施学术著作出版规范的倡议，承担学术著作规范国家标准的起草工作，率先编撰完成《皮书手册》对皮书品牌进行规范化管理，并在此基础上推出中国版芝加哥手册——《SSAP学术出版手册》。

社科文献出版社是中国数字出版的引领者，拥有皮书数据库、列国志数据库、“一带一路”数据库、减贫数据库、集刊数据库等4大产品线11个数据库产品，机构用户达1300余家，海外用户百余家，荣获“数字出版转型示范单位”“新闻出版标准化先进单位”“专业数字内容资源知识服务模式试点企业标准化示范单位”等称号。

社科文献出版社是中国学术出版走出去的践行者。社科文献出版社海外图书出版与学术合作业务遍及全球40余个国家和地区并于2016年成立俄罗斯分社，累计输出图书500余种，涉及近20个语种，累计获得国家社科基金中华学术外译项目资助76种、“丝路书香工程”项目资助60种、中国图书对外推广计划项目资助71种以及经典中国国际出版工程资助28种，被商务部认定为“2015-2016年度国家文化出口重点企业”。

如今，社科文献出版社拥有固定资产3.6亿元，年收入近3亿元，设置了七大出版分社、六大专业部门，成立了皮书研究院和博士后科研工作站，培养了一支近400人的高素质与高效率的编辑、出版、营销和国际推广队伍，为未来成为学术出版的大社、名社、强社，成为文化体制改革与文化企业转型发展的排头兵奠定了坚实的基础。

经　济　类

经济类皮书涵盖宏观经济、城市经济、大区域经济，
提供权威、前沿的分析与预测

经济蓝皮书

2017 年中国经济形势分析与预测

李扬 / 主编　2017 年 1 月出版　定价：89.00 元

◆　本书为总理基金项目，由著名经济学家李扬领衔，联合中国社会科学院等数十家科研机构、国家部委和高等院校的专家共同撰写，系统分析了 2016 年的中国经济形势并预测 2017 年中国经济运行情况。

中国省域竞争力蓝皮书

中国省域经济综合竞争力发展报告（2015 ~ 2016）

李建平　李闽榕　高燕京 / 主编　2017 年 5 月出版　定价：198.00 元

◆　本书融多学科的理论为一体，深入追踪研究了省域经济发展与中国国家竞争力的内在关系，为提升中国省域经济综合竞争力提供有价值的决策依据。

城市蓝皮书

中国城市发展报告 No.10

潘家华　单菁菁 / 主编　2017 年 9 月出版　估价：89.00 元

◆　本书是由中国社会科学院城市发展与环境研究中心编著的，多角度、全方位地立体展示了中国城市的发展状况，并对中国城市的未来发展提出了许多建议。该书有强烈的时代感，对中国城市发展实践有重要的参考价值。

人口与劳动绿皮书

中国人口与劳动问题报告 No.18

蔡昉　张车伟 / 主编　2017 年 10 月出版　估价：89.00 元

◆　本书为中国社会科学院人口与劳动经济研究所主编的年度报告，对当前中国人口与劳动形势做了比较全面和系统的深入讨论，为研究中国人口与劳动问题提供了一个专业性的视角。

世界经济黄皮书

2017 年世界经济形势分析与预测

张宇燕 / 主编　2017 年 1 月出版　定价：89.00 元

◆　本书由中国社会科学院世界经济与政治研究所的研究团队撰写，2016 年世界经济增速进一步放缓，就业增长放慢。世界经济面临许多重大挑战同时，地缘政治风险、难民危机、大国政治周期、恐怖主义等问题也仍然在影响世界经济的稳定与发展。预计 2017 年按 PPP 计算的世界 GDP 增长率约为 3.0%。

国际城市蓝皮书

国际城市发展报告（2017）

屠启宇 / 主编　2017 年 2 月出版　定价：79.00 元

◆　本书作者以上海社会科学院从事国际城市研究的学者团队为核心，汇集同济大学、华东师范大学、复旦大学、上海交通大学、南京大学、浙江大学相关城市研究专业学者。立足动态跟踪介绍国际城市发展时间中，最新出现的重大战略、重大理念、重大项目、重大报告和最佳案例。

金融蓝皮书

中国金融发展报告（2017）

王国刚 / 主编　2017 年 2 月出版　定价：79.00 元

◆　本书由中国社会科学院金融研究所组织编写，概括和分析了 2016 年中国金融发展和运行中的各方面情况，研讨和评论了 2016 年发生的主要金融事件，有利于读者了解掌握 2016 年中国的金融状况，把握 2017 年中国金融的走势。

农村绿皮书

中国农村经济形势分析与预测（2016 ~ 2017）

魏后凯　杜志雄　黄秉信 / 主编　2017 年 4 月出版　估价：89.00 元

◆　本书描述了 2016 年中国农业农村经济发展的一些主要指标和变化，并对 2017 年中国农业农村经济形势的一些展望和预测，提出相应的政策建议。

西部蓝皮书

中国西部发展报告（2017）

徐璋勇 / 主编　2017 年 7 月出版　估价：89.00 元

◆　本书由西北大学中国西部经济发展研究中心主编，汇集了源自西部本土以及国内研究西部问题的权威专家的第一手资料，对国家实施西部大开发战略进行年度动态跟踪，并对 2017 年西部经济、社会发展态势进行预测和展望。

经济蓝皮书・夏季号

中国经济增长报告（2016 ~ 2017）

李扬 / 主编　2017 年 9 月出版　估价：98.00 元

◆　中国经济增长报告主要探讨 2016~2017 年中国经济增长问题，以专业视角解读中国经济增长，力求将其打造成一个研究中国经济增长、服务宏微观各级决策的周期性、权威性读物。

就业蓝皮书

2017 年中国本科生就业报告

麦可思研究院 / 编著　2017 年 6 月出版　估价：98.00 元

◆　本书基于大量的数据和调研，内容翔实，调查独到，分析到位，用数据说话，对中国大学生就业及学校专业设置起到了很好的建言献策作用。

社会政法类

社会政法类皮书聚焦社会发展领域的热点、难点问题，
提供权威、原创的资讯与视点

社会蓝皮书

2017年中国社会形势分析与预测

李培林　陈光金　张翼 / 主编　2016年12月出版　定价：89.00元

◆　本书由中国社会科学院社会学研究所组织研究机构专家、高校学者和政府研究人员撰写，聚焦当下社会热点，对2016年中国社会发展的各个方面内容进行了权威解读，同时对2017年社会形势发展趋势进行了预测。

法治蓝皮书

中国法治发展报告 No.15（2017）

李林　田禾 / 主编　2017年3月出版　定价：118.00元

◆　本年度法治蓝皮书回顾总结了2016年度中国法治发展取得的成就和存在的不足，对中国政府、司法、检务透明度进行了跟踪调研，并对2017年中国法治发展形势进行了预测和展望。

社会体制蓝皮书

中国社会体制改革报告 No.5（2017）

龚维斌 / 主编　2017年3月出版　定价：89.00元

◆　本书由国家行政学院社会治理研究中心和北京师范大学中国社会管理研究院共同组织编写，主要对2016年社会体制改革情况进行回顾和总结，对2017年的改革走向进行分析，提出相关政策建议。

社会心态蓝皮书

中国社会心态研究报告（2017）

王俊秀　杨宜音 / 主编　2017 年 12 月出版　估价：89.00 元

◆　本书是中国社会科学院社会学研究所社会心理研究中心“社会心态蓝皮书课题组”的年度研究成果，运用社会心理学、社会学、经济学、传播学等多种学科的方法进行了调查和研究，对于目前中国社会心态状况有较广泛和深入的揭示。

生态城市绿皮书

中国生态城市建设发展报告（2017）

刘举科　孙伟平　胡文臻 / 主编　2017 年 7 月出版　估价：118.00 元

◆　报告以绿色发展、循环经济、低碳生活、民生宜居为理念，以更新民众观念、提供决策咨询、指导工程实践、引领绿色发展为宗旨，试图探索一条具有中国特色的城市生态文明建设新路。

城市生活质量蓝皮书

中国城市生活质量报告（2017）

中国经济实验研究院 / 主编　2017 年 7 月出版　估价：89.00 元

◆　本书对全国 35 个城市居民的生活质量主观满意度进行了电话调查，同时对 35 个城市居民的客观生活质量指数进行了计算，为中国城市居民生活质量的提升，提出了针对性的政策建议。

公共服务蓝皮书

中国城市基本公共服务力评价（2017）

钟君　刘志昌　吴正杲 / 主编　2017 年 12 月出版　估价：89.00 元

◆　中国社会科学院经济与社会建设研究室与华图政信调查组成联合课题组，从 2010 年开始对基本公共服务力进行研究，研创了基本公共服务力评价指标体系，为政府考核公共服务与社会管理工作提供了理论工具。

行业报告类

行业报告类皮书立足重点行业、新兴行业领域，
提供及时、前瞻的数据与信息

企业社会责任蓝皮书

中国企业社会责任研究报告（2017）

黄群慧　钟宏武　张蒽　翟利峰 / 著　2017 年 10 月出版　估价：89.00 元

◆　本书剖析了中国企业社会责任在 2016 ~ 2017 年度的最新发展特征，详细解读了省域国有企业在社会责任方面的阶段性特征，生动呈现了国内外优秀企业的社会责任实践。对了解中国企业社会责任履行现状、未来发展，以及推动社会责任建设有重要的参考价值。

新能源汽车蓝皮书

中国新能源汽车产业发展报告（2017）

中国汽车技术研究中心　日产（中国）投资有限公司
东风汽车有限公司 / 编著　2017 年 7 月出版　估价：98.00 元

◆　本书对中国 2016 年新能源汽车产业发展进行了全面系统的分析，并介绍了国外的发展经验。有助于相关机构、行业和社会公众等了解中国新能源汽车产业发展的最新动态，为政府部门出台新能源汽车产业相关政策法规、企业制定相关战略规划，提供必要的借鉴和参考。

杜仲产业绿皮书

中国杜仲橡胶资源与产业发展报告（2016 ~ 2017）

杜红岩　胡文臻　俞锐 / 主编　2017 年 4 月出版　估价：85.00 元

◆　本书对 2016 年杜仲产业的发展情况、研究团队在杜仲研究方面取得的重要成果、部分地区杜仲产业发展的具体情况、杜仲新标准的制定情况等进行了较为详细的分析与介绍，使广大关心杜仲产业发展的读者能够及时跟踪产业最新进展。

企业蓝皮书

中国企业绿色发展报告 No.2（2017）

李红玉　朱光辉 / 主编　　2017 年 8 月出版　　估价：89.00 元

◆　本书深入分析中国企业能源消费、资源利用、绿色金融、绿色产品、绿色管理、信息化、绿色发展政策及绿色文化方面的现状，并对目前存在的问题进行研究，剖析因果，谋划对策，为企业绿色发展提供借鉴，为中国生态文明建设提供支撑。

中国上市公司蓝皮书

中国上市公司发展报告（2017）

张平　王宏淼 / 主编　　2017 年 10 月出版　　估价：98.00 元

◆　本书由中国社会科学院上市公司研究中心组织编写的，着力于全面、真实、客观反映当前中国上市公司财务状况和价值评估的综合性年度报告。本书详尽分析了 2016 年中国上市公司情况，特别是现实中暴露出的制度性、基础性问题，并对资本市场改革进行了探讨。

资产管理蓝皮书

中国资产管理行业发展报告（2017）

智信资产管理研究院 / 编著　　2017 年 6 月出版　　估价：89.00 元

◆　中国资产管理行业刚刚兴起，未来将成为中国金融市场最有看点的行业。本书主要分析了 2016 年度资产管理行业的发展情况，同时对资产管理行业的未来发展做出科学的预测。

体育蓝皮书

中国体育产业发展报告（2017）

阮伟　钟秉枢 / 主编　　2017 年 12 月出版　　估价：89.00 元

◆　本书运用多种研究方法，在体育竞赛业、体育用品业、体育场馆业、体育传媒业等传统产业研究的基础上，并对 2016 年体育领域内的各种热点事件进行研究和梳理，进一步拓宽了研究的广度、提升了研究的高度、挖掘了研究的深度。

国际问题类

国际问题类皮书关注全球重点国家与地区，
提供全面、独特的解读与研究

美国蓝皮书

美国研究报告（2017）

郑秉文　黄平 / 主编　2017 年 6 月出版　估价：89.00 元

◆　本书是由中国社会科学院美国研究所主持完成的研究成果，它回顾了美国 2016 年的经济、政治形势与外交战略，对 2017 年以来美国内政外交发生的重大事件及重要政策进行了较为全面的回顾和梳理。

日本蓝皮书

日本研究报告（2017）

杨伯江 / 主编　2017 年 5 月出版　估价：89.00 元

◆　本书对 2016 年日本的政治、经济、社会、外交等方面的发展情况做了系统介绍，对日本的热点及焦点问题进行了总结和分析，并在此基础上对该国 2017 年的发展前景做出预测。

亚太蓝皮书

亚太地区发展报告（2017）

李向阳 / 主编　2017 年 4 月出版　估价：89.00 元

◆　本书是中国社会科学院亚太与全球战略研究院的集体研究成果。2017 年的“亚太蓝皮书”继续关注中国周边环境的变化。该书盘点了 2016 年亚太地区的焦点和热点问题，为深入了解 2016 年及未来中国与周边环境的复杂形势提供了重要参考。

德国蓝皮书

德国发展报告（2017）

郑春荣 / 主编　2017 年 6 月出版　估价：89.00 元

◆　本报告由同济大学德国研究所组织编撰，由该领域的专家学者对德国的政治、经济、社会文化、外交等方面的形势发展情况，进行全面的阐述与分析。

日本经济蓝皮书

日本经济与中日经贸关系研究报告（2017）

张季风 / 编著　2017 年 5 月出版　估价：89.00 元

◆　本书系统、详细地介绍了 2016 年日本经济以及中日经贸关系发展情况，在进行了大量数据分析的基础上，对 2017 年日本经济以及中日经贸关系的大致发展趋势进行了分析与预测。

俄罗斯黄皮书

俄罗斯发展报告（2017）

李永全 / 编著　2017 年 7 月出版　估价：89.00 元

◆　本书系统介绍了 2016 年俄罗斯经济政治情况，并对 2016 年该地区发生的焦点、热点问题进行了分析与回顾；在此基础上，对该地区 2017 年的发展前景进行了预测。

非洲黄皮书

非洲发展报告 No.19（2016 ~ 2017）

张宏明 / 主编　2017 年 8 月出版　估价：89.00 元

◆　本书是由中国社会科学院西亚非洲研究所组织编撰的非洲形势年度报告，比较全面、系统地分析了 2016 年非洲政治形势和热点问题，探讨了非洲经济形势和市场走向，剖析了大国对非洲关系的新动向；此外，还介绍了国内非洲研究的新成果。

地方发展类

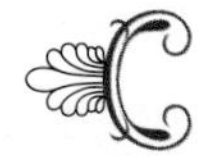

地方发展类皮书关注中国各省份、经济区域，
提供科学、多元的预判与资政信息

北京蓝皮书

北京公共服务发展报告（2016~ 2017）

施昌奎 / 主编　2017 年 3 月出版　定价：79.00 元

◆　本书是由北京市政府职能部门的领导、首都著名高校的教授、知名研究机构的专家共同完成的关于北京市公共服务发展与创新的研究成果。

河南蓝皮书

河南经济发展报告（2017）

张占仓　完世伟 / 主编　2017 年 4 月出版　估价：89.00 元

◆　本书以国内外经济发展环境和走向为背景，主要分析当前河南经济形势，预测未来发展趋势，全面反映河南经济发展的最新动态、热点和问题，为地方经济发展和领导决策提供参考。

广州蓝皮书

2017 年中国广州经济形势分析与预测

庾建设　陈浩钿　谢博能 / 主编　2017 年 7 月出版　估价：85.00 元

◆　本书由广州大学与广州市委政策研究室、广州市统计局联合主编，汇集了广州科研团体、高等院校和政府部门诸多经济问题研究专家、学者和实际部门工作者的最新研究成果，是关于广州经济运行情况和相关专题分析、预测的重要参考资料。

文化传媒类

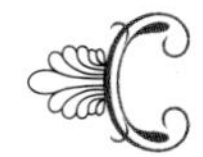
文化传媒类皮书透视文化领域、文化产业，
探索文化大繁荣、大发展的路径

新媒体蓝皮书

中国新媒体发展报告 No.8（2017）

唐绪军 / 主编　2017 年 6 月出版　估价：89.00 元

◆　本书是由中国社会科学院新闻与传播研究所组织编写的关于新媒体发展的最新年度报告，旨在全面分析中国新媒体的发展现状，解读新媒体的发展趋势，探析新媒体的深刻影响。

移动互联网蓝皮书

中国移动互联网发展报告（2017）

官建文 / 主编　2017 年 6 月出版　估价：89.00 元

◆　本书着眼于对 2016 年度中国移动互联网的发展情况做深入解析，对未来发展趋势进行预测，力求从不同视角、不同层面全面剖析中国移动互联网发展的现状、年度突破及热点趋势等。

传媒蓝皮书

中国传媒产业发展报告（2017）

崔保国 / 主编　2017 年 5 月出版　估价：98.00 元

◆　“传媒蓝皮书”连续十多年跟踪观察和系统研究中国传媒产业发展。本报告在对传媒产业总体以及各细分行业发展状况与趋势进行深入分析基础上，对年度发展热点进行跟踪，剖析新技术引领下的商业模式，对传媒各领域发展趋势、内体经营、传媒投资进行解析，为中国传媒产业正在发生的变革提供前瞻行参考。

经济类

“三农”互联网金融蓝皮书
中国“三农”互联网金融发展报告（2017）
著(编)者：李勇坚 王弢　2017年8月出版 / 估价：98.00元
PSN B-2016-561-1/1

G20国家创新竞争力黄皮书
二十国集团（G20）国家创新竞争力发展报告（2016~2017）
著(编)者：李建平 李闽榕 赵新力 周天勇
2017年8月出版 / 估价：158.00元
PSN Y-2011-229-1/1

产业蓝皮书
中国产业竞争力报告（2017）No.7
著(编)者：张其仔　2017年12月出版 / 估价：98.00元
PSN B-2010-175-1/1

城市创新蓝皮书
中国城市创新报告（2017）
著(编)者：周天勇 旷建伟　2017年11月出版 / 估价：89.00元
PSN B-2013-340-1/1

城市蓝皮书
中国城市发展报告 No.10
著(编)者：潘家华 单菁菁　2017年9月出版 / 估价：89.00元
PSN B-2007-091-1/1

城乡一体化蓝皮书
中国城乡一体化发展报告（2016~2017）
著(编)者：汝信 付崇兰　2017年7月出版 / 估价：85.00元
PSN B-2011-226-1/2

城镇化蓝皮书
中国新型城镇化健康发展报告（2017）
著(编)者：张占斌　2017年8月出版 / 估价：89.00元
PSN B-2014-396-1/1

创新蓝皮书
创新型国家建设报告（2016~2017）
著(编)者：詹正茂　2017年12月出版 / 估价：89.00元
PSN B-2009-140-1/1

创业蓝皮书
中国创业发展报告（2016~2017）
著(编)者：黄群慧 赵卫星 钟宏武等
2017年11月出版 / 估价：89.00元
PSN B-2016-578-1/1

低碳发展蓝皮书
中国低碳发展报告（2016~2017）
著(编)者：齐晔 张希良　2017年3月出版 / 估价：98.00元
PSN B-2011-223-1/1

低碳经济蓝皮书
中国低碳经济发展报告（2017）
著(编)者：薛进军 赵忠秀　2017年6月出版 / 估价：85.00元
PSN B-2011-194-1/1

东北蓝皮书
中国东北地区发展报告（2017）
著(编)者：姜晓秋　2017年2月出版 / 定价：79.00元
PSN B-2006-067-1/1

发展与改革蓝皮书
中国经济发展和体制改革报告No.8
著(编)者：邹东涛 王再文　2017年4月出版 / 估价：98.00元
PSN B-2008-122-1/1

工业化蓝皮书
中国工业化进程报告（2017）
著(编)者：黄群慧　2017年12月出版 / 估价：158.00元
PSN B-2007-095-1/1

管理蓝皮书
中国管理发展报告（2017）
著(编)者：张晓东　2017年10月出版 / 估价：98.00元
PSN B-2014-416-1/1

国际城市蓝皮书
国际城市发展报告（2017）
著(编)者：屠启宇　2017年2月出版 / 定价：79.00元
PSN B-2012-260-1/1

国家创新蓝皮书
中国创新发展报告（2017）
著(编)者：陈劲　2017年12月出版 / 估价：89.00元
PSN B-2014-370-1/1

金融蓝皮书
中国金融发展报告（2017）
著(编)者：王国刚　2017年2月出版 / 定价：79.00元
PSN B-2004-031-1/6

京津冀金融蓝皮书
京津冀金融发展报告（2017）
著(编)者：王爱俭 李向前
2017年4月出版 / 估价：89.00元
PSN B-2016-528-1/1

京津冀蓝皮书
京津冀发展报告（2017）
著(编)者：文魁 祝尔娟　2017年4月出版 / 估价：89.00元
PSN B-2012-262-1/1

经济蓝皮书
2017年中国经济形势分析与预测
著(编)者：李扬　2017年1月出版 / 定价：89.00元
PSN B-1996-001-1/1

经济蓝皮书·春季号
2017年中国经济前景分析
著(编)者：李扬　2017年6月出版 / 估价：89.00元
PSN B-1999-008-1/1

经济蓝皮书·夏季号
中国经济增长报告（2016~2017）
著(编)者：李扬　2017年9月出版 / 估价：98.00元
PSN B-2010-176-1/1

经济信息绿皮书
中国与世界经济发展报告（2017）
著(编)者：杜平　2017年12月出版 / 定价：89.00元
PSN G-2003-023-1/1

就业蓝皮书
2017年中国本科生就业报告
著(编)者：麦可思研究院　2017年6月出版 / 估价：98.00元
PSN B-2009-146-1/2

就业蓝皮书
2017年中国高职高专生就业报告
著(编)者：麦可思研究院　2017年6月出版 / 估价：98.00元
PSN B-2015-472-2/2

科普能力蓝皮书
中国科普能力评价报告（2017）
著(编)者：李富 强李群　2017年8月出版 / 估价：89.00元
PSN B-2016-556-1/1

临空经济蓝皮书
中国临空经济发展报告（2017）
著(编)者：连玉明　2017年9月出版 / 估价：89.00元
PSN B-2014-421-1/1

农村绿皮书
中国农村经济形势分析与预测（2016~2017）
著(编)者：魏后凯 杜志雄 黄秉信
2017年4月出版 / 估价：89.00元
PSN G-1998-003-1/1

农业应对气候变化蓝皮书
气候变化对中国农业影响评估报告 No.3
著(编)者：矫梅燕　2017年8月出版 / 估价：98.00元
PSN B-2014-413-1/1

气候变化绿皮书
应对气候变化报告（2017）
著(编)者：王伟光 郑国光　2017年6月出版 / 估价：89.00元
PSN G-2009-144-1/1

区域蓝皮书
中国区域经济发展报告（2016~2017）
著(编)者：赵弘　2017年6月出版 / 估价：89.00元
PSN B-2004-034-1/1

全球环境竞争力绿皮书
全球环境竞争力报告（2017）
著(编)者：李建平 李闽榕 王金南
2017年12月出版 / 估价：198.00元
PSN G-2013-363-1/1

人口与劳动绿皮书
中国人口与劳动问题报告 No.18
著(编)者：蔡昉 张车伟　2017年11月出版 / 估价：89.00元
PSN G-2000-012-1/1

商务中心区蓝皮书
中国商务中心区发展报告 No.3（2016）
著(编)者：李国红 单菁菁　2017年4月出版 / 估价：89.00元
PSN B-2015-444-1/1

世界经济黄皮书
2017年世界经济形势分析与预测
著(编)者：张宇燕　2017年1月出版 / 定价：89.00元
PSN Y-1999-006-1/1

世界旅游城市绿皮书
世界旅游城市发展报告（2017）
著(编)者：宋宇　2017年4月出版 / 估价：128.00元
PSN G-2014-400-1/1

土地市场蓝皮书
中国农村土地市场发展报告（2016~2017）
著(编)者：李光荣　2017年4月出版 / 估价：89.00元
PSN B-2016-527-1/1

西北蓝皮书
中国西北发展报告（2017）
著(编)者：高建龙　2017年4月出版 / 估价：89.00元
PSN B-2012-261-1/1

西部蓝皮书
中国西部发展报告（2017）
著(编)者：徐璋勇　2017年7月出版 / 估价：89.00元
PSN B-2005-039-1/1

新型城镇化蓝皮书
新型城镇化发展报告（2017）
著(编)者：李伟 宋敏 沈体雁　2017年4月出版 / 估价：98.00元
PSN B-2014-431-1/1

新兴经济体蓝皮书
金砖国家发展报告（2017）
著(编)者：林跃勤 周文　2017年12月出版 / 估价：89.00元
PSN B-2011-195-1/1

长三角蓝皮书
2017年新常态下深化一体化的长三角
著(编)者：王庆五　2017年12月出版 / 估价：88.00元
PSN B-2005-038-1/1

中部竞争力蓝皮书
中国中部经济社会竞争力报告（2017）
著(编)者：教育部人文社会科学重点研究基地
南昌大学中国中部经济社会发展研究中心
2017年12月出版 / 估价：89.00元
PSN B-2012-276-1/1

中部蓝皮书
中国中部地区发展报告（2017）
著(编)者：宋亚平　2017年12月出版 / 估价：88.00元
PSN B-2007-089-1/1

中国省域竞争力蓝皮书
中国省域经济综合竞争力发展报告（2017）
著(编)者：李建平 李闽榕 高燕京
2017年2月出版 / 定价：198.00元
PSN B-2007-088-1/1

中三角蓝皮书
长江中游城市群发展报告（2017）
著(编)者：秦尊文　2017年9月出版 / 估价：89.00元
PSN B-2014-417-1/1

中小城市绿皮书
中国中小城市发展报告（2017）
著(编)者：中国城市经济学会中小城市经济发展委员会
中国城镇化促进会中小城市发展委员会
《中国中小城市发展报告》编纂委员会
中小城市发展战略研究院
2017年11月出版 / 估价：128.00元
PSN G-2010-161-1/1

中原蓝皮书
中原经济区发展报告（2017）
著(编)者：李英杰　2017年6月出版 / 估价：88.00元
PSN B-2011-192-1/1

自贸区蓝皮书
中国自贸区发展报告（2017）
著(编)者：王力　2017年7月出版 / 估价：89.00元
PSN B-2016-559-1/1

社会政法类

北京蓝皮书
中国社区发展报告（2017）
著(编)者：于燕燕　　2017年4月出版 / 估价：89.00元
PSN B-2007-083-5/8

殡葬绿皮书
中国殡葬事业发展报告（2017）
著(编)者：李伯森　　2017年4月出版 / 估价：158.00元
PSN G-2010-180-1/1

城市管理蓝皮书
中国城市管理报告（2016~2017）
著(编)者：刘林　刘承水　2017年5月出版 / 估价：158.00元
PSN B-2013-336-1/1

城市生活质量蓝皮书
中国城市生活质量报告（2017）
著(编)者：中国经济实验研究院
2018年7月出版 / 估价：89.00元
PSN B-2013-326-1/1

城市政府能力蓝皮书
中国城市政府公共服务能力评估报告（2017）
著(编)者：何艳玲　　2017年4月出版 / 估价：89.00元
PSN B-2013-338-1/1

慈善蓝皮书
中国慈善发展报告（2017）
著(编)者：杨团　　2017年6月出版 / 估价：89.00元
PSN B-2009-142-1/1

党建蓝皮书
党的建设研究报告 No.2（2017）
著(编)者：崔建民　陈东平　　2017年4月出版 / 估价：89.00元
PSN B-2016-524-1/1

地方法治蓝皮书
中国地方法治发展报告 No.3（2017）
著(编)者：李林　田禾　　2017年4出版 / 估价：108.00元
PSN B-2015-442-1/1

法治蓝皮书
中国法治发展报告 No.15（2017）
著(编)者：李林 田禾　　2017年3月出版 / 定价：118.00元
PSN B-2004-027-1/1

法治政府蓝皮书
中国法治政府发展报告（2017）
著(编)者：中国政法大学法治政府研究院
2017年4月出版 / 估价：98.00元
PSN B-2015-502-1/2

法治政府蓝皮书
中国法治政府评估报告（2017）
著(编)者：中国政法大学法治政府研究院
2017年11月出版 / 估价：98.00元
PSN B-2016-577-2/2

法治蓝皮书
中国法院信息化发展报告 No.1（2017）
著(编)者：李林 田禾　　2017年2月出版 / 定价：108.00元
PSN B-2017-604-3/3

反腐倡廉蓝皮书
中国反腐倡廉建设报告 No.7
著(编)者：张英伟　　2017年12月出版 / 估价：89.00元
PSN B-2012-259-1/1

非传统安全蓝皮书
中国非传统安全研究报告（2016~2017）
著(编)者：余潇枫 魏志江　　2017年6月出版 / 估价：89.00元
PSN B-2012-273-1/1

妇女发展蓝皮书
中国妇女发展报告 No.7
著(编)者：王金玲　　2017年9月出版 / 估价：148.00元
PSN B-2006-069-1/1

妇女教育蓝皮书
中国妇女教育发展报告 No.4
著(编)者：张李玺　　2017年10月出版 / 估价：78.00元
PSN B-2008-121-1/1

妇女绿皮书
中国性别平等与妇女发展报告（2017）
著(编)者：谭琳　　2017年12月出版 / 估价：99.00元
PSN G-2006-073-1/1

公共服务蓝皮书
中国城市基本公共服务力评价（2017）
著(编)者：钟君　刘志昌　吴正杲　　2017年12月出版 / 估价：89.00
PSN B-2011-214-1/1

公民科学素质蓝皮书
中国公民科学素质报告（2016~2017）
著(编)者：李群　陈雄　马宗文
2017年4月出版 / 估价：89.00元
PSN B-2014-379-1/1

公共关系蓝皮书
中国公共关系发展报告（2017）
著(编)者：柳斌杰　　2017年11月出版 / 估价：89.00元
PSN B-2016-580 1/1

公益蓝皮书
中国公益慈善发展报告（2017）
著(编)者：朱健刚　　2018年4月出版 / 估价：118.00元
PSN B-2012-283-1/1

国际人才蓝皮书
中国国际移民报告（2017）
著(编)者：王辉耀　　2017年4月出版 / 估价：89.00元
PSN B-2012-304-3/4

国际人才蓝皮书
中国留学发展报告（2017）No.5
著(编)者：王辉耀 苗绿　　2017年10月出版 / 估价：89.00元
PSN B-2012-244-2/4

海洋社会蓝皮书
中国海洋社会发展报告（2017）
著(编)者：崔凤 宋宁而　　2017年7月出版 / 估价：89.00元
PSN B-2015-478-1/1

行政改革蓝皮书
中国行政体制改革报告（2017）No.6
著(编)者：魏礼群　2017年5月出版 / 估价：98.00元
PSN B-2011-231-1/1

华侨华人蓝皮书
华侨华人研究报告（2017）
著(编)者：贾益民　2017年12月出版 / 估价：128.00元
PSN B-2011-204-1/1

环境竞争力绿皮书
中国省域环境竞争力发展报告（2017）
著(编)者：李建平 李闽榕 王金南
2017年11月出版 / 估价：198.00元
PSN G-2010-165-1/1

环境绿皮书
中国环境发展报告（2017）
著(编)者：刘鉴强　2017年4月出版 / 估价：89.00元
PSN G-2006-048-1/1

基金会蓝皮书
中国基金会发展报告（2016~2017）
著(编)者：中国基金会发展报告课题组
2017年4月出版 / 估价：85.00元
PSN B-2013-368-1/1

基金会绿皮书
中国基金会发展独立研究报告（2017）
著(编)者：基金会中心网 中央民族大学基金会研究中心
2017年6月出版 / 估价：88.00元
PSN G-2011-213-1/1

基金会透明度蓝皮书
中国基金会透明度发展研究报告（2017）
著(编)者：基金会中心网 清华大学廉政与治理研究中心
2017年12月出版 / 估价：89.00元
PSN B-2015-509-1/1

家庭蓝皮书
中国"创建幸福家庭活动"评估报告（2017）
国务院发展研究中心"创建幸福家庭活动评估"课题组著
2017年8月出版 / 估价：89.00元
PSN B-2015-508-1/1

健康城市蓝皮书
中国健康城市建设研究报告（2017）
著(编)者：王鸿春 解树江 盛继洪
2017年9月出版 / 估价：89.00元
PSN B-2016-565-2/2

教师蓝皮书
中国中小学教师发展报告（2017）
著(编)者：曾晓东 鱼霞　2017年6月出版 / 估价：89.00元
PSN B-2012-289-1/1

教育蓝皮书
中国教育发展报告（2017）
著(编)者：杨东平　2017年4月出版 / 估价：89.00元
PSN B-2006-047-1/1

科普蓝皮书
中国基层科普发展报告（2016~2017）
著(编)者：赵立 新陈玲　2017年9月出版 / 估价：89.00元
PSN B-2016-569-3/3

科普蓝皮书
中国科普基础设施发展报告（2017）
著(编)者：任福君　2017年6月出版 / 估价：89.00元
PSN B-2010-174-1/3

科普蓝皮书
中国科普人才发展报告（2017）
著(编)者：郑念 任嵘嵘　2017年4月出版 / 估价：98.00元
PSN B-2015-512-2/3

科学教育蓝皮书
中国科学教育发展报告（2017）
著(编)者：罗晖 王康友　2017年10月出版 / 估价：89.00元
PSN B-2015-487-1/1

劳动保障蓝皮书
中国劳动保障发展报告（2017）
著(编)者：刘燕斌　2017年9月出版 / 估价：188.00元
PSN B-2014-415-1/1

老龄蓝皮书
中国老年宜居环境发展报告（2017）
著(编)者：党俊武 周燕珉　2017年4月出版 / 估价：89.00元
PSN B-2013-320-1/1

连片特困区蓝皮书
中国连片特困区发展报告（2017）
著(编)者：游俊 冷志明 丁建军
2017年4月出版 / 估价：98.00元
PSN B-2013-321-1/1

流动儿童蓝皮书
中国流动儿童教育发展报告（2016）
著(编)者：杨东平　2017年1月出版 / 定价：79.00元
PSN B-2017-600-1/1

民调蓝皮书
中国民生调查报告（2017）
著(编)者：谢耘耕　2017年12月出版 / 估价：98.00元
PSN B-2014-398-1/1

民族发展蓝皮书
中国民族发展报告（2017）
著(编)者：郝时远 王延中 王希恩
2017年4月出版 / 估价：98.00元
PSN B-2006-070-1/1

女性生活蓝皮书
中国女性生活状况报告 No.11（2017）
著(编)者：韩湘景　2017年10月出版 / 估价：98.00元
PSN B-2006-071-1/1

汽车社会蓝皮书
中国汽车社会发展报告（2017）
著(编)者：王俊秀　2017年12月出版 / 估价：89.00元
PSN B-2011-224-1/1

青年蓝皮书
中国青年发展报告（2017）No.3
著(编)者：廉思 等　2017年4月出版 / 估价：89.00元
PSN B-2013-333-1/1

青少年蓝皮书
中国未成年人互联网运用报告（2017）
著(编)者：李文革 沈洁 季为民
2017年11月出版 / 估价：89.00元
PSN B-2010-165-1/1

青少年体育蓝皮书
中国青少年体育发展报告（2017）
著(编)者：郭建军 杨桦　2017年9月出版 / 估价：89.00元
PSN B-2015-482-1/1

群众体育蓝皮书
中国群众体育发展报告（2017）
著(编)者：刘国永 杨桦　2017年12月出版 / 估价：89.00元
PSN B-2016-519-2/3

人权蓝皮书
中国人权事业发展报告 No.7（2017）
著(编)者：李君如　2017年9月出版 / 估价：98.00元
PSN B-2011-215-1/1

社会保障绿皮书
中国社会保障发展报告（2017）No.8
著(编)者：王延中　2017年1月出版 / 估价：98.00元
PSN G-2001-014-1/1

社会风险评估蓝皮书
风险评估与危机预警评估报告（2017）
著(编)者：唐钧　2017年8月出版 / 估价：85.00元
PSN B-2016-521-1/1

社会管理蓝皮书
中国社会管理创新报告 No.5
著(编)者：连玉明　2017年11月出版 / 估价：89.00元
PSN B-2012-300-1/1

社会蓝皮书
2017年中国社会形势分析与预测
著(编)者：李培林 陈光金 张翼
2016年12月出版 / 定价：89.00元
PSN B-1998-002-1/1

社会体制蓝皮书
中国社会体制改革报告No.5（2017）
著(编)者：龚维斌　2017年3月出版 / 定价：89.00元
PSN B-2013-330-1/1

社会心态蓝皮书
中国社会心态研究报告（2017）
著(编)者：王俊秀 杨宜音　2017年12月出版 / 估价：89.00元
PSN B-2011-199-1/1

社会组织蓝皮书
中国社会组织发展报告（2016~2017）
著(编)者：黄晓勇　2017年1月出版 / 定价：89.00元
PSN B-2008-118-1/2

社会组织蓝皮书
中国社会组织评估发展报告（2017）
著(编)者：徐家良 廖鸿　2017年12月出版 / 估价：89.00元
PSN B-2013-366-1/1

生态城市绿皮书
中国生态城市建设发展报告（2017）
著(编)者：刘举科 孙伟平 胡文臻
2017年9月出版 / 估价：118.00元
PSN G-2012-269-1/1

生态文明绿皮书
中国省域生态文明建设评价报告（ECI 2017）
著(编)者：严耕　2017年12月出版 / 估价：98.00元
PSN G-2010-170-1/1

土地整治蓝皮书
中国土地整治发展研究报告 No.4
著(编)者：国土资源部土地整治中心
2017年7月出版 / 估价：89.00元
PSN B-2014-401-1/1

土地政策蓝皮书
中国土地政策研究报告（2017）
著(编)者：高延利 李宪文
2017年12月出版 / 定价：89.00元
PSN B-2015-506-1/1

医改蓝皮书
中国医药卫生体制改革报告（2017）
著(编)者：文学国 房志武　2017年11月出版 / 估价：98.00元
PSN B-2014-432-1/1

医疗卫生绿皮书
中国医疗卫生发展报告 No.7（2017）
著(编)者：申宝忠 韩玉珍　2017年4月出版 / 估价：85.00元
PSN G-2004-033-1/1

应急管理蓝皮书
中国应急管理报告（2017）
著(编)者：宋英华　2017年9月出版 / 估价：98.00元
PSN B-2016-563-1/1

政治参与蓝皮书
中国政治参与报告（2017）
著(编)者：房宁　2017年9月出版 / 估价：118.00元
PSN B-2011-200-1/1

宗教蓝皮书
中国宗教报告（2016）
著(编)者：邱永辉　2017年4月出版 / 估价：89.00元
PSN B-2008-117-1/1

行业报告类

SUV蓝皮书
中国SUV市场发展报告（2016~2017）
著(编)者：靳军　2017年9月出版 / 估价：89.00元
PSN B-2016-572-1/1

保健蓝皮书
中国保健服务产业发展报告 No.2
著(编)者：中国保健协会 中共中央党校
2017年7月出版 / 估价：198.00元
PSN B-2012-272-3/3

保健蓝皮书
中国保健食品产业发展报告 No.2
著(编)者：中国保健协会
中国社会科学院食品药品产业发展与监管研究中心
2017年7月出版 / 估价：198.00元
PSN B-2012-271-2/3

保健蓝皮书
中国保健用品产业发展报告 No.2
著(编)者：中国保健协会
国务院国有资产监督管理委员会研究中心
2017年4月出版 / 估价：198.00元
PSN B-2012-270-1/3

保险蓝皮书
中国保险业竞争力报告（2017）
著(编)者：项俊波　2017年12月出版 / 估价：99.00元
PSN B-2013-311-1/1

冰雪蓝皮书
中国滑雪产业发展报告（2017）
著(编)者：孙承华 伍斌 魏庆华 张鸿俊
2017年8月出版 / 估价：89.00元
PSN B-2016-560-1/1

彩票蓝皮书
中国彩票发展报告（2017）
著(编)者：益彩基金　2017年4月出版 / 估价：98.00元
PSN B-2015-462-1/1

餐饮产业蓝皮书
中国餐饮产业发展报告（2017）
著(编)者：邢颖　2017年6月出版 / 估价：98.00元
PSN B-2009-151-1/1

测绘地理信息蓝皮书
新常态下的测绘地理信息研究报告（2017）
著(编)者：库热西・买合苏提
2017年12月出版 / 估价：118.00元
PSN B-2009-145-1/1

茶业蓝皮书
中国茶产业发展报告（2017）
著(编)者：杨江帆 李闽榕　2017年10月出版 / 估价：88.00元
PSN B-2010-164-1/1

产权市场蓝皮书
中国产权市场发展报告（2016~2017）
著(编)者：曹和平　2017年5月出版 / 估价：89.00元
PSN B-2009-147-1/1

产业安全蓝皮书
中国出版传媒产业安全报告（2016~2017）
著(编)者：北京印刷学院文化产业安全研究院
2017年4月出版 / 估价：89.00元
PSN B-2014-384-13/14

产业安全蓝皮书
中国文化产业安全报告（2017）
著(编)者：北京印刷学院文化产业安全研究院
2017年12月出版 / 估价：89.00元
PSN B-2014-378-12/14

产业安全蓝皮书
中国新媒体产业安全报告（2017）
著(编)者：北京印刷学院文化产业安全研究院
2017年12月出版 / 估价：89.00元
PSN B-2015-500-14/14

城投蓝皮书
中国城投行业发展报告（2017）
著(编)者：王晨艳　丁伯康　2017年11月出版 / 估价：300.00元
PSN B-2016-514-1/1

电子政务蓝皮书
中国电子政务发展报告（2016~2017）
著(编)者：李季 杜平　2017年7月出版 / 估价：89.00元
PSN B-2003-022-1/1

杜仲产业绿皮书
中国杜仲橡胶资源与产业发展报告（2016~2017）
著(编)者：杜红岩 胡文臻 俞锐
2017年4月出版 / 估价：85.00元
PSN G-2013-350-1/1

房地产蓝皮书
中国房地产发展报告 No.14（2017）
著(编)者：李春华 王业强　2017年5月出版 / 估价：89.00元
PSN B-2004-028-1/1

服务外包蓝皮书
中国服务外包产业发展报告（2017）
著(编)者：王晓红 刘德军
2017年6月出版 / 估价：89.00元
PSN B-2013-331-2/2

服务外包蓝皮书
中国服务外包竞争力报告（2017）
著(编)者：王力 刘春生 黄育华
2017年11月出版 / 估价：85.00元
PSN B-2011-216-1/2

工业和信息化蓝皮书
世界网络安全发展报告（2016~2017）
著(编)者：洪京一　2017年4月出版 / 估价：89.00元
PSN B-2015-452-5/5

工业和信息化蓝皮书
世界信息化发展报告（2016~2017）
著(编)者：洪京一　2017年4月出版 / 估价：89.00元
PSN B-2015-451-4/5

工业和信息化蓝皮书
世界信息技术产业发展报告（2016~2017）
著(编)者：洪京一　2017年4月出版 / 估价：89.00元
PSN B-2015-449-2/5

工业和信息化蓝皮书
移动互联网产业发展报告（2016~2017）
著(编)者：洪京一　2017年4月出版 / 估价：89.00元
PSN B-2015-448-1/5

工业和信息化蓝皮书
战略性新兴产业发展报告（2016~2017）
著(编)者：洪京一　2017年4月出版 / 估价：89.00元
PSN B-2015-450-3/5

工业设计蓝皮书
中国工业设计发展报告（2017）
著(编)者：王晓红 于炜 张立群
2017年9月出版 / 估价：138.00元
PSN B-2014-420-1/1

黄金市场蓝皮书
中国商业银行黄金业务发展报告（2016~2017）
著(编)者：平安银行　2017年4月出版 / 估价：98.00元
PSN B-2016-525-1/1

互联网金融蓝皮书
中国互联网金融发展报告（2017）
著(编)者：李东荣　2017年9月出版 / 估价：128.00元
PSN B-2014-374-1/1

互联网医疗蓝皮书
中国互联网医疗发展报告（2017）
著(编)者：宫晓东　2017年9月出版 / 估价：89.00元
PSN B-2016-568-1/1

会展蓝皮书
中外会展业动态评估年度报告（2017）
著(编)者：张敏　2017年4月出版 / 估价：88.00元
PSN B-2013-327-1/1

金融监管蓝皮书
中国金融监管报告（2017）
著(编)者：胡滨　2017年6月出版 / 估价：89.00元
PSN B-2012-281-1/1

金融蓝皮书
中国金融中心发展报告（2017）
著(编)者：王力 黄育华　2017年11月出版 / 估价：85.00元
PSN B-2011-186-6/6

建筑装饰蓝皮书
中国建筑装饰行业发展报告（2017）
著(编)者：刘晓一 葛道顺　2017年7月出版 / 估价：198.00元
PSN B-2016-554-1/1

客车蓝皮书
中国客车产业发展报告（2016~2017）
著(编)者：姚蔚　2017年10月出版 / 估价：85.00元
PSN B-2013-361-1/1

旅游安全蓝皮书
中国旅游安全报告（2017）
著(编)者：郑向敏 谢朝武　2017年5月出版 / 估价：128.00元
PSN B-2012-280-1/1

旅游绿皮书
2016~2017年中国旅游发展分析与预测
著(编)者：宋瑞　2017年2月出版 / 定价：89.00元
PSN G-2002-018-1/1

煤炭蓝皮书
中国煤炭工业发展报告（2017）
著(编)者：岳福斌　2017年12月出版 / 估价：85.00元
PSN B-2008-123-1/1

民营企业社会责任蓝皮书
中国民营企业社会责任报告（2017）
著(编)者：中华全国工商业联合会
2017年12月出版 / 估价：89.00元
PSN B-2015-510-1/1

民营医院蓝皮书
中国民营医院发展报告（2017）
著(编)者：庄一强　2017年10月出版 / 估价：85.00元
PSN B-2012-299-1/1

闽商蓝皮书
闽商发展报告（2017）
著(编)者：李闽榕 王日根 林琛
2017年12月出版 / 估价：89.00元
PSN B-2012-298-1/1

能源蓝皮书
中国能源发展报告（2017）
著(编)者：崔民选 王军生 陈义和
2017年10月出版 / 估价：98.00元
PSN B-2006-049-1/1

农产品流通蓝皮书
中国农产品流通产业发展报告（2017）
著(编)者：贾敬敦 张东科 张玉玺 张鹏毅 周伟
2017年4月出版 / 估价：89.00元
PSN B-2012-288-1/1

企业公益蓝皮书
中国企业公益研究报告（2017）
著(编)者：钟宏武 汪杰 顾一 黄晓娟 等
2017年12月出版 / 估价：89.00元
PSN B-2015-501-1/1

企业国际化蓝皮书
中国企业国际化报告（2017）
著(编)者：王辉耀　2017年11月出版 / 估价：98.00元
PSN B-2014-427-1/1

企业蓝皮书
中国企业绿色发展报告 No.2（2017）
著(编)者：李红玉 朱光辉　2017年8月出版 / 估价：89.00元
PSN B-2015-481-2/2

企业社会责任蓝皮书
中国企业社会责任研究报告（2017）
著(编)者：黄群慧 钟宏武 张蒽 翟利峰
2017年11月出版 / 估价：89.00元
PSN B-2009-149-1/1

企业社会责任蓝皮书
中资企业海外社会责任研究报告（2016~2017）
著(编)者：钟宏武 叶柳红 张蒽
2017年1月出版 / 定价：79.00元
PSN B-2017-603-2/2

汽车安全蓝皮书
中国汽车安全发展报告（2017）
著(编)者：中国汽车技术研究中心
2017年7月出版 / 估价：89.00元
PSN B-2014-385-1/1

汽车电子商务蓝皮书
中国汽车电子商务发展报告（2017）
著(编)者：中华全国工商业联合会汽车经销商商会
北京易观智库网络科技有限公司
2017年10月出版 / 估价：128.00元
PSN B-2015-485-1/1

汽车工业蓝皮书
中国汽车工业发展年度报告（2017）
著(编)者：中国汽车工业协会 中国汽车技术研究中心
丰田汽车（中国）投资有限公司
2017年4月出版 / 估价：128.00元
PSN B-2015-463-1/2

汽车工业蓝皮书
中国汽车零部件产业发展报告（2017）
著(编)者：中国汽车工业协会 中国汽车工程研究院
2017年10月出版 / 估价：98.00元
PSN B-2016-515-2/2

汽车蓝皮书
中国汽车产业发展报告（2017）
著(编)者：国务院发展研究中心产业经济研究部
中国汽车工程学会 大众汽车集团（中国）
2017年8月出版 / 估价：98.00元
PSN B-2008-124-1/1

人力资源蓝皮书
中国人力资源发展报告（2017）
著(编)者：余兴安 2017年11月出版 / 估价：89.00元
PSN B-2012-287-1/1

融资租赁蓝皮书
中国融资租赁业发展报告（2016~2017）
著(编)者：李光荣 王力 2017年8月出版 / 估价：89.00元
PSN B-2015-443-1/1

商会蓝皮书
中国商会发展报告No.5（2017）
著(编)者：王钦敏 2017年7月出版 / 估价：89.00元
PSN B-2008-125-1/1

输血服务蓝皮书
中国输血行业发展报告（2017）
著(编)者：朱永明 耿鸿武 2016年8月出版 / 估价：89.00元
PSN B-2016-583-1/1

社会责任管理蓝皮书
中国上市公司社会责任能力成熟度报告（2017）No.2
著(编)者：肖红军 王晓光 李伟阳
2017年12月出版 / 估价：98.00元
PSN B-2015-507-2/2

社会责任管理蓝皮书
中国企业公众透明度报告(2017)No.3
著(编)者：黄速建 熊梦 王晓光 肖红军
2017年4月出版 / 估价：98.00元
PSN B-2015-440-1/2

食品药品蓝皮书
食品药品安全与监管政策研究报告（2016~2017）
著(编)者：唐民皓 2017年6月出版 / 估价：89.00元
PSN B-2009-129-1/1

世界能源蓝皮书
世界能源发展报告（2017）
著(编)者：黄晓勇 2017年6月出版 / 估价：99.00元
PSN B-2013-349-1/1

水利风景区蓝皮书
中国水利风景区发展报告（2017）
著(编)者：谢婵才 兰思仁 2017年5月出版 / 估价：89.00元
PSN B-2015-480-1/1

碳市场蓝皮书
中国碳市场报告（2017）
著(编)者：定金彪 2017年11月出版 / 估价：89.00元
PSN B-2014-430-1/1

体育蓝皮书
中国体育产业发展报告（2017）
著(编)者：阮伟 钟秉枢 2017年12月出版 / 估价：89.00元
PSN B-2010-179-1/4

网络空间安全蓝皮书
中国网络空间安全发展报告（2017）
著(编)者：惠志斌 唐涛 2017年4月出版 / 估价：89.00元
PSN B-2015-466-1/1

西部金融蓝皮书
中国西部金融发展报告（2017）
著(编)者：李忠民 2017年8月出版 / 估价：85.00元
PSN B-2010-160-1/1

协会商会蓝皮书
中国行业协会商会发展报告（2017）
著(编)者：景朝阳 李勇 2017年4月出版 / 估价：99.00元
PSN B-2015-461-1/1

新能源汽车蓝皮书
中国新能源汽车产业发展报告（2017）
著(编)者：中国汽车技术研究中心
日产（中国）投资有限公司 东风汽车有限公司
2017年7月出版 / 估价：98.00元
PSN B-2013-347-1/1

新三板蓝皮书
中国新三板市场发展报告（2017）
著(编)者：王力 2017年6月出版 / 估价：89.00元
PSN B-2016-534-1/1

信托市场蓝皮书
中国信托业市场报告（2016~2017）
著(编)者：用益信托研究院
2017年1月出版 / 定价：198.00元
PSN B-2014-371-1/1

信息化蓝皮书
中国信息化形势分析与预测（2016~2017）
著(编)者：周宏仁 2017年8月出版 / 估价：98.00元
PSN B-2010-168-1/1

信用蓝皮书
中国信用发展报告（2017）
著(编)者：章政 田侃 2017年4月出版 / 估价：99.00元
PSN B-2013-328-1/1

休闲绿皮书
2017年中国休闲发展报告
著(编)者：宋瑞 2017年10月出版 / 估价：89.00元
PSN G-2010-158-1/1

休闲体育蓝皮书
中国休闲体育发展报告（2016～2017）
著(编)者：李相如 钟炳枢 2017年10月出版 / 估价：89.00元
PSN G-2016-516-1/1

养老金融蓝皮书
中国养老金融发展报告（2017）
著(编)者：董克用 姚余栋
2017年8月出版 / 估价：89.00元
PSN B-2016-584-1/1

药品流通蓝皮书
中国药品流通行业发展报告（2017）
著(编)者：佘鲁林 温再兴 2017年8月出版 / 估价：158.00元
PSN B-2014-429-1/1

医院蓝皮书
中国医院竞争力报告（2017）
著(编)者：庄一强 曾益新 2017年3月出版 / 定价：108.00元
PSN B-2016-529-1/1

邮轮绿皮书
中国邮轮产业发展报告（2017）
著(编)者：汪泓 2017年10月出版 / 估价：89.00元
PSN G-2014-419-1/1

智能养老蓝皮书
中国智能养老产业发展报告（2017）
著(编)者：朱勇 2017年10月出版 / 估价：89.00元
PSN B-2015-488-1/1

债券市场蓝皮书
中国债券市场发展报告（2016～2017）
著(编)者：杨农 2017年10月出版 / 估价：89.00元
PSN B-2016-573-1/1

中国节能汽车蓝皮书
中国节能汽车发展报告（2016~2017）
著(编)者：中国汽车工程研究院股份有限公司
2017年9月出版 / 估价：98.00元
PSN B-2016-566-1/1

中国上市公司蓝皮书
中国上市公司发展报告（2017）
著(编)者：张平 王宏淼
2017年10月出版 / 估价：98.00元
PSN B-2014-414-1/1

中国陶瓷产业蓝皮书
中国陶瓷产业发展报告（2017）
著(编)者：左和平 黄速建 2017年10月出版 / 估价：98.00元
PSN B-2016-574-1/1

中国总部经济蓝皮书
中国总部经济发展报告（2016～2017）
著(编)者：赵弘 2017年9月出版 / 估价：89.00元
PSN B-2005-036-1/1

中医文化蓝皮书
中国中医药文化传播发展报告（2017）
著(编)者：毛嘉陵 2017年7月出版 / 估价：89.00元
PSN B-2015-468-1/1

装备制造业蓝皮书
中国装备制造业发展报告（2017）
著(编)者：徐东华 2017年12月出版 / 估价：148.00元
PSN B-2015-505-1/1

资本市场蓝皮书
中国场外交易市场发展报告（2016～2017）
著(编)者：高峦 2017年4月出版 / 估价：89.00元
PSN B-2009-153-1/1

资产管理蓝皮书
中国资产管理行业发展报告（2017）
著(编)者：智信资产管理研究院
2017年6月出版 / 估价：89.00元
PSN B-2014-407-2/2

文化传媒类

传媒竞争力蓝皮书
中国传媒国际竞争力研究报告（2017）
著(编)者：李本乾 刘强
2017年11月出版 / 估价：148.00元
PSN B-2013-356-1/1

传媒蓝皮书
中国传媒产业发展报告（2017）
著(编)者：崔保国 2017年5月出版 / 估价：98.00元
PSN B-2005-035-1/1

传媒投资蓝皮书
中国传媒投资发展报告（2017）
著(编)者：张向东 谭云明
2017年6月出版 / 估价：128.00元
PSN B-2015-474-1/1

动漫蓝皮书
中国动漫产业发展报告（2017）
著(编)者：卢斌 郑玉明 牛兴侦
2017年9月出版 / 估价：89.00元
PSN B-2011-198-1/1

非物质文化遗产蓝皮书
中国非物质文化遗产发展报告（2017）
著(编)者：陈平 2017年5月出版 / 估价：98.00元
PSN B-2015-469-1/1

广电蓝皮书
中国广播电影电视发展报告（2017）
著(编)者：国家新闻出版广电总局发展研究中心
2017年7月出版 / 估价：98.00元
PSN B-2006-072-1/1

广告主蓝皮书
中国广告主营销传播趋势报告 No.9
著(编)者：黄升民 杜国清 邵华冬 等
2017年10月出版 / 估价：148.00元
PSN B-2005-041-1/1

国际传播蓝皮书
中国国际传播发展报告（2017）
著(编)者：胡正荣 李继东 姬德强
2017年11月出版 / 估价：89.00元
PSN B-2014-408-1/1

国家形象蓝皮书
中国国家形象传播报告（2016）
著(编)者：张昆 2017年3月出版 / 定价：98.00元
PSN B-2017-605-1/1

纪录片蓝皮书
中国纪录片发展报告（2017）
著(编)者：何苏六 2017年9月出版 / 估价：89.00元
PSN B-2011-222-1/1

科学传播蓝皮书
中国科学传播报告（2017）
著(编)者：詹正茂 2017年7月出版 / 估价：89.00元
PSN B-2008-120-1/1

两岸创意经济蓝皮书
两岸创意经济研究报告（2017）
著(编)者：罗昌智 林咏能
2017年10月出版 / 估价：98.00元
PSN B-2014-437-1/1

媒介与女性蓝皮书
中国媒介与女性发展报告(2016~2017)
著(编)者：刘利群 2017年9月出版 / 估价：118.00元
PSN B-2013-345-1/1

媒体融合蓝皮书
中国媒体融合发展报告（2017）
著(编)者：梅宁华 宋建武 2017年7月出版 / 估价：89.00元
PSN B-2015-479-1/1

全球传媒蓝皮书
全球传媒发展报告（2017）
著(编)者：胡正荣 李继东 唐晓芬
2017年11月出版 / 估价：89.00元
PSN B-2012-237-1/1

少数民族非遗蓝皮书
中国少数民族非物质文化遗产发展报告（2017）
著(编)者：肖远平（彝） 柴立（满）
2017年8月出版 / 估价：98.00元
PSN B-2015-467-1/1

视听新媒体蓝皮书
中国视听新媒体发展报告（2017）
著(编)者：国家新闻出版广电总局发展研究中心
2017年7月出版 / 估价：98.00元
PSN B-2011-184-1/1

文化创新蓝皮书
中国文化创新报告（2017）No.7
著(编)者：于平 傅才武 2017年7月出版 / 估价：98.00元
PSN B-2009-143-1/1

文化建设蓝皮书
中国文化发展报告（2016~2017）
著(编)者：江畅 孙伟平 戴茂堂
2017年6月出版 / 估价：116.00元
PSN B-2014-392-1/1

文化科技蓝皮书
文化科技创新发展报告（2017）
著(编)者：于平 李凤亮 2017年11月出版 / 估价：89.00元
PSN B-2013-342-1/1

文化蓝皮书
中国公共文化服务发展报告（2017）
著(编)者：刘新成 张永新 张旭
2017年12月出版 / 估价：98.00元
PSN B-2007-093-2/10

文化蓝皮书
中国公共文化投入增长测评报告（2017）
著(编)者：王亚南 2017年2月出版 / 定价：79.00元
PSN B-2014-435-10/10

文化蓝皮书
中国少数民族文化发展报告（2016~2017）
著(编)者：武翠英 张晓明 任乌晶
2017年9月出版 / 估价：89.00元
PSN B-2013-369-9/10

文化蓝皮书
中国文化产业发展报告（2016~2017）
著(编)者：张晓明 王家新 章建刚
2017年4月出版 / 估价：89.00元
PSN B-2002-019-1/10

文化蓝皮书
中国文化产业供需协调检测报告（2017）
著(编)者：王亚南 2017年2月出版 / 定价：79.00元
PSN B-2013-323-8/10

文化蓝皮书
中国文化消费需求景气评价报告（2017）
著(编)者：王亚南 2017年2月出版 / 定价：79.00元
PSN B-2011-236-4/10

文化品牌蓝皮书
中国文化品牌发展报告（2017）
著(编)者：欧阳友权 2017年5月出版 / 估价：98.00元
PSN B-2012-277-1/1

文化遗产蓝皮书
中国文化遗产事业发展报告（2017）
著(编)者：苏杨 张颖岚 王宇飞
2017年8月出版 / 估价：98.00元
PSN B-2008-119-1/1

文学蓝皮书
中国文情报告（2016~2017）
著(编)者：白烨 2017年5月出版 / 估价：49.00元
PSN B-2011-221-1/1

新媒体蓝皮书
中国新媒体发展报告No.8（2017）
著(编)者：唐绪军 2017年6月出版 / 估价：89.00元
PSN B-2010-169-1/1

新媒体社会责任蓝皮书
中国新媒体社会责任研究报告（2017）
著(编)者：钟瑛 2017年11月出版 / 估价：89.00元
PSN B-2014-423-1/1

移动互联网蓝皮书
中国移动互联网发展报告（2017）
著(编)者：官建文 2017年6月出版 / 估价：89.00元
PSN B-2012-282-1/1

舆情蓝皮书
中国社会舆情与危机管理报告（2017）
著(编)者：谢耘耕 2017年9月出版 / 估价：128.00元
PSN B-2011-235-1/1

影视蓝皮书
中国影视产业发展报告（2017）
著(编)者：司若 2017年4月出版 / 估价：138.00元
PSN B-2016-530-1/1

地方发展类

安徽经济蓝皮书
合芜蚌国家自主创新综合示范区研究报告（2016~2017）
著(编)者：黄家海 王开玉 蔡宪
2017年7月出版 / 估价：89.00元
PSN B-2014-383-1/1

安徽蓝皮书
安徽社会发展报告（2017）
著(编)者：程桦 2017年4月出版 / 估价：89.00元
PSN B-2013-325-1/1

澳门蓝皮书
澳门经济社会发展报告（2016~2017）
著(编)者：吴志良 郝雨凡 2017年6月出版 / 估价：98.00元
PSN B-2009-138-1/1

北京蓝皮书
北京公共服务发展报告（2016~2017）
著(编)者：施昌奎 2017年3月出版 / 定价：79.00元
PSN B-2008-103-7/8

北京蓝皮书
北京经济发展报告（2016~2017）
著(编)者：杨松 2017年6月出版 / 估价：89.00元
PSN B-2006-054-2/8

北京蓝皮书
北京社会发展报告（2016~2017）
著(编)者：李伟东 2017年6月出版 / 估价：89.00元
PSN B 2006-055-3/8

北京蓝皮书
北京社会治理发展报告（2016~2017）
著(编)者：殷星辰 2017年5月出版 / 估价：89.00元
PSN B-2014-391-8/8

北京蓝皮书
北京文化发展报告（2016~2017）
著(编)者：李建盛 2017年4月出版 / 估价：89.00元
PSN B-2007-082-4/8

北京律师绿皮书
北京律师发展报告No.3（2017）
著(编)者：王隽 2017年7月出版 / 估价：88.00元
PSN G-2012-301-1/1

北京旅游蓝皮书
北京旅游发展报告（2017）
著(编)者：北京旅游学会 2017年4月出版 / 估价：88.00元
PSN B-2011-217-1/1

北京人才蓝皮书
北京人才发展报告（2017）
著(编)者：于淼　2017年12月出版 / 估价：128.00元
PSN B-2011-201-1/1

北京社会心态蓝皮书
北京社会心态分析报告（2016～2017）
著(编)者：北京社会心理研究所
2017年8月出版 / 估价：89.00元
PSN B-2014-422-1/1

北京社会组织管理蓝皮书
北京社会组织发展与管理（2016～2017）
著(编)者：黄江松　2017年4月出版 / 估价：88.00元
PSN B-2015-446-1/1

北京体育蓝皮书
北京体育产业发展报告（2016～2017）
著(编)者：钟秉枢 陈杰 杨铁黎
2017年9月出版 / 估价：89.00元
PSN B-2015-475-1/1

北京养老产业蓝皮书
北京养老产业发展报告（2017）
著(编)者：周明明 冯喜良　2017年8月出版 / 估价：89.00元
PSN B-2015-465-1/1

滨海金融蓝皮书
滨海新区金融发展报告（2017）
著(编)者：王爱俭 张锐钢　2017年12月出版 / 估价：89.00元
PSN B-2014-424-1/1

城乡一体化蓝皮书
中国城乡一体化发展报告•北京卷（2016～2017）
著(编)者：张宝秀 黄序　2017年5月出版 / 估价：89.00元
PSN B-2012-258-2/2

创意城市蓝皮书
北京文化创意产业发展报告（2017）
著(编)者：张京成 王国华　2017年10月出版 / 估价：89.00元
PSN B-2012-263-1/7

创意城市蓝皮书
天津文化创意产业发展报告（2016～2017）
著(编)者：谢思全　2017年6月出版 / 估价：89.00元
PSN B-2016-537-7/7

创意城市蓝皮书
武汉文化创意产业发展报告（2017）
著(编)者：黄永林 陈汉桥　2017年9月出版 / 估价：99.00元
PSN B-2013-354-4/7

创意上海蓝皮书
上海文化创意产业发展报告（2016～2017）
著(编)者：王慧敏 王兴全　2017年8月出版 / 估价：89.00元
PSN B-2016-562-1/1

福建妇女发展蓝皮书
福建省妇女发展报告（2017）
著(编)者：刘群英　2017年11月出版 / 估价：88.00元
PSN B-2011-220-1/1

福建自贸区蓝皮书
中国（福建）自由贸易实验区发展报告（2016～2017）
著(编)者：黄茂兴　2017年4月出版 / 估价：108.00元
PSN B-2017-532-1/1

甘肃蓝皮书
甘肃经济发展分析与预测（2017）
著(编)者：安文华 罗哲　2017年1月出版 / 定价：79.00元
PSN B-2013-312-1/6

甘肃蓝皮书
甘肃社会发展分析与预测（2017）
著(编)者：安文华 包晓霞 谢增虎
2017年1月出版 / 定价：79.00元
PSN B-2013-313-2/6

甘肃蓝皮书
甘肃文化发展分析与预测（2017）
著(编)者：王俊莲 周小华　2017年1月出版 / 定价：79.00元
PSN B-2013-314-3/6

甘肃蓝皮书
甘肃县域和农村发展报告（2017）
著(编)者：朱智文 包东红 王建兵
2017年1月出版 / 定价：79.00元
PSN B-2013-316-5/6

甘肃蓝皮书
甘肃舆情分析与预测（2017）
著(编)者：陈双梅 张谦元　2017年1月出版 / 定价：79.00元
PSN B-2013-315-4/6

甘肃蓝皮书
甘肃商贸流通发展报告（2017）
著(编)者：张应华 王福生 王晓芳
2017年1月出版 / 定价：79.00元
PSN B-2016-523-6/6

广东蓝皮书
广东全面深化改革发展报告（2017）
著(编)者：周林生 涂成林　2017年12月出版 / 估价：89.00元
PSN B-2015-504-3/3

广东蓝皮书
广东社会工作发展报告（2017）
著(编)者：罗观翠　2017年6月出版 / 估价：89.00元
PSN B-2014-402-2/3

广东外经贸蓝皮书
广东对外经济贸易发展研究报告（2016~2017）
著(编)者：陈万灵　2017年8月出版 / 估价：98.00元
PSN B-2012-286-1/1

广西北部湾经济区蓝皮书
广西北部湾经济区开放开发报告（2017）
著(编)者：广西北部湾经济区规划建设管理委员会办公室
广西社会科学院广西北部湾发展研究院
2017年4月出版 / 估价：89.00元
PSN B-2010-181-1/1

巩义蓝皮书
巩义经济社会发展报告（2017）
著(编)者：丁同民 朱军　2017年4月出版 / 估价：58.00元
PSN B-2016-533-1/1

广州蓝皮书
2017年中国广州经济形势分析与预测
著(编)者：庾建设 陈浩钿 谢博能
2017年7月出版 / 估价：85.00元
PSN B-2011-185-9/14

广州蓝皮书
2017年中国广州社会形势分析与预测
著(编)者：张强 陈怡霓 杨秦　2017年6月出版 / 估价：85.00元
PSN B-2008-110-5/14

广州蓝皮书
广州城市国际化发展报告（2017）
著(编)者：朱名宏　2017年8月出版 / 估价：79.00元
PSN B-2012-246-11/14

广州蓝皮书
广州创新型城市发展报告（2017）
著(编)者：尹涛　2017年7月出版 / 估价：79.00元
PSN B-2012-247-12/14

广州蓝皮书
广州经济发展报告（2017）
著(编)者：朱名宏　2017年7月出版 / 估价：79.00元
PSN B-2005-040-1/14

广州蓝皮书
广州农村发展报告（2017）
著(编)者：朱名宏　2017年8月出版 / 估价：79.00元
PSN B-2010-167-8/14

广州蓝皮书
广州汽车产业发展报告（2017）
著(编)者：杨再高 冯兴亚　2017年7月出版 / 估价：79.00元
PSN B-2006-066-3/14

广州蓝皮书
广州青年发展报告（2016～2017）
著(编)者：徐柳 张强　2017年9月出版 / 估价：79.00元
PSN B-2013-352-13/14

广州蓝皮书
广州商贸业发展报告（2017）
著(编)者：李江涛 肖振宇 荀振英
2017年7月出版 / 估价：79.00元
PSN B-2012-245-10/14

广州蓝皮书
广州社会保障发展报告（2017）
著(编)者：蔡国萱　2017年8月出版 / 估价：79.00元
PSN B-2014-425-14/14

广州蓝皮书
广州文化创意产业发展报告（2017）
著(编)者：徐咏虹　2017年7月出版 / 估价：79.00元
PSN B-2008-111-6/14

广州蓝皮书
中国广州城市建设与管理发展报告（2017）
著(编)者：董皞 陈小钢 李江涛
2017年7月出版 / 估价：85.00元
PSN B-2007-087-4/14

广州蓝皮书
中国广州科技创新发展报告（2017）
著(编)者：邹采荣 马正勇 陈爽
2017年7月出版 / 估价：79.00元
PSN B-2006-065-2/14

广州蓝皮书
中国广州文化发展报告（2017）
著(编)者：徐俊忠 陆志强 顾涧清
2017年7月出版 / 估价：79.00元
PSN B-2009-134-7/14

贵阳蓝皮书
贵阳城市创新发展报告No.2（白云篇）
著(编)者：连玉明　2017年10月出版 / 估价：89.00元
PSN B-2015-491-3/10

贵阳蓝皮书
贵阳城市创新发展报告No.2（观山湖篇）
著(编)者：连玉明　2017年10月出版 / 估价：89.00元
PSN B-2011-235-1/1

贵阳蓝皮书
贵阳城市创新发展报告No.2（花溪篇）
著(编)者：连玉明　2017年10月出版 / 估价：89.00元
PSN B-2015-490-2/10

贵阳蓝皮书
贵阳城市创新发展报告No.2（开阳篇）
著(编)者：连玉明　2017年10月出版 / 估价：89.00元
PSN B-2015-492-4/10

贵阳蓝皮书
贵阳城市创新发展报告No.2（南明篇）
著(编)者：连玉明　2017年10月出版 / 估价：89.00元
PSN B-2015-496-8/10

贵阳蓝皮书
贵阳城市创新发展报告No.2（清镇篇）
著(编)者：连玉明　2017年10月出版 / 估价：89.00元
PSN B-2015-489-1/10

贵阳蓝皮书
贵阳城市创新发展报告No.2（乌当篇）
著(编)者：连玉明　2017年10月出版 / 估价：89.00元
PSN B-2015-495-7/10

贵阳蓝皮书
贵阳城市创新发展报告No.2（息烽篇）
著(编)者：连玉明　2017年10月出版 / 估价：89.00元
PSN B-2015-493-5/10

贵阳蓝皮书
贵阳城市创新发展报告No.2（修文篇）
著(编)者：连玉明　2017年10月出版 / 估价：89.00元
PSN B-2015-494-6/10

贵阳蓝皮书
贵阳城市创新发展报告No.2（云岩篇）
著(编)者：连玉明　2017年10月出版 / 估价：89.00元
PSN B-2015-498-10/10

贵州房地产蓝皮书
贵州房地产发展报告No.4（2017）
著(编)者：武廷方　2017年7月出版 / 估价：89.00元
PSN B-2014-426-1/1

贵州蓝皮书
贵州册亨经济社会发展报告 (2017)
著(编)者：黄德林　2017年3月出版 / 估价：89.00元
PSN B-2016-526-8/9

贵州蓝皮书
贵安新区发展报告（2016~2017）
著(编)者：马长青 吴大华 2017年6月出版 / 估价：89.00元
PSN B-2015-459-4/9

贵州蓝皮书
贵州法治发展报告（2017）
著(编)者：吴大华 2017年5月出版 / 估价：89.00元
PSN B-2012-254-2/9

贵州蓝皮书
贵州国有企业社会责任发展报告（2016～2017）
著(编)者：郭丽 周航 万强
2017年12月出版 / 估价：89.00元
PSN B-2015-511-6/9

贵州蓝皮书
贵州民航业发展报告（2017）
著(编)者：申振东 吴大华 2017年10月出版 / 估价：89.00元
PSN B-2015-471-5/9

贵州蓝皮书
贵州民营经济发展报告（2017）
著(编)者：杨静 吴大华 2017年4月出版 / 估价：89.00元
PSN B-2016-531-9/9

贵州蓝皮书
贵州人才发展报告（2017）
著(编)者：于杰 吴大华 2017年9月出版 / 估价：89.00元
PSN B-2014-382-3/9

贵州蓝皮书
贵州社会发展报告（2017）
著(编)者：王兴骥 2017年6月出版 / 估价：89.00元
PSN B-2010-166-1/9

贵州蓝皮书
贵州国家级开放创新平台发展报告（2017）
著(编)者：申晓庆 吴大华 李泓
2017年6月出版 / 估价：89.00元
PSN B-2016-518-1/9

海淀蓝皮书
海淀区文化和科技融合发展报告（2017）
著(编)者：陈名杰 孟景伟 2017年5月出版 / 估价：85.00元
PSN B-2013-329-1/1

杭州都市圈蓝皮书
杭州都市圈发展报告（2017）
著(编)者：沈翔 戚建国 2017年5月出版 / 估价：128.00元
PSN B-2012-302-1/1

杭州蓝皮书
杭州妇女发展报告（2017）
著(编)者：魏颖 2017年6月出版 / 估价：89.00元
PSN B-2014-403-1/1

河北经济蓝皮书
河北省经济发展报告（2017）
著(编)者：马树强 金浩 张贵
2017年4月出版 / 估价：89.00元
PSN B-2014-380-1/1

河北蓝皮书
河北经济社会发展报告（2017）
著(编)者：郭金平 2017年1月出版 / 定价：79.00元
PSN B-2014-372-1/2

河北蓝皮书
京津冀协同发展报告（2017）
著(编)者：陈路 2017年1月出版 / 定价：79.00元
PSN B-2017-601-2/2

河北食品药品安全蓝皮书
河北食品药品安全研究报告（2017）
著(编)者：丁锦霞 2017年6月出版 / 估价：89.00元
PSN B-2015-473-1/1

河南经济蓝皮书
2017年河南经济形势分析与预测
著(编)者：王世炎 2017年3月出版 / 定价：79.00元
PSN B-2007-086-1/1

河南蓝皮书
2017年河南社会形势分析与预测
著(编)者：刘道兴 牛苏林 2017年4月出版 / 估价89.00元
PSN B-2005-043-1/8

河南蓝皮书
河南城市发展报告（2017）
著(编)者：张占仓 王建国 2017年5月出版 / 估价：89.00元
PSN B-2009-131-3/8

河南蓝皮书
河南法治发展报告（2017）
著(编)者：丁同民 张林海 2017年5月出版 / 估价：89.00元
PSN B-2014-376-6/8

河南蓝皮书
河南工业发展报告（2017）
著(编)者：张占仓 丁同民 2017年5月出版 / 估价：89.00元
PSN B-2013-317-5/8

河南蓝皮书
河南金融发展报告（2017）
著(编)者：河南省社会科学院
2017年6月出版 / 估价：89.00元
PSN B-2014-390-7/8

河南蓝皮书
河南经济发展报告（2017）
著(编)者：张占仓 完世伟 2017年4月出版 / 估价：89.00元
PSN B-2010-157-4/8

河南蓝皮书
河南农业农村发展报告（2017）
著(编)者：吴海峰 2017年4月出版 / 估价：89.00元
PSN B-2015-445-8/8

河南蓝皮书
河南文化发展报告（2017）
著(编)者：卫绍生 2017年4月出版 / 估价：88.00元
PSN B-2008-106-2/8

河南商务蓝皮书
河南商务发展报告（2017）
著(编)者：焦锦淼 穆荣国 2017年6月出版 / 估价：88.00元
PSN B-2014-399-1/1

黑龙江蓝皮书
黑龙江经济发展报告（2017）
著(编)者：朱宇 2017年1月出版 / 定价：79.00元
PSN B-2011-190-2/2

地方发展类

黑龙江蓝皮书
黑龙江社会发展报告（2017）
著(编)者：谢宝禄　2017年1月出版 / 定价：79.00元
PSN B-2011-189-1/2

湖北文化蓝皮书
湖北文化发展报告（2017）
著(编)者：吴成国　2017年10月出版 / 估价：95.00元
PSN B-2016-567-1/1

湖南城市蓝皮书
区域城市群整合
著(编)者：童中贤 韩未名
2017年12月出版 / 估价：89.00元
PSN B-2006-064-1/1

湖南蓝皮书
2017年湖南产业发展报告
著(编)者：梁志峰　2017年5月出版 / 估价：128.00元
PSN B-2011-207-2/8

湖南蓝皮书
2017年湖南电子政务发展报告
著(编)者：梁志峰　2017年5月出版 / 估价：128.00元
PSN B-2014-394-6/8

湖南蓝皮书
2017年湖南经济展望
著(编)者：梁志峰　2017年5月出版 / 估价：128.00元
PSN B-2011-206-1/8

湖南蓝皮书
2017年湖南两型社会与生态文明发展报告
著(编)者：梁志峰　2017年5月出版 / 估价：128.00元
PSN B-2011-208-3/8

湖南蓝皮书
2017年湖南社会发展报告
著(编)者：梁志峰　2017年5月出版 / 估价：128.00元
PSN B-2014-393-5/8

湖南蓝皮书
2017年湖南县域经济社会发展报告
著(编)者：梁志峰　2017年5月出版 / 估价：128.00元
PSN B-2014-395-7/8

湖南蓝皮书
湖南城乡一体化发展报告（2017）
著(编)者：陈文胜 王文强 陆福兴 邝奕轩
2017年6月出版 / 估价：89.00元
PSN B-2015-477-8/8

湖南县域绿皮书
湖南县域发展报告 No.3
著(编)者：袁准 周小毛 黎仁寅
2017年3月出版 / 定价：79.00元
PSN G-2012-274-1/1

沪港蓝皮书
沪港发展报告（2017）
著(编)者：尤安山　2017年9月出版 / 估价：89.00元
PSN B-2013-362-1/1

吉林蓝皮书
2017年吉林经济社会形势分析与预测
著(编)者：邵汉明　2016年12月出版 / 定价：79.00元
PSN B-2013-319-1/1

吉林省城市竞争力蓝皮书
吉林省城市竞争力报告（2016~2017）
著(编)者：崔岳春 张磊　2016年12月出版 / 定价：79.00元
PSN B-2015-513-1/1

济源蓝皮书
济源经济社会发展报告（2017）
著(编)者：喻新安　2017年4月出版 / 估价：89.00元
PSN B-2014-387-1/1

健康城市蓝皮书
北京健康城市建设研究报告（2017）
著(编)者：王鸿春　2017年8月出版 / 估价：89.00元
PSN B-2015-460-1/2

江苏法治蓝皮书
江苏法治发展报告 No.6（2017）
著(编)者：蔡道通 龚廷泰　2017年8月出版 / 估价：98.00元
PSN B-2012-290-1/1

江西蓝皮书
江西经济社会发展报告（2017）
著(编)者：张勇 姜玮 梁勇　2017年10月出版 / 估价：89.00元
PSN B-2015-484-1/2

江西蓝皮书
江西设区市发展报告（2017）
著(编)者：姜玮 梁勇　2017年10月出版 / 估价：79.00元
PSN B-2016-517-2/2

江西文化蓝皮书
江西文化产业发展报告（2017）
著(编)者：张圣才 汪春翔
2017年10月出版 / 估价：128.00元
PSN B-2015-499-1/1

街道蓝皮书
北京街道发展报告No.2（白纸坊篇）
著(编)者：连玉明　2017年8月出版 / 估价：98.00元
PSN B-2016-544-7/15

街道蓝皮书
北京街道发展报告No.2（椿树篇）
著(编)者：连玉明　2017年8月出版 / 估价：98.00元
PSN B-2016-548-11/15

街道蓝皮书
北京街道发展报告No.2（大栅栏篇）
著(编)者：连玉明　2017年8月出版 / 估价：98.00元
PSN B-2016-552-15/15

街道蓝皮书
北京街道发展报告No.2（德胜篇）
著(编)者：连玉明　2017年8月出版 / 估价：98.00元
PSN B-2016-551-14/15

街道蓝皮书
北京街道发展报告No.2（广安门内篇）
著(编)者：连玉明　2017年8月出版 / 估价：98.00元
PSN B-2016-540-3/15

街道蓝皮书
北京街道发展报告No.2（广安门外篇）
著(编)者：连玉明　2017年8月出版 / 估价：98.00元
PSN B-2016-547-10/15

街道蓝皮书
北京街道发展报告No.2（金融街篇）
著(编)者：连玉明　2017年8月出版 / 估价：98.00元
PSN B-2016-538-1/15

街道蓝皮书
北京街道发展报告No.2（牛街篇）
著(编)者：连玉明　2017年8月出版 / 估价：98.00元
PSN B-2016-545-8/15

街道蓝皮书
北京街道发展报告No.2（什刹海篇）
著(编)者：连玉明　2017年8月出版 / 估价：98.00元
PSN B-2016-546-9/15

街道蓝皮书
北京街道发展报告No.2（陶然亭篇）
著(编)者：连玉明　2017年8月出版 / 估价：98.00元
PSN B-2016-542-5/15

街道蓝皮书
北京街道发展报告No.2（天桥篇）
著(编)者：连玉明　2017年8月出版 / 估价：98.00元
PSN B-2016-549-12/15

街道蓝皮书
北京街道发展报告No.2（西长安街篇）
著(编)者：连玉明　2017年8月出版 / 估价：98.00元
PSN B-2016-543-6/15

街道蓝皮书
北京街道发展报告No.2（新街口篇）
著(编)者：连玉明　2017年8月出版 / 估价：98.00元
PSN B-2016-541-4/15

街道蓝皮书
北京街道发展报告No.2（月坛篇）
著(编)者：连玉明　2017年8月出版 / 估价：98.00元
PSN B-2016-539-2/15

街道蓝皮书
北京街道发展报告No.2（展览路篇）
著(编)者：连玉明　2017年8月出版 / 估价：98.00元
PSN B-2016-550-13/15

经济特区蓝皮书
中国经济特区发展报告（2017）
著(编)者：陶一桃　2017年12月出版 / 估价：98.00元
PSN B-2009-139-1/1

辽宁蓝皮书
2017年辽宁经济社会形势分析与预测
著(编)者：曹晓峰　梁启东
2017年4月出版 / 估价：79.00元
PSN B-2006-053-1/1

洛阳蓝皮书
洛阳文化发展报告（2017）
著(编)者：刘福兴 陈启明　2017年7月出版 / 估价：89.00元
PSN B-2015-476-1/1

南京蓝皮书
南京文化发展报告（2017）
著(编)者：徐宁　2017年10月出版 / 估价：89.00元
PSN B-2014-439-1/1

南宁蓝皮书
南宁法治发展报告（2017）
著(编)者：杨维超　2017年12月出版 / 估价：79.00元
PSN B-2015-509-1/3

南宁蓝皮书
南宁经济发展报告（2017）
著(编)者：胡建华　2017年9月出版 / 估价：79.00元
PSN B-2016-570-2/3

南宁蓝皮书
南宁社会发展报告（2017）
著(编)者：胡建华　2017年9月出版 / 估价：79.00元
PSN B-2016-571-3/3

内蒙古蓝皮书
内蒙古反腐倡廉建设报告 No.2
著(编)者：张志华 无极　2017年12月出版 / 估价：79.00元
PSN B-2013-365-1/1

浦东新区蓝皮书
上海浦东经济发展报告（2017）
著(编)者：沈开艳 周奇　2017年2月出版 / 定价：79.00元
PSN B-2011-225-1/1

青海蓝皮书
2017年青海经济社会形势分析与预测
著(编)者：陈玮　2016年12月出版 / 定价：79.00元
PSN B-2012-275-1/1

人口与健康蓝皮书
深圳人口与健康发展报告（2017）
著(编)者：陆杰华 罗乐宣 苏杨
2017年11月出版 / 估价：89.00元
PSN B-2011-228-1/1

山东蓝皮书
山东经济形势分析与预测（2017）
著(编)者：李广杰　2017年7月出版 / 估价：89.00元
PSN B-2014-404-1/4

山东蓝皮书
山东社会形势分析与预测（2017）
著(编)者：张华 唐洲雁　2017年6月出版 / 估价：89.00元
PSN B-2014-405-2/4

山东蓝皮书
山东文化发展报告（2017）
著(编)者：涂可国　2017年11月出版 / 估价：98.00元
PSN B-2014-406-3/4

山西蓝皮书
山西资源型经济转型发展报告（2017）
著(编)者：李志强　2017年7月出版 / 估价：89.00元
PSN B-2011-197-1/1

陕西蓝皮书
陕西经济发展报告（2017）
著(编)者：任宗哲 白宽犁 裴成荣
2017年1月出版 / 定价：69.00元
PSN B-2009-135-1/5

陕西蓝皮书
陕西社会发展报告（2017）
著(编)者：任宗哲 白宽犁 牛昉
2017年1月出版 / 定价：69.00元
PSN B-2009-136-2/5

陕西蓝皮书
陕西文化发展报告（2017）
著(编)者：任宗哲 白宽犁 王长寿
2017年1月出版 / 定价：69.00元
PSN B-2009-137-3/5

上海蓝皮书
上海传媒发展报告（2017）
著(编)者：强荧 焦雨虹 2017年2月出版 / 定价：79.00元
PSN B-2012-295-5/7

上海蓝皮书
上海法治发展报告（2017）
著(编)者：叶青 2017年6月出版 / 估价：89.00元
PSN B-2012-296-6/7

上海蓝皮书
上海经济发展报告（2017）
著(编)者：沈开艳 2017年2月出版 / 定价：79.00元
PSN B-2006-057-1/7

上海蓝皮书
上海社会发展报告（2017）
著(编)者：杨雄 周海旺 2017年2月出版 / 定价：79.00元
PSN B-2006-058-2/7

上海蓝皮书
上海文化发展报告（2017）
著(编)者：荣跃明 2017年2月出版 / 定价：79.00元
PSN B-2006-059-3/7

上海蓝皮书
上海文学发展报告（2017）
著(编)者：陈圣来 2017年6月出版 / 估价：89.00元
PSN B-2012-297-7/7

上海蓝皮书
上海资源环境发展报告（2017）
著(编)者：周冯琦 汤庆合
2017年2月出版 / 定价：79.00元
PSN B-2006-060-4/7

社会建设蓝皮书
2017年北京社会建设分析报告
著(编)者：宋贵伦 冯虹 2017年10月出版 / 估价：89.00元
PSN B-2010-173-1/1

深圳蓝皮书
深圳法治发展报告（2017）
著(编)者：张骁儒 2017年6月出版 / 估价：89.00元
PSN B-2015-470-6/7

深圳蓝皮书
深圳经济发展报告（2017）
著(编)者：张骁儒 2017年7月出版 / 估价：89.00元
PSN B-2008-112-3/7

深圳蓝皮书
深圳劳动关系发展报告（2017）
著(编)者：汤庭芬 2017年6月出版 / 估价：89.00元
PSN B-2007-097-2/7

深圳蓝皮书
深圳社会建设与发展报告（2017）
著(编)者：张骁儒 陈东平 2017年7月出版 / 估价：89.00元
PSN B-2008-113-4/7

深圳蓝皮书
深圳文化发展报告(2017)
著(编)者：张骁儒 2017年7月出版 / 估价：89.00元
PSN B-2016-555-7/7

丝绸之路蓝皮书
丝绸之路经济带发展报告（2017）
著(编)者：任宗哲 白宽犁 谷孟宾
2017年1月出版 / 定价：75.00元
PSN B-2014-410-1/1

法治蓝皮书
四川依法治省年度报告 No.3（2017）
著(编)者：李林 杨天宗 田禾
2017年3月出版 / 定价：118.00元
PSN B-2015-447-1/1

四川蓝皮书
2017年四川经济形势分析与预测
著(编)者：杨钢 2017年1月出版 / 定价：98.00元
PSN B-2007-098-2/7

四川蓝皮书
四川城镇化发展报告（2017）
著(编)者：侯水平 陈炜 2017年4月出版 / 估价：85.00元
PSN B-2015-456-7/7

四川蓝皮书
四川法治发展报告（2017）
著(编)者：郑泰安 2017年4月出版 / 估价：89.00元
PSN B-2015-441-5/7

四川蓝皮书
四川企业社会责任研究报告（2016～2017）
著(编)者：侯水平 盛毅 翟刚
2017年4月出版 / 估价：89.00元
PSN B-2014-386-4/7

四川蓝皮书
四川社会发展报告（2017）
著(编)者：李羚 2017年5月出版 / 估价：89.00元
PSN B-2008-127-3/7

四川蓝皮书
四川生态建设报告（2017）
著(编)者：李晟之 2017年4月出版 / 估价：85.00元
PSN B-2015-455-6/7

四川蓝皮书
四川文化产业发展报告（2017）
著(编)者：向宝云 张立伟
2017年4月出版 / 估价：89.00元
PSN B-2006-074-1/7

体育蓝皮书
上海体育产业发展报告（2016～2017）
著(编)者：张林 黄海燕
2017年10月出版 / 估价：89.00元
PSN B-2015-454-4/4

体育蓝皮书
长三角地区体育产业发展报告（2016～2017）
著(编)者：张林　2017年4月出版 / 估价：89.00元
PSN B-2015-453-3/4

天津金融蓝皮书
天津金融发展报告（2017）
著(编)者：王爱俭 孔德昌
2017年12月出版 / 估价：98.00元
PSN B-2014-418-1/1

图们江区域合作蓝皮书
图们江区域合作发展报告（2017）
著(编)者：李铁　2017年6月出版 / 估价：98.00元
PSN B-2015-464-1/1

温州蓝皮书
2017年温州经济社会形势分析与预测
著(编)者：潘忠强 王春光 金浩
2017年4月出版 / 估价：89.00元
PSN B-2008-105-1/1

西咸新区蓝皮书
西咸新区发展报告（2016~2017）
著(编)者：李扬 王军　2017年6月出版 / 估价：89.00元
PSN B-2016-535-1/1

扬州蓝皮书
扬州经济社会发展报告（2017）
著(编)者：丁纯　2017年12月出版 / 估价：98.00元
PSN B-2011-191-1/1

长株潭城市群蓝皮书
长株潭城市群发展报告（2017）
著(编)者：张萍　2017年12月出版 / 估价：89.00元
PSN B-2008-109-1/1

中医文化蓝皮书
北京中医文化传播发展报告（2017）
著(编)者：毛嘉陵　2017年5月出版 / 估价：79.00元
PSN B-2015-468-1/2

珠三角流通蓝皮书
珠三角商圈发展研究报告（2017）
著(编)者：王先庆 林至颖
2017年7月出版 / 估价：98.00元
PSN B-2012-292-1/1

遵义蓝皮书
遵义发展报告（2017）
著(编)者：曾征 龚永育 雍思强
2017年12月出版 / 估价：89.00元
PSN B-2014-433-1/1

国际问题类

“一带一路”跨境通道蓝皮书
“一带一路”跨境通道建设研究报告（2017）
著(编)者：郭业洲　2017年8月出版 / 估价：89.00元
PSN B-2016-558-1/1

“一带一路”蓝皮书
“一带一路”建设发展报告（2017）
著(编)者：孔丹 李永全　2017年7月出版 / 估价：89.00元
PSN B-2016-553-1/1

阿拉伯黄皮书
阿拉伯发展报告（2016～2017）
著(编)者：罗林　2017年11月出版 / 估价：89.00元
PSN Y-2014-381-1/1

北部湾蓝皮书
泛北部湾合作发展报告（2017）
著(编)者：吕余生　2017年12月出版 / 估价：85.00元
PSN B-2008-114-1/1

大湄公河次区域蓝皮书
大湄公河次区域合作发展报告（2017）
著(编)者：刘稚　2017年8月出版 / 估价：89.00元
PSN B-2011-196-1/1

大洋洲蓝皮书
大洋洲发展报告（2017）
著(编)者：喻常森　2017年10月出版 / 估价：89.00元
PSN B-2013-341-1/1

德国蓝皮书
德国发展报告（2017）
著(编)者：郑春荣　2017年6月出版 / 估价：89.00元
PSN B-2012-278-1/1

东盟黄皮书
东盟发展报告（2017）
著(编)者：杨晓强 庄国土
2017年4月出版 / 估价：89.00元
PSN Y-2012-303-1/1

东南亚蓝皮书
东南亚地区发展报告（2016～2017）
著(编)者：厦门大学东南亚研究中心 王勤
2017年12月出版 / 估价：89.00元
PSN B-2012-240-1/1

俄罗斯黄皮书
俄罗斯发展报告（2017）
著(编)者：李永全　2017年7月出版 / 估价：89.00元
PSN Y-2006-061-1/1

非洲黄皮书
非洲发展报告 No.19（2016～2017）
著(编)者：张宏明　2017年8月出版 / 估价：89.00元
PSN Y-2012-239-1/1

公共外交蓝皮书
中国公共外交发展报告（2017）
著(编)者：赵启正 雷蔚真
2017年4月出版 / 估价：89.00元
PSN B-2015-457-1/1

国际安全蓝皮书
中国国际安全研究报告(2017)
著(编)者：刘慧　2017年7月出版 / 估价：98.00元
PSN B-2016-522-1/1

国际形势黄皮书
全球政治与安全报告（2017）
著(编)者：张宇燕
2017年1月出版 / 定价：89.00元
PSN Y-2001 016-1/1

韩国蓝皮书
韩国发展报告（2017）
著(编)者：牛林杰 刘宝全
2017年11月出版 / 估价：89.00元
PSN B-2010-155-1/1

加拿大蓝皮书
加拿大发展报告（2017）
著(编)者：仲伟合　2017年9月出版 / 估价：89.00元
PSN B-2014-389-1/1

拉美黄皮书
拉丁美洲和加勒比发展报告（2016～2017）
著(编)者：吴白乙　2017年6月出版 / 估价：89.00元
PSN Y-1999-007-1/1

美国蓝皮书
美国研究报告（2017）
著(编)者：郑秉文 黄平　2017年6月出版 / 估价：89.00元
PSN B-2011-210-1/1

缅甸蓝皮书
缅甸国情报告（2017）
著(编)者：李晨阳　2017年12月出版 / 估价：86.00元
PSN B-2013-343-1/1

欧洲蓝皮书
欧洲发展报告（2016～2017）
著(编)者：黄平 周弘 江时学
2017年6月出版 / 估价：89.00元
PSN B-1999-009-1/1

葡语国家蓝皮书
葡语国家发展报告（2017）
著(编)者：王成安 张敏　2017年12月出版 / 估价：89.00元
PSN B-2015-503-1/2

葡语国家蓝皮书
中国与葡语国家关系发展报告·巴西（2017）
著(编)者：张曙光　2017年8月出版 / 估价：89.00元
PSN B-2016-564-2/2

日本经济蓝皮书
日本经济与中日经贸关系研究报告（2017）
著(编)者：张季风　2017年5月出版 / 估价：89.00元
PSN B-2008-102-1/1

日本蓝皮书
日本研究报告（2017）
著(编)者：杨伯江　2017年5月出版 / 估价：89.00元
PSN B-2002-020-1/1

上海合作组织黄皮书
上海合作组织发展报告（2017）
著(编)者：李进峰 吴宏伟 李少捷
2017年6月出版 / 估价：89.00元
PSN Y-2009-130-1/1

世界创新竞争力黄皮书
世界创新竞争力发展报告（2017）
著(编)者：李闽榕 李建平 赵新力
2017年4月出版 / 估价：148.00元
PSN Y-2013-318-1/1

泰国蓝皮书
泰国研究报告（2017）
著(编)者：庄国土 张禹东
2017年8月出版 / 估价：118.00元
PSN B-2016-557-1/1

土耳其蓝皮书
土耳其发展报告（2017）
著(编)者：郭长刚 刘义　2017年9月出版 / 估价：89.00元
PSN B-2014-412-1/1

亚太蓝皮书
亚太地区发展报告（2017）
著(编)者：李向阳　2017年4月出版 / 估价：89.00元
PSN B-2001-015-1/1

印度蓝皮书
印度国情报告（2017）
著(编)者：吕昭义　2017年12月出版 / 估价：89.00元
PSN B-2012-241-1/1

印度洋地区蓝皮书
印度洋地区发展报告（2017）
著(编)者：汪戎　　2017年6月出版 / 估价：89.00元
PSN B-2013-334-1/1

英国蓝皮书
英国发展报告（2016~2017）
著(编)者：王展鹏　　2017年11月出版 / 估价：89.00元
PSN B-2015-486-1/1

越南蓝皮书
越南国情报告（2017）
著(编)者：谢林城
2017年12月出版 / 估价：89.00元
PSN B-2006-056-1/1

以色列蓝皮书
以色列发展报告（2017）
著(编)者：张倩红　　2017年8月出版 / 估价：89.00元
PSN B-2015-483-1/1

伊朗蓝皮书
伊朗发展报告（2017）
著(编)者：冀开远　　2017年10月出版 / 估价：89.00元
PSN B-2016-575-1/1

中东黄皮书
中东发展报告 No.19（2016~2017）
著(编)者：杨光　　2017年10月出版 / 估价：89.00元
PSN Y-1998-004-1/1

中亚黄皮书
中亚国家发展报告（2017）
著(编)者：孙力 吴宏伟　　2017年7月出版 / 估价：98.00元
PSN Y-2012-238-1/1

皮书序列号是社会科学文献出版社专门为识别皮书、管理皮书而设计的编号。皮书序列号是出版皮书的许可证号，是区别皮书与其他图书的重要标志。

它由一个前缀和四部分构成。这四部分之间用连字符“-”连接。前缀和这四部分之间空半个汉字（见示例）。

《国际人才蓝皮书：中国留学发展报告》序列号示例

从示例中可以看出，《国际人才蓝皮书：中国留学发展报告》的首次出版年份是2012年，是社科文献出版社出版的第244个皮书品种，是“国际人才蓝皮书”系列的第2个品种（共4个品种）。

✧ 皮书起源 ✧

“皮书”起源于十七、十八世纪的英国，主要指官方或社会组织正式发表的重要文件或报告，多以“白皮书”命名。在中国，“皮书”这一概念被社会广泛接受，并被成功运作、发展成为一种全新的出版形态，则源于中国社会科学院社会科学文献出版社。

✧ 皮书定义 ✧

皮书是对中国与世界发展状况和热点问题进行年度监测，以专业的角度、专家的视野和实证研究方法，针对某一领域或区域现状与发展态势展开分析和预测，具备原创性、实证性、专业性、连续性、前沿性、时效性等特点的公开出版物，由一系列权威研究报告组成。

✧ 皮书作者 ✧

皮书系列的作者以中国社会科学院、著名高校、地方社会科学院的研究人员为主，多为国内一流研究机构的权威专家学者，他们的看法和观点代表了学界对中国与世界的现实和未来最高水平的解读与分析。

✧ 皮书荣誉 ✧

皮书系列已成为社会科学文献出版社的著名图书品牌和中国社会科学院的知名学术品牌。2016年，皮书系列正式列入“十三五”国家重点出版规划项目；2012~2016年，重点皮书列入中国社会科学院承担的国家哲学社会科学创新工程项目；2017年，55种院外皮书使用“中国社会科学院创新工程学术出版项目”标识。

中国皮书网

www.pishu.cn

发布皮书研创资讯，传播皮书精彩内容
引领皮书出版潮流，打造皮书服务平台

栏目设置

关于皮书：何谓皮书、皮书分类、皮书大事记、皮书荣誉、
皮书出版第一人、皮书编辑部

最新资讯：通知公告、新闻动态、媒体聚焦、网站专题、视频直播、下载专区

皮书研创：皮书规范、皮书选题、皮书出版、皮书研究、研创团队

皮书评奖评价：指标体系、皮书评价、皮书评奖

互动专区：皮书说、皮书智库、皮书微博、数据库微博

所获荣誉

2008 年、2011 年，中国皮书网均在全国新闻出版业网站荣誉评选中获得“最具商业价值网站”称号；

2012 年，获得“出版业网站百强”称号。

网库合一

2014 年，中国皮书网与皮书数据库端口合一，实现资源共享。更多详情请登录 www.pishu.cn。

权威报告·热点资讯·特色资源

皮书数据库

ANNUAL REPORT(YEARBOOK)
DATABASE

当代中国与世界发展高端智库平台

所获荣誉

- 2016年，入选“国家‘十三五’电子出版物出版规划骨干工程”
- 2015年，荣获“搜索中国正能量 点赞2015”“创新中国科技创新奖”
- 2013年，荣获“中国出版政府奖·网络出版物奖”提名奖
- 连续多年荣获中国数字出版博览会“数字出版·优秀品牌”奖

成为会员

通过网址www.pishu.com.cn或使用手机扫描二维码进入皮书数据库网站，进行手机号码验证或邮箱验证即可成为皮书数据库会员（建议通过手机号码快速验证注册）。

会员福利

- 使用手机号码首次注册会员可直接获得100元体验金，不需充值即可购买和查看数据库内容（仅限使用手机号码快速注册）。
- 已注册用户购书后可免费获赠100元皮书数据库充值卡。刮开充值卡涂层获取充值密码，登录并进入“会员中心”—“在线充值”—“充值卡充值”，充值成功后即可购买和查看数据库内容。

数据库服务热线：400-008-6695
数据库服务QQ：2475522410
数据库服务邮箱：database@ssap.cn

图书销售热线：010-59367070/7028
图书服务QQ：1265056568
图书服务邮箱：duzhe@ssap.cn